Giacomo Croci
Die Konstitution von Subjektivität als Geschichtlichkeit

Quellen und Studien zur Philosophie

Herausgegeben von
Dominik Perler und Michael Quante

Band 153

Giacomo Croci

Die Konstitution von Subjektivität als Geschichtlichkeit

—

Im Anschluss an F. Schellings »System des transzendentalen Idealismus« und M. Heideggers »Sein und Zeit«

DE GRUYTER

Die vorliegende Arbeit wurde durch ein Elsa-Neumann-Stipendium für Promovierende des Landes Berlin (NaFöG) und durch ein Abschlussstipendium der FAZIT-Stiftung finanziert.

Gedruckt mit Unterstützung der FAZIT-Stiftung und der Ernst-Reuter-Gesellschaft der Freunde, Förderer und Ehemaligen der Freien Universität Berlin e.V.

ISBN 978-3-11-221556-2
e-ISBN (PDF) 978-3-11-134336-5
e-ISBN (EPUB) 978-3-11-134340-2
ISSN 0344-8142

Library of Congress Control Number: 2023946983

Bibliografische Information der Deutschen Nationalbibliothek
Die Deutsche Nationalbibliothek verzeichnet diese Publikation in der Deutschen Nationalbibliografie; detaillierte bibliografische Daten sind im Internet über http://dnb.dnb.de abrufbar.

© 2025 Walter de Gruyter GmbH, Berlin/Boston
Dieser Band ist text- und seitenidentisch mit der 2024 erschienenen gebundenen Ausgabe.
Satz: Claudia Collasch
Druck und Bindung: CPI books GmbH, Leck

www.degruyter.com

Inhaltsverzeichnis

Vorwort —— IX

1	**Einleitung —— 1**	
1.1	Arbeitshypothese und Zielsetzung —— 1	
1.2	Der exegetische Bezug auf Friedrich Schelling und Martin Heidegger —— 7	
1.3	Übersicht der Untersuchung —— 12	
1.3.1	Erster Teil: Ein Paradigma für die Subjektphilosophie —— 12	
1.3.2	Zweiter Teil: Subjektivität als Geschichtlichkeit —— 15	

Erster Teil: Die Einführung des Praktischen Spielraums als subjektphilosophisches Paradigma

2	**Subjektivität von der Praxis aus —— 21**	
2.1	Die Subjektphilosophie gegenüber dem Naturalismus als Problemstellung —— 21	
2.1.1	Begriffliche Koordinaten, Problemrahmen und Lösungsansatz —— 21	
2.1.2	Der Naturalismus als metaphysische Position —— 23	
2.1.3	Erstpersonalität und Präreflexivität —— 25	
2.1.4	Die Irreduzibilitätsthese und ihre argumentative Ambivalenz —— 27	
2.1.5	Ein der Subjektphilosophie internes, naturalistisches Desideratum —— 29	
2.2	Vorbereitung der Interpretation von Schellings Frühschriften —— 31	
2.3	Die Aporetik von Dogmatismus und Kritizismus in den *Philosophischen Briefen* —— 35	
2.3.1	Begrifflicher Inhalt von Dogmatismus und Kritizismus —— 35	
2.3.2	Selbstverfehlende Programme und ihr geteiltes Paradigma —— 39	
2.4	Die Weiterentwicklung von Schellings Denken in der *Allgemeinen Übersicht der neuesten Philosophischen Literatur* und der Fokus der Interpretation —— 42	
2.4.1	Der Wahrheitsanspruch der Erkenntnis und die Geistesunabhängigkeitsthese —— 42	
2.4.2	Die Einheit von Geist und Wirklichkeit von der Praxis aus gedacht, mit einer begrifflichen Einschränkung —— 46	
2.5	Praktische Relationen —— 50	

3	**Praktische Spielräume —— 52**	
3.1	Kontextualisierung des Ansatzes mit Blick auf Heideggers frühe Philosophie —— 52	
3.2	Heideggers Analyse praktischer Vollzüge und der Begriff des praktischen Selbstwissens —— 56	
3.2.1	Voranmerkungen zu Heideggers Theorie des Verstehens —— 56	
3.2.2	Der in praktischen Vollzügen vorausgesetzte Zusammenhang —— 58	
3.2.3	Intelligibilität in der Praxis und praktisches Selbstwissen —— 69	
3.2.4	Ein Paradigma für die Operationalisierung vom praktischen Wissen —— 75	
3.3	Der Begriff des praktischen Spielraums —— 79	
3.3.1	Heideggers negative Bestimmung des Möglichkeitsbegriffs —— 79	
3.3.2	Praktische Spielräume und Subjektivität als Fähigkeit —— 86	
3.3.3	Erstpersonalität und Präreflexivität, Reprise und Kritik —— 90	
3.4	Offene Probleme —— 97	

Zweiter Teil: Die Konstitution von Subjektivität als Geschichtlichkeit

4	**Die Prozessualität des Subjekts —— 102**	
4.1	Geschichtlichkeit als Fragestellung —— 102	
4.2	Schellings Ansatz zum prozessualen Selbst im *System des transzendentalen Idealismus* —— 110	
4.2.1	Die „Geschichte des Selbstbewusstseins" als Irrweg —— 110	
4.2.2	Der Anfang des *Systems* und Schellings Methode —— 115	
4.2.3	Der Problemrahmen der Zeitparagrafen —— 120	
4.2.4	Schellings Begriff der Zeit (I). Sukzession, Irreversibilität, Asymmetrie —— 125	
4.2.5	Schellings Begriff der Zeit (II). Das Gefühl der Gegenwart und die Prozessualität —— 135	
4.3	Das prozessuale Subjekt —— 143	
4.3.1	Selbstdifferenzierung und praktischer Widerstand —— 143	
4.3.2	Prozessualität —— 147	

5	**Subjektivität als Geschichtlichkeit —— 152**	
5.1	Heidegger, Reprise —— 152	
5.2	Offenheit als Subjektivitätsprinzip —— 155	
5.2.1	Praktische Intelligibilität im Zusammenbruch und ungesicherte Praxis —— 155	
5.2.2	Offenheit in der Praxis —— 164	
5.2.3	Die zeitliche Interpretation der Praxis (und umgekehrt) —— 174	
5.3	Geschichtlichkeit in und um *Sein und Zeit* —— 181	
5.3.1	Personale Identität und geschichtliche Organisation —— 181	
5.3.2	Heideggers Wiederholungsbegriff in *Sein und Zeit* —— 185	
5.3.3	Die *Zollikoner Seminare*. Die Lücken in der Lebensgeschichte —— 189	
5.3.4	Die Leibniz-Vorlesung. Vom historiographischen Wissen —— 193	
5.3.5	Die relationale Auffassung der historischen Vergangenheit: Heidegger via Danto —— 196	
5.4	Die Fähigkeit der praktischen Uminterpretation —— 206	
5.4.1	Subjekte oder Geschichten? Ein einheitliches Kriterium —— 206	
5.4.2	Vergangenheit in der Praxis —— 208	
5.4.3	Die Fähigkeit des Uminterpretierens: Begriffene Lebensgeschichtlichkeit —— 212	
6	**Fazit —— 223**	
6.1	Ein dreifaches Paradigma für die Subjektphilosophie —— 223	
6.2	Subjektphilosophie als Hermeneutik —— 228	

Literaturverzeichnis —— 237

Stichwortverzeichnis —— 243

Vorwort

Der vorliegende Text ist eine leicht überarbeitete Version dessen, was in 2021 als Qualifikationsarbeit für eine Promotion im Fach Philosophie an der Freien Universität Berlin eingereicht wurde. Zugleich beansprucht der Text auch, eine eigenständige philosophische Position zu erarbeiten. Dieser Zusammenhang, auf den ersten Blick harmlos und selbstverständlich, ist es in der Tat nicht. Denn einerseits ist Philosophie als Praxis, als Diskurs und als Korpus nicht wesentlich an Qualifikationsarbeiten gebunden. Die Textgattung Qualifikationsarbeit ist als Verortung philosophischer Reflexion eine junge Erfindung. Daher ist es keineswegs selbstverständlich, dass philosophische Ansprüche, die Textgattung der Qualifikationsarbeit und die institutionelle Einbettung im Hochschulsystem in Zusammenhang stehen. Andererseits ist dieser Zusammenhang nicht ohne Konsequenzen. Zwar ist die Art und Weise, wie Philosophie betrieben wird, auf eine fast nie irrelevante Weise mit ihrem soziomateriellen Kontext verknüpft: mit der Gruppenzugehörigkeit der Philosoph:innen, ihren Sprachen, den Gattungen ihrer Texte und den Lebensbedingungen, unter denen sie existieren. Dennoch bedeutet die Tatsache, dass die Philosophie von ihrem soziomateriellen Kontext geprägt ist, nicht zwangsläufig, dass jeder soziomaterielle Kontext mit der Philosophie in vorteilhaftem Einklang steht.

Aus diesem Grund – und es wäre absurd, dies nicht im Vorwort zu einer Arbeit anzusprechen, die sich mit dem Begriff der Geschichtlichkeit beschäftigt – ist der vorliegende Text aus einem Kompromiss hervorgegangen. Kompromisse sind Lehrmeister. Sie zwingen zur Vermittlung und zur Hybridisierung. Aber Kompromisse, genauso wie Lehrmeister:innen, sind zweischneidige Schwerter. Der gesamte Prozess, den vorliegenden Text zu konzipieren, zu schreiben und die zugrunde liegende Forschung zu betreiben, musste Kompromisse mit dem wissenschaftlichen Produktionssystem eingehen. Das bedeutet zwar den Vergleich mit konkurrierenden philosophischen Positionen, die Erarbeitung eines wissenschaftlichen Panoramas, in dem sich der Text situieren sollte, die Überprüfung und nicht zuletzt die Diskussion mit anderen Forscher:innen. Aber das bedeutet auch das Schreiben von Anträgen, die prekäre Lage der Arbeitsbedingungen von Promovierenden und das Netzwerken, das nur mit schlechtem Gewissen unmittelbar mit Diskussion und Austausch gleichgesetzt werden kann. Diese beiden Reihen von Aspekten des Wissenschaftsbetriebs sind allerdings meistens nicht als zwei Seiten einer Medaille erkennbar, sondern eher miteinander verschränkt, sowohl im Diskurs als auch in der Praxis. In diesem Sinne waren alle Kompromisse, auf denen der vorliegende Text basiert, Lehrmeister; aber nicht alles, was von ihnen gelehrt wurde und gelernt werden musste, war für den vorliegenden Text und für die dahinterliegende Arbeit förderlich. Croce e delizia al cuor, wie ich vermute.

Wenn ich jetzt einen Text mit dem Titel „Die Konstitution von Subjektivität als Geschichtlichkeit" verfassen müsste, würde ich ihn anders gestalten. Es ist mittlerweile eine Binsenweisheit, dass die meisten Promovierenden nicht wissen, wie man eine Qualifikationsarbeit und eine Monografie verfasst. Doch diese Binsenweisheit erscheint mir noch offenkundiger und ironischer, wenn ich den Anspruch, eine philosophische Position zu erarbeiten, in Verbindung mit den Kompromissen setze, die diese Arbeit eingehen musste – ungeachtet dessen, ob der Anspruch schließlich eingelöst wird oder nicht. Dass philosophische Ansprüche in erster Linie und meistens in Form von Qualifikationsarbeiten oder Artikeln erfüllt werden können und sollen, die durch Lohnarbeit oder andere prekäre Finanzierungsformen ermöglicht werden, daran habe ich jetzt Zweifel. Dennoch war und ist ein Versuch für mich immer noch lohnenswert, trotz aller Hindernisse und Schwierigkeiten.

Zuletzt wären der vorliegende Text und die dahinterstehende Arbeit ohne die Unterstützung vieler Menschen unmöglich gewesen, denen ich meinen Dank aussprechen möchte. Die erste Danksagung gilt Georg W. Bertram, der meine Promotion betreut hat und von dem ich viel lernen durfte, sowie Dina Emundts, die die Rolle der Zweitgutachterin mit großer Bereitschaft übernommen hat. Im Zusammenhang damit möchte ich mich bei allen Teilnehmer:innen ihrer Forschungskolloquien bedanken, die meine Arbeit sowohl fachlich als auch menschlich bereichert haben. Der kontinuierliche Austausch mit anderen Philosoph:innen war von entscheidender Bedeutung für diese Arbeit. Hierbei möchte ich Camilla Angeli, Mihnea Chiujdea, Leyla Sophie Gleißner, Serena Gregorio, Karen Koch, Michela Summa und Elena Tripaldi besonders hervorheben. Mein Dank gilt auch Oliver Precht, der die an der Freien Universität Berlin eingereichte Dissertation sorgfältig lektoriert hat. Ebenfalls möchte ich mich bei den Mitarbeiter:innen der Freien Universität Berlin, ihres philosophischen Instituts und ihrer Bibliotheken, sowie ihrer Verwaltung bedanken, ohne deren Engagement die Promotion schlichtweg nicht möglich gewesen wäre. Ebenso danke ich den Mitarbeiter:innen der Staatsbibliothek Berlin. Mein Dank geht auch an die Mitarbeiter:innen des Verlags De Gruyter, die diese Veröffentlichung sorgfältig ermöglicht und unterstützt haben, und an die Herausgeber der Reihe, die die vorliegende Monografie in „Quellen und Studien zur Philosophie" aufgenommen haben. Die Arbeit wurde außerdem durch Diskussionen auf verschiedenen Veranstaltungen wesentlich bereichert, und ich möchte mich bei den Organisator:innen und Teilnehmer:innen dieser Veranstaltungen aufrichtig bedanken. Abschließend möchte ich mich bei meinen Freund:innen bedanken, die mich in den letzten Jahren bedingungslos unterstützt haben, von denen ich bereits einige genannt habe: Marco Michele Acquafredda, Gediz Bagis, Paolo Brusa, Alice Chiarugi, Elisa Cuter, Silvia D'Orazio, Gloria Hampel, Tommaso Isabella und Miriam Prencipe. Und selbstverständlich, jedoch auch keineswegs selbstverständlich, gebührt mein besonderer Dank Marco Pelucchi, ducite ab urbe domum mea carmina.

1 Einleitung

Bekanntlich ist der Subjektbegriff vieldeutig: Unmittelbar stellt sich die Frage, wo ein Orientierungspunkt zu setzen ist, um den Weg einer Arbeit vorzubereiten, die sich damit beschäftigen soll. Dieser Aufgabe ist die folgende Einleitung gewidmet. In Form einer arbeitshypothetischen Einschränkung des Gegenstandsbereichs möchte ich zunächst klären, welches Ziel die Untersuchung verfolgt (1.1). Darauffolgend werde ich die begrifflichen Mittel skizzieren, die aus dem philosophischen Kanon aufgegriffen werden, um die Ziele der Arbeit zu erreichen (1.2). Abschließend ist eine Zusammenfassung des Argumentationsgangs der vier Kapitel der Untersuchung zu finden (1.3).

1.1 Arbeitshypothese und Zielsetzung

Wie kann der Gegenstandsbereich einer Subjektphilosophie definiert werden? Eine heuristische Bestimmung, die ich hier zunächst nur stipuliere, aber im weiteren Verlauf der Untersuchung problematisieren werde, könnte folgendermaßen aussehen: *Subjekte zu verstehen, also das Subjekt-sein oder die Subjektivität von etwas zu verstehen, bedeutet zu verstehen, was es heißt, dass etwas selbstbezüglich verfasst ist und auf sich selbst wiederum als ein Selbstbezügliches Bezug nimmt.* Freilich ist die Formulierung abstrakt. Ihre Funktion besteht aber darin, als Oberbegriff zu gelten: Sie soll einen Zugang zu verschiedenen Ansätzen bereitstellen, die um den Subjektbegriff ringen, um sie in verschiedenen Graden berücksichtigen zu können.

In der philosophischen Literatur wird Subjektivität beispielsweise so interpretiert, dass ein Subjekt das Selbst ist, das ein Individuum in sich zu finden glaubt, indem es im Verlauf seiner Erfahrungen auf sich reflektiert. Ein Subjekt kann aber auch als das verstanden werden, was über eine unverwechselbare und unfehlbare Perspektive auf sich selbst verfügt, als Selbstgewissheit. Darüber hinaus kann Subjektivität als die kognitive und epistemische Selbstpräsenz gedeutet werden, die selbstbewusste Wesen durch ihre Reflexionsvollzüge nachweisen. Sie kann aber auch als Disposition bestimmter raumzeitlicher Individuen begriffen werden, die sich auf sich beziehen können. Neben epistemisch und kognitiv angelegten Ansätzen, an Begriffen des Selbstbewusstseins, des Selbstwissens, der Selbsterkenntnis und der Selbstaufmerksamkeit orientiert, gibt es auch Ansätze, die der Praxis ein Primat einräumen. Subjektivität wird dann als das praktische Sich-zu-sich-verhalten gedeutet, das sich an Phänomenen des Handelns zeigt: Beispielsweise können die Fähigkeit der Selbstbestimmung, aber auch die Übernahme von Verantwortung im öffentlichen Raum zum Ausgangspunkt für die Konzeptualisierung von Subjektivität genommen werden. Aus einer etwas weiteren Perspektive sind auch sprachorientierte Ansätze zu nennen, die der Narration als autobiographischer Selbstsituierung die Funktion von Subjektivität zuerkennen.

Interessanterweise wird in all diesen (kursorisch) angeführten Fällen wesentlich zweierlei angenommen. Erstens, dass Subjekte als etwas zu begreifen sind, das selbstbezüglich verfasst ist: Der Begriff einer Selbstrelation wird für Subjekte definitorisch. Zweitens, dass die Selbstbezüglichkeit, die Subjekte konstituiert, eine solche ist, worauf Subjekte verfügen können. Nimmt man den Fall vom epistemischen Selbstbewusstsein als Paradebeispiel, damit ist dann nicht nur gemeint, dass etwas durch eine epistemische Selbstbezüglichkeit gekennzeichnet ist. Vielmehr verfügt ein selbstbewusstes Wesen auf einen Zugang zu sich selbst als epistemisch selbstbezüglich. Um mehr Kontur dem Gedanken zu verleihen, lässt sich diese doppelseitige Charakterisierung des Subjektbegriffs mit Blick auf das erhellen, wovon der Subjektbegriff durch sie explizit unterschieden wird.

Dadurch zum einen werden Subjekte von jener Art von Entitäten begrifflich differenziert, die nicht selbstbezüglich verfasst sind. Musterhaft dafür sind die in der Debatte immer noch präsenten Oppositionen zwischen Subjekt und Objekt, Ich und Nicht-Ich, aber auch Geist und Materie, qualitativer Erfahrung und Quantität, erstpersonalen und drittpersonalen Eigenschaften. Sei es angemerkt, dass diese Art von begrifflicher Opposition selbst von denjenigen Ansätzen vorausgesetzt ist, die sich eliminativistisch zum Subjektbegriff verhalten: Bestritten wird nicht, dass Subjekte sich als selbstbezüglich konstituieren, sondern eher, jetzt zusammenfassend und von den spezifischen Argumentationsstrategien abgesehen, dass es keine Entitäten gibt, die selbstbezüglich im Sinne der Subjektivität sind.

Zum anderen wird eine, immer noch arbeitshypothetische, Trennung zwischen denjenigen Entitäten, die selbstbezüglich verfasst sind, ohne auf die eigene Selbstbezüglichkeit verfügen zu können, und denjenigen hingegen, also den Subjekten, die es tatsächlich tun. Diese Unterscheidung muss angesichts derjenigen Ansätze angeführt werden, die Subjektivität in Orientierung am Organismus- und somit am Selbstorganisationsbegriff auffassen. Als mit ihrer Welt interagierende, dynamisch selbstorganisierte Entitäten stellen Organismen funktionale Einheiten von verschiedenen Elementen dar. So betrachtet, sind auch Organismen durch eine Art Selbstbezüglichkeit konstituiert: Die verschiedenen Verhältnisse, die im dynamischen und metabolisch interagierenden Organismus bestehen, bestehen erst in Relation zum Ganzen des Organismus selbst. Ein Unterschied besteht nun zwischen der Selbstbezüglichkeit im Sinne der Subjektivität und der Selbstbezüglichkeit im Sinne des Organismus: Organismen, um Organismen zu sein, müssen nicht über ihre eigene Selbstbezüglichkeit verfügen oder einen einheitlichen Bezug auf diese aufbauen können. Diejenigen Entitäten hingegen, die im Sinne der Subjektivität selbstbezüglich sind, müssen sich auch (arbeitshypothesengemäß) auf ihre eigene Selbstbezüglichkeit beziehen können: beispielsweise nehmen sie eine Haltung zu sich ein, können auf sich reflektieren, Entscheidungen treffen, sich selbst betrachten.

Freilich ist die erste begriffliche Opposition nachvollziehbarer als die zweite, die zwar sinnvoll erscheinen mag, aber schwer am Begriff des Selbstbezugs allein sich selbst etablieren lässt. Grund dafür ist, so meine Vermutung, dass der Selbstbezug in der gegenwärtigen Subjektphilosophie größtenteils zuvor als eine Form, als eine Art faktische Relation aufgefasst wird, während weitere Aspekte – wie der Inhalt und der Modus vom Selbstbezug im Sinne der Subjektivität – eher im Hintergrund oder ganz und gar außer Acht gelassen werden, obwohl sie wesentlich zum Subjektivitätsbegriff gehören. Diese Schwierigkeit lasse ich vorerst beiseite, da ihre Diskussion eines der Hauptresultate der Arbeit darstellen wird. Ich gehe also heuristisch von der folgenden Hypothese aus, die lediglich beansprucht, den subjektphilosophischen Diskurs der Gegenwart ganz allgemein anzuvisieren: Das Subjektsein oder die Subjektivität zu verstehen, heißt, sich an der einheitlichen Form des Selbstbezugs zu orientieren. Subjekt ist dementsprechend das, was sich auf sich qua Selbstbezügliches bezieht, was selbstbezugsfähig ist. Im Laufe der Untersuchung wird sich aber zeigen, dass dieser provisorisch eingenommene Standpunkt einer Revision bedarf und durch eine komplexere Auffassung von Subjektivität zu ersetzen ist: durch eine Auffassung, die Selbstbezüglichkeit zwar berücksichtigt, sie aber nicht länger als einziges definitorisches Merkmal von Subjektivität betrachtet.

Von dieser Eingrenzung des subjektphilosophischen Diskurses aus, möchte ich nun den Standpunkt einführen, der die spezifische Ausrichtung der Dissertation charakterisiert. Dieser beruht auf der folgenden These, die ich zugleich als das Ziel der Arbeit verstehe: *Es gilt subjektphilosophisch zu verstehen, dass sich Subjektivität oder Subjekt-sein nur als Geschichtlichkeit oder als Geschichtlich-sein konstituiert.*

Diese Perspektivierung bedarf einer kurzen Erläuterung. Dafür nehme ich jetzt einen konkreten Ansatzpunkt. Obwohl seine Arbeit zur Subjektivität, gerade aus der Perspektive, die ich in der Untersuchung entwickeln werde, nicht unproblematisch ist, stellt ein Gedanke von Dieter Henrich (1999) ein noch unangefochtenes, zentrales Prinzip der Subjektphilosophie dar: Subjekte sind Entitäten, die ihr Leben, ihr Existieren, ihr Bestehen durch ein Verhalten zu sich selbst führen und gestalten. Ich möchte den Satz so verstehen, dass der Akzent ebenso auf die gerade angesprochene Selbstbezüglichkeit wie auf die Lebensführung fällt. Interessant an dem Zusammenhang ist, dass durch die Idee der Lebensführung der Selbstbezugsgedanke ergänzt wird, nämlich um die Dimension der Lebensgeschichtlichkeit. Wenn Subjektivität als Lebensführung in und durch Selbstbezüglichkeit bestimmt wird, wird die Grundlageorientierung am Selbstbezugsbegriff wesentlich bereichert: nicht nur durch die Vorstellung einer diachronischen Erstreckung, sondern robuster durch den Bezug auf Handlungsweisen, Lebensformen, Sozialisierung und Habitualisierung, was zur Komplexität einer sich zu sich verhaltenden Lebensführung gehört. So gefasst, existieren Subjekte, sprich selbstbezugsfähige Entitäten, als Lebensgeschichten, sie nehmen auf sich als auf Lebensgeschichten Bezug und tun dies auf eine lebensgeschichtliche Weise. Was bedeutet und was impliziert das?

Selbstbezugsfähige Individuen teilen insgesamt die Erfahrung, dass sie als Lebensgeschichten existieren. Wenn sie, in welcher Form auch immer, von sich berichten und expliziten Bezug auf sich nehmen, so tun sie dies in der Regel so, dass sie auch auf ihre Lebensgeschichte zurück- und zugreifen. Beispielsweise: Ich wurde an diesem oder jenem Ort, zu dieser oder jener Zeit geboren. Ich habe dieses und jenes unternommen. Mir ist dieses und jenes zugestoßen. Ich möchte gerne in der Zukunft dieses und jenes tun und wünsche mir im Übrigen, dass mein Leben auf diese oder jene Weise gestaltet sein wird.

Ein vorläufiger Versuch, diesen Aspekt subjektphilosophisch zu erschließen, könnte sich an einem Zeitbegriff orientieren, soweit Zeit als chronologisch gegliederte Reihenfolge von Ereignissen oder Momenten aufgefasst wird. Ein Subjekt wäre insofern eine Lebensgeschichte, als es einer chronologisch gegliederten Erstreckung zwischen Geburt und Tod gleichkommt. Schon an dieser Stelle fangen aber die Schwierigkeiten an: Von Lebensgeschichten oder allgemeiner von Geschichten zu reden, setzt mehr als nur den Bezug auf chronologische Reihen innerhalb eines Zeitraums voraus. Eine Geschichte ist eine Organisation verschiedener Elemente, deren Zusammenhang sich nicht als bloße Aufeinanderfolge, als bloßes Davor und Danach begreifen lässt und somit auf keinem rein chronologischen Prinzip basiert. Lebensgeschichtliche Organisation enthält Zielsetzungen, Motivationen, Begründungen, Erinnerungen – allesamt Verhältnisse, die über das reine Aufeinanderfolgen hinausgehen und nicht in Begriffen der Abfolge beschreibbar sind.

Zur Geschichtlichkeit gehört also mehr als chronologische Relationen. Ich kann Rechenschaft über meinen gegenwärtigen seelischen Zustand ablegen, in dem ich auf etwas Bezug nehme, das sich gestern, vorgestern, letzte Woche oder vor Jahren zugetragen hat. Auch meine Handlungen kann ich begründen, indem ich mich dabei auf vergangene Erlebnisse oder Erfahrungen beziehe und mit Blick auf abgezielte, künftige Sachverhalte mein Handeln rechtfertige. Damit geht in aller Regel ein starker Anspruch einher: Das, was mir passiert ist, was mir geschehen ist, was ich damals unternommen habe und was ich für mich hoffe und plane, das alles gehört zu dem, was ich bin, und zwar als jemand, der sich zu sich verhalten kann.

Ausgehend von diesen Überlegungen lässt sich das Vorhaben der Untersuchung genauer bestimmen: Ich möchte zeigen, dass diese vielseitigen Verhältnisse zur eigenen Geschichte konstitutiv für einen tragfähigen Subjektbegriff sind, dass Subjekte kurz gesagt ihre Lebensgeschichte *sind*. Ich möchte also zeigen, dass und in welchem Sinne sich Subjektivität als Geschichtlichkeit konstituiert. Somit ist die spezifische Zielsetzung der Arbeit im subjektphilosophischen Bereich eingeführt.

Obwohl eine solche Absicht auf den ersten Blick harmlos und einleuchtend erscheinen mag, lässt sie sich nicht ohne Weiteres in die bestehende Subjektphilosophie integrieren. Im weiteren Verlauf der Arbeit werde ich genauer darauf eingehen, es sei aber an dieser Stelle zumindest die Bemerkung vorausgeschickt: Der Zusammenhang von Geschichtlichkeit und Selbstbezüglichkeit als Charakteristika von Subjektivität ist spannungsvoll und schwer zu fassen.

Zum einen lässt sich das in der Behandlung der Frage im Zusammenhang der subjektphilosophischen Forschung wiedererkennen: Das Panorama der bestehenden Debatte lässt sich in dieser Hinsicht, grob gesagt, als eine Skala von verschiedenen Positionen begreifen, die zwischen zwei Polen verteilt sind. Das eine Extrem wird von Positionen besetzt, die der Geschichtlichkeit Rechnung tragen, aber den Aspekt der Selbstbezüglichkeit in den Hintergrund treten lassen oder sogar ganz vernachlässigen. Dies gilt beispielsweise für Ansätze, die Subjekte im Ausgang vom Begriff der Narration auffassen: Der Begriff der Narration scheint nicht unmittelbar den Begriff der Selbstbezüglichkeit zu enthalten, bezieht sich aber unmittelbar auf die biographische Dimension von Subjektivität. Am anderen Extrem der Skala lassen sich Theorien verorten, die auf einen Begriff des minimalen Selbst im Sinne einer kognitiven Selbstbezüglichkeit abzielen und dabei ganz und gar bestreiten, dass es lebensgeschichtlich erstreckt sei. Die Uneinigkeit in der Debatte ist nicht als zufällige Vielfalt verschiedener Positionen zu begreifen, sondern geht auf die ungeklärte Schwierigkeit zurück, Geschichtlichkeit *und* Selbstbezüglichkeit in der Konstitution von Subjektivität zusammenzudenken.

Zum anderen bleibt auch unklar, was der Begriff der Geschichte inhaltlich besagt und demzufolge was den Begriff der Geschichtlichkeit wesentlich bestimmt. Der Begriff der Geschichte kann in diesem Zusammenhang aus zwei Perspektiven gefasst werden, die sich durch zwei etwas plakative Ausdrücke auf den Punkt bringen lassen: Geschichte kann sowohl als *res gestae* als auch als *historia rerum gestarum* gefasst werden.

Die zweite Formulierung bringt die Vorstellung zum Ausdruck, dass ein Geschehen nacherzählt, aufgefasst, organisiert wird: Geschichte ist das Resultat einer (narrativen) Wiedergabe. In dem ersten Sinne hingegen wird Geschichte auf eine substanzielle Weise begriffen: als das Geschehen selbst. Der Fokus liegt dabei auf etwas, das als Geschichte stattfindet, auf einer Reihe von Ereignissen und Handlungen sowie auf den Relationen, die zwischen ihnen bestehen und sie zusammenbinden. Es ist in diesem letzten, substanziellen Sinne, dass ich die Geschichtlichkeit von Subjekten zum Thema machen möchte: Wie lässt sich denken, dass selbstbezügliche Wesen ihr jeweils eigenes Geschehen sind? Und nicht nur eine im Nachhinein gewonnene Wiedergabe des Geschehens (in welcher Form auch immer: ob die Wiedergabe sprachlicher, bildlicher oder psychologischer Natur, ist sekundär). Es wird sich allerdings herausstellen, dass auch diese Unterscheidung zwischen den zwei Bedeutungen von Geschichte problematisch ist, da es sich bei Subjekten um Entitäten handelt, die durch ihre eigene Selbstbezüglichkeit definiert sind, durch ihr eigenes Selbstfassen: Es geht um *res gestae*, die unmittelbar in die Dimension der *historia rerum gestarum* umzuschlagen scheinen.

Diese beiden hier kurz erwähnten Schwierigkeiten problematisieren und verkomplizieren die scheinbare Einfachheit des Themas. Im Verlauf der Arbeit werden sie angegangen und gelöst. Ich werde nicht nur Selbstbezüglichkeit und Geschichtlichkeit kompatibel machen, sondern auch zeigen, was Geschichtlichkeit im Kontext der Subjektkonstitution inhaltlich besagt. Die Herangehensweise besteht darin, die zwei Begriffe, Selbstbezüglichkeit und Geschichtlichkeit, in ihrer wechselseitigen Bestimmung herauszustellen: Es geht nicht nur darum, geschichtliche Selbstbezüglichkeit zu denken, sondern auch selbstbezügliche Geschichtlichkeit zu verstehen. Um dies zu erreichen, differenziere ich innerhalb dieser allgemeineren Zielsetzung zwei verschiedene Schritte: erstens die Frage der Prozessualität und zweitens die Frage der Geschichtlichkeit.

Der Fokus auf dem Prozessual-sein von Subjekten rückt den Aspekt des Geschehens, des Zusammenhangs von verschiedenen Momenten als ein Werden in den Mittelpunkt: Es geht darum zu verstehen, wie Subjekte als dynamische Entitäten innerhalb einer gewissen prozessualen Erstreckung begriffen werden können. Im Laufe der Diskussion wird sich aber herausstellen, dass schon der Fokus auf die spezifische Prozessualität von selbstbezüglichen Entitäten auf die Frage verweist, wie ihre Geschichtlichkeit in Bezug auf die soziale Dimension ihrer Existenz zu fassen ist. Die so verstandene Geschichtlichkeit bezieht nicht nur das Geschehen eines Subjekts mit ein, sondern bezieht sich zugleich auf die soziale, kollektive Ebene. In einem zweiten Schritt gilt es demnach zu zeigen, dass Subjektivität nicht nur als Werden, als Geschehen zu denken ist, es gilt darüber hinaus nachzuweisen, dass dieses Geschehen durch seine gesellschaftliche Dimension, durch seine Verbindung zu Institutionen, Normen und Ritualen ein dezidert geschichtliches Geschehen ist. Subjekte sind somit nicht nur insofern geschichtlich, als sie dynamische Geschehen sind; vielmehr lassen sie sich nur deshalb als Geschehen begreifen, weil das Geschehen, das sie sind, mit der geschichtlichen Verortung ihres Selbstbezugs zu tun hat.

Den Zusammenhang zwischen den beiden letztgenannten Aspekte, Prozessualität und Geschichtlichkeit im engeren Sinne, aufzuzeigen, stellt das Ziel der Untersuchung dar: *Ich werde ein Verständnis von Subjektivität entwickeln, das diese als ein dynamisches, prozessuales und soziales Geschehen ausbuchstabiert.* Es geht mir darum, nachzuweisen, dass und wie Subjektivität als Geschichtlichkeit zu denken ist; und dafür zu argumentieren, dass dies wichtige Konsequenzen für ein philosophisches Verständnis von Subjekten nach sich zieht. Ausgehend von dieser knappen Darstellung der Ziele und des Gegenstands der Untersuchung, gehe ich jetzt auf die Art und Weise ein, wie dieses Resultat erreicht werden kann. Insbesondere ist der exegetische Bezug der Arbeit auf Friedrich Schellings und Martin Heideggers Denken zu erläutern und zu begründen.

1.2 Der exegetische Bezug auf Friedrich Schelling und Martin Heidegger

Als Ausgangspunkt der Arbeit nehme ich das Denken von Schelling und Heidegger, insbesondere zwei ihrer Hauptwerke, das *System des transzendentalen Idealismus* und *Sein und Zeit*. Ich nehme die beiden Werke als Grundlage meines Ansatzes, weil in beiden Fällen Theorien der Subjektivität entwickelt werden, in deren Mittelpunkt der Gedanke einer definitorischen Prozessualität und Geschichtlichkeit des Subjekts steht. Diese hier nur vorausgesetzte These gilt es durch Auslegungsarbeit zu untermauern. Ich möchte nun kurz die Vorentscheidung für Schelling und Heidegger begründen und sie gegenüber den gewöhnlichen Interpretationen des Schelling-Heidegger-Zusammenhangs abgrenzen.

Der Bezug zu Heidegger ist im Kontext einer Arbeit über die Geschichtlichkeit von Subjektivität naheliegend, obwohl er nicht völlig unangreifbar ist. Bekannterweise entwickelt Heidegger in *Sein und Zeit* seine Philosophie des Daseins. Ohne mich auf die These festlegen zu wollen, dass sich Heideggers Werk als Subjektphilosophie begreifen lässt, weil in dieser Hinsicht bestimmte textuelle Gegenbeweise vorliegen, möchte ich trotzdem daran erinnern, dass Heideggers Begriff „Dasein" durch eine praktische Selbstbezüglichkeit definiert ist. Eine solche Bestimmung des Daseins legitimiert meine Bezugnahme auf Heideggers Denken im Zusammenhang mit dem oben angesprochenen, subjektphilosophischen Paradigma.

Noch bedeutsamer für mein Anliegen ist allerdings Heideggers Behauptung, dass das Dasein nicht nur durch den Selbstbezugsbegriff, sondern notwendig auch als ein Geschehen zu konzeptualisieren ist. Der Formulierung, dass das Dasein das Geschehen des Daseins ist, entspricht in *Sein und Zeit* eine in mehreren Paragrafen geführte Diskussion des Begriffs der Geschichtlichkeit des Daseins. Dem Anspruch nach entwickelt also Heidegger ein philosophisches Verständnis von selbstbezüglichen Entitäten, das diese als Geschehen, als wesentlich geschichtlich gefasst haben will. Heideggers Theorie des Daseins, wie sie in *Sein und Zeit* entwickelt wird, stellt also eine Auffassung vom Subjekt-sein als Geschichtlich-sein in Aussicht. Ob und wie *Sein und Zeit* diesem besonderen Anspruch gerecht wird, ist in der Literatur umstritten, bis hin zur etwas polemischen Behauptung, dass Heideggers *Sein und Zeit* insgesamt nichts Wesentliches zur Frage der Geschichtlichkeit beizutragen hat. Mit dieser Interpretationsfrage werde ich mich im Laufe der Arbeit beschäftigen. Dabei möchte ich sowohl zeigen, dass Heidegger über eine eigentümliche Theorie der Geschichtlichkeit verfügt, worin sie besteht und inwiefern sie einen wesentlichen Aspekt von Heideggers Daseinsverständnis ausmacht.

Mit Blick auf Schelling ist die Ausgangslage nur scheinbar simpler als im Fall Heideggers. Textuell stellt Schelling im *System des transzendentalen Idealismus* den Anspruch auf, eine Philosophie des Selbstbewusstseins zu entwickeln. Ich verstehe seinen Ansatz so, dass er eine Theorie derjenigen Entitäten abzuliefern beansprucht, die durch Selbstbezüglichkeit definiert sind. Zumindest der Zielsetzung nach beschäftigt sich also das Werk mit Subjektivität, und zwar in demselben Sinn, wie sie auch der oben definierte subjektphilosophische Diskurs begreift.

Die Legitimierung in Hinblick auf die Geschichtlichkeit ist etwas problematischer. Eine recht gängige These in Bezug auf Schellings Verständnis von Subjektivität im *System des transzendentalen Idealismus* lautet folgendermaßen: Schelling fasst das Selbstbewusstsein so auf, dass dabei der Begriff der Geschichte des Selbstbewusstseins eine entscheidende Rolle spielt, dem ein Verständnis von Subjektivität entspricht, in dessen Mittelpunkt ihre prozessuale Verfasstheit steht. Diese Annahme stand auch zu Beginn der Arbeiten für die vorliegende Untersuchung im Vordergrund, in deren Verlauf ich allerdings zu der Überzeugung gelangte, dass sich diese Annahme nicht halten lässt. Der Begriff der Geschichte des Selbstbewusstseins und die These der Prozessualität des Selbstbewusstseins sind in Schellings Text zu unterscheiden. Meine Interpretation richtet sich somit auf die Erklärungslücke zwischen einer verbreiteten Rezeptionsweise von Schellings Denken und der textuellen Untermauerung derselben. Denn die gerade erwähnte Standardlesart geht davon aus, dass er eine Theorie des Geschichtlich-seins von Subjektivität entwickelt, obwohl sie das aus den falschen Gründen tut: Um Schellings Ansatz zu verstehen, müssen zunächst diese falschen Gründe ausgeräumt werden. Ich argumentiere, dass der Begriff der Geschichte des Selbstbewusstseins ein methodologischer Begriff ist und deshalb ausschließlich die Vorgehensweise vom *System* und nicht seinen Gegenstand betrifft.

Wenn diese letzte Aussage aber stimmt, dann stellt sich die Frage, ob Schelling überhaupt eine Theorie des Geschichtlich-seins von Subjektivität entwickelt. Das wurde in der neueren Literatur bereits problematisiert: Schellings Begriff der Geschichte des Selbstbewusstseins, wie er im System dargestellt wird, sei gar nicht in der Lage, eine derartige Theorie zu begründen (was, meiner Lesart nach, aus dem Grund stimmt, dass diese Rolle dem Begriff gar nicht zugedacht wird). Ich trage somit die Beweislast für eine zweite These, nämlich dass Schelling trotz der methodologischen Einschränkung seines Begriffs der Geschichte des Selbstbewusstseins eine Theorie des Geschichtlich-seins des Selbstbewusstseins entwickelt, und zwar in Form einer Theorie des Prozessual-seins der selbstbezüglichen Entitäten. Diese These lässt sich durch eine Interpretation derjenigen Paragrafen des Systems untermauern, die dem Zeitbegriff gewidmet sind.

Insgesamt verteidige also ich in Bezug auf Schelling zwei Grundthesen, die zusammengenommen meine interpretative Vorentscheidung untermauern. Erstens entwickelt er im *System des transzendentalen Idealismus* ein Verständnis von selbstbezüglichen Wesen. Zweitens ist Schellings Subjekttheorie so zu interpretieren, dass sie die Eigenschaft des Prozessual-seins als wesentliche Eigenschaft des Selbstbewusstseins erklärt. Unter der Voraussetzung, dass diese Thesen zutreffen, ergibt sich also folgender Grund für meine Bezugnahme auf Schellings Frühphilosophie: Dort findet sich eine Theorie, die definitorisch selbstbezügliche Entitäten angeht, und zwar so, dass sie als prozessual verfasst begriffen werden.

Bevor ich nun eine allgemeine Übersicht der ganzen Untersuchung präsentiere, möchte ich einige letzte Hintergrundbemerkungen über meinen Ansatz zu Schelling und Heidegger vorausschicken, genauer gesagt darüber, wie ich sie als eine philosophische Einheit betrachte und behandle. Denn der Umfang des Interpretationsgegenstands kann die Vermutung nahelegen, dass sich die Untersuchung im begrenzten Rahmen nur schwer realisieren lässt. Es ist nicht nur so, dass zwischen den zwei heranzuziehenden Werken mehr als ein Jahrhundert liegt. Darüber hinaus stellen auch die zahlreichen Interpretationen der zugrunde gelegten Texte eine erhebliche Herausforderung dar. Ich möchte kurz erläutern, wie ich mit damit umgehe und warum ich denke, dass die beiden Interpretationsgegenstände als eine Einheit behandelt werden können (sofern es der Exegese tatsächlich gelingt, die in den zwei Werken und Theorien vermutete Einheit zu belegen).

Im Grunde genommen, orientiert sich die Organisation des Interpretationsmaterials an der sachlichen Fragestellung der Arbeit. Einerseits geht es mir also methodologisch weniger um ganzheitliche Auslegungen beider Werke an, sondern eher um eine Thematisierung und Problematisierung der für mein Anliegen relevanten Diskussionen und Begriffe. Freilich sind Bezugnahmen auf verschiedene Stellen der beiden Werke und auf weitere Texte erforderlich, dennoch schränkt einerseits der spezifische Fokus der Interpretation das begriffliche Panorama so ein, dass es im Rahmen der Untersuchung behandelbar wird. Andererseits betrachte ich Schelling und Heidegger inhaltlich als Denker, die an dem vergleichbaren Vorhaben gearbeitet haben, dass Geschichtlichkeit und Subjektivität Hand in Hand gehen müssen, obwohl die beiden Philosophen dieses Programm auf unterschiedliche Art verfolgen.

In dieser Hinsicht ist wichtig zu betonen, dass diese augenscheinliche Nähe nicht zu einem voreiligen Schluss über die Vereinbarkeit ihrer Theorien führen sollte. Zwar steht in beiden Fällen der Zeitbegriff im Fokus der Interpretation, die beiden Zeitbegriffe teilen aber nicht den gleichen Inhalt. Trotzdem lässt sich vorwegnehmen, dass nicht nur das Ziel ihrer Theorien, sondern auch einen gewissen Hintergrund beziehungsweise die Perspektivierung auf den Subjektbegriff in den zwei Fällen ähnlich ist. Sowohl für Schellings als auch für Heideggers Herangehensweisen an Subjektivität lässt sich eine Orientierung am Feld der Praxis und des Handelns wiedererkennen, die im ersten Teil der Arbeit herausgestellt wird und auch die Perspektive der vorliegenden Untersuchung ausmacht. Auch dies bedarf aber einiger Vorklärungen.

Was den Heidegger von *Sein und Zeit* angeht, scheint die Forschung fast ausnahmslos die Annahme zu vertreten, dass sein Denken an einer Analyse von praktischen Vollzügen orientiert ist. Die Übersetzung von Heideggers Denken in eine am Praxisbegriff orientierte Perspektive, in einen Standpunkt, von dem aus ich beide Denker betrachten will, wurde teils schon geleistet. Mit Blick auf Schellings Denken ist die Lage etwas komplizierter. Textuell ist es schwer zu leugnen, dass der Praxisbezug im System eine zentrale Rolle einnimmt: Beispielsweise wird Selbstbewusstsein essenziell mit dem Freiheitsbegriff gekoppelt. Dennoch wurde eine Übersetzung seiner Frühphilosophie in eine am Praxisbegriff orientierte Begrifflichkeit, im Gegensatz zum Fall Heidegger, bisher kaum in Angriff genommen, auch wenn sie in der Fachliteratur nicht völlig absent ist. Es ist kaum zu bestreiten, dass der Praxisbegriff in der Regel nicht als Hauptzugang zu Schellings Frühphilosophie angesehen wird: Die Auslegungen orientieren sich in der Regel eher am Begriff der Kunst oder am Begriff des Organismus, die unzweifelhaft eine entscheidende Rolle in Schellings Denken spielen.

Ich werde an dieser Stelle nicht die These verteidigen, dass der Praxisbegriff eine tragfähigere Grundlage für eine Interpretation von Schellings Frühphilosophie abgibt. Zumindest die entscheidende Rolle und die inhaltliche Bestimmung des Freiheitsbegriffs für Schellings Denken ließen sich jedoch, wie im weiteren Verlauf der Argumentation zu zeigen sein wird, für den Praxisbegriff ins Feld führen. An dieser Stelle gilt es lediglich zu betonen, dass Schellings Fokus auf den Freiheitsbegriff im System verschiedene Phänomene umfasst, die dem Feld der menschlichen Praxis zugehören und für die Diskussion und das Verständnis von Subjektivität mobilisiert werden (die Interaktion mit materiellen Gegenständen, die individuelle Bindung durch intersubjektive Anerkennungsverhältnisse, rechtliche Institutionen, die teleologische Ausgerichtetheit von Handlungen usw.).

Es gilt zuletzt, Einiges in Bezug auf den Zusammenhang von Schelling und Heidegger als exegetischen Topos vorauszuschicken. Die gängige Rezeption stützt sich häufig auf ein doppelseitiges Motiv: die Überholung eines selbstbewusstseins- und begriffszentrierten Rationalismus durch die Entwicklung einer Philosophie des Ereignisses (zugegebenermaßen in verschiedenen Formen). Diese thematische Konvergenz wird in der Regel mit Blick auf den mittleren und späten Schelling und auf den Heidegger nach der sogenannten Kehre entwickelt (der übrigens zum Leser Schellings wurde). Dieser Schelling und dieser Heidegger werden die vorliegende Untersuchung im Grunde nicht beschäftigen: Von anderen Fragen jetzt abgesehen, ist ihr Denken durch einen fast vollständigen Bruch mit dem Standpunkt des Selbstbewusstseins charakterisiert, so die Standardinterpretation, dem eine Denkweise entgegengesetzt wird, die einen gewissen Skeptizismus gegenüber begrifflichen Verhältnissen als Mittel philosophischer Erkenntnis durchscheinen lässt – was sowohl Schelling als auch Heidegger den Ruf von Antirationalisten oder sogar Irrationalisten beschert hat.

Diese analogische Entwicklung in ihrem Denken ist für mein Anliegen aus einem philosophiehistorischen Grund beachtenswert. Um des Arguments willen sei vorausgesetzt, dass sich diese knappe Stilisierung der Parallele zwischen Schellings mittlerer und später Philosophie und Heideggers nachdaseinsphilosophischen Ansätzen halten lässt und dass sich beide Denker ausgehend von einer bestimmten Denktradition weiterentwickelt haben, mit der sie sich am Anfang ihrer intellektuellen Karrieren auseinandersetzten: von einer Philosophie des Ichs, des Subjekts, des Selbstbewusstseins, die im Fall Schellings von Fichte, im Fall Heideggers von Husserl verkörpert wurde. Die kritische und problematisierende Selbstpositionierung beider Philosophen in Bezug auf eine solche Tradition ist für die Ziele meiner Untersuchung interessant, denn beide Aufnahmen der Subjektphilosophie sind durch eine Eingrenzung der Selbstständigkeit des Subjekts charakterisiert. Diese Entgrenzung geht mit einer verstärkten Betonung der relationalen, materiellen, intersubjektiven und sozialen Gebundenheit des menschlichen Geistes einher: Schellings Betonung der konstitutiven Angewiesenheit des Ichs auf die materielle und lebendige Natur sowie Heideggers Begriff der Weltlichkeit des Daseins operieren in diese Richtung.

Zwar vereinfachend, aber so betrachtet befinden sich also die beiden Ansätze in einer analogen Lage: Sie rezipieren einen starken Subjektbegriff und schwächen denselben auf eine ähnliche Weise ab, eh der Fokus auf Subjektivität als Grundbegriff in späteren Denkentwicklungen preisgegeben wird. Diese Perspektivierung, freilich noch keine historiographische These, soll die historischen Konvergenzen verbildlichen, auf die sich die interpretativen Teile der Untersuchung fokussieren: auf Thematisierungen des Subjektbegriffs kurz vor seinem (scheinbaren) Verschwinden aus zwei intellektuellen Entwicklungen. In diesen beiden Momenten taucht allerdings ein ausgesprochen produktives Verständnis von Subjektivität auf: Bevor der Standpunkt der Subjektivität verlassen wird, lässt sich im Denken Schellings und Heideggers eine Umschreibung des Subjektbegriffs wiederkennen, die für mein Anliegen aufgrund ihrer verweltlichenden und vergeschichtlichenden Ausgerichtetheit auszuloten ist.

1.3 Übersicht der Untersuchung

Die Arbeit gliedert sich in zwei Teile aus jeweils zwei Kapiteln. Beide arbeiten anhand von Interpretationen von Heidegger und Schelling einen subjektphilosophischen Ansatz heraus, der sich am Begriff der Praxis orientiert.

1.3.1 Erster Teil: Ein Paradigma für die Subjektphilosophie

In einem ersten Teil widmet sich die Untersuchung einer Diskussion des Standpunkts, von dem aus das Subjekt-sein begriffen wird. Bei der Behandlung dieser Frage rekonstruiere ich Schellings und Heideggers Philosophie mit Blick auf den (aus ontologischer und aus metaphysischer Sicht) problematischen Status der ersten Person, wie er in der subjektphilosophischen Debatte der Gegenwart angegangen wird. Diese Debatte wird insbesondere da brisant, wo sich die subjekt- und geistesphilosophische Forschung mit dem Thema des Naturalismus auseinandersetzt. Für die Zwecke der Untersuchung ist es nicht nötig, eine bestimmte Position in Bezug auf den Naturalismus einzunehmen, denn der Begriff interessiert mich eher aus negativer Sicht, und zwar in dem Maße, wie er bestimmte Anforderungen an die Subjektphilosophie stellt. Die Diskussion des subjektphilosophischen Umgangs mit den naturalistischen Anforderungen und die Interpretation von Schelling und Heidegger werden auf die folgende Grundthese hinauslaufen, die das erste Ergebnis der Untersuchung darstellt: *Subjektivität ist die Fähigkeit, in und durch einen Zusammenhang von praktizierenden Entitäten, sozialen Handlungsorientierungen und materieller Gegenständlichkeit ein Selbstverhältnis aufzubauen. Die involvierten Elemente – praktizierende Entitäten, soziale Handlungsorientierungen und materielle Gegenständlichkeit – konstituieren sich nur in ihrem Zusammenhang und als intrinsisch relational.*

Im *ersten* Kapitel wird die Fragestellung des ersten Teils der Arbeit präsentiert, um eine Grundlage für die darauf aufbauende Diskussion zu schaffen. In Orientierung an der subjektphilosophischen Naturalismusdebatte der letzten Jahre wird die metatheoretische Kompatibilität zwischen Annahmen metaphysischer und geistesphilosophischer Art diskutiert, um naturalistische Anforderungen subjektphilosophisch produktiv zu machen. Dabei fokussiere ich insbesondere auf drei subjektphilosophische Thesen, die mit naturalistischen Ansätzen nicht kompatibel zu sein scheinen: die Thesen der Erstpersonalität, der Präreflexivität und der Irreduzibilität des Subjekts. Der einführenden Diskussion entnehme ich folgendes Desideratum für die subjektphilosophische Reflexion: die Suche nach einem einheitlichen begrifflichen Paradigma, an dem sich die subjektphilosophische Reflexion orientieren kann, ohne deshalb in einen allzu brisanten Widerspruch mit bestimmten naturalistischen Vorwürfen zu kommen

Dafür richtet sich die Untersuchung zunächst an Friedrich Schellings Frühphilosophie, insbesondere an die *Philosophischen Briefe über Dogmatismus und Kritizismus* und die *Allgemeine Übersicht der neuesten philosophischen Literatur*. Die Interpretation verfolgt zwei Ziele: auf der einen Seite die metatheoretische Problematisierung subjektphilosophischer Ansätze in ihrem Verhältnis zur metaphysischen Reflexion, auf der anderen die vorbereitende Konturierung eines tragfähigen Paradigmas für die Subjektphilosophie, in dessen Mittelpunkt der Begriff der praktischen Interaktion steht. In einem ersten Schritt wird also Schellings metatheoretischen Standpunkt rekonstruiert, der zwei philosophische Diskurse in ihrem wechselseitigen Abhängigkeitsverhältnis untersucht, den subjektphilosophischen und den metaphysischen. Darauf aufbauend wende ich mich der Frage zu, welche Position in Schellings Augen am produktivsten ist, um subjektphilosophischen und metaphysischen Diskurs sinnvoll zusammenzuhalten. Die Rekonstruktion erfolgt als Diskussion der verschiedenen Optionen, die Schelling in Betracht zieht und kritisiert. In den *Philosophischen Briefen* problematisiert Schelling den Ausschluss des menschlichen Geistes aus der Grundstruktur der Wirklichkeit sowie symmetrisch den Exklusivitätsanspruch der subjektiven Strukturen des Selbstbewusstseins auf das Unbedingt-sein. Dabei führt er beide Fehler auf die Vorstellung zurück, dass sowohl Geist als auch Wirklichkeit nicht nach gegenseitigen Konstitutionsverhältnissen gedacht werden. Während die *Philosophischen Briefe* aporetisch bleiben, setzt sich Schelling in der *Allgemeinen Übersicht* erneut mit den gleichen Fragen auseinander, obwohl mit einem positiven Resultat. Er stellt die These auf, dass subjektphilosophischer und metaphysischer Diskurs doch kompatibel gemacht werden können. Dies trifft allerdings zu, wenn beides am Begriff von praktischer Interaktion als Paradigma ansetzt, an der Idee nämlich, dass Geist und Wirklichkeit im Ausgang von ihren dynamischen, praktischen und konstitutiven Relationen aufeinander zu denken sind. Dieses Resultat ist begrenzt als eine metatheoretische Einrahmung der Fragestellung des ersten Teils der Arbeit, denn damit wird noch nicht geklärt, ob Subjekte Prozesse, Substanzen, Formen, Seelen oder Personen sind. Es wird nur affirmiert: Subjektivität ist von praktischer Interaktion aus zu denken.

Das *zweite* Kapitel entwickelt und bestimmt die Resultate des ersten weiter. Dies erfolgt durch die Einführung des Begriffs des praktischen Spielraums. Dieser wird in Auseinandersetzung mit Heideggers Daseinsphilosophie erarbeitet, hauptsächlich mit Bezug auf *Sein und Zeit* und insbesondere auf den dort (erstmal negativ) eingeführten Begriff der Möglichkeit. Anders als im Fall des ersten, schließt das zweite Kapitel mit einer expliziten geistesontologischen These: Subjektivität wird als die Fähigkeit begriffen, Selbstverhältnisse in praktischen Spielräumen zu vollziehen beziehungsweise zu praktizieren. Zum Anfang wird gezeigt, dass Heidegger so wie Schelling eine metatheoretische Diskussion seiner Daseinsphilosophie voranstellt, wie es im Begriff der ontologischen Differenz ersichtlich wird. Diesen interpretiere ich – freilich deflationär – als im Zusammenhang stehend mit der im ersten Kapitel aufgeworfenen Frage der Kompatibilität zwischen Subjektivitäts- und Wirklichkeitsauffassung.

Im Ausgang davon wende ich mich einer detaillierteren Rekonstruktion von Heideggers Begriff des Verstehens zu, wie er ausgehend von einer Analyse der praktischen (nicht instinktmäßigen) Vollzüge von Akteur:innen, ihrer „Umgänge" mit materiellen Gegenständen gewonnen wird. Die Rekonstruktion läuft auf die folgende These hinaus: Heideggers Analyse praktischer Vollzüge und ihrer Voraussetzungen liefert eine hinreichende Begrifflichkeit, um auch die menschliche Fähigkeit zu beschreiben, sich zu sich selbst zu verhalten. Dies erfolgt aber ohne Rekurs auf einen solchen Begriff von Subjektivität, der in die metatheoretische Inkompatibilität zwischen Geistes- und Wirklichkeitsauffassung zurückfällt, die im ersten Kapitel herausgestellt wird: Ausgehend von Heideggers Ansatz lassen sich verschiedene Gegenstandsbereiche (und dementsprechend verschiedene theoretische Regionen) voneinander unterscheiden, ihre metatheoretische Grundlage bleibt aber eine einheitliche und gemeinsame. Diese besteht in der Auffassung, dass soziale Normen, materielle Gegenständlichkeit und Akteur:innen (beziehungsweise praktizierende Wesen oder Entitäten, wie sie in der Arbeit genannt sind) in Relation zueinander konstituiert sind. An dieser Stelle wiederholt sich jedoch das Problem, das das erste Kapitel abschließt. Die Eingrenzung einer metatheoretischen Orientierung kommt nicht der Bestimmung einer subjektphilosophischen These gleich. Dieses Problem zu lösen, gelingt Heidegger nicht völlig; eine Lösung lässt sich aber im Ausgang von Heidegger und teils über Heidegger hinaus konturieren.

Dafür ziehe ich seine Konzeption des Möglichkeitsbegriffs in Betracht und erarbeite daraus die Begriffe einerseits des praktischen Spielraums, andererseits der Fähigkeit, sich zu sich in praktischen Spielräumen zu verhalten. Letzteres macht die in der Untersuchung erarbeitete Antwort auf die Frage aus, was Subjektivität sei: Subjekt-sein heißt Fähig-sein, im Zusammenhang mit konstitutiven Relationen zu sozialen Normen und materieller Wirklichkeit Selbstverhältnisse zu praktizieren. Um den Ertrag dieser These zu verdeutlichen, wird sie im Kontext der im ersten Kapitel skizzierten Naturalismusdebatte in der Subjektphilosophie überprüft. Die Untersuchung entwickelt dabei eine Kritik des ontologischen Gebrauchs der Begriffe der Präreflexivität und Erstpersonalität, die auf den Vorschlag hinausläuft, diese Begriffe nur noch eingeschränkt als epistemische Begriffe zu verstehen. Abschließend wird gezeigt, dass die in der Untersuchung verteidigte Subjektivitätskonzeption den drei eingangs herausgestellten subjektphilosophischen Desiderata (Erstpersonalität, Präreflexivität, Irreduzibilität) aus epistemischer Sicht Rechnung tragen kann.

1.3.2 Zweiter Teil: Subjektivität als Geschichtlichkeit

Im zweiten Teil der Dissertation wird eine direkte Thematisierung der prozessualen und geschichtlichen Verfasstheit von Subjektivität in Angriff genommen. Diese erfolgt als eine Weiterbestimmung des Begriffs des Subjekt-seins aus der Perspektive des praktischen Spielraums. Zu diesem Zweck ziehe ich abermals Schelling und Heidegger heran, fokussiere dabei auf Aspekte ihrer Ansätze, die im ersten Teil der Arbeit nicht in den Mittelpunkt stehen. Die Diskussion mündet in der folgenden These: *Das Subjekt-sein als Geschichtlich-sein wird erst mit Rekurs auf den Begriff der Fähigkeit der Uminterpretation von praktischen Relationen verständlich. Dieser Begriff der Uminterpretation muss als eine spezifische Fassung des Freiheitsbegriffs verstanden werden.*

Diese Auffassung zu erläutern und zu untermauern, stellt die Aufgabe des zweiten Teils der Untersuchung dar, die sich zu diesem Zweck mit zwei enggebundenen Problemen beschäftigen muss. Einerseits wird die relationale Auffassung von Subjektivität hinterfragt, denn sie besagt: Ein Subjekt ist insofern ein Subjekt und bildet insofern eine Einheit, als es sich innerhalb des Bezugsrahmens von praktischen Spielräumen konstituiert. Diese These läuft allerdings Gefahr, den Gegenstand der subjektphilosophischen Reflexion in kontextuelle, wesentlich apersonale und nicht-subjektive Bezüge und Vorgänge aufzulösen. Andererseits stellt diese Konzeption einige Probleme auch für die praxisorientierte Interpretation des Subjektbegriffs dar, die in der Untersuchung entwickelt wird. Die Zentrierung auf a-subjektive Relationen als Fundierungsort von sozialen Akteur:innen scheint nahezulegen, dass der Subjektbegriff praktische Selbstständigkeit kaum impliziert. Tun und Handeln wären, zugespitzt formuliert, bloße Resultate von ihren kontextuellen Relationen. Die zwei Probleme werden mithilfe von Schelling und Heidegger diskutiert, mit besonderem Fokus auf die für beide Denker zentrale Frage, was genau das Differenzierungsmerkmal von Subjektivität, im Ausgang von ihrer relationalen Konstitution, gegenüber anderen Arten von Entitäten ausmacht.

Das *dritte* Kapitel nimmt zunächst, mit Blick auf die bereits gewonnenen Resultate, den Leitfaden der Dissertation wieder auf. Die Problematik der herausgestellten Grundlage wird herausgearbeitet, sodass dabei die Schwierigkeit, die Identität des Subjekts zu begründen, in den Vordergrund tritt. Es ist nämlich unklar, wie sich in einem durch und durch relationalen Rahmen die Einheit des Selbst als Identität eines Subjekts mit sich selbst konstituieren kann. Vor allem aus der Perspektive der Lebensgeschichtlichkeit betrachtet, das Thema der Untersuchung, ist diese Frage dem geistesphilosophischen Diskurs nicht unbekannt: Sie bezieht sich nämlich auf die Schwierigkeiten, das Persistieren einer Person und ihrer Identität in der Zeit zu denken. Diese Schwierigkeiten werden durch die spezifisch subjektphilosophische

Problemlage vervielfacht, die schärfer transtemporäres Persistieren und Selbstbezüglichkeit zusammenzudenken beansprucht.

Es fragt sich nämlich, ob die Selbstbezüglichkeit des Subjekts so gefasst werden kann, dass sie sich vom Grund an als Prozessualität und Geschichtlichkeit konstituiert. In diesem Rahmen ziehe ich zunächst Schellings Philosophie des Selbstbewusstseins in Betracht, wie sie im *System des transzendentalen Idealismus* entwickelt wird. Dabei steht in erster Linie seine Diskussion des Zeitbegriffs im Vordergrund. Diese etabliert im *System* einen Standpunkt, der die Identität des Subjekts in dem interaktionistischen Rahmen verständlich macht, den Schelling in seinen Frühschriften sowie in den ersten Schritten des Systems skizziert. Die Rekonstruktion der Ausgangslage von Schellings *System* bildet den Ausgangspunkt für die Kritik der schon oben erwähnten Interpretation von Schellings Begriff der Geschichte des Selbstbewusstseins erfordert. Im Anschluss daran erläutere ich Schellings Methode, ohne welche sich die Diskussion seines Zeitbegriffs schwer verständlich machen lässt.

Die Diskussion von Schellings Zeitbegriff wird dann im Rahmen eines *close reading* von nur wenigen Seiten des *Systems* entwickelt. Den Begriff führt Schelling argumentativ als Explanans dafür ein, dass sich selbstverhältnisfähige Wesen in jedem sensomotorischen Umgang mit ihrer Wirklichkeit von dem explizit unterscheiden können, womit sie interagieren. Meiner Rekonstruktion nach wird die Zeit im *System* als das Zusammenspiel von Handlungsmöglichkeiten und -unmöglichkeiten erklärt, das in jedem praktischen Vollzug angelegt ist. Dadurch beansprucht Schelling zwei Wesensmerkmale der Zeit zu begründen: die Irreversibilität und das Sukzessiv-sein. In den sukzessiv und irreversibel geordneten Aushandlungen mit ihrer Umgebung verhandeln Subjekte als Akteur:innen ihre eigenen Handlungsgrenzen. Somit lässt sich verstehen, aus welchem Grund Schelling die Zeit wesentlich als „Gefühl der Gegenwart" und als „Selbstgefühl" bezeichnet: Subjekte differenzieren sich interaktiv und prozessual von ihrer Umwelt, indem sie praktisch ihre eigenen Handlungsfähigkeiten auf die Probe stellen. Dieser Konzeption Schelling entnehme ich meine Auffassung von Prozessualität, indem ich sie in die im ersten Teil entwickelte Begrifflichkeit integriere.

Allerdings wird eine derartige Erläuterung von Prozessualität den Zielen der Untersuchung noch nicht gerecht. Auf der einen Seite wird die Differenzierung von selbstbezugsfähigen Entitäten und nicht-selbstbezugsfähigen Entitäten nur vom Standpunkt der ersten aus gesichert: Eine solche Differenzierung bleibt nur eine Selbstdifferenzierung und liefert somit ein begriffliches Kriterium ab, das nur aus der Perspektive des Subjekts gilt. Auf der anderen Seite ist mit diesem Begriff der Prozessualität das Desideratum der Arbeit, nämlich Geschichtlichkeit im oben erwähnten Sinne zu begreifen, noch nicht erreicht: Historisch situierte Kontexte fallen noch außerhalb des Ansatzes.

Das letzte, *vierte* Kapitel der Untersuchung rückt noch einmal Heideggers Philosophie in den Mittelpunkt, wobei mit einer breiteren Textgrundlage. Neben *Sein und Zeit*, das mithilfe von Arthur Dantos Epistemologie historiographischer Sätze interpretiert wird, beziehe ich mich auch auf die Leibniz-Vorlesung *Metaphysische Anfangsgründe der Logik* und auf die *Zollikoner Seminare*. Die Auslegung zielt auf folgende exegetische These ab: *Laut Heidegger werden selbstbezugsfähige Entitäten erst dann auf den Begriff gebracht, wenn es verständlich gemacht wird, dass sie sich so zur eigenen Vergangenheit verhalten können, dass diese uminterpretiert wird* – was Heidegger als Wiederholung des Vergangenen bezeichnet. An dieser Interpretation lässt sich eine Konzeption von Subjektivität erarbeiten, so meine These, in deren Mittelpunkt der Begriff der Geschichtlichkeit steht und die sich folgendermaßen synthetisieren lässt: *Subjektivität und Geschichtlichkeit lassen sich erst dann zusammendenken, wenn Subjektivität als das Vermögen der Wiedereröffnung vergangener Bestimmungen gefasst wird.*

Beide Thesen sind hier abstrakt formuliert. Ich gehe kurz auf die Hauptschritte des letzten Kapitels ein, um ihren Gehalt näher zu veranschaulichen. Bei der Interpretation von *Sein und Zeit* stehen im vierten Kapitel zwei Grundprobleme im Fokus: einerseits, wie Heidegger seinen Begriff der Geschichtlichkeit des Daseins einführt, begründet und bestimmt; andererseits, ob die Konzeption in der Lage ist, ein Kriterium für die Differenzierung zwischen selbstbezugsfähigen und nichtselbstbezugsfähigen Entitäten zu geben, und zwar in dem bereits skizzierten relationalen Kontext. Die zweite Frage ist besonders brisant, denn sowohl in meiner Interpretation von Heidegger als auch in meiner Auffassung von Subjektivität habe ich die These verteidigt, dass Selbstbezüglichkeit allein, für sich genommen, das differenzierende Grundmerkmal von Subjektivität nicht darstellt. Dies kann sie vielmehr nur im Zusammenhang mit der Fähigkeit werden, Offenheit in praktischen Spielräumen zu vertreten.

Um dies zu erläutern, wird ein klassischer interpretativer Weg in Heideggers *Sein und Zeit* vorgeschlagen: von der Einführung des Begriffs der Sorge als Charakteristikum des Daseins aus, über die Diskussion der Angst und des Todes, bis zum Begriff der Zeitlichkeit. Mein Ziel ist dabei, das folgende Konzept Heideggers zu rekonstruieren: dass das Merkmal, das daseinsmäßige (also selbstbezugsfähige) Entitäten von den anderen konstitutiven Elementen in praktischen Spielräumen unterscheidet, in der Fähigkeit zu nicht durchbestimmbaren praktischen Vollzügen wiederzufinden ist – kurz gesagt, zur Offenheit als Anders-Agieren-Können. Subjekte sind so durch Relationen auf die materielle und soziale Welt konstituiert, dass sie aber anders agieren können, als es durch materielle und gesellschaftliche Situiertheit vorgezeichnet ist.

Mit dieser letzten Betonung der Einbettung von Offenheit in die soziale und materielle Welt werden sowohl der Ertrag als auch die Problematik von Heideggers

Ansatz aus systematischer Sicht deutlich. Denn einerseits tritt die Idee in den Vordergrund, dass das differenzierende Merkmal von Subjekten, die Fähigkeit zu Offenheitsvollzügen, geschichtlich im Sinne der situierten Sozialität ist. Andererseits wird es aber unklar, wie Offenheit konkret zu verstehen ist: Wie offen können Akteur:innen handeln, wenn sie durch ihre soziale und materielle Welt vom Grund an bedingt sind? Oder ist vielleicht die Determination durch die soziale und materielle Welt gegenüber der durch sie immer noch unangetasteten Fähigkeit, offen zu agieren, letztendlich nicht so determinierend?

Interpretativ entwickle ich eine Lesart von *Sein und Zeit*, die die Antwort auf diese Fragen in Heideggers Konzeption der Geschichtlichkeit sucht. Diese kreist aber um den nicht allzu deutlich bestimmten Begriff der Wiederholung vergangener Möglichkeiten. Um diesen zu diskutieren, nehme ich, wie bereits erwähnt, auf weitere Ressourcen Bezug: die *Zollikoner Seminare*, die bereits erwähnte Leibniz-Vorlesung und Dantos *Narration and Knowledge*. Ohne jetzt ins Detail auf die Diskussion einzugehen, steht dabei im Mittelpunkt die Frage, dass sich Heidegger durch den Wiederholungsbegriff auf die These der Retrokausalität des Handelns zu verpflichten scheint. Es wird gezeigt, dass Heideggers Pointe nicht als eine Retrokausalitätsthese zu fassen ist, sondern im Sinne der Fähigkeit, praktische Relationen zur historischen Vergangenheit umzuinterpretieren und zu verändern. Diese Konzeption wird mithilfe von Dantos Auffassung der historischen Vergangenheit als veränderbar plausibilisiert, und zwar in dem Sinne, dass historische Vergangenheit durch Relationen auf spätere Ereignisse konstituiert ist. Da Späteres umzugestalten, keine direkte Retrokausalität impliziert, wird die folgende Auffassung von Heidegger verständlich gemacht: Grundmerkmal von Subjektivität ist, sich zur geschichtlichen Vergangenheit so zu verhalten, dass diese anders interpretiert werden kann. Auf diese Weise verstehe ich das Versprechen der Arbeit eingelöst, Subjektivität essenziell als Geschichtlichkeit zu begreifen, das abschließend mit alternativen Subjektkonzeptionen verglichen wird.

Im *Fazit* werden einige allgemeinere Anmerkungen zu den Ergebnissen der Untersuchung explizit gemacht. An erster Stelle gehe ich auf die kritische Ergänzung des subjektphilosophischen Paradigmas ein. Es wird in der Untersuchung nämlich argumentiert, dass Selbstbezüglichkeit *allein* kein befriedigendes Kriterium für die Auffassung des Subjekt-seins ist. Im Gegenteil wird es vorgeschlagen, Selbstbezüglichkeit durch ein dreifaches Kriterium zu ersetzen: eine Fähigkeit zum praktischen *Selbstverhältnis*, das seine materiale und sozionormative Relationalität zum *Inhalt* hat, die im *Modus* der Offenheit jeweils ausgehandelt wird. Das subjektphilosophische Paradigma besteht demnach in einem Begriff der situierten Freiheit als praktischer Uminterpretation geschichtlicher Relationen. Subjektphilosophie wird dementsprechend als eine Hermeneutik der geschichtlichen Praxis umgedeutet.

Erster Teil: **Die Einführung des Praktischen Spielraums als subjektphilosophisches Paradigma**

2 Subjektivität von der Praxis aus

Zuallererst soll die Arbeitsrichtung der Untersuchung gesichert werden. Kurz gesagt, besteht diese darin, dass Subjektivität in Orientierung an der Praxis, am Agieren angegangen wird. Es gilt im ersten Teil der Arbeit, diese Perspektivierung zu präsentieren und zu untermauern. Dafür operiert das erste Kapitel mit einer Problemstellung, die zugleich die Leitfrage des ganzen ersten Teils der Untersuchung darstellt, und mit dem exegetischen Bezug auf Schellings Frühschriften, die als Ausgangspunkt für die Diskussion herangezogen werden.

2.1 Die Subjektphilosophie gegenüber dem Naturalismus als Problemstellung

Worüber man spricht, wenn man von Subjektivität spricht, und auf welche Weise über Subjektivität zu sprechen ist: Diesen beiden Fragen wendet sich der erste Teil der Untersuchung zu, um die Grundlage für den im zweiten Teil zu entwickelnden Ansatz zu konturieren. Ziel der ersten Phase der Arbeit ist, eine Basis für das Verständnis des menschlichen Geistes zu schaffen, sofern dieser als subjektiv verfasst herangezogen wird. In diesem ersten Kapitel werden der Problemrahmen und der Lösungsansatz der ersten Hälfte der Arbeit dargestellt. Fernerhin präsentiere ich die wichtigsten begrifflichen Koordinaten, die den Boden des ersten Untersuchungsteils ausmachen. Die leitende Problemstellung ist die subjektphilosophische Rezeption und Kritik des Naturalismus. Auf diese gehe ich jetzt ein, um anschließend in diesem Rahmen Schelling zu interpretieren. Die Auslegung von Schellings Frühphilosophie liefert aus systematischer Sicht die an der Praxis orientierte Richtung der subjektphilosophischen Reflexion, die darauf aufbauend zu entwickeln ist.

2.1.1 Begriffliche Koordinaten, Problemrahmen und Lösungsansatz

Ich möchte zunächst drei Begriffe definieren, die für die ganze Diskussion des ersten Teils der Untersuchung zentral sein werden.

Zunächst wird es im Folgenden um eine Diskussion von verschiedenen subjektphilosophischen Ansätzen gehen. Unter *Subjektphilosophie* verstehe ich denjenigen Bereich der philosophischen Reflexion, der sich um ein Verständnis des menschlichen Geistes bemüht, in dessen Mittelpunkt die Frage seiner Fähigkeit steht, auf sich Bezug zu nehmen, sich zu sich zu verhalten. Insbesondere werde ich im ersten Teil den Fokus auf die *Subjekt-* oder *Geistesontologie* legen: Darunter verstehe ich den subjektphilosophischen Diskurs, sofern er sich mit der Frage auseinandersetzt, was der menschliche Geist ist, soweit der Akzent spezifisch auf dem Subjektiv- als Selbstbezugsfähig-sein des menschlichen Geistes liegt. Diese Akzentuierung impliziert gewisse Festlegungen im geistesontologischen Bereich: Wenn der menschliche Geist als etwas aufgefasst wird, das auf sich Bezug nehmen kann und dies, wie noch zu zeigen ist, auf eine besondere Art und Weise tut, zieht diese Herangehensweise bestimmte Konsequenzen in Bezug auf die Frage, was der menschliche Geist sei, nach sich.

Fernerhin werde ich im Folgenden von metaphysischen Ansätzen sprechen. *Metaphysik* kann bekannterweise verschiedenartig definiert werden. Ich orientiere mich für die Diskussion an der Definition, gemäß welcher die Metaphysik derjenige philosophische Diskurs ist, der sich darum bemüht, ein Verständnis der grundlegendsten, möglichst voraussetzungslosen Wirklichkeitsstruktur oder Wirklichkeitsstrukturen zu erarbeiten (Lowe 2002). Ein metaphysischer Ansatz betrifft demgemäß die Aspekte, die Wirklichkeit im Allgemeinsten charakterisieren, und beantwortet die Frage, was letztlich wirklich sei.

Sowohl Subjektphilosophie als auch Metaphysik sind Theorien: Zusammenhänge von Sätzen, Beweisen, Prinzipien, Begriffen, die den Anspruch erheben, ein Verständnis von ihrem Gegenstand abzuliefern. Wichtig in der folgenden Diskussion wird der Begriff des *Paradigmas* oder des Standards sein. Darunter verstehe ich die expliziten oder impliziten Vorverständnisse, Normen oder Begriffe, an denen sich eine oder mehrere Theorien in ihrem Vorgehen orientieren. Ich werde in dieser Hinsicht von subjektphilosophischen, subjektontologischen und metaphysischen Paradigmen sprechen. Wenn die Diskussion das Paradigma einer Theorie betrifft, bezeichne ich sie als eine *Metatheorie*, sprich eine Theorie, deren Gegenstand eben eine andere Theorie ist. In diesem Sinne werde ich von einem metatheoretischen Raum sprechen, in dem verschiedene Theorien miteinander verglichen und gegeneinander auf die Probe gestellt werden. Spezifisch werde ich die Kompatibilität oder Inkompatibilität von verschiedenen Standards verschiedener Theorien in unterschiedlichen theoretischen Bereichen diskutieren. Es wird mir beispielsweise um die Frage gehen, welche Ansätze im subjektphilosophischen Bereich mit welchen Ansätzen im metaphysischen Bereich hinsichtlich ihrer jeweiligen orientierenden Paradigmen kompatibel sind. Diese Herangehensweise ist im subjektphilosophischen Diskurs eine gängige Praxis: Um ein bekanntes Beispiel zu nennen, lässt sich Charles Taylors *Sources of the Self* (1989) als eine Untersuchung verstehen, die auf die Offenlegung der wechselseitigen Bestimmungsverhältnisse zwischen Auffassungen des Selbst, der Natur und der Gesellschaft abzielt.

Die Grundfrage des ersten Teils der Untersuchung ist, gemäß den gerade angegebenen Definitionen, eine geistesontologische, sofern der menschliche Geist aus der Perspektive seiner Selbstbezüglichkeit gefasst wird. Diese Frage wird so angegangen, dass mithilfe von Schellings und Heideggers Philosophie ein metatheoretischer Diskurs entwickelt wird. Seine Funktion besteht darin, verschiedene Paradigmen aus unterschiedlichen Bereichen der philosophischen Forschung miteinander zu vergleichen und gegeneinander abzuwägen: einerseits das subjektphilosophische, auch, aber nicht ausschließlich in seinen ontologischen Aspekten betrachtet, und andererseits das metaphysische Paradigma. Es gilt zu verstehen, dass und wie die Arten und Weisen, wie Wirklichkeit einerseits und, andererseits, der menschliche Geist (als selbstbezugsfähig) konzeptualisiert werden, sich gegenseitig informieren, bedingen und einschränken. Die wechselseitigen Bedingungsverhältnisse von Geistes- und Wirklichkeitsauffassungen machen den Problemrahmen des ersten Teils der Untersuchung aus.

Da sowohl das so gefasste Vorhaben als auch der Problemrahmen breit angelegt und dementsprechend unterbestimmt sind, bedarf es einer weiteren Eingrenzung des Spektrums der Untersuchung, um eine präzisere Perspektive auf meinen Gegenstand entwerfen zu können. Der Lösungsansatz lässt sich dementsprechend auch als Fokus auf einen bestimmten Standpunkt oder auf eine bestimmte Fragestellung begreifen, und zwar folgendermaßen: Im ersten Teil der Untersuchung werde ich einen metatheoretischen Diskurs über den Zusammenhang von geistesontologischen und metaphysischen Thesen entwickeln, indem ich die Naturalismusdebatte in der Subjektphilosophie in den Blick nehme.

2.1.2 Der Naturalismus als metaphysische Position

Der Naturalismus wird verschiedenartig gefasst. Ich werde mich nicht in eine Diskussion der verschiedenen Naturalismusvarianten vertiefen, sondern vielmehr direkt an derjenigen Version ansetzen, die für die vorliegende Untersuchung am relevantesten ist. Darunter verstehe ich zunächst den metaphysischen Naturalismus, der das Verständnis der möglichst bedingungslosen Wirklichkeitsstrukturen angeht.[1]

Selbst als metaphysische Position verstanden bleibt aber der Naturalismusbegriff unterbestimmt: Verschiedene Fragen können naturalistisch beantwortet werden. Im Panorama des metaphysischen Naturalismus interessiert mich in erster Linie die naturalistische Kritik im geistesphilosophischen Bereich, insbesondere

---

[1] In der Literatur ist in einem ähnlichen Sinne auch von einem ontologischen Naturalismus die Rede. Ohne auf die Differenz zwischen Ontologie und Metaphysik einzugehen, ziehe ich hier den Gebrauch des Terminus „metaphysisch" vor, da dieser Ausdruck der Verwendung von Metaphysik in dieser Arbeit entspricht.

insofern sie den menschlichen Geist als selbstbezugsfähig angreift. Zugespitzt und polemisch formuliert, fasst Lynne Rudder Baker die Position des metaphysischen Naturalismus in Bezug auf den menschlichen, selbstbezugsfähigen Geist folgendermaßen zusammen: „The answer of naturalism is that there is no such [first-personal] fact. On the heels of science, naturalism takes the world to be impersonal; what exists are all individuals and all their properties, but none of these requires appeal to anything expressible in the first person" (2013: xiv). Ich werde später dafür argumentieren, dass der Begriff der ersten Person eine besondere Variante des Begriffs der Selbstbezüglichkeit darstellt.

In diesem Sinne lässt sich auf jeden Fall sagen: Die naturalistische Perspektive ist gegenüber bestimmten geistesphilosophischen Ansätzen in dem Maße perplex, in dem diese Ansätze die Wirklichkeit als etwas vorauszusetzen scheinen, das grundlegend auch durch Personalität, Subjektivität und dergleichen gekennzeichnet ist. Es fragt sich, inwiefern es aus naturalistischer Perspektive problematisch ist, Wirklichkeit derart aufzufassen.

Die Problematik einer solchen Wirklichkeitsauffassung besteht gerade darin, dass die Setzung von Subjektivität zu implizieren scheint, dass etwas in die Wirklichkeit eingeschrieben wird, das außerhalb der Natur liegt. Umformuliert lautet die naturalistische Kritik an der Subjektphilosophie folgendermaßen: Subjektphilosophie setzt außer- oder sogar übernatürliche Entitäten als wirklich. Für die Naturalistin sollen also solche Entitäten nicht in einem vollen Sinne wirklich sein, sie gehören nicht zur Grundstruktur der Wirklichkeit, die zunächst in der Natur besteht. In diesem Sinne nimmt der Naturalismus als metaphysische Position gegenüber der Subjektphilosophie eine kritische Funktion ein: Er fordert die subjektphilosophische Reflexion auf, ihre eigenen Voraussetzungen bezüglich der Wirklichkeit ihres Gegenstands und ihrer metaphysischen Annahme begrifflich zu hinterfragen. Die Tatsache, dass er die subjektphilosophische Reflexion zu einer Stellungnahme bezüglich des Status ihres Gegenstands zwingt, stellt einen ersten Grund für die Fokussierung auf den Naturalismus dar.

Nun hängt die Nachvollziehbarkeit der naturalistischen Kritik vom Naturverständnis und von seiner metaphysisch ausgerichteten Interpretation ab. Statt auf diesen Aspekt einzugehen, was die Diskussion allzu breit aufziehen würde, möchte ich die Frage aus einer der Subjektphilosophie immanenten Perspektive beleuchten. Ich möchte anders gesagt den Begriff der Subjektphilosophie so weiterbestimmen, dass er eine gewisse Spannung zum Naturalismus als Verzicht auf die Zuschreibung von Wirklichkeit für außer- oder übernatürliche Entitäten bildet. Kurz zusammengefasst bedeutet das, die Subjektphilosophie so zu verstehen, dass sie ihrem Gegenstand eine definitorische Diskontinuität zu dem zuschreibt, was als Welt, Wirklichkeit, Natur gesetzt wird – wie auch immer Welt, Wirklichkeit, Natur gesetzt werden. Anders gesagt: Die Frage nach einer metatheoretisch zu diskutierenden Kompatibilität zwischen metaphysischen und subjektphilosophischen Ansätzen, die ich im Folgenden behandeln werde, ergibt sich also bereits aus einer rein subjektphilosophischen Perspektive.

2.1.3 Erstpersonalität und Präreflexivität

Sowohl in der Einleitung als auch im bisherigen Verlauf der Argumentation habe ich behauptet, dass sich die subjektphilosophische Reflexion konstitutiv am Begriff des Selbstbezugs orientiert, und zwar insofern dieser zunächst als Zustand der Selbstrelation gefasst wird: Diese Aussage werde ich im Folgenden konkretisieren und zeigen, inwiefern eine solche paradigmatische Orientierung genau die Grundlage bietet, aufgrund welcher sich eine gewisse Inkompatibilität mit dem metaphysischen Naturalismus festmachen lässt. Ich werde dafür argumentieren, dass diese Inkompatibilität für das eigene Anliegen des subjektphilosophischen Diskurses eine zentrale Problematik darstellt. Nun konkret zum Begriff des Selbstbezugs und zu seinem Gebrauch in der gegenwärtigen Debatte: In der Literatur zum Subjektbegriff hat sich in den letzten Jahren das Paradigma der ersten Person als Zugang zur Subjektfrage ziemlich transversal durchgesetzt. Obwohl nicht immer in diesen Termini bezeichnet, wird die erste Person durch präreflexive Selbstbezüglichkeit charakterisiert. Erstpersonal-sein oder Erstpersonalität und Präreflexiv-seins oder Präreflexivität des Selbstbezugs (wortwörtlich ist die Rede von präreflexivem Selbstbewusstsein) werden somit als Hauptparadigmen für das Verständnis von Subjektivität gesetzt. Ich möchte nun erläutern, was unter diesen verschiedenen Begriffen zu verstehen ist.

Ich fange mit der *Erstpersonalität* an. Die erste Person, hier im Singular zu verstehen, besagt: ich. „Ich" scheint zunächst eine indexikalische Funktion zu haben. Indem ich „ich" verwende, kann ich auf etwas Bezug nehmen, das numerisch identisch mit mir selbst ist: Ich nehme auf mich selbst Bezug. Die erste Person scheint somit auf die Selbstbezüglichkeit dessen zu verweisen, was „ich" verwendet. Selbstbezüglichkeit scheint eine besondere Dimension vorauszusetzen, die in einem spezifischen Sinn subjektiv ist: Sie setzt die Perspektive der ersten Person voraus, die Thomas Nagel (1974) bekanntlich stark gemacht hat. Zum Verständnis dieser zunächst inhaltlich unklaren Aussage ist eine bestimmte Entgegensetzung nötig, die Entgegensetzung nämlich zur Perspektive der dritten Person oder zur drittpersonalen Bezugnahme.[2] Allgemein und im Sinne einer Arbeitsdefinition formuliert, wird dann

---

[2] Damit meine ich nicht, dass erste und dritte Person das Feld der möglichen Bezugnahmen erschöpfen. Die intersubjektive Bezugnahme, die paradigmatisch als Perspektive auf eine zweite

drittpersonal auf etwas Bezug genommen, wenn der Gegenstand der Bezugnahme von der Bezugnehmenden verschieden und unterschieden ist. Hier nun eine Präzisierung: Es ist möglich, auf etwas von sich selbst Verschiedenes Bezug zu nehmen, es ist aber auch möglich, auf sich selbst derart Bezug zu nehmen, dass dabei für die Bezugnahme sekundär oder nicht bedeutungstragend ist, dass das, worauf Bezug genommen wird, mit der Bezugnehmenden koinzidiert. Eine Ärztin kann nämlich überlegen, was für eine Behandlung die beste für ihre Nasenhöhlenentzündung wäre, wobei es zunächst unwichtig ist, dass ihre eigenen Nasenhöhlen entzündet sind; eine Person kann auch eine eigene vergangene Handlung vergessen haben und Schlüsse über die dafür verantwortliche Person formulieren, ohne zu wissen, dass diese Person mit ihr selbst koinzidiert. In beiden Fällen nehmen zwar die Ärztin und die Person auf sich selbst Bezug, aber auf eine unterschiedliche, nicht-erstpersonale Weise (vgl. Choifer 2018: 341–344).

Vom Bisherigen ausgehend lässt sich die folgende Definition festmachen. Die Perspektive der ersten Person umfasst zwei Aspekte: auf der einen Seite die numerische Identität von Bezugnehmender und dem, worauf Bezug genommen wird, auf der anderen Seite die explizite Relevanz dieser numerischen Identität für die Bezugnahme selbst. Etwas ist also eine erste Person, indem dieses etwas sich auf sich selbst derart bezieht, dass die numerische Identität von sich mit sich definitorisch und unentbehrlich für die Bezugnahme ist. Abgekürzt formuliert, ist etwas eine erste Person, indem es sich auf sich selbst *als auf sich selbst* bezieht. Das Erstpersonal-sein oder Erstpersonalität bestimmter Individuen oder Entitäten besteht genau darin. Der Zusammenhang beider Bestimmungen kann als begriffliche Ausbuchstabierung der Kriterien verstanden werden, die den Selbstbezug als konstitutiver Lage mancher Individuen von anderen Formen der Bezugnahme unterscheidet.

Im Sinne dieser Ausdifferenzierung wird im subjektphilosophischen Diskurs häufig die Eigenschaft des Präreflexiv-seins oder der *Präreflexivität* thematisiert. Der Fokus auf das Präreflexiv-sein des Selbstbezugs im erstpersonalen Sinne ist für mein Anliegen deshalb wichtig, weil er mir ermöglicht, die Spannung zwischen subjektphilosophischem Diskurs und bestimmten metaphysischen Annahmen offenzulegen.

Person gekennzeichnet werden kann (Lauer 2014), macht einen wesentlichen Bestandteil der menschlichen Bezugnahmen aus. Ich werde an dieser Stelle nicht auf das Thema der Intersubjektivität eingehen, dem aber später eine unabdingbare Position zuerkannt wird, spätestens ab der Rekonstruktion von Heideggers Weltbegriff (3.2).

Der Ursprung des Begriffs der Präreflexivität des subjektiven bzw. erstpersonalen Selbstbezugs, häufig als Präreflexivität des Selbstbewusstseins bezeichnet, wird von den Philosoph:innen, die davon Gebrauch machen, bei Johann Gottlieb Fichte und Jean-Paul Sartre angesiedelt (vgl. z.B. Frank 2011; Henrich 1967; Zahavi 1999). Ich lasse den historiographischen Bezug beiseite und konzentriere mich stattdessen auf den Inhalt der Präreflexivitätsthese. Schon das Wort „präreflexiv" verweist auf den Begriff der Reflexion. Reflexion wird dabei, freilich eingeschränkt, als eine Art der Selbstbezugnahme verstanden, die näher und versuchsmäßig als kognitive Selbstthematisierung bestimmt werden kann: Die Bezugnehmende nimmt auf sich selbst, und zwar – und das ist der entscheidende Punkt – als auf einen Gegenstand Bezug. Eine erste Person thematisiert sich selbst drittpersonal. Es wird argumentiert – ich nehme Dieter Henrich (1967) als Musterbeispiel –, dass eine solche selbstthematisierende Bezugnahme nur deshalb als Reflexion gelten kann, weil die numerische Identität von Bezugnehmender und Gegenstand der Bezugnahme im Vorfeld logisch vorausgesetzt werden muss. Sie muss vorausgesetzt werden, weil die drittpersonale Bezugnahme allein nicht in der Lage ist, diese Identität selbst zu garantieren. Wenn diese Bedingung nicht zutrifft, kann man eigentlich nicht von Reflexion sprechen. Die numerische Identität muss nicht nur im Vorfeld jedes reflexiven Vollzugs abgesichert sein, sie muss darüber hinaus auch erstpersonal abgesichert sein: Die Bezugnehmende kann nur deshalb auf sich reflektieren, auf sich selbst als auf einen Reflexionsgegenstand Bezug nehmen, weil sie im Vorfeld so konstituiert ist, dass sie in irgendeiner Weise das (Selbst-)Bewusstsein dieser Identität hat. Dieser Gedanke der logischen Präzedenz ist der Grund, aus dem auf die präreflexive Dimension des selbstthematisierenden Selbstbewusstseins geschlossen wird: Jedem reflexiven Selbstbewusstsein muss ein präreflexives Selbstbewusstsein vorausgehen.

2.1.4 Die Irreduzibilitätsthese und ihre argumentative Ambivalenz

Genau diese letzte Schlussfolgerung ist für mein Anliegen interessant, weil sie eine der Subjektphilosophie inhärente Spannung zwischen subjektphilosophischen und metaphysischen Thesen mit sich bringt. Diese Spannung beruht auf der argumentativen Folgerung, die aus den Erstpersonalitäts- und Präreflexivitätsthesen in Bezug auf die *Irreduzibilität* dessen gezogen wird, was durch die Eigenschaften der Erstpersonalität und der Präreflexivität gekennzeichnet ist. Kurz zusammengefasst habe ich den Begriff der ersten Person so interpretiert, dass er eine bestimmte Perspektive auf das Subjekt-sein eröffnet, die sich derart an der Idee des Selbstbezugs orientiert, dass die numerische Identität von Bezugnehmender und Gegenstand auf relevante Weise notwendig in der Bezugnahme abgesichert ist. Daran anschließend habe ich die Eigenschaft der Präreflexivität eingeführt und folgendermaßen ausgelegt: Präreflexivität wird als Charakteristikum des erstpersonalen Selbstbezugs angenommen, insofern dieser nicht als kognitive Selbstthematisierung erschöpft werden kann, denn eine drittpersonale Selbstbezugnahme setzt eine erstpersonale Selbstvertrautheit in einem konstitutiven Sinn voraus.

Eine gängige subjektphilosophische Strategie scheint mir an dieser Stelle darin zu bestehen, aus den eben genannten Thesen (Erstpersonalität und Präreflexivität) eine dritte These zu folgern: die Irreduzibilität dessen, was durch Erstpersonalität und Präreflexivität gekennzeichnet ist. Gemäß der Präreflexivitätsthese gilt nämlich die erstpersonale Selbstvertrautheit als Voraussetzung jedes drittpersonalen Selbstbezugs. Wenn dies zutrifft, dürfen erstpersonale Selbstbezüge nicht restlos durch drittpersonale Selbstbezüge ersetzt oder übersetzt werden. Wenn erstpersonale Bezugnahme nicht durch drittpersonale Bezugnahme ersetzt werden kann, dann kann erstpersonale Bezugnahme auch nicht auf drittpersonale Bezugnahme reduziert werden. Reduktion kann dabei so verstanden werden, dass ein erstes Element durch ein zweites Element völlig ersetzt werden kann, ohne dass etwas Wesentliches am ersten Element verloren geht. Ich fasse die Definition absichtlich weit: Sie kann sowohl epistemisch (Wissen-A kann *salva veritate* durch Wissen-B übersetzt werden) als auch metaphysisch interpretiert werden (Wirklichkeit-A kann restlos durch Wirklichkeit-B ersetzt werden, ohne dass wesentliche A-Aspekte verloren gehen).

Derart wird die These der Irreduzibilität der präreflexiven Selbstvertrautheit eingeführt, die von jeder erstpersonalen Selbstbezugnahme vorausgesetzt wird. Offensichtlich geht es mindestens um eine epistemische Irreduzibilität: Wie sich eine erste Person auf sich bezieht, sich weiß, sich ihrer selbst bewusst und mit sich vertraut ist, kann nicht auf die Art und Weise zurückgeführt werden, wie sie sich auf Anderes als sich bezieht, Anderes als sich weiß, sich Anderen bewusst und mit Anderem vertraut ist. Offensichtlich kann aber die Irreduzibilitätsthese nicht nur so gemeint sein und ist es tatsächlich auch nicht: Es wird nämlich subjektphilosophisch nahegelegt, dass nicht nur das erstpersonale Wissen, sondern vielmehr so etwas wie ein erstpersonales Sein irreduzibel sei. Das wird sehr deutlich von Dan Zahavi (2003) artikuliert: Eine Philosophie, die vom erstpersonalen Selbstbezug ausgeht, diesen ernstnimmt und als irreduzibel erklärt, ist nicht mit allen metaphysischen Positionen kompatibel. Die Irreduzibilitätsthese wird also nicht nur epistemisch, sondern auch ontologisch vertreten, weil sie sich auf das *Sein* derjenigen Entitäten bezieht, die des erstpersonalen Wissens fähig sind. Sie kann deshalb metaphysisch relevant sein, da sie nicht mit allen metaphysischen Ansätzen kompatibel ist. In diesem Sinne denke ich, dass die Irreduzibilitätsthese im subjektphilosophischen Diskurs eine gewisse Ambivalenz mit sich bringt: Sie entspricht der Setzung nicht nur eines erstpersonalen Wissens, sondern auch eines erstpersonalen Seins. Für diese Ambivalenz gibt es einen guten Grund: Wenn ein Wissen über A nicht durch ein Wissen über B ersetzt werden kann, liegt kann ein Hinweis darauf liegen, dass A durch B nicht völlig wegerklärt und somit nicht auf B reduziert werden kann. Unproblematisch ist sie allerdings nicht: Gerade hier kann eine Kritik an der Subjektphilosophie ansetzen, wie ich später, im Anschluss an meine Beschäftigung mit Schellings und Heideggers Philosophie zeigen werde. Ich werde aber argumentieren, dass die These der Irreduzibilität und mit ihr die Setzung eines erstpersonalen Wissens nicht dazu zwingt, zugleich auch ein erstpersonales Sein zu setzen.

Subjektphilosophie ist also mit bestimmten metaphysischen Auffassungen nicht kompatibel, mit denjenigen nämlich, die sich reduktionistisch zum erstpersonalen Sein verhalten. Es fragt sich aber, wieso sie genau mit dem metaphysischen Naturalismus inkompatibel ist. Wenn die Subjektphilosophie so etwas wie ein erstpersonales Sein setzt, gerät sie in eine Spannung mit der Idee, dass die Wirklichkeit nichts Außer- oder Übernatürliches enthält. Auf diesen Aspekt gehe ich im Folgenden ein, um den Kontrast zwischen Subjektphilosophie und metaphysischem Naturalismus herauszustellen.

2.1.5 Ein der Subjektphilosophie internes, naturalistisches Desideratum

Die Fokussierung auf den Naturalismus erfolgt aus einem der Subjektphilosophie immanenten Standpunkt. Die naturalistische Position diskutiere ich nicht für sich genommen, vielmehr in dem Maße, wie sie für die und aus der Perspektive der Subjektphilosophie problematisch ist oder wird. Um das tun zu können, skizziere ich kurz, aus welchem Grund die Frage des Naturalismus sich bereits aus einer rein subjektphilosophischen Perspektive stellt. Die Spannung zwischen Subjektphilosophie und Naturalismus ergibt sich aus zwei Aspekten: aus der Ambivalenz der Irreduzibilitätsthese und aus der These der notwendigen Möglichkeit der drittpersonalen Bezugnahme.

Diese zweite These verstehe ich folgendermaßen. Wenn eine erstpersonale Selbstbezugnahme sinnvoll ist, so ist sie es deshalb, wie bereits zusammengefasst, weil Bezugnehmende und Bezugsgegenstand numerisch identisch sind und um diese numerische Identität wissen. Nun ohne die Möglichkeit, dass eine Entität, die sich erstpersonal auf sich beziehen kann, sich auch sinnvoll drittpersonal auf etwas beziehen kann, müsste behauptet werden, dass die erstpersonalitätsfähige Entität sich mit allem numerisch identisch weiß, worauf sie sich bezieht, seien es Abstrakta, Fiktionen, Gegenstände usw. Diese Hypothese untersuche ich nicht weiter und bleibe bei der These, dass die Möglichkeit einer sinnvollen erstpersonalen Bezugnahme die Möglichkeit einer sinnvollen drittpersonalen Bezugnahme mit sich bringen muss. Die Ambivalenz der Irreduzibilitätsthese habe ich in der mal epistemischen, mal ontologischen Interpretation der Irreduzibilität der ersten Person verortet. Dies gilt aber nicht nur für das, worauf sich erstpersonale Bezugnahme bezieht, sondern analogisch auch für das, worauf es drittpersonal Bezug genommen wird: Genauso wie erstpersonale Bezugnahme erstpersonales Sein impliziert, müsste subjektphilosophisch auch drittpersonale Bezugnahme drittpersonales Sein implizieren. Mit anderen Worten: Die ontologische Interpretation der Irreduzibilitätsthese überträgt die Differenz, die sie zwischen erst- und drittpersonalem Wissen setzt, in den ontologischen Bereich und setzt somit zwei verschiedene Arten von Sein, das Erstpersonale und das Drittpersonale.

Die Diskussion könnte an diesem Punkt weiterverfolgt werden. Ich lasse sie aber auf sich beruhen, denn an dieser Stelle sind bereits die Voraussetzungen gegeben, um die Spannung zwischen Subjektphilosophie und Naturalismus herauszustellen. Wenn die Subjektphilosophie tatsächlich eine solche Art von ontologischer Diskontinuität setzt, dann kann sie schwerlich die Kritik ignorieren, dass sie eine Art Außer- oder Übernatur einführt. Offensichtlich müsste man darüber hinaus noch argumentieren, dass Natur im Grunde das ist, was drittpersonal erschlossen wird und dem deshalb drittpersonales Sein zugeschrieben werden sollte. Diese Hypothese ist dennoch sekundär. Wichtig ist, dass eine Diskontinuität angenommen wird, und zwar zwischen verschiedenen Arten von Wirklichkeit oder von Sein, die gesetzt werden müssen, falls Erstpersonalität mit ontologischer Irreduzibilität gekoppelt wird. Wenn der metaphysische Naturalismus, wie oben definiert, in der These besteht, dass Außer- oder Übernatur als unwirklich betrachtet werden sollte und wenn auf der Einheit dessen, was als wirklich gilt, beharrt werden sollte, dann ist die Kluft, die Diskontinuität zwischen verschiedenen und jeweils mit gutem Recht bestehenden, aufeinander irreduziblen Arten von Wirklichkeit offensichtlich schwer mit der ersten Ansicht vereinbar. Freilich ist mit dieser Problematik auch die Frage des Dualismus aufgeworfen, die ich allerdings nicht als solche verhandeln werde, sondern nur in dieser spezifischen Variante betrachten möchte.

Ich möchte jetzt kurz erläutern, wieso diese Frage, auf diese Weise gestellt, selbst aus der Perspektive der Subjektphilosophie nicht neutral ist. Die Setzung eines erstpersonalen Seins gegenüber einem drittpersonalen muss prinzipiell auch in Bezug auf eine und dieselbe Entität erfolgen: Die reflexive Bezugnahme einer Entität, die sich zu sich erstpersonal und präreflexiv verhalten können muss, setzt in Bezug auf diese Entität ein erstpersonales Sein. Dieses sollte subjektphilosophisch in der Lage sein, nicht nur das Präreflexive, sondern auch das Reflexive erläutern zu können. Das Präreflexive wird aber durch eine ontologische Diskontinuität gefasst. Es scheint deshalb, dass die Subjektphilosophie die Gefahr läuft, an ihren eigenen Zielen zu scheitern, und zwar gerade in dem Moment, in dem sie versucht, ihren Gegenstand vor der Reduktion zu schützen: Der Versuch hat dazu geführt, dass das Verhältnis des erstpersonalen Kerns des Subjekts zum nichtsubjektiven Sein erklärungsbedürftig geworden ist. In diesem Sinne denke ich, dass es ein subjektphilosophisches Desideratum ist, sich die naturalistische Absage an die Außer- oder Übernatur anzueignen, allerdings ohne dabei auf Selbstbezüglichkeit zu verzichten. Aus dem Bisherigen kann ein Indiz schon angedeutet werden, wie dieses Ziel zu erreichen ist. Soweit die These der Irreduzibilität nicht vieldeutig oder ambivalent, sondern strikt epistemisch interpretiert wird, legt sich der subjektphilosophische Diskurs nicht auf die ontologische Diskontinuität fest, die gerade herausgestellt wurde. Diese Lösung lässt allerdings die Frage unbeantwortet, was der Gegenstand der Subjektphilosophie ist, und ist somit eine nur partielle.

Im ersten Teil der Dissertation soll also eine Antwort auf die Frage gegeben werden, was die beste ontologische Grundlage ist, um Subjektivität zu diskutieren, ohne dabei in die Sackgasse der starken ontologischen Diskontinuität zu geraten. Sachlich gesehen werde ich zeigen, dass das Problem nicht nur in der Ambivalenz der Irreduzibilitätsthese zu verorten ist, sondern in dem Paradigma, an dem sich die subjektphilosophische Reflexion orientiert. Zu diesem Zweck entwickle ich eine metatheoretische Perspektivierung auf die Subjektphilosophie im Hinblick auf ihre Kompatibilität mit bestimmten metaphysischen Ansichten. Im Anschluss an Schelling werde ich im Folgenden argumentieren, dass ein erster Eingriff in die paradigmatische Orientierung der Subjektphilosophie darin besteht, den Fokus nicht auf den Zustand oder auf die Lage einer epistemischen Selbstbezüglichkeit, als Selbstvertrautheit oder als präreflexives Selbstbewusstsein gefasst, sondern auf das praktische Selbstverhältnis zu legen. Ausgehend von Schelling wird eine *praxisorientierte Arbeitshypothese* entwickelt, um eine Grundlage für den subjektphilosophischen Diskurs abzusichern.

2.2 Vorbereitung der Interpretation von Schellings Frühschriften

Der Rest des zweiten Kapitels besteht größtenteils in einer Diskussion von Schellings Frühphilosophie. Ich beziehe mich dabei auf den Zeitraum zwischen 1794 und 1800. Es gilt zu zeigen, dass sich der frühe Schelling mit der Frage auseinandersetzt, welche metaphysische Voraussetzungen und subjektphilosophische Aussagen miteinander kompatibel sind, welche Probleme sich in der metatheoretischen Kompatibilität der zwei Diskurse ausmachen lassen und wie sie zu lösen sind. Ich gehe jetzt kurz auf zwei Hintergrundthesen der Schelling-Interpretation ein. Die erste betrifft die Bedeutung, die im Folgenden dem Begriff des Absoluten zugeschrieben wird, wie er von Schelling vorausgesetzt und diskutiert wird. Die zweite bezieht sich auf den Inhalt von zwei spezifischeren Begriffen, Dogmatismus und Kritizismus, die für mein Anliegen zentral sind.

Schellings Diskussion des *Absoluten* ist als eine metaphysische Diskussion im oben erwähnten Sinne zu verstehen. Ein deutlicher Hinweis darauf lässt sich bereits im frühen Text *Über die Möglichkeit einer Form der Philosophie überhaupt* aus dem Jahr 1794 finden. Die Hauptzüge von Schellings Begriff des Absoluten, sowie die Fragen, die seine Spekulation informieren, sind hier bereits angelegt. Der Text setzt sich zunächst mit der Frage der systematischen Form von Wissen auseinander.

Schelling definiert jedes Wissen als Zusammenhang von aufeinander bezogenen Aussagen, deren Einheit durch einen Grundsatz gestiftet ist. Der Grundsatz gilt demgemäß als Voraussetzung jedes beliebigen Wissens, eine Voraussetzung, die fernerhin als etwas Unbedingtes im Verhältnis zu den anderen Sätzen anzusehen ist, die in dem jeweiligen Wissen aufgestellt werden (*AA* I/1: 269–270). Der Grundsatz bedingt die abgeleiteten Sätze und ist durch diese nicht bedingt. Von dieser Definition aus wird in einem zweiten Schritt die Philosophie stipulativ als dasjenige Wissen bestimmt, das nicht von anderen Wissenschaften abhängt (*AA* I/1: 271). Es wird somit angenommen, dass es eine Grundvoraussetzung gibt, die definitionsgemäß weder durch weitere Sätze des durch sie gestifteten Wissens noch durch Sätze anderer Wissensbereiche bedingt ist. Der Grundsatz der Philosophie ist somit laut Schelling in dem Sinne absolut, dass er überhaupt keine weiteren Bedingungen außer sich selbst hat (*AA* I/1: 273). Der Grundsatz der Philosophie betrifft nach Schellings Definition das Absolute als das, was unbedingt vorausgesetzt wird. Schellings Begriff des Absoluten kann somit im Einklang mit der oben angegebenen Definition des Gegenstands der Metaphysik gedeutet werden (2.1.1). *Das Absolute bezeichnet in Schellings Vokabular die möglichst bedingungslose(n) Wirklichkeitsstruktur(en)*. Seine Diskussion entspricht also einer metaphysischen Diskussion.

Vor diesem Hintergrund bezeichnen Schellings Begriffe von Dogmatismus und Kritizismus zwei unterschiedliche metaphysische Ansichten, Grundeinstellungen oder Programme, die sich aufgrund ihrer zwei, sich wechselseitig ausschließenden Konzeptionen des Absoluten voneinander unterscheiden. Die folgende (ziemlich bekannte) Formulierung, die in einem Brief an Hegel aus dem Jahr 1795 zu finden ist, verdeutlicht beide Begriffe in ihrer Opposition.

> Der eigentliche Unterschied der kritischen und dogmatischen Philosophie scheint mir darin zu liegen, daß jene vom absoluten (noch durch kein Objekt bedingten) Ich, diese vom absoluten Objekt oder Nicht-Ich ausgeht. [...] Vom Unbedingten muß die Philosophie ausgehen. Nun fragt sich's nur, worin dieses Unbedingte liegt, im Ich oder im Nicht-Ich (Hoffmeister 1969: 22).

Aus dem Zitat und mit Blick auf Schellings Auffassung des Absoluten lässt sich eine anfängliche Definition von Dogmatismus und Kritizismus festlegen. Dogmatismus und Kritizismus sind Systeme, Zusammenhänge von Sätzen, die auf einem jeweils einzelnen Prinzip gründen, das von keinen weiteren Wissensformen abhängt und somit jeweils eine Konzeption des Absoluten darstellt. Sie sind also metaphysische Ansichten, Grundeinstellungen oder Programme: Sie stellen Weisen dar, die möglichst bedingungslose(n), notwendig konstitutive(n) Wirklichkeitsstruktur(en) zu fassen. Diesen Aspekt haben Dogmatismus und Kritizismus gemein, sie unterscheiden sich aber voneinander hinsichtlich ihrer entgegengesetzten Auffassungen des Absoluten. Diese werden respektiv als Ausgang vom absoluten Nicht-Ich (oder Objekt) und als Ausgang vom absoluten Ich (oder Subjekt) definiert. Was das genauer bedeutet, führe ich gleich mit Bezug auf Schellings *Philosophische Briefe über Dogmatismus und Kritizismus* aus. Wichtig sind die beiden Begriffe für mein Anliegen deshalb, weil sie sich, obwohl in einem unterschiedlichen Vokabular formuliert, mit der Frage auseinandersetzen, ob und wie das subjektphilosophische Paradigma des erstpersonalen Selbstbezugs und die metaphysische Ablehnung einer Außer- oder Übernatur aus einer metatheoretischen Perspektive miteinander konfligieren oder kompatibel gemacht werden können.

Bevor ich auf den Text eingehe, möchte ich der Auslegung eine letzte Anmerkung, eher philosophiehistorischer Natur, vorausschicken. Die in der Arbeit vorgeschlagene Lesart von Schellings Frühphilosophie unterscheidet sich in manchen Aspekten von einer sehr verbreiteten Lesart. Der erste dieser Aspekte betrifft den vermeintlichen Irrationalismus, der Schellings Philosophie zugeschrieben wird (der zweite wird später im Text eine wichtige Rolle spielen und betrifft den Status des Begriffs der Geschichte des Selbstbewusstseins im *System des transzendentalen Idealismus*). Der Bezug auf den Irrationalismus geht bekanntlich auf György Lukács' Behandlung von Schellings Philosophie im Rahmen ihrer politisch und philosophisch reaktionären Ausprägung zurück (1953). Ohne an dieser Stelle näher darauf einzugehen, lässt sich die historiographische Konstruktion von Schellings Philosophie als einer irrationalistischen folgendermaßen zusammenfassen: Anstelle der argumentativen Diskussion von Begriffen und Widersprüchen und der öffentlichen Sozialität der intersubjektiven, wissenschaftlichen Debatte hätte Schelling als Methode und Inhalt seiner Philosophie den Rückzug in die vorbegriffliche, unmittelbare Intuition von Inhalten, den Verzicht auf die Lösung von Widersprüchen und den Bezug auf Bereiche der menschlichen Existenz gesetzt, die nicht unmittelbar das Charakteristikum der wissenschaftlichen Diskursivität aufweisen (Kunst, Mythologie, Religion). Besonders ersichtlich wird die Problematik der irrationalistischen Interpretation mit Blick auf die Frühschriften. Ich beschränkte mich an dieser Stelle auf den Fall der *Philosophischen Briefe*, deren irrationalistische Interpretation eine exegetische Gefahr verdeutlicht: Den Text als irrationalistisch zu lesen, kann die Kontinuität der Fragestellung verdecken, die Schellings Frühphilosophie animiert, und diese auf eine positive Behauptung der Unlösbarkeit philosophischer Probleme reduzieren. Erst wenn die im Vorfeld angenommene und am Irrationalismus orientierte Interpretation in Frage gestellt wird, lässt sich die Kontinuität der Fragestellung genauer in Betracht ziehen und ein Licht auf Schellings Frühdenken werfen.

In den *Philosophischen Briefen* werden zwei metaphysische Programme dargelegt und gegeneinander abgewogen. Im Hintergrund steht dabei die Frage, welches der beiden vorteilhafter ist. Im Anschluss an die Diskussion der beiden Programme besteht das Ergebnis des Textes in der folgenden Bemerkung: Philosoph:innen sollen je nach individueller, psychologisch-sittlicher Neigung für sich den Entschluss treffen, was für ein System für sie das beste sei, weil ein allgemeiner Schluss sich argumentativ nicht festmachen lasse (*AA* I/3: 109ff.). Auf den ersten Blick scheint Schellings Lösung auf eine Art Irrationalismus hinauszulaufen, da die von ihm selbst gestellte Frage als argumentativ unlösbar erklärt wird und als Lösung vorgeschlagen wird, die Frage des Textes jeweils individuell, ohne allgemeine Begründung zu beantworten. Die Negation einer argumentativen und allgemeingültigen Lösung im Zusammenhang mit der Behauptung einer nur individuellen, auf bloß individueller Neigung basierten Entscheidbarkeit der Frage steht meiner Meinung nach im Einklang mit der irrationalistischen Interpretation. Eine solche Lesart der *Briefe* macht Lore Hühn (1998) stark; Teresa Pedro (2017) hat sie neuerlich wiederaufgenommen und als „pragmatistisch" bezeichnet.[3]

In meiner Lektüre werde ich nicht behaupten, dass die *Philosophischen Briefe* völlig anders zu lesen sind: Ihre Konklusion ist und bleibt aporetisch und behauptet eine Unentscheidbarkeit der gestellten Fragen. Ich möchte aber den Akzent auf den Unterschied zwischen einem aporetischen Schluss und der Aporetik einer Frage überhaupt legen. Ich lese die Briefe als Darstellung einer Aporie, deren Lösung Schelling erst in den Texten aus den folgenden Jahren formulieren wird: Wenn die *Philosophischen Briefe* im Kontext der Entwicklung von Schellings Frühdenken betrachtet werden, lässt sich ein komplexeres Bild konturieren. Die Briefe behandeln die Fragen, die auch die *Allgemeine Übersicht der neuesten philosophischen Literatur* (1797–1798) sowie das *System des transzendentalen Idealismus* (1800) beschäftigen. Diese zwei Werke geben aber eine deutlich andere Antwort auf die Opposition zwischen den metaphysischen Programmen, eine solche nämlich, die nicht mehr auf willkürlicher und individueller Entscheidung basiert, sondern versucht, argumentativ eine weitere Option zu entwickeln. Diesen Indizien folgend,

---

3 Nicht unähnlich ist die Akzentsetzung von Jörg Fischer (2011), der in der Aporetik einer theoretischen Lösung das Primat der Praxis liest.

können die *Philosophischen Briefe* als ein erster Lösungsversuch gelesen werden. Schellings auf den ersten Blick irrationalistische Lösung würde also nur eine erste Etappe in der Entwicklung seines Denkens repräsentieren. Ich interpretiere die *Philosophischen Briefe* in Kontinuität mit der *Allgemeinen Übersicht* und dem *System*, wobei die Kontinuität als eine Kontinuität der Fragestellung und nicht der Antwort zu verstehen ist. Erst in der *Allgemeinen Übersicht* wird eine positive Lösung dargeboten, die dann im System ausführlicher entwickelt wird.

2.3 Die Aporetik von Dogmatismus und Kritizismus in den *Philosophischen Briefen*

Ich ziehe nun Schellings *Philosophische Briefe über Dogmatismus und Kritizismus* in Betracht. Die Hauptkoordinaten der Interpretation macht die Begrifflichkeit aus, die in der Problemskizze entworfen ist (2.1).

2.3.1 Begrifflicher Inhalt von Dogmatismus und Kritizismus

Ich deute Schellings Begriffe von Dogmatismus und Kritizismus als metaphysische Programme, die aus dem folgenden Grund argumentativ entgegengesetzt werden: Der Dogmatismus ist dasjenige metaphysische Programm, das Wirklichkeit letztendlich als etwas nicht-subjektives auffasst. Der Geist, das Ich oder das Selbstbewusstseins dürfen für eine solche Ansicht nicht als grundlegendes Element der Wirklichkeit angesehen werden. Der Kritizismus hingegen betrachtet das Subjektive als das, was Wirklichkeit zur Wirklichkeit überhaupt konstituiert: Die grundlegenden, absoluten Wirklichkeitsstrukturen haben deshalb für den Kritizismus, so Schelling, zunächst mit der Funktionsweise des menschlichen Geistes zu tun, der deshalb als das Absolute gelten sollte.

Wichtig ist, die folgende Annahme in der von Schelling entworfenen Metatheorie zu betonen. In den *Briefen* erschöpfen Dogmatismus und Kritizismus den logischen Raum der metaphysischen Programme.[4] Meiner Vermutung nach ist dies der Fall, weil Schelling seine dritte Option noch nicht entworfen hat. Deshalb sollte Schellings Behauptung, dass der einzige Ausweg aus der Aporie allein in einer willkürlichen Entscheidung bestehen kann, zunächst im Verhältnis zu der geraden

---

4 Um der Vollständigkeit willen sei erwähnt, dass Schelling eigentlich drei Optionen präsentiert, die sich als moralischer Kritizismus, metaphysischer Kritizismus und metaphysischer Dogmatismus bezeichnen lassen (*AA* I/3: 101ff.). Die erste Differenzierung bettrifft den metaphysischen

erwähnten metatheoretischen Annahme interpretiert werden. Dass solche Ausweglosigkeit für Schelling selbst ein Problem darstellt, ist ein deutlicher Hinweis dafür, dass die Lösung der Briefe als partiell und nicht befriedigend anzusehen ist. Dass es in Schellings Augen problematisch ist, dass sich Dogmatismus und Kritizismus den Raum der möglichen metaphysischen Programme restlos teilen, entnehme ich dem folgenden Zitat, das zugleich als Ausgangspunkt für meine Interpretation fungiert.

> *Der Kriticismus ist vom Vorwurf der Schwärmerei so wenig zu retten, als der Dogmatismus* [Hervorhebung G.C.], – wenn er mit diesem über die *Bestimmung* des Menschen hinausgeht, und das letzte Ziel als erreichbar vorzustellen versucht. [...] Wenn eine Thätigkeit, die nicht mehr durch Objecte beschränkt, und völlig absolut ist, von keinem Bewußtsein mehr begleitet wird; wenn unbeschränkte Thätigkeit identisch ist mit absoluter Ruhe; wenn der höchste Moment des Seins zunächst ans Nichtsein gränzt: *so geht der Kriticismus so gut wie der Dogmatismus auf Vernichtung seiner selbst* [Hervorhebung G.C.]. Wenn dieser fodert, ich soll im absoluten Object untergehen, so muß jener umgekehrt fodern, alles, was Object heißt, soll in der intellectualen Anschauung meiner selbst verschwinden. *In beiden Fällen ist für mich Alles Object, eben damit aber auch das Bewußtsein meiner selbst als eines Subjects verloren. Meine Realität verschwindet in der unendlichen* [Hervorhebung G.C.] (*AA* I/3: 96–97).

Die drei im Zitat hervorgehobenen Textstellen machen ziemlich deutlich, dass die restlose Opposition von Dogmatismus und Kritizismus eigentlich problematisch ist. Dem Zitat lässt sich entnehmen, dass aus bestimmten Gründen, die ich weiter unten diskutieren werde, Dogmatismus und Kritizismus auf dasselbe problematische Resultat hinauslaufen: auf eine „Vernichtung [ihrer] selbst". Schelling scheint zu glauben, dass beide metaphysischen Programme nicht in der Lage sind, die eigenen, selbstgesetzten Ziele zu erreichen. Dieses scheint etwas mit der Auffassung des individuellen, empirischen Selbstbewusstseins als je „[m]eine[r] Realität" zu tun zu haben, die „verschwindet". Genau dieser letze Aspekt hat für mein Anliegen besondere Relevanz: Prüfstein von Schellings Diskussion ist anscheinend die Fähig-

---

oder moralischen Status des Kritizismus. Schelling versteht unter moralischem Kritizismus eine deflationäre Interpretation des Kritizismus. Der Kritizismus geht zwar von der Hypothese aus, dass der Geist das Absolute darstellt. Als nur moralischer schränkt er aber den Umfang seiner Ausgangshypothese dadurch ein, dass das ichartige Absolute nur als eine Aufgabe des empirischen Geistes zu verstehen ist, der sich an seine absolute Darstellung nur annähern kann, ohne sein Ziel zu erreichen (nach dem Motto: werde selbstbewusster!). Schelling lehnt aber diese Interpretation des Kritizismus als tragfähige Alternative zum Dogmatismus ab: Bestenfalls benennt der moralische Kritizismus eine Problematisierung des Dogmatismus, ohne aber ein alternatives metaphysisches Programm aufzustellen. Schelling glaubt in den *Briefen*, dass die Widerlegung der Idee, dass Wirklichkeit letztlich nicht-subjektiv ist, nur durch ein alternatives Programm erfolgen kann. Dieses sollte behaupten, dass das Absolute etwas Ichartiges ist, bzw. dass das Selbstbewusstsein und der Geist das Absolute darstellen. Aus diesen Gründen beschränke ich mich in der Interpretation auf die metaphysische Version des Kritizismus.

keit eines metaphysischen Programms, auf zufriedenstellende Weise mit einem Begriff des menschlichen Geistes umzugehen. Hervorzuheben ist nun, dass Schelling den menschlichen Geist als eine faktische Voraussetzung seiner Diskussion von Dogmatismus und Kritizismus einführt: Er geht davon aus, dass es Entitäten gibt, die einen Geist haben, ohne Argumente dafür zu liefern, dass es derartige Entitäten notwendigerweise geben müsste. Er stellt nur die Frage, ob und welche Relevanz das Mentale im Bereich der metaphysischen Reflexion hat und haben sollte.

Auf jeden Fall ist es notwendig, Schellings Geistesbegriff kurz zu erörtern, wie er in den *Briefen* präsentiert und gebraucht wird, um die Hauptargumente des Textes ins Auge zu fassen. Im oben angeführten Zitat ist vom Selbstbewusstsein als von einem Subjekt die Rede, das als die Realität bestimmt wird, die für jede geistige Entität eine jeweils eigene ist. Die Begriffsbestimmung ist noch etwas vage und soll weiter entfaltet werden. Dazu kommen zwei Aspekte in Betracht, die zentral für Schellings Auffassung in den *Briefen* sind.

Der erste Aspekt ist eine Variante der oben eingeführten Erstpersonalitäts- und Präreflexivitätsthesen (2.1.3), die Schelling teilweise akzeptiert (vgl. Frank 1985). Die Präreflexivitätsthese kommt im Text durch den Begriff der intellektuellen Anschauung zum Ausdruck. Dafür bedeutungstragend ist die Entgegensetzung zum Konzept der sinnlichen Anschauung. Als sinnlich bestimmt Schelling jede Bezugnahme, die sich auf Gegenstände richtet (*AA* I/3: 87). Die Selbstbezugnahme – „das Bewußtsein meiner selbst als *eines Subjects*" und nicht als eines Gegenstands – ist vom Gegenstandsbezug zu unterscheiden und dem gegenüber eigenartig und darauf irreduzibel (*AA* I/3: 87, 88). Laut Schelling besteht also eine grundsätzliche Differenz zwischen Selbst- und Gegenstandsbezug, die als Definiens des je individuellen Selbstbewusstseins angesehen wird.

Dieser vor allem epistemischen Perspektive wird im Text ein zweiter Aspekt hinzugefügt. Schelling begreift nämlich sowohl den Selbstbezug als auch den Gegenstandsbezug als Tätigkeiten, als praktische Vollzüge im weiteren Sinne. Textuell lässt sich das beispielsweise dadurch nachweisen, dass der Gegenstandsbezug als materielle Auseinandersetzung mit einem Objekt gefasst wird, das der individuellen Tätigkeit gegenüber einen materiellen Widerstand leistet (*AA* I/3: 95); die Selbstbezugnahme wird fernerhin auch, aber nicht nur, mit dem quasi meditativen, introspektiven Vollzug einer Rückkehr in sich selbst verglichen (*AA* I/3: 87). Eigenartigkeit des Selbstbezugs und praxisorientiertes Verständnis des Geistes sind somit die zwei Hauptmerkmale von Schellings geistesphilosophischem Ansatz in den *Briefen*.[5]

---

5 Ein weiterer Standpunkt, aus dem der Praxisbezug sich als zentral erweist, ist Schellings Parallelisierung von metaphysischen und ethischen Einstellungen (z.B. *AA* I/3: 91ff.). Diese Perspektive ist aber für mein Anliegen etwas sekundär und ich gehe deshalb auf sie nicht ein.

In den *Briefen* werden also metaphysische Programme mit Blick auf subjektphilosophische Thesen auf die Probe gestellt. Schelling überprüft die Kompatibilität der zwei Diskurse im Rahmen einer metatheoretischen Diskussion. Wie er das tut, stelle ich gleich dar, angefangen mit seinem Begriff des Dogmatismus. Für sich genommen ist die Diskussion des Dogmatismus für mein systematisches Anliegen nicht unmittelbar relevant. Sie dient allerdings der Darstellung der Kritik, die Schelling auch bezüglich des Kritizismus symmetrisch entwickelt.

Der Begriff des Dogmatismus bezeichnet ein metaphysisches Programm, das Wirklichkeit letztlich als nicht-subjektiv auffasst. Schelling fragt sich, welches Verhältnis zwischen Geist und nicht-mentaler Wirklichkeit besteht. Die Antwort ist nicht besonders überraschend. Der Dogmatismus verfährt reduktionistisch: Wenn Wirklichkeit ursprünglich nicht-mental verfasst ist, Mentales als empirisches Selbstbewusstsein jedoch phänomenal gegeben ist, dann sollte das Mentale auf das Nicht-Mentale zurückgeführt werden. Schellings Auffassung von Reduktion ist jedenfalls besonders. Er behauptet, dass der Dogmatismus das Selbstbewusstseins objektiviert (*AA* I/3: 88). Jeder Vollzug von individuellem Selbstbewusstsein als praktischer und tätiger Vollzug soll im Dogmatismus letztlich als Ausdruck oder Tätigkeit der nicht-mental verfassten Wirklichkeit erklärt werden. Das bedeutet in Schellings Augen, dass die zwei definitorischen Eigenschaften des individuellen Selbstbewusstseins, die Selbstbezüglichkeit und das Tätig-sein, *ausschließlich* einer letztendlich nicht-mentalen Wirklichkeit zugeschrieben werden. Textuell ist das so formuliert, dass das nach dem Dogmatismus objektive Absolute als unendliche, unbeschränkte, absolute Kausalität begriffen wird, der das selbstbewusste Individuum, als ihr Resultat oder Ausdruck oder sogar Schein, unfrei gegenübersteht.[6]

---

[6] Erwähnenswert ist Schellings ethisch-psychologische Deutung der Objektivierung der intellektuellen Anschauung (*AA* I/3: 94–96, 99–100). Die Tendenz zu reduktionistischen Positionen wird auf einen hyperbolischen Solipsismus und auf die meditative Erfahrung der Rückkehr in sich selbst zurückgeführt. Schelling behauptet zusammengefasst: Wenn ich meditierend den Eindruck haben könnte, dass ich ausschließlich mit meinen Gedanken befasst bin, alles ausklammernd, was nicht ich selbst bin; sowie, dass ich dabei mit einem Nullpunkt des Selbstbewusstseins, mit einer reinen, kognitiven Selbstpräsenz von mir zu mir selbst zu tun habe; dann könnte ich auf die Idee kommen, so etwas wie ein Absolutes zu erfahren, weil ein solcher Bewusstseinsstrom durch kein Äußerliches bedingt und bestimmt zu sein scheint. Eine derartige Absolutheit als Abwesenheit von Bestimmungen und als unbestimmte Selbstpräsenz bietet für Schelling das ethisch-psychologische Vorbild des Reduktionismus: die Selbstvernichtung, die Rückkehr ins Differenzlose, die Selbstauflösung ins unpersönliche Sein und das Aufgeben jeglichen Ausgesetzt-seins individueller Verantwortlichkeit. In beiden Fällen – dem meditativen Ausschluss der Außenwelt und der reduktionistischen Selbstauflösung ins Objektive – spielt laut Schelling die Fantasie einer höchst differenzlosen, unbestimmten Absolutheit die Rolle eines Vorbilds, wodurch er den ethisch-psychologisch Solipsismus und den Reduktionismus unter dem Zeichen eines in sich undifferenzierten und selbstständigen Geistes korreliert.

2.3 Die Aporetik von Dogmatismus und Kritizismus in den *Philosophischen Briefen*

Sachlich trägt Schellings Diskussion des Dogmatismus nicht besonders weit und besagt essenziell: Ein metaphysisches Programm, das Wirklichkeit als grundsätzlich und letztendlich nicht-mental auffasst, erklärt die individuellen Vollzüge von Selbstbewusstsein als bloße Wirkungen von nicht-mentalen Ursachen. In diesem Sinn schreibt er, dass nach dem Dogmatismus das individuelle Subjektive oder Mentale ins Objektive oder Nicht-Mentale aufgelöst wird. Ob der Dogmatismus deshalb „sich selbst vernichtet", wie nach dem oben herangezogenen Zitat, oder seine selbstgesetzten Ziele verfehlt, ist debattierbar und wahrscheinlich falsch. Das ist aber für mein Anliegen sekundär. Die kurze Schilderung des Dogmatismus ist für mich deswegen wichtig, weil laut Schelling der Kritizismus auf ein sehr ähnliches Ergebnis hinausläuft – was weniger intuitiv ist.

2.3.2 Selbstverfehlende Programme und ihr geteiltes Paradigma

Die Diskussion des Kritizismus stellt das interessanteste und auch überraschende Moment der *Philosophischen Briefe* dar. Überraschend ist sie, weil laut Schelling der Kritizismus *genauso wie der Dogmatismus* vor dem gerade dargestellten Vorwurf, das individuelle Selbstbewusstsein in ein unpersönliches Absolutes aufzulösen, „nicht zu retten sei". Die Behauptung ist nicht unmittelbar verständlich. Zumindest dem Anspruch nach sollte der Kritizismus Subjektivität gerade berücksichtigen und aus metaphysischer Sicht robust verteidigen.

Auch die Problematisierung des Kritizismus wird, wie im Fall des Dogmatismus, erst dann deutlich, wenn sie vor dem praxisorientierten Hintergrund begriffen wird. Genau auf diesem Hintergrundgedanken basiert Schellings Parallelisierung der zwei Paradigmen: Ebenso wie die Tätigkeit des Nicht-Mentalen als absoluter Kausalität eine zentrale Rolle für die erste Argumentation spielt, so kreist auch die Diskussion des Kritizismus um die Frage der freien Tätigkeit des Geistes. Der Definition des Kritizismus, dass das Absolute als subjektives Absolutes gesetzt wird, entspricht im Rahmen des praxisorientierten Ansatzes die weitere Bemerkung, dass das subjektive Absolute als absolut frei in seiner Tätigkeit zu fassen ist (*AA* I/3: 102). Wirklich ist das, was durch die Operationen, durch die Tätigkeit des Geistes als Wirkliches konstituiert wird. Das Nicht-subjektive liefert keinen Ertrag bezüglich der Wirklichkeitskonstitution. Allem, was nicht Tätigkeit des Selbstbewusstseins ist, wird somit abgesprochen, dass es letztlich Anspruch auf Wirklichkeit erheben kann. Dieses Absprechen weist in Schellings Text abermals eine praktische Seite auf: Es gebe nichts, was dem absolut gefassten Ich in seinem freien Handeln Widerstand leisten könnte.

Ich komme nun auf Schellings Kritik. Sie besteht wesentlich in der folgenden These. Die praktische Tilgung des Nicht-subjektiven aus dem, was letztlich wirklich ist, macht es unmöglich, das individuelle, empirische Selbstbewusstsein zu denken (*AA* I/3: 94).[7] Ich formuliere Schellings Argumente aus. Individuelles oder empirisches Selbstbewusstsein setzt voraus, dass das individuelle Selbstbewusstsein sich von dem differenziert, was nicht numerisch mit ihm identisch ist. Das empirische, selbstbezugsfähige Individuum reflektiert auf sich selbst nur unter der Voraussetzung, dass es sich von dem differenziert und different weiß, was es nicht ist. Weil aber das subjektive Absolute im Rahmen des Kritizismus als absolut frei, uneingeschränkt in seiner Tätigkeit gedacht wird, wird die Möglichkeit dieser Differenzierung aufgelöst. Wenn dem Nicht-Subjektiven Wirklichkeit abgesprochen wird, so wird deshalb auch dem individuellen, empirischen Selbstbewusstsein Wirklichkeit abgesprochen. Die Unfähigkeit, dem Nicht-Subjektiven im metaphysischen Gesamtbild Rechnung zu tragen, ist der Grund, aus dem Schelling glaubt, dass auch der Kritizismus nicht in der Lage ist, sich anders als reduktionistisch zum individuellen, empirischen Selbstbewusstsein zu verhalten, wie es im Dogmatismus der Fall ist.

Somit wird die oben herangezogene, kritische Parallelisierung von Dogmatismus und Kritizismus (2.3.1) verständlich. Schelling kommt in den *Briefen* zu dem Schluss, dass die Setzung eines subjektiven Absoluten das empirische Selbstbewusstsein, trotz der selbstgesetzten Ansprüche es zu verteidigen, etwa übersubjektivistisch aus den Augen verliert. Zusammengefasst sind also laut den *Philosophischen Briefen* weder der Kritizismus noch der Dogmatismus mit der subjektphilosophischen Reflexion kompatibel. Diese Inkompatibilität wird dadurch nachgewiesen, dass die subjektphilosophische These der Voraussetzung einer sinnvollen drittpersonalen Bezugnahme für die sinnvolle erstpersonale Selbstbezugnahme keine Begründung in der Auffassung der Grundstruktur der Wirklichkeit findet.

Schellings Diskussion von Dogmatismus und Kritizismus beschränkt sich aber nicht auf die Diagnose ihrer Mängel, sondern geht in die Ätiologie über. Er denkt nämlich, dass beide Programme nicht zufällig hinsichtlich ihrer Resultate konvergieren. Dies geschieht vielmehr, wie im folgenden Zitat deutlich gemacht ist, weil sowohl Dogmatismus als auch Kritizismus an demselben Paradigma orientiert sind.

> Diese Schlüsse [die konvergierenden Resultate, G.C.] scheinen unvermeidlich, sobald man voraussetzt, beide Systeme gehen auf Aufhebung jenes Widerspruchs zwischen Subject und Object – auf absolute Identität. Ich kann das Subject nicht aufheben, ohne zugleich das Object,

---

[7] Ernst Cassirer (2001) macht auch auf die Zentralität des empirischen Selbstbewusstseins in Schellings Argumentation aufmerksam, obwohl er sie dann auf den Begriff des Lebens bezieht.

2.3 Die Aporetik von Dogmatismus und Kritizismus in den *Philosophischen Briefen* — 41

als solches, eben damit aber auch alles Selbstbewußtsein; und ich kann das Object nicht aufheben, ohne zugleich das Subject, als solches, d.h. alle Persönlichkeit desselben aufzuheben. Jene Voraussetzung aber ist schlechterdings unvermeidlich (*AA* I/3: 97).

Schelling stellt hier die Voraussetzung – die ich als Paradigma bezeichne – von sowohl Dogmatismus als auch Kritizismus dar. Dieses Paradigma ist der Grund, der beide metaphysischen Programme aus einer subjektphilosophischen Perspektive kontraproduktiv macht. Weil diese paradigmatische Orientierung aber noch als „schlechterdings unvermeidlich" von Schelling angesehen wird, können die *Briefe* nur ein aporetischer Text sein: Es ist im Grunde gleichgültig, welches metaphysische Programm in Anschlag gebracht wird, da beide nicht zufriedenstellend sind (Schelling wird aber die Vorstellung solcher Unvermeidlichkeit aufgeben, und zwar in dem Maße, wie er seine Spekulation über das Absolute in der *Allgemeinen Übersicht* weiterentwickelt und eine Lösung konturiert, die über den Dogmatismus und den Kritizismus hinausgeht).

Das geteilte Paradigma von Dogmatismus und Kritizismus wird eindeutig benannt: „beide Systeme gehen auf Aufhebung jenes Widerspruchs zwischen Subjekt und Objekt – auf absolute Identität." Ein Widerspruch stellt eine Relation zwischen ungleichen Elementen dar. Der hier von Schelling verwendete Begriff von Widerspruch ist nicht formallogisch zu verstehen, sondern bezeichnet etwas wie einen Kontrast, eine Spannung, eine Entgegensetzung zwischen Arten von Entitäten oder Eigenschaften. Es geht um eine Relation zwischen Verschiedenen. Diese Verschiedenheit von Subjektivem und Objektivem, wie gerade oben erwähnt, ist essenziell, um so etwas wie individuelles, empirisches Selbstbewusstsein zu haben. Nun ist aber das vorausgesetzte Paradigma von Dogmatismus und Kritizismus damit unvereinbar und negiert dasselbe: „Absolute Identität" schließt in den *Briefen* eine Relation von Verschiedenem (immer noch) aus. Beide metaphysischen Programme orientieren sich paradigmatisch daran, dass ihre respektiven Auffassungen des Absoluten durch die Vorstellung geprägt sind, dass Wirkliches im Grunde nicht aus Relationen besteht: Relationen sind dem, was letztlich wirklich ist, extern. Das Paradigma von sowohl Dogmatismus als auch Kritizismus ist, dass das Absolute nicht relational verfasst ist. Genau diese Schlussfolgerung stellt Schellings Ätiologie der Inkompatibilität von Dogmatismus und Kritizismus mit der subjektphilosophischen Reflexion dar.

Zusammengefasst diskutiert Schelling in den *Philosophischen Briefen* zwei metaphysische Programme, die zwar entgegengesetzt sind, aber durch dasselbe Paradigma bedingt sind: dass die Grundstrukturen der Wirklichkeit, seien sie mentaler oder nicht-mentaler Natur, im Wesentlichen Relationen ausschließen beziehungsweise nicht durch Relationen gekennzeichnet sind. Diese Voraussetzung wird von Schelling als unvermeidlich, obwohl offensichtlich auch als problematisch angesehen, denn sie wird als mit dem subjektphilosophischen Desideratum inkompatibel erklärt, Selbstbezüglichkeit zu begreifen. Diese letzte, aus subjektphilosophischer Perspektive formulierte Skepsis gegenüber nicht relationalen Auffassungen von Wirklichkeit ist der systematische Ertrag der *Philosophischen Briefe*, der für mein Anliegen wichtig ist. Die Weiterentwicklung dieses Gedankens führt Schelling in der *Allgemeinen Übersicht* dazu, einen Begriff des Absoluten zu konturieren, der sich an Relationalität orientiert und mit der subjekt-philosophischen Reflexion kompatibel sein soll.

2.4 Die Weiterentwicklung von Schellings Denken in der *Allgemeinen Übersicht der neuesten Philosophischen Literatur* und der Fokus der Interpretation

Die *Allgemeine Übersicht der neuesten philosophischen Literatur* ist eine 1797–1798 veröffentlichte Textsammlung, die später stark umgearbeitet und mit dem neuen Titel *Abhandlungen zur Erläuterung des Idealismus der Wissenschaftslehre* versehen wurde. Den Text bezeichnet Hartmut Kuhlmann treffend als eine „Gigantomachie der Systeme", in der die Gliederung des *Systems des transzendentalen Idealismus* bereits wiederzuerkennen ist (Kuhlmann 1993: 197, 201). Die Leitfragen der *Allgemeinen Übersicht* entwickeln interessanterweise nicht nur diejenigen der *Philosophischen Briefe* aus, sie machen auch den Hintergrund von und eine Brücke zu dem System vom Jahr 1800 aus. Im Text wird fernerhin keine Aporie, sondern ein (erster) Lösungsvorschlag für die Probleme artikuliert, die in den *Briefen* aufgeworfen werden. Schelling vertritt die Ansicht, so meine Lesart, dass die metatheoretische Kompatibilität von subjektphilosophischer und metaphysischer Reflexion gesichert werden kann, wenn praktische Relationalität als Paradigma beider Theoriebereiche gesetzt wird.

2.4.1 Der Wahrheitsanspruch der Erkenntnis und die Geistesunabhängigkeitsthese

Ich gehe ohne weitere Einführung direkt auf den Text ein. Während sich die Argumentation in den *Philosophischen Briefen* um die metaphysische Einholbarkeit von Subjektivität dreht, wird in der *Allgemeinen Übersicht* die Frage in den Fokus gestellt, ob die verschiedenen diskutierten Ansätze in der Lage sind, den Wahrheitsanspruch der menschlichen Erkenntnis abzusichern (*AA* I/4: 71, 84).

Der Fragestellung liegt nun ein Verständnis von Erkenntnis zugrunde, in dessen Mittelpunkt, wie im Fall der *Briefe*, die praktische und materielle Dimension des menschlichen Geistes steht (vgl. z.B. *AA* I/4: 89–90). Ich fasse kurz diese Perspektive Schellings zusammen. Jeder Erkenntnisakt wird als ein praktischer Vollzug gefasst, der eine Vermittlung von Erkanntem und Erkennendem beinhaltet. Das Erkennende ist beim Erkennen tätig und das, was als Erkenntnis gilt, ist von solcher Tätigkeit abhängig (das lässt sich ziemlich breit verstehen, beispielsweise im sensomotorischen Sinne, im Sinne von angewendeten technischen Apparaten oder auch vom sprachlichen und begrifflichen Instrumentarium). Erkenntnisakte sollen aber auch Aufschluss über das Erkannte geben und sie geben in dem Maße über das Erkannte Aufschluss, als das Erkannte für die erkennende Tätigkeit einen Widerstand bietet und sie auf diese Art bestimmt: Erkenntnisakte sind nicht beliebig, sondern in verschiedenem Maß gezwungen, so und so stattzufinden, was sie eben informativ macht (sensomotorische Leistungen sind bezüglich der Umwelt deshalb informativ, weil sie nicht beliebig, sondern durch die Umwelt bestimmt sind; ein Experiment bestätigt oder widerlegt innerhalb eines Settings bestimmte Erwartungen bezüglich dessen, was stattfinden soll usw.).

Von diesem doppelseitigen Standpunkt aus – Begründung des Wahrheitsanspruchs der Erkenntnis als argumentativem Drehpunkt und praxisorientiertem Verständnis von Erkenntnisakten – diskutiert Schelling zwei Arten und Weisen, das Wirklich-sein oder die Wirklichkeit zu bestimmen: Das, was wirklich ist, ist als geistesunabhängig wirklich; und das, was wirklich ist, ist als geistesabhängig wirklich. Es geht also respektive um eine Geistesunabhängigkeitsthese und um eine Geistesabhängigkeitsthese.[8] Die Rekonstruktion von Schellings Diskussion dieser beiden Optionen ermöglicht, ein genaueres Bild von seinem Vorschlag zu liefern, wie subjektphilosophischen und metaphysischen Diskurs kompatibel zu machen sind.

Die These der *Geistesunabhängigkeit* als Definiens von Wirklichkeit lautet, Schelling folgend: Letztendlich wirklich ist das, was unabhängig davon ist, wie es erkannt und praktisch bearbeitet wird (*AA* I/4: 102–103). Es geht um die Vorstellung, dass Wirklichkeit nicht vollständig in dem aufgeht, was in Erkenntnisakten auftaucht. Demnach sind zwar Erkenntnisakte immer eine wechselseitige Bestimmung von Erkennendem und Erkanntem; das aber, worauf die Erkenntnisakte sich wahrhaftig und informativ zu beziehen beanspruchen, ist letztlich unabhängig davon, ob und wie es erkannt wird. Wirkliches in eigentlichem Sinne besteht vielmehr in dem, was unabhängig davon ist, ob und wie es erkannt wird: Wirklich-sein

---

8 Man könnte auch von metaphysischem Realismus und Anti-Realismus sprechen, ich ziehe aber die Formulierung Geistesabhängigkeit oder -Unabhängigkeit vor, da es bekannterweise verschiedene Arten von metaphysischen Realismen und Anti-Realismen gibt.

ist Unabhängig-sein von der erkennenden Tätigkeit. Schelling ist nun der Ansicht, dass eine derartige Auffassung auch die folgende These implizieren muss: Wirklichkeit ist letztlich geistesunabhängig, während erst *erkannte* Wirklichkeit durch Geistesabhängigkeit gekennzeichnet ist. Daraus ergibt sich eine Entgegensetzung zwischen einer letztlich geistesunabhängigen Wirklichkeit und einer erkannten Wirklichkeit. Differenziell ist dabei die erkenntniskonstituierende Tätigkeit des menschlichen Geistes und das Gesamtbild besteht für Schelling deshalb aus den folgenden konstitutiven Elementen: erkennendem Geist, letztlich geistesunabhängiger Wirklichkeit und erkannter Wirklichkeit (*AA* I/4: 75–76), die er respektive als Ich, Natur und Natur der Phänomene bezeichnet.

Schelling sympathisiert mit der Idee, dass Wirklichkeit mehr ist als ein durch die Tätigkeit des Geistes Konstituiertes (vgl. 2.3.2). Zugleich gibt er sich aber damit nicht zufrieden. Er problematisiert nämlich, dass Geistesunabhängigkeit ein tragfähiges Paradigma dafür ist, Wirklichkeit mit Blick auf die Wahrheitsansprüche von Erkenntnisakten zu konzeptualisieren. Schellings Kritik gliedert sich in zwei Grundvorwürfe, die das Verhältnis von Wirklichkeit und Erkenntnis betreffen.

Im Allgemeinen findet er die Vorstellung problematisch, dass neben der erkannten Wirklichkeit, die in der Interaktion mit dem erkennenden und tätigen Geist auftritt, noch eine weitere Wirklichkeit angenommen werden soll, die den Boden und den Grund für die erste abgibt (*AA* I/4: 78–79). Denn im Kontext der Geistesunabhängigkeitsthese müsste der geistesunabhängigen Wirklichkeit die Rolle zukommen, den Wahrheitsanspruch von Erkenntnisakten zu begründen, was nach Schelling wiederum heißt: Sie muss die geistige Tätigkeit auf informative bestimmen können. Diese Zielsetzung wird aber, so Schellings Kritik, verfehlt, weil die Geistesunabhängigkeitsthese sich laut Schelling symmetrisch darauf verpflichtet, den menschlichen Geist als wirklichkeitsunabhängig vorauszusetzen. Er argumentiert, dass Geist und Wirklichkeit nach diesem Theorietypus so konzipiert werden, dass sie zwei zunächst voneinander abgetrennt bestehenden Instanzen darstellen, die in einem folgenden logischen Schritt durch einen Vermittlungsprozess, die Erkenntnisakte, zusammenkommen und dabei ein Drittes, die erkannte Wirklichkeit, entstehen lassen. Schelling sieht dieses Modell mit einem fundamentalen Problem konfrontiert: Die erkennende Tätigkeit ist nicht in Relation zur Wirklichkeit konstituiert und dies läuft die Gefahr, dass Erkenntnisakte als eine Art projektive Anwendung von vorkonstituierten *Prêt-à-porter*-Begriffen auf eine genauso vorkonstituierte Wirklichkeit verstanden werden (*AA* I/4: 79).

Schelling findet also an der Geistesunabhängigkeitsthese insgesamt problematisch, dass Erkenntnis und Wirklichkeit so begriffen werden, dass ihre Relation bloß *zufällig* und beiden *extern* ist. Der Fokus fällt bei dieser ersten kritischen Anmerkung darauf, dass menschliche Erkenntnisakte in ihrer Relation zur Wirklichkeit diese auf eine Weise bestimmen, deren Legitimität nicht in der Wirklichkeit begründet liegt. Es geht um die Bestimmungsrichtung, die vom Geist aus auf die Wirklichkeit zielt.

Die zweite kritische Anmerkung betrifft nun die umgekehrte Richtung, die von der Wirklichkeit aus auf die Bestimmung von Erkenntnisakten läuft. Er behauptet nämlich, dass die Geistesunabhängigkeitsthese auch unerklärlich macht, dass die Wirklichkeit Erkenntnisakte bestimmen kann. Denn sobald versucht wird, die Relation der Wirklichkeit zu den Erkenntnisakten und zur erkannten Wirklichkeit zu beschreiben, wird der Geistesunabhängigkeitsthese widersprochen, gemäß der die Wirklichkeit nicht mit der erkannten Wirklichkeit zusammenfällt, also mit derjenigen Wirklichkeit, auf die allein sich Begriffe, Kategorien, Beschreibungen, Argumente usw. beziehen. Schelling bestreitet somit die Kompatibilität zwischen epistemisch relevanter Wirksamkeit und Geistesunabhängigkeit der Wirklichkeit. Er bestreitet sie, weil aufgrund der Annahme, dass Wirklichkeit und erkannte Wirklichkeit nicht zusammenfallen dürfen, nur die erkannte Wirklichkeit den legitimen Anwendungsbereich von Erkenntnisakten ausmacht. Die Bestimmungskraft der Wirklichkeit auf die Erkenntnis kann daher nicht beschrieben, erklärt oder untersucht werden (*AA* I/4: 106–107). Deshalb bleibt auch die zweite Richtung des Erkenntnis-Wirklichkeit-Zusammenhangs, die von der Wirklichkeit aus zum Geist hin geht, für die Geistesunabhängigkeitsthese unerklärbar.

Aus diesen Gründen wird in der *Allgemeinen Übersicht* behauptet:

> Der gesunde Verstand hat nie Vorstellung und Ding getrennt, noch vielweniger beide entgegengesetzt. Im Zusammentreffen der Anschauung und des Begriffs, des Gegenstands und der Vorstellung, lag von jeher des Menschen eignes Bewußtseyns und damit die feste unüberwindliche Ueberzeugung von einer wirklichen Welt. [...] Hat man Einmal jene Trennung zwischen Begriff und Anschauung, Vorstellung und Wirklichkeit zugelassen, so sind unsre Vorstellungen *Schein* [...]. Wenn aber unsre Vorstellung, zugleich *Vorstellung* und *Ding* ist, (wie das der gesunde Verstand nie anders angenommen hat, und bis auf diesen Tag nicht anders annimmt), so kehrt damit der Mensch von unendlichen Verirrungen einer mißgeleiteten Speculation auf den geraden Weg einer gesunden, mit sich selbst einigen, Natur zurück (*AA* I/4: 80–81).

Das Zitat fasst Schellings Kritik an der Geistesunabhängigkeitsthese zusammen. Wenn die Intelligibilität dessen, was erkannt werden kann, zumindest teilweise in dem begründet ist, was Erkenntnisakte dem Erkenntnisgegenstand beisteuern; und wenn die Wirklichkeit als Geistesunabhängigkeit aufgefasst wird; dann geraten diejenigen, die den Zusammenhang dieser Annahmen verteidigen wollen, in die problematische Lage, den Wahrheitsanspruch von Erkenntnisakten nicht hinreichend begründen zu können. Grund dafür ist, dass in einem solchen Modell geistesunabhängige Wirklichkeit und naturunabhängige erkennende Tätigkeit des Geistes sich nur extern und zufällig zueinander verhalten und gegenseitig bestimmen können.

Es gilt daher für Schelling, gemäß dem Zitat, die Einheit von Erkenntnisakten und Wirklichkeit in den Mittelpunkt zu rücken (und als Ausgangspunkt für die Spekulation über das Absolute zu setzen, vgl. 2.3).[9]

2.4.2 Die Einheit von Geist und Wirklichkeit von der Praxis aus gedacht, mit einer begrifflichen Einschränkung

Wie es sich sowohl aus den *Philosophischen Briefen* als auch aus der bisherigen Rekonstruktion der *Allgemeinen Übersicht* negativ entnehmen lässt, besteht Schellings philosophisches Desideratum in einem tragfähigen Begriff der Einheit von Geist und Wirklichkeit. Auf den letzteren kommt er durch eine kritische Diskussion der Ausgangshypothese, gemäß der Wirklichkeit als Geistesabhängigkeit gedeutet wird. Wirklich zu sein, heißt demnach, vom menschlichen Geist als wirklich konstituiert und gesetzt zu werden. Eine solche Option kann offensichtlich verschiedenartig gefasst werden und Schellings Fassung wird mit Rücksicht auf das bereits erwähnte Kriterium formuliert, dass der Wahrheitsanspruch von Erkenntnisakten begründet werden sollte. Daraus entwickelt er seine Variante der Geistesabhängigkeitsthese.

Die These der konstitutiven Geistesabhängigkeit der Wirklichkeit wird in der *Allgemeinen Übersicht* folgendermaßen eingeführt. Der Geist wird durch Rekurs auf den Begriff des Selbstbewusstseins und als freier und spontaner Tätigkeit gefasst. Wie bereits im Zusammenhang der *Philosophischen Briefe* erwähnt, setzt der Geist als Selbstbewusstsein einen Wirklichkeitsbezug voraus: Wenn ich mich auf mich selbst beziehe, so tue ich dies, indem ich mich von dem unterschiede und mir das entgegensetze, was ich selbst nicht bin (z.B. *AA* I/4: 137). Zentral für den Argumentationsgang der *Allgemeinen Übersicht* ist dabei aber, dass diese Unterscheidung/Entgegensetzung von Geist und Wirklichkeit zunächst nur *für den Geist* ist. Das heißt: Im Wirklichkeitsbezug muss sich das individuelle Selbstbewusstsein so konzeptualisieren, dass es sich von der Welt als von dem mit ihm nicht Identischen unterscheidet. Die Unterscheidung betrifft also zunächst die Konstitution des Selbstbewusstseins und hat nichts mit dem So-und-so-sein der Wirklichkeit zu tun.

---

[9] Die Komplexität der Fragestellung, die ich ausgehend von Schelling diskutiert habe, würde viel mehr Raum als die gerade skizzierte Rekonstruktion benötigen. Mir geht es aber darum, zu Schellings Position zu gelangen, die dann als Grundlage für meinen Ansatz dient. Die Darstellung seiner kritischen Anmerkungen dient der Rekonstruktion und die Positionen, von denen er sich distanziert, sind hier präsentiert, um seine eigene Stellungnahme zu verstehen.

Eine derartige, im Geist angelegte Voraussetzungslogik findet Schelling in dem Maße produktiv, dass Geist und Wirklichkeit gerade nicht als zwei grundsätzlich voneinander abhängige und abgetrennte Instanzen gefasst werden. Nun wird aber das Modell der Geistesabhängigkeit auch einer kritischen Diskussion unterzogen, da es nicht in der Lage ist, so Schelling, dem Wahrheitsanspruch von Erkenntnisakten Rechnung zu tragen:

> Angenommen, daß sich jemand [...] einen vollständigen Begriff des transscendentalen Idealismus [des Geistesabhängigkeitsthese, G.C.] machen wollte, so könnte er den Satz: das Ich setzt sich ein NichtIch *schlechthin* entgegen, nicht anders, als so, verstehen: das Ich setzt sich ein *NichtIch* in der Idee entgegen. Damit aber wäre offenbar für die Erklärung der *Nothwendigkeit* unsrer objectiven Vorstellungen nichts gewonnen (*AA* I/4: 137).

Schellings Pointe lässt sich folgendermaßen ausführen. Die Voraussetzungslogik als bloße Setzung und Voraussetzung des selbstbezüglichen Geistes besagt, dass die Unterscheidung/Entgegensetzung von Geist und Wirklichkeit nur für das Selbstbewusstsein, nur „in der Idee" ist. Wirklich ist demnach in diesem Kontext nur das, was für Selbstbewusstsein als wirklich gilt, das, wovon selbstbezügliche Wesen sich unterscheiden müssen, um sich erstpersonal auf sich selbst beziehen zu können. Wenn Wirklichkeit nichts anderes als das durch das Selbstbewusstsein Gesetzte ist, so erklärt sich nicht, warum die Erkenntnisvollzüge, die beanspruchen, sich auf eine Wirklichkeit zu beziehen, die mit dem individuellen Selbstbewusstsein nicht identisch ist, zugleich auch beanspruchen, so und nicht anders sein zu müssen: Die „Notwendigkeit" der „objektiven Vorstellungen" bleibt unbegründet. Schelling argumentiert, dass die Gleichsetzung von Wirklichkeit und Geistesabhängigkeit nach einer *einseitigen* Voraussetzungslogik Gefahr läuft, Erkenntnisakte als nicht informativ zu fassen. Sie läuft deswegen Gefahr, weil Wirklichkeit, so wie sie in der Voraussetzungslogik des Selbstbewusstseins erscheint, völlig unterbestimmt ist und inhaltlich nichts anderes als Setzung des Geistes und seiner Tätigkeit bedeutet. Wirklichkeit wird so unterbestimmt aufgefasst, dass diese Auffassung nicht erklären kann, dass Erkenntnisvollzüge und ihre Wahrheitsansprüche einer bestimmten „Notwendigkeit" unterstellt sind und nicht nur von der Funktionsweise des Selbstbewusstseins abhängen.

Die gerade skizzierte Lage ähnelt jetzt der aporetischen Situation der *Briefe* (2.3.2). Die zwei Thesen der Geistesunabhängigkeit und der Geistesabhängigkeit sind laut Schelling in Bezug auf ein bestimmtes Desideratum nicht zufriedenstellend. Das führt aber in der *Allgemeinen Übersicht*, anders als im Fall der *Briefe*, keinesfalls zum Aufgeben der diskursiven Lösbarkeit zugunsten der Aporetik, denn Schelling revidiert hierbei die Geistesabhängigkeitsthese. Aus der zunächst monodirektionalen Einseitigkeit der selbstbewusstseinstheoretischen Voraussetzungslogik *(AA* I/4: 139) entwickelt Schelling die Idee eines bidirektionalen Verhältnisses, die den Geist-Wirklichkeit-Zusammenhang als wechselseitige, dynamische, beiden interne Bestimmung denkt. Um das zu illustrieren, möchte ich einen recht langen, aber ausschlaggebenden Passus aus der *Allgemeinen Übersicht* heranziehen und interpretieren.

> Allerdings setzt das Ich das NichtIch sich entgegen, und indem es dies thut, wird es ebendamit *praktisch,* aber es kann dies nicht thun, also auch nicht *praktisch* werden, ohne das NichtIch, oder ohne *sich selbst,* als *beschränkt* durch das NichtIch vorauszusetzen. Das *Gefühl* dieses Beschränktseyns entsteht allerdings erst *durch* jene Handlung des Entgegensetzens, aber jenes Gefühl konnte nicht entstehen, wenn jene Beschränktheit nicht *ursprünglich* und real war. Daß also das Ich *praktisch* werde (und davon ist hier die Rede), dazu gehört zweierlei: 1) daß das Ich in seinen Vorstellungen beschränkt *sey*; [das Ich aber *ist* beschränkt, nicht etwa, wie ein *Object,* dadurch, daß ihm seine Schranke ohne *sein Zuthun,* durch ein Aeußeres bestimmt *ist*, sondern dadurch, *daß es SICH SELBST als beschränkt FÜHLT* [...], es kann sich aber nicht als beschränkt *fühlen,* ohne sich die Schranke *IDEAL entgegenzusetzen,* also] 2) daß es sich die Schranke (das NichtIch) *entgegensetze.* Dies kann es aber hier wiederum nicht, ohne daß es REAL beschränkt *sey.* [...] Also zeigt sich, daß jene Handlung, wodurch wir (passiv) beschränkt *werden,* und die andre, wodurch wir (activ) *uns selbst beschränken,* indem wir uns die Schranke *entgegensetzen,* EINE UND DIESELBE *Handlung* unsers Geistes ist, daß wir also in *einer und derselben Handlung zugleich passiv und activ, zugleich bestimmt und bestimmend* sind *(AA* I/4: 138).

Die etwas dichte Textstelle lässt sich folgendermaßen ausformulieren. Im Hintergrund steht, wie auch in den *Philosophischen Briefen,* die Ansicht, dass der Geist aus dem Standpunkt einer praktischen Selbstbezüglichkeit zu fassen ist. In diesem Rahmen kehrt auch der Gedanke eines Widerstands zurück, der von dem ausgeübt wird, was mit dem Geist nicht numerisch identisch ist. An diesem Punkt, wo zwei bereits erwähnte Thesen wiederaufgegriffen werden, setzt Schellings Revision an, die allerdings nicht als Widerlegung, sondern als Weiterbestimmung der bisher diskutierten Voraussetzungslogik operiert.

Die Setzung der nicht subjektiven Wirklichkeit gilt zunächst *nur* für das Selbstbewusstsein, dessen Selbstbezüglichkeit abzusichern ist. Diese Voraussetzung des Reflexionsvollzugs darf aber nicht nur darin bestehen, dass der Geist etwas anderes als sich setzt, um sich davon zu differenzieren und einen Selbstbezug zu realisieren; sondern auch darin, so fügt Schelling hinzu, dass der Geist sich als von dem unterschieden, also beschränkt und bestimmt *findet,* und zwar genau in demselben Reflexionsakt, in dem er sich tätig auf sich selbst bezieht, und dadurch, dass das mit ihm numerisch Nicht-Identische ihn praktisch bestimmt. Den selbstbezüglichen Geist fasst Schelling also so auf, dass er wirklichkeitskonstituierend und -konstituiert ist – „zugleich passiv und aktiv, zugleich bestimmt und bestimmend." Dank dieser Präzisierung entledigt sich Schelling des problematischen Aspekts der Geistesabhängigkeitsthese: Die „Notwendigkeit" (im Gegensatz zur beliebigen Zufälligkeit) der Erkenntnisakte und somit ihres Wahrheitsanspruchs sind dadurch gesichert, dass der Geist nicht absolut unbestimmt in seiner Selbstbezüglichkeit, sondern jeweils praktisch beschränkt ist. Schellings suggestive Aussage, dass die Passivität im Ich der Grund der Wirklichkeit sein soll, bedeutet eben, dass Wirklichkeit zwar geistesabhängig ist, aber nur in dem Maße, wie sie den Geist umgekehrt auch bestimmt. Der Zusammenhang beider in reziproken Bestimmungsverhältnissen ist das, was meiner Lesart nach Schelling als ein recht begriffenes Paradigma für subjektphilosophischen und metaphysischen Diskurs setzt. Schellings Terminus dafür ist Wechselwirkung (*AA* I/4: 139).[10]

Interessant an Schellings *Allgemeiner Übersicht* ist für eine Rezeption seiner Philosophie, dass der Text eine Veränderung in seinem Denken in den Fokus kommen lässt. Von der Aporetik der *Briefe*, die mit einem Konzept des Absoluten zusammenhängt, dessen Inhalt Relationen ausschließt, setzt aber dann Schelling den Akzent auf die einheitsstiftende Funktion eines Zusammenhangs. Um Geist und Wirklichkeit zusammendenken zu können, hat er darüber hinaus, anstatt den Fokus auf einen der zwei Pole zu legen, in der *Allgemeinen Übersicht* die Ansicht vertreten, dass das beste Paradigma sich an der dynamischen Einheit eines zunächst praktischen Vermittlungszusammenhangs orientiert, wofür Relationen wesentlich sind. Diese Lösung Schellings der von ihm selbst aufgeworfenen Frage nach der Konzeption des Absoluten ist nun ein partielles Ergebnis. Die in der Frühphase seines Denkens gewonnenen Formulierungen bleiben, trotz ihrer mehr oder minder spekulativen Form, dem Grundgedanken verpflichtet, dass die dynamische Einheit eines Zusammenhangs als Prinzip angesehen werden sollte. Mustergültig dafür ist die im *System des transzendentalen Idealismus* ausgedrückte Fassung des Absoluten als einer Duplizität in der Identität, und vice versa, ebenso wie die Formulierung seiner Prozessualität als historischem Geschehen (*AA* I/9,1: 63, 301–302). Diesen spekulativen Weg werde ich nicht weiterverfolgen. Für mein sachliches Anliegen ist gerade eine erste Perspektivierung wichtig, die sich ausgehend von der Auslegung Schellings auf die anfangs gestellte Frage ergibt, was ein Subjekt ist.

---

10 Chelsea C. Harrys (2015) Interpretation, laut der Schelling in der *Allgemeinen Übersicht* an der Entgegensetzung zwischen einem tätigen Ich und nicht-tätigen Gegenständen ansetzt, ist somit abzulehnen. Zu den Verschiebungen in Schellings Verwendung des Begriffs der Wechselwirkung, vgl. G. Croci (2018).

2.5 Praktische Relationen

Die bisherigen Rekonstruktionen haben offensichtlich keine endgültige Antwort auf die Frage abgeliefert, was ein Subjekt sei, beziehungsweise der Geist sei, insofern er durch Selbstbezüglichkeit charakterisiert ist. Annäherungsweise würde Schelling in den herangezogenen Frühschriften stark machen, dass die Subjektivität oder das Subjekt-sein vor allem als materiell eingebundene Tätigkeit des Selbstbezugs zu verstehen sei. Diese Ansicht Schellings beruht argumentativ auf der metatheoretischen, wechselseitigen Überprüfung von zwei aus unterschiedlichen Diskursbereichen stammenden Ansätzen: dem geistesphilosophischen, hauptsächlich selbstbewusstseinstheoretisch gefassten, und dem metaphysischen. Das interessanteste Ergebnis von Schellings Frühdenken in dieser Hinsicht besteht negativ in seiner Infragestellung der Paradigmen, an dem sich sowohl Subjektphilosophie als auch Metaphysik orientieren. Ich habe oben argumentiert, dass sich Schellings Beschäftigung mit dem Begriff des Absoluten in einem metaphysischen Problemrahmen bewegt. Darüber hinaus habe ich gezeigt, dass eine zentrale Frage bei seiner Diskussion des Begriffs des Absoluten die Art und Weise betrifft, wie der menschliche Geist als Phänomen des erstpersonalen Selbstbezugs in ein metaphysisches Verständnis integriert werden kann (ob dies überhaupt geschehen sollte, stellt Schelling nie in Frage). Aus diesem Grund parallelisiert Schelling Thesen zur Konstitution des Selbstbewusstseins und Thesen zur Auffassung der Grundstruktur der Wirklichkeit und spielt sie gegeneinander aus. Zwei Resultate sind für mein Anliegen in den herangezogenen Texten Schellings wichtig: seine Problematisierung des Begriffs der „absoluten Identität", wie er in den *Briefen* als fraglich dargestellt wird (es geht also dabei um einen falsch verstandenen Begriff der absoluten Identität), und seine Aussage, dass die Wechselwirkung das „Prinzip unserer Vorstellungen" sei.

Durch die Kritik an einem falsch verstandenen Begriff der Identität verortet Schelling den Grund des Kontrastes, der zwischen subjektphilosophischer und metaphysischer Reflexion entsteht, sobald das Desideratum einer Ablehnung von über- oder außernatürlichen Entitäten explizit gemacht wird. Somit lässt sich eine erste Parallele zwischen Schellings Philosophie und der neueren Subjektphilosophie mit Blick auf die oben angesprochene Irreduzibilitätsthese eindeutig ziehen. Schelling nimmt zwar die Irreduzibilität des Subjekts unmittelbar als Desideratum der metaphysischen Reflexion an, während die neuere subjekt-philosophische Reflexion sie als eine These betrachtet, die es argumentativ zu untermauern gilt: Trotz dieses evidenten Unterschieds gehört aber die Irreduzibilitätsthese zu den Hauptpunkten beider Ansätze. Fernerhin sind sowohl für den frühen Schelling als auch für die subjektphilosophische Reflexion die Irreduzibilitätsthese und ihr metaphysischer Ertrag eng mit einem Begriff verbunden, der sich anscheinend und zunächst auf die Konstitution von Selbstbewusstsein bezieht: mit dem Begriff der Präreflexivität des erstpersonalen Selbstbezugs, und zwar insofern, als dadurch der Gedanke einer Diskontinuität zwischen Geist und Wirklichkeit eingeführt wird.

An dieser Stelle trennen sich aber die Wege – beziehungsweise kann Schellings Problematisierung von Dogmatismus und Kritizismus fruchtbar gemacht werden. Seine kritische Behandlung einer Philosophie, die vom Selbstbewusstsein ausgeht, besteht kurz gesagt in der Bemerkung, dass das, was den Geist als selbstbezüglichen ausmacht, als etwas konzeptualisiert wird, das Relationen im Grunde ausschließt. Subjektivität oder das Subjekt-sein ist die Eigenschaft bestimmter Individuen, sich auf sich erstpersonal bezogen zu sein. Obwohl die Formulierung den Begriff der Selbstrelation mobilisiert, ist eine solche Konzeption darauf verpflichtet, Subjektivität als außerhalb der Relation zum Nicht-Subjektiven oder Nicht-Geistigen konstituiert anzusehen. Somit kommt die Problematik derjenigen Ansätze zum Ausdruck, die Subjektivität zunächst nicht aufgrund von Relationen fassen, sondern in internen Merkmalen bestimmter Individuen oder auch Klassen von Individuen suchen. Dieses Paradigma versucht Schelling zu ersetzen, indem er behauptet, dass weder die absolute Identität des Subjekts noch die absolute Identität des Objekts, sondern die absolute Identität von Subjekt und Objekt, als dynamischer Zusammenhang gefasst, die Grundlage ausmachen sollte, von der aus man sich der subjektphilosophischen Frage und ihrer metaphysischen Einbettung nähern kann. Umformulierend: Der Kontrast zwischen subjektphilosophischer Reflexion und Wirklichkeitsauffassung entsteht dadurch, dass die zwei Theoriebereiche von der paradigmatischen Perspektive aus konzipiert werden, laut der nicht Relationen, sondern interne Merkmale das Wesentliche an ihren respektiven Gegenständen ausmachen. Wenn Relationen aber in den Mittelpunkt gestellt werden, also wenn wesentliche, intrinsische Relationalität zum Paradigma gemacht wird, könnte sich der Kontrast entschärfen lassen.

Was würde es nun inhaltlich heißen, dass intrinsische Relationalität das Paradigma von Subjektphilosophie sein soll, und was für Implikate hat das mit Blick auf die oben gestellte Frage, was ein Subjekt ist? Eine endgültige Antwort möchte ich nicht anhand von Schellings Philosophie hier diskutieren, sondern mithilfe von Heidegger, im nachfolgenden Kapitel. Der wesentliche Ertrag der Frühschriften Schellings besteht aber in der metatheoretischen Diagnose einerseits und andererseits im Entwerfen einer Perspektive, die sich an praktischen Relationen orientiert – die es nun weiterzuentwickeln und zu präzisieren gilt.

3 Praktische Spielräume

Der Ertrag und die Grenze von Schellings Philosophie werden von ein und demselben Aspekt vorgezeichnet. Wenn seine spekulative Herangehensweise ermöglicht, sehr weite Parallelen zwischen verschiedenen Bereichen des philosophischen Diskurses aufzumachen und diese im Rahmen einer metatheoretischen Diskussion gegeneinander abzuwägen, übersieht sie zugleich Details, die alleine einen tragfähigen philosophischen Ansatz zu untermauern in der Lage sind. Um diese zu gewinnen, stelle ich eine Interpretation von Heideggers *Sein und Zeit* dar. Die Diskussion gliedert sich nach den folgenden Momenten: Nachdem ich eine Einrahmung meiner Fragestellung im Kontext von Heideggers Denken darlegt habe, komme ich auf Heideggers Analyse von praktischen Vollzügen zu sprechen, deren Diskussion die Basis der Interpretation absichert. Darauf aufbauend thematisiere ich Heideggers Begriff des Verstehens, soweit dieser als Theorie des praktischen Wissens zu fassen ist. Diese dient als Grundlage nicht nur für praktische Umgänge mit Gegenständen, sozialen Kontexten, Personen, sondern auch für das erstpersonale Selbstwissen. Von diesem Ergebnis ausgehend, komme ich dann auf Heideggers Begriff der Möglichkeit zu sprechen (den ich als Grundlage für den weiteren Begriff des praktischen Spielraums deute). Der letzte Schritt des Kapitels besteht in einer geistesontologischen Interpretation der mithilfe von Heideggers Thesen gewonnenen Resultate. Dort werde ich erklären, wie ein praxisorientierter Ansatz in der Lage ist, den Dissens zwischen subjektphilosophischer Reflexion und Naturalismus zu entkräftigen, und welche Konsequenz diese Annahme im subjektphilosophischen Bereich nach sich zieht.

3.1 Kontextualisierung des Ansatzes mit Blick auf Heideggers frühe Philosophie

Zuallererst möchte ich den Kontext, die Ansprüche sowie den Gegenstandsbereich des Ansatzes von *Sein und Zeit* skizzieren, wie sich diese in Kontinuität mit meiner Fragestellung verstehen lassen. Dafür lege ich den Fokus auf Heideggers Begriff der ontologischen Differenz (allerdings nicht mit dem Ziel einer ausführlichen Interpretation des Begriffs).[11] Dabei wird sich herausstellen, dass ein Wesensmerkmal

---

11 Im Rahmen der Diskussion von Heideggers Begriff der ontologischen Differenz verwende ich das Adjektiv „ontologisch" nicht in dem Sinne, wie ich weiter oben beispielsweise „geistesontologisch" verwendet habe.

von Heideggers Perspektivierung, die um den Begriff der ontologischen Differenz kreist, darin besteht, eine metatheoretische Diskussion zu ent wickeln, die sich explizit mit der Frage auseinandersetzt, welche Paradigmen bei welchen Auffassungen (von Arten) von Entitäten eine bedeutungstragende Rolle spielen.

Der Begriff der ontologischen Differenz besagt: Es besteht eine Grunddifferenz zwischen dem Seienden und dem Sein. Der Satz muss näher gefasst werden. Ein Seiendes ist für Heidegger alles, worauf Bezug genommen werden kann (*GA 20*: 195). Es versteht sich, dass der Anwendungsbereich von Heideggers Begriff des Seienden somit durch eine maximale Extension gekennzeichnet ist: Seiende sind materielle Dinge, Personen, Lebewesen, Abstrakta, fiktive Entitäten, Rechte, Werkzeuge, öffentliche Institutionen, Gehirne, Zahlen, Kunstwerke, abgelehnte Arbeitshypothesen und sozioökonomische Klassen.

In diesem Rahmen wird der Terminus „Sein" als definierender Aspekt einer besonderen Perspektivierung auf das Seiende eingeführt, nämlich derjenigen, die nach dem „Sinn von Sein" fragt (*GA 2*: 9). Die Frage nach dem Sinn von Sein betrifft laut Heidegger zwar die Seienden als das „Befragte", allerdings so, dass von allem Seienden gesagt wird, dass *in irgendeiner Weise* auf sie Bezug genommen wird: Derart zielt sie auf das „Sein der Seienden" ab. Dieses Abzielen versteht Heidegger nun so, dass kein weiteres Seiendes als dasjenige eingeführt wird, worauf sich die Frage bezieht (*GA 2*: 8). Es sind die Seienden selbst, die zum Thema gemacht werden, allerdings aus der Perspektive, dass sie in irgendeinem Sinne sind und auf sie Bezug genommen wird. Der Begriff der ontologischen Differenz erhält somit seine Konturen aus dem Kontext der Frage nach dem Sinn von Sein. In dem Maß, wie eine solche Differenz zwischen Sein und Seiendem unterscheidet, wird sie durch das Adjektiv „ontologisch" bezeichnet. Ich beschränke mich bei der Interpretation auf diese vereinfachende Art, Heideggers Anwendung von „ontologisch" zu verstehen: Eine Diskussion von Heideggers Begriff der Ontologie ist kein Hauptinteresse der Untersuchung und wird auch deshalb hier nicht weiterentwickelt. In jedem Fall verstehe ich Heideggers Begriff der ontologischen Differenz so, dass er eine derartige Unterscheidung zwischen Perspektivierungen in Bezug auf das anvisiert, worauf es Bezug genommen werden kann. Es fragt sich, was das inhaltlich bedeutet.

Zuallererst lässt sich ein differenzieller Zug zwischen den zwei Perspektivierungen einführen, wenn man einen dritten Begriff hinzuzieht, von dem dieser differenzielle Zug abhängt. Heidegger begreift die Perspektivierung auf das Sein als eine solche, die definitorisch im Zusammenhang mit einer Klasse von Seienden steht, die die Fähigkeit zum Verstehen besitzen (*GA 2*: 281). Von einer genaueren Ausbuchstabierung des Abhängigkeits- oder Voraussetzungsverhältnisses jetzt abgesehen, konzentriere ich mich auf die Erweiterung des Begriffszusammenhangs. Zunächst durch eine Opposition von zwei Begriffen konstituiert, verweist

Heideggers recht verstandener Begriff der ontologischen Differenz auf drei Begriffe: das Seiende (das, worauf Bezug genommen werden kann), das Sein (ein besonderer Aspekt dessen, worauf Bezug genommen werden kann) und diejenigen Seienden, die zu verstehen vermögen. Letztere werden als daseinsmäßige Seiende oder, kürzer, als Dasein bezeichnet.

Auf den nun komplexer gewordenen Zusammenhang reflektierend, der in Heideggers Begriff der ontologischen Differenz impliziert ist, lässt sich schon eine erste Parallele zu den Problemen ziehen, die die Rekonstruktion von Schellings Philosophie beschäftigt haben. Nimmt man Heidegger beim Wort, so scheint er auf den ersten Blick eine Variante der Geistesabhängigkeitsthese zu verteidigen (selbstverständlich davon ausgehend, dass sein Daseinsbegriff als Bezeichnung für so etwas wie Geist interpretiert werden kann). An diesem Punkt möchte ich keine Position dazu einnehmen, wie diese Stellungnahme Heideggers zu verstehen ist.[12] Für mich ist zunächst wichtig, den geteilten Problemrahmen hervorzuheben. Das Konstitutionsverhältnis zwischen einer besonderen Perspektive auf das, worauf es Bezug genommen werden kann, und dem Geist wird als zentrale Frage von *Sein und Zeit* anvisiert.

Hiermit wird aber nur ein Teilaspekt von Heideggers Begriff der ontologischen Differenz beleuchtet, vielleicht auch nicht mal der wichtigste. Ich möchte eine zweite Akzentuierung desselben noch gewinnen, die für mein Anliegen relevanter ist. Diese lässt sich beispielartig mit Blick auf einen Terminus heranziehen, den ich selbst verwendet habe, den Terminus der Subjektivität nämlich. Subjektivität habe ich als das Subjekt-sein von bestimmten Entitäten interpretiert; in Heideggers Vokabular übersetzt, bezeichnet Subjektivität das Sein von bestimmten Seienden. Folgt man Heidegger, ist das Subjekt-sein eines Subjekts oder eines subjektmäßigen Seienden nicht mit dem subjektmäßigen Seienden identisch; zugleich soll das aber nicht heißen, dass das Subjekt-sein eine weitere Entität neben dem subjektmäßigen Seienden einführt. Was soll das heißen?

---

12 Die Forschungsliteratur hat sich ausführlich mit der Frage beschäftigt. Für eine informierte Darstellung des Panoramas der Frage und der Debatte, vgl. Taylor Carmans *Heidegger's Analytic* (2003, insbesondere das vierte Kapitel). Kris McDaniel (2016) hat neuerlich die Frage darauf perspektiviert, dass Heidegger „metaphysic fundamentality" sich nicht auf „things" sondern auf „expressions" bezieht, was wiederum die Verhältnisse zwischen Sein, Seiendem und Dasein akzeptierbar machen würde. Allgemeiner in Bezug auf die Frage, welche metaphysische Position Heidegger zuzuschreiben ist, lassen sich auch durch Aristoteles informierte Interpretationen nennen (z.B. Kelly 2014). Im Folgenden werde ich eine am Begriff des metatheoretischen Standards orientierte Interpretation vertreten, dafür sind für mich insbesondere der Gedanke der Relationalität (vgl. Weberman 2001) und die These des ontologischen Pluralismus Heideggers (im Sinne John Haugelands, 2013) wichtig.

3.1 Kontextualisierung des Ansatzes mit Blick auf Heideggers frühe Philosophie — 55

Um diese Unterscheidung und Heideggers Begriff der ontologischen Differenz zu verdeutlichen, erläutert ihn John Haugeland in Analogie mit der Verabschiedung von verfassungsmäßigen Gesetzen:

> An analogy, albeit an imperfect one, may help to convey the structure of the situation. The pertinence of being to entities is something like that of a nation's constitution to its statutes and government. The constitution, in effect, defines what it is for the government to enact a statute and, at the same time, imposes strict conditions on which candidate statutes it could legitimately enact [...]. The constitution itself, therefore, cannot be just another such statute or set of statutes – at least, not in the same sense or at the same level. [...] But the analogy between a national constitution and the being of entities is still not quite right; for a constitution, what ever determinate form it takes, is itself still an entity – something that there is. To be sure, it is not an entity of the same sort and status as the processes and statutes constituted in its terms, but it is an entity all the same. The right way to construct the analogy is to advert instead to the constitutionality and enactedness – which is to say, the being constitutionally enacted – of those statutes (Haugeland 2013: 53–54).

Mit anderen Worten: Das x-sein eines x-Seienden ist kein Seiendes *derselben Art* des x-Seienden selbst, denn der Ausdruck bezieht sich auf die Kriterien, unter denen ein x-Seiendes als x-Seiendes gilt oder, anders gesprochen, darauf, wie es auf ein x-Seiendes als x-Seiendes Bezug genommen wird. Es kann dennoch eben nun sein, wie Haugeland selbst einräumt, dass solche Kriterien zwar in keinem Seienden derselben Art wie des x-Seienden, aber doch einer anderen Art von Seiendem bestehen könnten. Anders gesagt: Es lässt sich damit nicht ausschließen, dass das Sein im Sinne Heideggers nur auf einen potenziell unendlichen Regress in der Thematisierung der auszeichnenden Kriterien bestimmter Arten von Entitäten verweist.

Hinsichtlich dieses Problems hat Sacha Golob vorgeschlagen, dass die Hervorhebung der ontologischen Differenz durch Heidegger gerade die Funktion erfüllt, diese Art von Regress abzubrechen. Wie ich seine Auslegung verstehe, bezeichnet die ontologische Differenz nicht die jeweiligen Kriterien, sondern eher *den Umstand, dass* jede Entität nur in Bezug auf bestimmte Kriterien als sinnvoller Terminus einer Bezugnahme gelten kann (Golob 2014: 88). In diesem Sinne verweist der Begriff der ontologischen Differenz darauf, dass eine Kontextfamiliarität oder -vertrautheit bei jeder Bezugnahme vorausgesetzt werden muss. Hier macht sich der zweite Kontinuitätsaspekt deutlich, der Schelling und Heidegger verbindet und für mein Anliegen wichtig ist. Denn dieser Interpretation zufolge besagt der Begriff der ontologischen Differenz, dass Entitäten immer mit Blick auf bestimmte Kontexte und ihre Regeln, sprich auf *Standards* oder *Paradigmen* herangezogen werden. Von solchen Standards gibt es in Heideggers Philosophie viele Beispiele (Haugeland 2013: 46). Allein in *Sein und Zeit* zählt man daseinsmäßige Seiende, zuhandene Seiende und vorhandene Seiende; für alle gültig und einheitlich bleibt jedoch, dass Standardorientiertheit bei jeder Bezugnahme unvermeidlich ist.

Es lässt sich aufgrund dessen, was ich gerade erwähnt habe, eine doppelte Perspektive auf Heideggers Begriff der ontologischen Differenz ausmachen. Auf der einen Seite scheint der Begriff der ontologischen Differenz das Abhängigkeitsverhältnis zwischen Geist und Wirklichkeit zu betreffen, soweit auf diese Bezug genommen werden kann. Auf der anderen verweist er auf die Kontextvertrautheit und auf die Standardorientiertheit, die laut Heidegger bei allen sinnvollen Bezugnahmen vorausgesetzt sind. Somit lässt sich der Standpunkt legitimieren, von dem aus ich Heidegger interpretieren möchte: die Thematisierung des Geist-Wirklichkeits-Verhältnisses unter Berücksichtigung und metatheoretischer Diskussion der Standards, die verschiedene Auffassungen von Entitäten orientieren. Ich werde von diesem Standpunkt aus in Heidegger nach einem Standard suchen, um eine tragfähige Grundlage für meine Subjektivitätsauffassung zu finden, wie ich es auch in Bezug auf Schelling gemacht habe. Um sie zu isolieren, schlage ich einen interpretativen Weg in *Sein und Zeit* vor, der – wie der Begriff der ontologischen Differenz nahelegt – vom Begriff des Verstehens ausgeht.

3.2 Heideggers Analyse praktischer Vollzüge und der Begriff des praktischen Selbstwissens

3.2.1 Voranmerkungen zu Heideggers Theorie des Verstehens Heideggers

Heideggers Theorie des Verstehens in *Sein und Zeit* lässt sich leicht durch zwei generelle Koordinaten situieren: Sie ist auf der einen Seite an der menschlichen Praxis im Allgemeinen orientiert und läuft auf der anderen Seite auf ein umfangreicheres Verständnis von Subjektivität in ihrem Verhältnis zur Wirklichkeit hinaus. Die beiden Aspekte sind so gegliedert, dass die Erläuterung des ersten ermöglicht, den zweiten zu begründen und bestimmen. Unter Orientierung an der Praxis verstehe ich erstmal methodologisch, dass Heidegger seine Theorie des Verstehens in *Sein und Zeit* ausgehend von einer Analyse von praktischen Umgängen mit materiellen Gegenständen entwickelt. Praktische Umgänge mit materiellen Gegenständen oder, kürzer, *praktische Vollzüge* lassen sich durch die Arbeitsdefinition einführen, dass sie ein Praxisgeschehen darstellen, das nicht instinktgeleitet oder rein kausal erklärbar ist. Über die methodologische Dimension hinaus mündet Heideggers Orientierung an der Praxis in die stärkeren Thesen, dass das Verstehen selbst als eine Art praktisches Geschehen zu fassen ist und dass praktische Vollzüge immer Verstehen oder Intelligibilität mit sich bringen und operationalisieren.[13] Das findet im Sinne eines praktischen Wissens statt.

---

[13] Das Verstehen wird also von Heidegger als ein diffuses und pervasives Phänomen gefasst, das

3.2 Heideggers Analyse praktischer Vollzüge und der Begriff des praktischen Selbstwissens

Um mich nun an Heideggers Konzeption des Verstehens anzunähern, möchte ich durch ein beispielhaftes Szenario die Probleme und Desiderata kurz ansprechen, die auch bei Heideggers Analyse praktischer Vollzüge im Vordergrund stehen. Es sei angenommen, dass eine Person in einem Heft schreibt. Sie greift das Heft, macht es auf, nimmt auch einen Bleistift und schreibt mit dem Bleistift auf ein Blatt im Heft. Ihr Körper bewegt diese verschiedenen Elemente und bringt sie in Kontakt. Dieser Vorgang kann so beschrieben werden, dass welche im Grunde voneinander abgetrennten und unabhängigen Dinge in Berührung miteinander kommen. Ein Heft, ein Bleistift und ein durch Eigenwillen animierter, persönlicher Körper bestehen hier und da. Es wird gehandelt und diese Elemente interagieren dann miteinander, wirken aufeinander und produzieren bestimmte Effekte. Bei dieser Art von Auffassung stellt sich nun die Frage, ob der Hauptfokus der Beschreibung tatsächlich auf das praktische Geschehen beziehungsweise auf seine praxisrelevanten Aspekte fällt. Denn die involvierten Elemente werden dabei nämlich *primär* als voneinander abgetrennt bestehende Dinge anvisiert, die erst *in einem zweiten Schritt* durch weitere Eigenschaften (*schreibende* Person, Heft, Bleistift) qualifiziert werden, um an den praktischen Rahmen des Umgangs angepasst zu werden. Anders gesagt berücksichtigt diese Auffassungsweise zunächst die gegenseitige Unabhängigkeit von Entitäten und bezieht erst anschließend und darauf aufbauend ihre praktische Einbettung oder die Praxis, die im Vorgang ersichtlich wird, mit ein. Es fragt sich, wie eine Beschreibung aussehen würde, bei der das Praktisch-sein und die Praxis in den Vordergrund treten, sodass sie als begrifflich vorrangiges Thema auftreten, statt der relativen Unabhängigkeit verschiedener Dinge.

Die im Vollzug des Schreibens involvierten Elemente müssten nach einer solcher Akzentuierung keine bloß gegeneinanderstoßenden Dinge darstellen, sondern ihren Sinn erst im Kontext der Praxis des Schreibens gewinnen, in den dazugehörigen Gesten und Regeln. Noch deutlicher wird die Differenzierung, auf die ich abziele, wenn eine mögliche Abweichung von der Praxis des Schreibens berücksichtigt wird. Die Person, die gerade schreibt, wird von einer plötzlichen Rauchsucht ergriffen. Sie dreht ihre Zigaretten selbst und merkt, ihre Zigarettenfilter sind alle. Die Person reißt dann ein Stück Papier aus einem Heftblatt ab, rollt es

---

über das explizite und aufmerksame Nachdenken über ein Thema hinausgeht. Verstehen und Intelligibilität durchdringen jedes Tun verstehender Entitäten, jedes Tun verstehender Entitäten ist ein verstehendes. Eine solche fast generalisierende, mindestens aber sehr weitgreifende Auffassung des Verstehens ist nicht unproblematisch und droht aus dem Verstehen eine Selbstverständlichkeit zu machen (und somit Heideggers eigenes Vorhaben in *Sein und Zeit* zu unterminieren). Diesen kritischen Punkt verdanke ich Georg W. Bertrams *Die Freiheit des Verstehens. Hermeneutik und kritische Theorie (in Erscheinung)*. Auf dieses Problem gehe ich aber in der vorliegenden Arbeit nicht ein.

zusammen und benutzt es als Filter. Die Handlungen gehören somit zur Praxis des Zigarettenrollens. Die involvierten materiellen Gegenstände werden dabei umfunktioniert. Bei einer derartigen Umfunktionierung tritt eine Variation der Kriterien in den Vordergrund, die für ein angemessenes Verständnis der involvierten materiellen Gegenstände und ihren Status bedeutsam sind. Die Papierblätter müssen in den beiden Praktiken, in der des Schreibens und der des Zigarettenrollens, unterschiedliche Bedingungen erfüllen: Auf einem zusammengerollten Stück Papier ist es ziemlich unpraktisch, Notizen aufzuschreiben, während in seiner gestreckten Blattform das Stück Papier nicht als Filter einer Zigarette dienen kann. Wenn der Fokus der Beschreibung der schreibenden oder bald rauchenden Person und der Art ihrer Praxis auf die gegenseitige Unabhängigkeit der Gegenstände gelegt wird, so lassen sich die praxisrelevanten Merkmale der Gegenstände und die Variation in den Kriterien für ihre Verwendbarkeit in der Beschreibung nur als *sekundäre* Merkmale einholen; *primär* ist der Fokus auf das bloße Bestehen der Elemente als raumzeitlich isolierte, voneinander unabhängige Entitäten, ihrer praktischen Einbettung und Verwendung gegenüber indifferent.

Nun zielt Heideggers Diskussion und Analyse praktischer Vollzüge genau darauf ab, die Praxisdimension vorrangig zu setzen. Er tut dies, indem er den Akzent auf den Konstitutionszusammenhang von materiellen Gegenständen, handelnden Personen, bzw. praktizierenden Entitäten, wie ich sie ab jetzt nennen werde, und sozialer Praxis legt. Die Erläuterung eines solchen Zusammenhangs liefert nach dem Projekt von *Sein und Zeit* die Grundlage, um Intelligibilität als praktisches Wissen zu konzeptualisieren. Darauf gehe ich nun ein.

3.2.2 Der in praktischen Vollzügen vorausgesetzte Zusammenhang

Um von der sachlichen Lage aus zum textuellen Bezug zu kommen: Ausgangspunkt für meine Rekonstruktion von Heideggers Analyse bildet ein Zitat zum Begriff der *Bewandtnisganzheit*, in dem Heidegger alle wesentlichen Elemente praktischer Vollzüge, seinem Ansatz nach, anspricht und die Strukturierung ihrer Voraussetzungsverhältnisse als Zusammenhang darstellt, die Bewandtnisganzheit eben. So gesehen, bietet das Zitat eine gute Übersicht über seine Auffassung dar. Den Konstitutionszusammenhang von materiellen Gegenständen, sozial überlieferten Handlungsorientierungen und praktizierenden Entitäten fasst Heidegger folgendermaßen zusammen.

3.2 Heideggers Analyse praktischer Vollzüge und der Begriff des praktischen Selbstwissens — 59

> Das [ε] Worumwillen bedeutet ein [δ] Um-zu, dieses ein [γ] Dazu, dieses ein [β] Wobei des Bewendenlassens, dieses ein [α] Womit der Bewandtnis. Diese Bezüge sind unter sich selbst als ursprüngliche Ganzheit verklammert, sie sind, was sie sind, als dieses Be-deuten, darin das Dasein ihm selbst vorgängig sein In-der-Welt-sein zu verstehen gibt. Das Bezugsganze dieses Bedeutens nennen wir die *Bedeutsamkeit* (GA 2: 116–117, gr. Buchst. G.C.).

Der erste Satz des Zitats listet die Elemente auf, die die Bewandtnisganzheit ausmachen. Darauf konzentriere ich mich zuerst und die folgenden Sätze werde ich später heranziehen. Um Heideggers Begriff (und Vokabular) Kontur zu verleihen, muss es zunächst auf jedes einzelne Element eingegangen werden. Dabei werden sich graduell auch die Relationen erhellen lassen, die sie zusammenhalten.

(a) Praxisrelevante Gegenstände. Heidegger bezeichnet als und durch „Womit" den oder die materiellen Gegenstände, mit denen in praktischen Vollzügen umgegangen wird (GA 2: 112). Der Terminus bezeichnet somit praxisrelevante Gegenstände. Diese Begriffsbestimmung lässt sich allerdings erst durch die Einführung der weiteren Elemente des ganzen Zusammenhangs erläutern. In einem ersten Schritt möchte ich deshalb nur manche wesentlichen Aspekte von Heideggers Ansatz zusammenfassen.

Praxisrelevante Gegenstände werden von Heidegger auch als „Zeug" bezeichnet, das vor dem Hintergrund orientierender, sozialer Praktiken (ich komme bald dazu) gebraucht wird und „zuhanden" ist (GA 2: 93). Im oben dargestellten Beispiel wird ein Heft als Heft so gebraucht, weil mit ihm im Kontext der Praxis des Schreibens umgegangen wird. Bekanntlich verteidigt Heidegger in Bezug auf die Gegenstände menschlicher Praxis die sogenannte holistische These, die unter anderem besagt, dass ein Gegenstand immer im Verweis auf weitere Gegenstände gebraucht wird (GA 2: 92). Ein Heft wird somit nur deshalb als Heft identifiziert und gebraucht, weil auf seinen Seiten mit einem weiteren Gegenstand, beispielsweise einem Bleistift, geschrieben wird. An dieser Stelle kann ein Begriff in Anschlag gebracht werden, den ich bereits weiter oben eingeführt habe, nämlich der Begriff der intrinsischen Relationalität. Praxisrelevante Gegenstände sind laut Heidegger intrinsisch relational verfasst. Sie sind wesentlich durch Relationen zu weiteren Gegenständen charakterisiert (und auch zu sozialen Praktiken, wie es bald gezeigt wird). Nur so gilt ein Gegenstand als praxisrelevanter Gegenstand.

Neben der Eigenschaft der intrinsischen Relationalität möchte ich noch zwei Merkmale hervorheben, die mit Heideggers Verständnis von praxisrelevanten Gegenständen einhergehen. Ich kann sie vorerst nur vorausschicken, um sie weiter unten genauer zu beleuchten. Es geht dabei um das Typus-sein und um die Funktionalität dessen, was als praxisrelevanter Gegenstand gelten kann (beide Merkmale werden deutlicher werden, wenn ich auf Heideggers Begriffe des Wobei und des Dazu als Bezeichnungen, respektive, für soziale Praktiken und für durch soziale

Praktiken vorgesehene Ergebnisse eingehe). Im Grunde handelt es sich dabei um Arten von Relationen, die praxisrelevante Gegenstände aufweisen.

Also erstens: Unter dem Begriff des Typus-seins verstehe ich den Verweis auf Klassen von Gegenständen, soweit diese einen normativen Status haben. Ein Heft ist kein bloßer Gegenstand und verweist nicht bloß auf Gegenstände, sondern ist ein Typus von Gegenstand, der auf weitere Gegenstandstypen verweist. Solche Klassen beruhen auf sozialen Praktiken, deren normativer Gehalt den Umgang mit den Klassen von Gegenständen regelt und somit die Klassen von Gegenständen identifizierbar macht (dazu vgl. hier β). Anders gesagt fasst Heidegger praxisrelevante Gegenstände nicht bloß als raumzeitlich individuierte Dinge, sondern immer im Verhältnis zum Typus von Gegenstand, der für die jeweilige Praxis vorgesehen ist. Zweitens ist ein fundamentaler Aspekt von Heideggers Auffassung praxisrelevanter Gegenstände, dass sie bestimmten praktischen und sozial kodierten Funktionen erfüllen (dazu vgl. hier γ). Praxisrelevante Gegenständlichkeit besteht also wesentlich auch in sozial kodierter Funktionalität. Dieses Merkmal ist wichtig, um zu verstehen, dass Heideggers Begriff des Womit sich nicht bloß auf raumzeitlich individuierte Gegenstände, sondern auch auf komplexere Zusammenhänge bezieht, soweit sie auf bestimmte Ergebnisse funktionalisiert sind oder werden können.

Heidegger fasst praxisrelevante Gegenstände als in Relationen zu weiteren Gegenständen, im Rahmen von normativ gefärbten Klassen von Gegenständen und innerhalb von sozial kodierten Funktionalisierungsverhältnissen. Er sollte hiermit klar geworden sein, dass seine Auffassung mit der Idee untrennbar verbunden ist, dass praxisrelevante Gegenstände und, allgemeiner, praktische Vollzüge an sozialen Praktiken orientiert und gebunden sind. Darauf gehe ich jetzt ein.

(β) Handlungsorientierende soziale Praktiken. Dass Heideggers Analyse von praktischen Vollzügen in den Mittelpunkt die normativ handlungsorientierende Rolle von sozial geteilten Praktiken stellt, ist im Rahmen der Heidegger-Forschung sowie der umfassenderen Rezeption seines Denkens fast eine Selbstverständlichkeit.[14] Es muss dennoch geklärt werden, was der Begriff von sozialer Praxis besagt. Ohne

---

14 Nachweis dafür ist die transversale Präsenz dieser These in den verschiedenen Arten, Heidegger zu interpretieren – seien die Ansätze eher hermeneutisch, phänomenologisch oder neo-pragmatistisch orientiert (traditionell lassen sich Brandom 1983, Crowell 2001, Dreyfus 1991, Figal 1988 in Betracht ziehen). Genauso transversal ist auch die Meinung verbreitet bei denjenigen Autor:innen, die mit explizit sachlichem Blick in Heidegger und in Wittgenstein zentrale Figuren für die Entwicklung der philosophischen Reflexion über die sinnstiftende Rolle von sozialen Praktiken identifizieren (z.B. Jaeggi 2014, Rouse 2002, Schatzki 1996).

3.2 Heideggers Analyse praktischer Vollzüge und der Begriff des praktischen Selbstwissens — 61

den Anspruch einer vollständigen Diskussion möchte ich eher einige Grundkoordinaten darstellen, die meines Erachtens Heideggers Konzeption treu bleiben und zugleich als Grundlage für die Ziele der Untersuchung dienen.

Um einen festen Bezugspunkt abzusichern, lässt sich als Arbeitsdefinition die synthetische Formulierung heranziehen, mit der Rahel Jaeggi den Begriff der sozialen Praxis (im Ausgang von Heidegger, Wittgenstein und ihrer hauptsächlich pragmatistischen und sozialontologischen Rezeption) bestimmt:

> [Soziale] Praktiken sind also gewohnheitsmäßige, regelgeleitete, sozial bedeutsame Komplexe ineinandergreifender Handlungen, die ermöglichenden Charakter haben und mit denen Zwecke verfolgt werden (Jaeggi 2014: 102–103).

Heideggers Begriff des Wobei umfasst nun einen ähnlichen Bereich wie Jaeggis Begriff der sozialen Praxis. Er bezeichnet die sozial geteilte Tätigkeit, in deren Licht ein praxisrelevanter Gegenstand gebraucht und es mit ihm umgegangen wird (*GA 2*: 112). In diesem Kontext gilt es den Fokus auf die handlungsorientierende Rolle von sozialen Praktiken nach Heideggers Konzeption zu legen.

Praktische Vollzüge sind Vollzüge von Gestenabfolgen nach Mustern, die gelehrt und gelernt werden, und zwar in dem Sinn, dass sie normgeleitet sind. Nach dem oben dargestellten Beispiel wird auf eine solche Art geschrieben oder geraucht, dass sich der praktische Vollzug an gelernten und gelehrten, innerhalb von historisch und geographisch bestimmten Gemeinschaften von sozialen Akteur:innen oder praktizierenden Entitäten geltenden Arten und Weisen zu schreiben und zu rauchen orientiert. Diese Arten und Weisen möchte ich als Praxistypen bezeichnen. Wiederholte, gewohnheitsmäßige, sozial geteilte, überlieferte und kodierte Praktiken orientieren somit als Praxistypen die einzelnen praktischen Vollzüge. Praxistypen orientieren praktische Vollzüge, indem sie einen normativen Status haben oder einen normativen Aspekt enthalten. Praxistypen sind also Praxisnormen. Kodiertes soziales Praktizieren stellt somit Praxistypen als Praxisnormen auf. Auf den normativen Aspekt von Heideggers Auffassung von sozialer Praxis, wie ich ihn verstehe und übernehmen möchte, muss ich kurz verweilen.

Wenn eine Person am Bahnhofsgleis ohne angezündete Zigarette im Mund hin und her läuft *und gerade deshalb* bestraft werden will, weil sie raucht, indem sie darauf beharrt, dass ihr Herumlaufen einen Fall von Rauchen darstellt, so wird das ganze Geschehen wahrscheinlich erstaunen. Erstaunlich ist es nicht nur aufgrund des in einer seltsamen Situation zum Ausdruck gebrachten Bestrafungswunsches, sondern auch wegen der Dissonanz, des Kontrastes zwischen dem Anspruch zu rauchen und den Kriterien, die innerhalb einer Gemeinschaft von Akteur:innen gelten, um ein Geschehen als Rauchen zu identifizieren. Diese Kriterien operieren aber nicht nur so, dass sie Fälle von Rauchen von Fällen von Nicht-Rauchen unterscheiden, sondern implizieren eine Reihe von richtigeren oder falscheren Vollzügen von Rauchen, beispielsweise wann inhaliert werden soll oder nicht oder in welchen sozialen Kontexten oder öffentlichen Räumen es gestattet oder angebracht ist, zu rauchen oder nicht, usw. Theodore Schatzki spricht in diesem Kontext von *oughtness/rightness* und von *acceptability* vom Praktizieren, die in einem breiten Sinne zu verstehen sind (1996: 101–102). Joseph Rouse bestimmt die Normativität sozialer Praktiken folgendermaßen:

> [A] practice is not a regularity underlying its constituent performances, but a pattern of interaction among them that expresses their mutual normative accountability. On this "normative" conception of practices, a performance belongs to a practice if it is appropriate to hold it accountable as a correct or incorrect performance of that practice. Such holding to account is itself integral to the practice, and can likewise be done correctly or incorrectly. If incorrectly, then it would appropriately be accountable in turn, by responding to it as would be appropriate to a mistaken holding-accountable (Rouse 2006: 529–530).

Kodiertes, soziales Praktizieren enthält Interaktionsmuster und stellt Praxis*normen* in dem Sinne auf, dass Akteur:innen (oder praktizierende Entitäten) sich in ihrem Tun ansprechbar oder verantwortlich dafür machen, wie ihr Tun angemessen oder unangemessen ist, mit Blick auf die sozialen Praktiken und ihre Interaktionsmuster selbst. Die Normativität sozialer Praktiken besteht darin, dass Akteur:innen sich implizit oder explizit auf Ansprechbarkeit gemäß sozialen Interaktionsmustern verlassen. Praxistypen stellen somit eine *gegenseitige, normative Ansprechbarkeit* und ihre je nach Praxistyp inhaltlich bestimmten Kriterien dar.[15] Freilich ist somit die Frage nicht erschöpft, wie die Normativität sozialer Praktiken auf den Begriff zu bringen ist, dennoch lassen sich dadurch heuristisch die Koordinaten meiner Rekonstruktion von Heidegger festmachen. Mit Blick auf das Bespiel vom Rauchen: Innerhalb einer Gemeinschaft von Akteur:innen ist das Rauchen mit normativen Kriterien verbunden und ein praktischer Vollzug wird nach solchen als richtigeres oder falscheres oder überhaupt als Rauchen ansprechbar, angesehen oder ausgeführt.

Nach Heideggers Modell vollzieht sich also jedes Tun im Rahmen von und in Orientierung an den Praxistypen, die innerhalb einer Gemeinschaft von Akteur:innen gelten und diese ausmachen. Letztlich muss aber auch die umgekehrte Richtung

---

15 Vgl. auch Sally Haslanger (2018): „Social practices are patterns of learned behavior that enable us (in the primary instances) to coordinate as members of a group in creating, distributing, managing, maintaining, and eliminating a resource (or multiple resources), due to mutual responsiveness to each other's behavior and the resource(s) in question, as interpreted through shared meanings/cultural schemas".

des Verhältnisses zwischen praktischen Vollzügen und Praxistypen hervorgehoben werden: Letztere sind nur insofern Praxistypen, als sie innerhalb einer Gemeinschaft von Akteur:innen handlungsorientierend sind, das heißt, insofern nach ihnen praktiziert wird. Das Voraussetzungsverhältnis ist wechselseitig.[16] Somit lässt sich das Bild von Heideggers Analyse der praktischen Vollzüge genauer darstellen, genauso wie die Begründungsverhältnisse, die durch sie stark gemacht werden können: Soziale Praktiken beziehen verschiedene praxisrelevante Gegenstände mit ein und konstituieren sie als solche; dennoch gelten soziale Praktiken innerhalb historisch-geographischer Gemeinschaften von Akteur:innen und sind nur insofern orientierend, als es nach ihnen praktiziert wird.

(γ) Ergebnistypen. Heideggers Begriff des Dazu verweist darauf, dass praktische Vollzüge auf etwas hinauslaufen und bestimmte Resultate ergeben (*GA* 2: 112). Auf den ersten Blick wirkt es nun so, dass sich der Begriff auf die Teleologie des Handelns bezieht; in dieser Hinsicht muss dennoch Einiges präzisiert werden. Bevor ich aber darauf zu sprechen komme, werde ich Heideggers Bestimmung des Dazu zunächst verwenden, um meine Deutung des Begriffs des praxisrelevanten Gegenstands weiter zu untermauern.

Ich habe schon vorangemerkt, dass praxisrelevante Gegenstände in dem Maße praxisrelevante Gegenstände sind, dass sie im Rahmen von Funktionsrelationen gefasst werden. An dieser Stelle wird es nun ersichtlich, dass dies zutrifft, weil die Ergebnisse, auf welche praktische Vollzüge hinauslaufen, für praktische Vollzüge definitorisch sind. Dementsprechend stehen praxisrelevante Gegenstände in Relation zu den Ergebnissen des jeweiligen praktischen Vollzugs und deshalb lassen sich Gegenstandstypen auch als Typen von Funktionalisiertem fassen. Diese Präzisierung dient zur folgenden Anmerkung. Das, womit in praktischen Vollzügen umgegangen wird, soll nicht ausschließlich in einem etwa dinghaften Sinn gefasst werden. Komplexere Geschehen, Gegenstandszusammen hänge, Situationen können prinzipiell, Heideggers Modell folgend, als Typen von Funktionalisiertem gelten – denn sie gelten als solche eben aufgrund der Relationen, die sie mit den weiteren Elementen verbinden, die in jedem praktischen Vollzug mitenthalten sind, und unter diese Relationen sind auch Relationen auf die Ergebnisse des praktischen Vollzugs zu zählen. Am Beispiel veranschaulicht: Das Herausreißen des Papierstücks aus dem Heft, nach dem oben dargestellten Beispiel, dient in einem Zusammenhang von praktischen Bezügen und Abfolgen von Gesten dem Zusammenrollen eines Zigarettenfilters, der seinerseits als Zigarettenfilter

---

[16] Georg W. Bertram spricht in diesem Sinne von Institutionalisierung (Bertram 2001).

dadurch wiedererkannt und angewendet wird, dass mit ihm nach dem Praxistypus des Zigarettenrollens umgegangen wird.

In diesem Sinne lässt sich die folgende Textstelle Heideggers verstehen:

> Bewandtnis ist das Sein des innerweltlichen Seienden [...]. Mit ihm als Seiendem hat es je eine Bewandtnis. Dieses, daß es eine Bewandtnis mit ... bei ... hat, ist die *ontologische* Bestimmung des Seins dieses Seienden, nicht eine ontische Aussage über das Seiende. Das Wobei es die Bewandtnis hat, ist das Wozu der Dienlichkeit, das Wofür der Verwendbarkeit. Mit dem Wozu der Dienlichkeit kann es wiederum seine Bewandtnis haben; zum Beispiel *mit* diesem Zuhandenen, das wir deshalb Hammer nennen, hat es die Bewandtnis beim Hämmern, mit diesem hat es seine Bewandtnis bei Befestigung, mit dieser bei Schutz gegen Unwetter [...] (*GA* 2: 112).

Die ersten vier Sätze des Zitats sollten aufgrund des Bisherigen bereits deutlich geworden sein: Das, was praxisrelevante Gegenstände als solche auszeichnet, sind definitorische Relationen im Rahmen eines bestimmten Zusammenhangs, den Heidegger als Bewandtnis bezeichnet. Die Anwendung der Präpositionen „mit" und „bei" ist im Lichte der oben dargestellten Rekonstruktionen zu verstehen. Das „ist" als Verbindung zwischen „Wobei" und „Wozu/Wofür" im vierten Satz weist darauf hin, dass der je bestimmte Praxistypus eine je bestimmte Dienlichkeit impliziert und vorschreibt (es geht also nicht um eine Identitätssetzung). Beim Filterrollen wird mit einem Papierstück so umgegangen, dass dieses dem Herstellen eines gerollten Filters dient. Im fünften Satz taucht nun eine wichtige Bemerkung auf: Das Ergebnis eines praktischen Vollzugs kann selbst wiederum als funktionalisierter Gegenstand im Rahmen weiterer praktischen Vollzüge gebraucht werden. Die aufgelisteten Beispiele von möglichem Funktionalisierten verweisen deutlich auf, dass es nicht um bloße Gegenstände gehen muss, sondern komplexere Zusammenhänge von Gegenständen und Relationen mitgemeint sind.

Heideggers Begriff von praxisrelevanten Gegenständen ist also nicht darauf beschränkt, Einzeldinge zu begreifen. Er umfasst vielmehr jedes Element, das im Rahmen eines durch Praxistypen geleiteten und gestifteten praktischen Vollzugs einem bestimmten, selbst wiederum einmal durch Praxistypen vorge schriebenen Ergebnis dient. Nach dieser Präzisierung zur Auffassung vom praxisrelevanten Gegenstand, komme ich nun zu meinem Verständnis des Begriffs des „Dazu" als Ergebnistypus. Ich verwende den Ausdruck Ergebnis, um dieses vom Begriff des Handlungsziels zu differenzieren. Ich gehe auf diese Differenzierung ein, die für die Interpretation von *Sein und Zeit* bedeutungstragend ist.

Im anfänglich herangezogenen Zitat sind drei Begriffe enthalten, die insgesamt die Ausrichtung auf so etwas wie das Resultat, das Ende praktischer Vollzüge anzeigen: das Dazu, das Um-zu und das Worumwillen. Textuell betrachtet lässt sich vermuten, dass Heideggers Unterscheidung der drei Begriffe gleichermaßen beansprucht, drei verschiedene Aspekte praktischer Vollzüge zu isolieren. Das Um-zu und das Worumwillen sind deutlicher auf Zielsetzungen bezogen (vgl. δ–ε). Ich schlage hiermit vor, den Begriff des Dazu nicht handlungsteleologisch, sondern prozedural vom Standpunkt des Praxistyps abhängig zu fassen – wie übrigens nach dem gerade erwähnten Zitat, „das Wobei es die Bewandtnis hat, ist das Wozu der Dienlichkeit". Aus diesen beiden textuellen Gründen – Zielsetzungen werden durch zwei weitere Begriffe bezeichnet und das Dazu scheint unmittelbarer mit dem Praxistypus verbunden – fasse ich Heideggers Begriff des Dazu als Verweis auf die *Ergebnistypen und Erfolgskriterien, die im jeweiligen Praxistyp* vorgesehen oder vorgeschrieben sind. Der Begriff des Dazu beleuchtet, dass Praxistypen auch Ergebnistypen oder Erfolgskriterien enthalten.

Diese Unterscheidung zwischen Ergebnistypen/Erfolgskriterien und Zielsetzungen ist nicht nur textuell vorhanden, sondern auch sachlich sinnvoll und haltbar, obwohl sie in den meisten praktischen Vollzügen nicht ans Licht kommt. Denn im gewöhnlichen Fall orientieren sich Akteur:innen an gewissen Praxistypen und handeln nach ihnen, um so genau die Ziele zu erreichen, die durch die jeweiligen Praxistypen vorgesehen sind. Wenn eine Person Notizen aufschreiben will, geht sie mit Heft, Bleistift usw. nach einer Abfolge von Gesten um, die als soziale Praxis des Schreibens wiedererkennbar ist und deren Resultat eben die Verfassung von Notizen nach Kriterien der Verständlichkeit oder der Lesbarkeit ist. Dennoch muss dies nicht zutreffen. Am möglichen Auseinanderklaffen von sozial kodifizierten Ergebnissen des jeweiligen Praxistypus und beabsichtigten Handlungszielen lässt sich das Phänomen festmachen, das Heidegger durch seine Differenzierung sichtbar macht. Sobald diese Möglichkeit eingeräumt ist, wird eigentlich erkennbar, wie die Nicht-Koinzidenz oder sogar der Widerspruch zwischen Handlungszielen und Erfolgskriterien oder Ergebnistypen einer sozialen Praxis ein wichtiges Element des menschlichen Tuns sind, und gar nicht bloß idiosynkratisch.

Es ist zum Beispiel durchaus denkbar, den Ratschlag zu geben: „Wenn du etwas von der Philosophie verstehen möchtest, dann solltest du lieber nicht Heidegger lesen." Die Erfolgskriterien der sozialen Praxis (das Dazu des praktischen Vollzugs) leisten der Bemerkung nach nicht das, was die Person beabsichtigt hatte. Einen weiteren Fall stellen Akte von Amtswillkür dar – ein Auseinandergehen von institutionalisierter sozialer Praxis und Handlungszielen, dessen Problematik durch seine rechtliche Strafbarkeit hervorgehoben ist. Die Kluft zwischen kodierten Ergebnistypen/Erfolgskriterien der sozialen Praktiken und der jeweils bestimmten Zielsetzung, die sich auf welche Weise auch immer an den ersten orientiert, ist somit nicht auf eine Art epistemische oder psychologische Undurchsichtigkeit der jeweils beabsichtigten Handlungsziele oder ihrer unvorhersehbaren Konsequenzen bezogen. Die Unterscheidung zwischen Erfolgskriterium/Ergebnistyp einer sozialen Praxis und Handlungsziel entspringt nicht den jeweiligen Akteur:innen und ihrem Vermögen, über das eigene Handeln bewusst zu verfügen, es handelt sich vielmehr um einen Unterschied zwischen verschiedenen Aspekten praktischer Vollzüge, die Heideggers Analyse mitberücksichtigt und differenziert.

Der Begriff des Dazu bezeichnet also zusammenfassend die in sozialen Praktiken vorgesehen Typen von Ergebnissen oder Erfolgskriterien, indem sich diese von Handlungszielen unterscheiden lassen. Der sowohl exegetische als auch sachliche Ertrag dieser These wird später sichtbar werden.

(δ–ε) Abschließbare und unabschließbare Ziele, im Zusammenhang mit Akteur:innen oder praktizierenden Entitäten. Die letzten zwei Relationen, die nach Heideggers Modell für praktische Vollzüge definitorisch sind, verweisen auf Zielsetzungen oder auf die Teleologie des Handelns. Wichtig sind sie deshalb, weil dadurch die in der bisherigen Darstellung mitgemeinte, dennoch nur implizite Relation zu dem, was ich als (soziale) Akteur:innen oder praktizierende Entitäten bezeichnet habe. Von diesem Standpunkt aus betrachtet, könnte Heideggers Auffassung von Praxis so interpretiert werden, dass die Teleologie des Handelns ihr tragendes Prinzip ist. Obwohl diese letztere zweifelsohne eine wichtige Rolle in seinem Ansatz spielt, muss die Interpretation hier umsichtig vorgehen. In der Tat würde eine allzu starke Akzentuierung der Handlungsteleologie die Gefahr laufen, Heideggers Möglichkeitsbegriff subjektivistisch oder subjektividealistisch zu fassen. Heidegger selbst lehnt aber die handlungsteleologische Interpretation von Möglichkeit ab (vgl. 3.3.1). Genau diesen Punkt werde ich später ausführlicher diskutieren. An dieser Stelle möchte ich nur eingeschränkt den handlungsteleologischen Aspekt von Heideggers Analyse praktischer Vollzüge so einräumen, dass dadurch der Bezug auf Akteur:innen als praktizierende Entitäten explizit gemacht wird.

Praktische Vollzüge sind also Abfolgen von Gesten im Umgang mit praxisrelevanten Funktionalisierten und in Orientierung an Praxistypen, die innerhalb historisch und geographisch situierter Gemeinschaften gelten, mit ihren jeweiligen Erfolgskriterien. Dass jemand oder etwas in diesem Zusammenhang tätig ist, oder eben praktiziert, lässt sich daran feststellen, dass dieses etwas Ziele verfolgt. Anders als im Fall des Dazu steht hier nicht in Frage, welche Ergebnistypen oder Erfolgskriterien nach bestimmten Praxistypen gelten, sondern worauf der praktische Vollzug abzielt: Die Bestimmung betrifft kein Element des Praxistypus, sondern die handlungsteleologische Ausgerichtetheit praktischer Vollzüge. Diese fasst nun Heidegger durch zwei Begriffe: Er suggeriert also, im Rahmen der Handlungsteleologie sei eine wichtige Differenzierung zu treffen.

Bei der Auslegung dieser Differenzierung verhilft William D. Blattners Anmerkung, dass Heidegger zwischen abschließbaren (Um-zu) und unabschließbaren (Worumwillen) Zielsetzungen unterscheidet (Blattner 1999: 108ff.), der ich mich

3.2 Heideggers Analyse praktischer Vollzüge und der Begriff des praktischen Selbstwissens — 67

anschließe.[17] Nun lässt sich diese interpretative These nicht unmittelbar dem Text entnehmen. Heideggers Bestimmung des Worumwillen scheint sich zunächst darauf zu stützen, dass praktizierende Entitäten um ihrer selbst willen handeln (*GA* 2: 113). Die Bemerkung resoniert mit der mehrfach in *Sein und Zeit* wiederholten Aussage, dass jeder praktische Vollzug das reflexive Verhältnis voraussetzt, nach dem das jeweils eigene Praktizieren die praktizierenden Entitäten selbst angeht. Es wäre natürlich irregeleitet, die reflexive Dimension von Heideggers Philosophie der Praxis abzulehnen. Genauso irregeleitet wäre es aber auch, allzu unmittelbar den Selbstbezug ohne Weiteres als ihren alleinigen Schlussstein zu erklären (vgl. hier 3.4.2). Ein weiterer Interpretationsweg läuft eben über den Zusammenhang zwischen Handlungsteleologie und praktizierenden Entitäten.

Nehmen wir an: Praktische Vollzüge finden statt und sie enthalten einen handlungsteleologischen Aspekt, das heißt, sie sind zielorientiert. Gewisse Ziele sind abschließbar in dem Sinne, dass sie realisierbare, erreichbare Sachverhalte sind. Mit dem Erreichen solcher abschließbaren Ziele hört das entsprechende Praktizieren auf. Verschiedene praktische Vollzüge können aber ineinander übergehen oder Zusammenhänge bilden. Die Stiftung des Zusammenhangs kann nur so abgesichert werden, dass das Praktizieren nicht mit dem Realisieren eines bestimmten Sachverhalts aufhört, das heißt, nur so, dass es weitergeht. Dieses Weitergehen ist auch teleologisch verfasst, aber derart, dass die Teleologie des Worumwillen sich nicht in einem Sachverhalt erschöpft. So verhält es sich bei umfassenderen Arten des Praktizierens, die mit dem allgemeinen Ziel einer bestimmten Lebensführung mehrere spezifische Zielsetzungen, Handlungen, Gegenstände und Praxistypen miteinbeziehen und einer relativen Einheit zuordnen – Arten des Praktizierens jeweils einheitlicher Lebensführungen, die sozial zur Verfügung stehen.

Beispielhaft veranschaulicht: Eine Person schreibt eine E-Mail an ihrem Laptop, um einen Malunterrichtstermin zu vereinbaren. Die Vereinbarung des Termins stellt nach Heidegger das Um-zu des praktischen Vollzugs dar: (β) *Beim* Schreiben wird (α) *mit* einem Laptop (γ) *zu* einer sozial erfolgreichen Kommunikation umgegangen, (δ) *um* einen Malunterrichtstermin *zu* vereinbaren. Die Vereinbarung des Termins stellt etwas Abschließbares dar. Die Vereinbarung des Termins geschieht

---

17 Ich werde nur diese spezifische Stelle von Blattners Interpretation in Betracht ziehen. Auf seine Diagnose eines „Zeitidealismus" bei *Sein und Zeit* oder die spätere Revision, laut der Heidegger ein „empirical realist" sei (Blattner 2004), werde ich nicht eingehen. Ich möchte dennoch erwähnen, dass Blattners Diagnose eines subjektiven Idealismus seitens Heideggers (worauf Blattner 1999 im Grunde hinausläuft) in meinen Augen stark damit verbunden ist, dass er Heideggers Möglichkeitsbegriffs handlungsteleologisch deutet (dagegen vgl. 3.3.1); sowie in Heideggers Zeitlichkeitsbegriff einen (vermeintlich transzendentalen) Erklärungsgedanke statt einer (hermeneutischen) Explikationsfigur angesiedelt sieht (vgl. hier 5.1.2). Ich glaube, dass weder das eine noch das andere zutreffen.

aber nicht um ihrer selbst willen, sondern, (ε) weil die Person Malerin werden will. Dieses letzte Element stellt das Worumwillen des praktischen Vollzugs im Sinne Heideggers dar. Zwar können bestimmte Kriterien aufgestellt werden, um darüber zu entscheiden, ob jemand eine mehr oder weniger erfolgreiche Malerin ist; zugleich aber ist es schwer zu behaupten, dass als Malerin tätig zu sein eine Art Tätigkeit darstellt, die durch einen bestimmten Sachverhalt endgültig abgeschlossen werden kann. Es geht eher um eine jeweils eigene Art der Existenz- oder der Lebensführung, die weiter praktiziert aber nicht abgeschlossen werden kann.

Im Worumwillen fügen sich somit sowohl ein handlungsteleologischer als auch ein reflexiver Aspekt zusammen: Die unabschließbare Zielsetzung einer bestimmten Lebensführung bezieht sich reflexiv darauf, wie eine praktizierende Entität tätig ist oder tätig zu sein hat (und nicht auf bestimmte Sachverhalte). Diese zwei Aspekte, der reflexive und der handlungsteleologische, kommen aber ohne das prozedurale und das soziale Element der Erfolgskriterien und der Praxistypen nicht aus. Praktische Vollzüge sind zwar durch Handlungsteleologie gekennzeichnet, und fernerhin durch eine solche, die Selbstbezüglichkeit enthält. Beides steht aber immer in Relation zur sozialen und materiellen Welt, mit ihren orientierenden Praxistypen und Sachverhalten.

Zusammenfassung. Ich habe Heideggers Begriff der Bewandtnisganzheit in Betracht gezogen, um seine Auffassung von praktischen Vollzügen in ihren Hauptelementen darzustellen. Diese sind nach der Rekonstruktion: Typen von Funktionalisiertem, Praxistypen, soziale Erfolgskriterien, abschließbare Zielsetzungen, unabschließbare Zielsetzungen oder Arten und Weisen, das Leben zu führen. Besonderen Fokus habe ich darauf gelegt, dass die Handlungsteleologie in Heideggers Modell zwar berücksichtigt wird, aber nicht als sein Prinzip und außerhalb Relationen zu den anderen Elementen zu fassen ist (der Grund dafür in 3.3). Denn die Grundthese Heideggers ist, dass die konstitutiven Elemente praktischer Vollzüge einen Zusammenhang in dem Sinne bilden, dass sie stets in Relation zueinander stehen. Der Gedanke der intrinsischen Relationalität, wie ich ihn mit Schelling eingeführt habe, ist somit auch in Heideggers Analyse praktischer Vollzüge präsent. Von dieser Grundlage aus gehe ich jetzt auf die weitere These Heideggers ein, dass ein solches Verständnis praktischer Vollzüge einen bestimmten Begriff von Intelligibilität erschließt. Dieser wird für mein systematisches Anliegen von höchster Relevanz sein, denn anhand seiner lässt sich eine Konzeption vom Selbstwissen entwerfen, die manchen Ansprüchen der Subjektphilosophie gerecht werden kann, ohne deshalb in starke Widersprüche zum Naturalismus zu geraten (2.1). Heideggers Konzeption als subjektphilosophische Basis zu nehmen, wird fernerhin implizieren, eine Kritik der Subjektphilosophie zu entwickeln, die dennoch nicht ohne Nachteile ist (3.4).

3.2.3 Intelligibilität in der Praxis und praktisches Selbstwissen

Ich folge Heideggers Grundgedanken in seinem nächsten Argumentationsschritt weiter. Diesen verstehe ich folgendermaßen: Wenn die bisherige Analyse korrekt ist, enthält jeder praktische Vollzug eine Wissensart, die als Grundlage für komplexere Formen des Wissens angesehen werden kann. Nun ist es für mein systematisches Anliegen nicht wichtig, ob ein solches Wissen eine Grundlage für alle Formen des Wissens konstituieren kann. Mich interessiert lediglich die viel bescheidenere These, dass jenes Wissen als hinreichende Grundlage für das erstpersonale Selbstwissen gelten kann, um so Heideggers Konzeption im subjektphilosophischen Rahmen geltend zu machen. Ich ziehe noch einmal das oben dargestellte Zitat im Zusammenhang mit einem zweiten heran, um die Diskussion wiederaufzugreifen.

> Das Worumwillen bedeutet ein Um-zu, dieses ein Dazu, dieses ein Wobei des Bewendenlassens, dieses ein Womit der Bewandtnis. Diese Bezüge sind unter sich selbst als ursprüngliche Ganzheit verklammert, sie sind, was sie sind, als dieses Be-deuten, darin das Dasein ihm selbst vorgängig sein In-der-Welt-sein zu verstehen gibt. Das Bezugsganze dieses Bedeutens nennen wir die *Bedeutsamkeit* (GA 2: 116–117).

> *Das Worin des sichverweisenden Verstehens als Woraufhin des Begegnenlassens von Seiendem in der Seinsart der Bewandtnis ist das Phänomen der Welt.* Und die Struktur dessen, woraufhin das Dasein sich verweist, ist das, was die *Weltlichkeit* der Welt ausmacht (GA 2: 115–116).

Zwei Hauptthesen sind den zwei Zitaten zu entnehmen: erstens die Behauptung, dass die Analyse praktischer Vollzüge das Ergebnis abliefert, dass jeder nicht bloß instinktgeleitete Umgang mit materiellen Gegenständen eine Form von Bedeutsamkeit oder Intelligibilität voraussetzt, darstellt und in sich realisiert; zweitens, dass die in praktischen Vollzügen vorausgesetzte Struktur von Elementen auch erschließt, was die Welt als Welt praktizierender Entitäten ausmacht. Ich gehe auf diese beiden Thesen ein und komme im Anschluss auf die Konsequenzen zu sprechen, die sie für den Begriff des Selbstwissens haben.

Die erste Aussage – dass laut Heidegger in jedem praktischen Vollzug ein praktisches Wissen involviert ist und operationalisiert wird – ist auf der interpretativen Ebene recht unkontrovers. Die These folgt unmittelbar aus Heideggers Analyse der praktischen Vollzüge und des Zusammenhangs der darin involvierten Elemente: Praktische Umgänge mit materiellen Gegenständen stehen in Relation zu einer geteilten Welt von handlungsorientierenden sozialen Praktiken. Wie bereits erwähnt, bedeutet das zu betonen, dass Menschen als praktizierende Entitäten lernen und lehren, wie in verschiedenen Situationen gehandelt werden soll, wie bestimmte Typen von Gegenständen zu gebrauchen sind und nach welchen Erfolgskriterien eine Handlung zu vollziehen und zu fassen ist. Jeder praktische Vollzug schließt somit eine gewisse Vertrautheit mit den jeweils geltenden Praxistypen und ihren Implikaten ein (diese Vertrautheit muss als eine dynamische gefasst werden, denn sie muss verschiedene Grade des progressiven Lernens und der Aneignung umfassen).

In der Heidegger-Literatur, insbesondere der anglophonen, bezeichnet man solche Vertrautheit als ein *skillful coping*. Diese Lesart verdankt sich unter anderem Hubert Dreyfus, der Heideggers Position so versteht, dass jeder Gebrauch von Gegenständen zugleich „a general skilled grasp of [...] circumstances" involviert (Dreyfus 1991: 105). Dieses beinhaltet ein Know-how bezüglich nicht nur der materiellen, sondern vor allem der sozialnormativen Situation, das heißt, ein praktisches Wissen darüber, durch welche Prozeduren und Abfolgen von Gesten und Handlungen, im Rahmen welcher Sensomotorik, mit Blick auf welche zu erwartenden Ergebnisse, mithilfe welcher zu gebrauchenden Gegenstände zu praktizieren ist, und zwar stets im Zusammenhang der jeweils historisch und geographisch geltenden sozialen Praktiken. Wenn jemand praktiziert, so übt sie oder er beim Praktizieren eine solche Art von Wissen aus.

Aus der Perspektive Heideggers ist es wichtig zu betonen – und hiermit komme ich zur zweiten These –, dass ein solches praktisches Wissen nicht bloß ein Wissen über die materielle und soziale Welt ist, sondern ein solches, das auch in ihr begründet ist. Oder, besser gesagt: Das in praktischen Vollzügen operationalisierte Wissen und die Intelligibilität der Welt als Welt der Praxis sind nicht voneinander zu trennen, sondern gehören zusammen als dieselbe Intelligibilitätsgrundlage. Die zwei vorangestellten Zitate paraphrasierend, geht es Heidegger nicht nur darum, dass jeder praktische Vollzug ein praktisches Wissen impliziert, also darum, dass Akteur:innen mit ihrer materiellen und sozialen Welt vertraut sein müssen und diese nach solchen Zusammenhängen interpretieren (die Bewandtnis ist ein Ganzes aus Bezügen, die zusammengenommen als Bedeutsamkeit bezeichnet werden, in der Akteur:innen sich selbst als weltlich eingebettet, d.h. als In-der-Welt-sein verstehen). Vielmehr ist die Welt selbst der Zusammenhang von den materiellen, normativen, praxisrelevanten Bezügen von oben (3.2.2). Die Weltlichkeit – sprich das, was die Welt ausmacht – ist dieser Zusammenhang, so Heidegger. Gegenstandstypen, kodierte Handlungsorientierungen, praktische Schemata wie „man verhält sich so, wenn man dieses und jenes erreichen will," Institutionen, Gewohnheiten, Gesetze, Regeln und Traditionen gehören zur Verfasstheit der Welt als *Welt der Praxis*, ich bezeichne sie so, und konstituieren sie als eine *praktisch intelligible*. Mit Dreyfus formuliert, liegt die Quelle der Intelligibilität des in praktischen Vollzügen implizierten Wissens auch in der materiellen, sozial geteilten, praktischen (bzw. praktizierten) Welt (Dreyfus 2017: 28).

Unkontrovers ist also, in groben Worten, dass nach Heideggers *Sein und Zeit* Welt und Praxis eine gemeinsame Intelligibilität teilen, die zunächst praktischer Art ist. Kontrovers ist dennoch, sowohl aus interpretativen als auch aus sachlichen

Gründen, wie diese inhaltlich zu fassen ist.[18] Ich möchte diese Kontroverse kurz ansprechen, weil sie die Heidegger-Forschung intensiv beschäftigt hat, dennoch denke ich zugleich, dass sie mein Anliegen im Wesentlichen nicht betrifft.

Umstritten wird, ob konzeptuelle/sprachliche Artikulation in der praktischen Intelligibilität schon impliziert ist oder in einem zweiten logischen Moment als explizite Artikulation eines basaleren Modus nicht konzeptuell/sprachlich verfasster, sondern eben lediglich praktischer Intelligibilität auftritt (vgl. z.B. McAvoy 2019). Beide Interpretationsalternativen weisen Vor- und Nachteile auf. Die Unterscheidung zwischen den beiden Modi der Intelligibilität kann eigenen Aussagen Heideggers auf den ersten Blick eher gerecht werden (z.B. *GA* 2: 117, oder generell §§ 33–34); letztere können aber selbst kritisch betrachtet und einer umsichtigen Auslegung unterzogen werden, die eben die Rolle der Sprache als eine viel wichtigere darstellt, als Heidegger selbst es zugeben zu wollen scheint (Bertram 2001). Auf einer deskriptiven Ebene scheint die Isolierung von vorsprachlichen/vorbegrifflichen Modi der Intelligibilität auch einigen Phänomenen besser Rechnung tragen zu können, etwa dem Phänomen des absorbierten, unreflektierten Praktizierens, dessen Effizienz durch explizite und thematisierende Reflexion unterbrochen zu werden scheint (Dreyfus 2013). Problematisch bleibt dennoch, dass die Verhältnisse zwischen den beiden Intelligibilitätsmodi einer genaueren Erläuterung bedürfen: Selbst aus einer rein exegetischen Perspektive lässt sich Heideggers Annahme, dass die praktische Intelligibilität des Know-how die Grundlage für komplexere Formen von Wissen darstellen soll, nur schwer verstehen, zumindest dann, wenn letztere in der ersten noch nicht angelegt sind. Mit dieser Schwierigkeit kann eine Lesart besser umgehen, die die Unterscheidung zwischen den beiden genannten Modi der Intelligibilität ablehnt. Diese sieht sich dann aber mit anderen Schwierigkeiten konfrontiert, nämlich mit der Verteidigung eines allzu pervasiven Begriffs des Mentalen bzw. des Konzeptuellen. Vielversprechende Lösungsversuche arbeiten in diesem Sinne an feineren Unterscheidungen zwischen propositionaler und begrifflicher Intentionalität (z.B. Golob 2014, vgl. insbesondere Kapitel 2–3). Es liegt letztlich die exegetische Vermutung nahe, dass Heideggers Ansicht der diffusen Präsenz des Verstehens im menschlichen Praktizieren einem genauso diffusen und vielleicht allzu homogenen Begriff des Mentalen entsprechen könnte.

Dieser Schwierigkeiten bin ich mir bewusst. Dennoch, obwohl ich insgesamt dazu neige, die Differenzierungsoption abzulehnen, sehe ich mich nicht darauf verpflichtet, die Entscheidung im Rahmen dieser Untersuchung zu treffen. Eine Stellungnahme in dieser Hinsicht, sowohl im Rahmen der Interpretationen Heideggers als auch bezüg-

---

18 Wie die berühmte Dreyfus-McDowell-Debatte bezeugt (vgl. dazu Schear 2013).

lich ihrer systematischen Konsequenzen, ist für mein Anliegen nicht relevant: Denn in beiden Fällen bleibt Heideggers Argument zum erstpersonalen Selbstwissen aussagekräftig (vgl. 3.4). Diesem letzteren möchte ich mich jetzt annähern und dies tut auch Heidegger. Im Ausgang von den zwei gerade präsentierten Thesen – praktische Vollzüge setzen praktisches Wissen voraus und solches praktisches Wissen gehört zur Intelligibilitätsgrundlage einer Welt der Praxis – fokussiert er spezifisch auf dasjenige Element praktischer Vollzüge, das ich jeweils als Akteur:innen oder praktizierende Entitäten bezeichnet habe. Es geht also darum, praktisches Wissen und Welt der Praxis genauer ins Auge zu fassen, was die Konstitution des Selbstwissens von Akteur:innen oder praktizierenden Entitäten betrifft.

Es wurde bereits gesagt, dass praktische Vollzüge eine reflexive oder selbstbezügliche Komponente aufweisen, die damit zusammenhängt, dass das Praktizieren immer im Kontext einer umfassenden Lebensführung stattfindet und intelligibel ist (3.2.2.ε). Es legt die Vermutung nahe, dass auch das in praktischen Vollzügen operationalisierte Wissen eine solche Komponente aufweisen muss. Anders perspektiviert: Was ich bisher diskutiert habe, erschöpft nicht, was Heideggers Begriff des praktischen Wissens besagen müsste. Es leuchtet schon ein, dass praktizieren zu können eben heißt, in der Lage zu sein, die jeweils eigenen Handlungen, Gebärden, Einstellungen und sogar die eigene soziale Rolle und Position an sozialen Praktiken zu orientieren und auszurichten: Das praktische Wissen einer in der Welt der Praxis praktizierenden Entität enthält mindestens implizit einen Bezug auf die praktizierende Entität selbst, so wie sich diese im Rahmen von und an den jeweiligen Bezügen ihrer situativen Einbettung orientiert. Die in praktischen Vollzügen vorausgesetzte Intelligibilität muss also um die Dimension der Selbstbezüglichkeit ergänzt werden. Sie bezieht als Moment ihrer selbst auch die jeweils praktizierende Entität mit ein, der somit ein implizites oder explizites, auf jeden Fall praktisches Wissen bezüglich ihrer selbst zuzuerkennen ist. Praktisches Wissen enthält praktisches Selbstwissen.

Wichtig ist nun dieses Selbstwissen genauer zu fassen. Genauso wie das in praktischen Vollzügen jeweils operationalisierte Know-how besagt auch das praktische Selbstwissen, in der Lage zu sein, im Rahmen bestimmter Situationen mit jeweils bestimmten Sachverhalten nach bestimmten Praxistypen umzugehen, eine gewisse Vertrautheit damit. So wie das praktische Wissen beinhaltet, wie mit bestimmten Gegenständen nach bestimmten Praxistypen umzugehen ist, so beinhaltet das praktische Selbstwissen, wie eine praktizierende Entität mit sich selbst als praktizierender umzugehen hat, wie sie sich verhalten soll, um im Rahmen des jeweils vorausgesetzten Bezugsganzen von Relationen so oder so zu handeln, wodurch sie auch ihre Welt der Praxis zu praktizieren weiß. Hervorzuheben ist nun, dass das Selbstwissen, wovon jetzt hier die Rede ist, im selben Zusammenhang von Relationen konstituiert ist, der auch die Relationen zu den weiteren Elementen enthält, die in praktischen Vollzügen vorausgesetzt sind. Plakativ gesagt, das Selbstwissen, wovon hier die Rede ist, betrifft auch die Welt der Praxis und gründet in ihr. Dementsprechend äußert sich Heidegger folgendermaßen:

> Dasein verweist sich je schon immer aus einem Worum-willen her an das Womit einer Bewandtnis [...]. *Das Worin des sichverweisenden Verstehens* [...] *ist das Phänomen der Welt.* [...] Worin Dasein in dieser Weise *sich je schon versteht* [Hervorhebung G.C.], damit ist es ursprünglich vertraut (*GA* 2: 115–116).

Alle für die Auslegung des Zitats notwendigen Elemente wurden bereits gesammelt: Praktizierende Entitäten praktizieren nach einer gewissen, sozial vermittelten Art der Lebensführung und im Kontext dieser Lebensführung (und der weiteren dadurch implizierten Bezüge) gehen sie mit bestimmten Gegenständen und Sachverhalten um. Die Welt der Praxis ist das, worin praktizierende Entitäten überhaupt ein praktisches Wissen (mit seinen verschiedenen Verweisen) besitzen und in praktischen Vollzügen zur Geltung bringen. Im Blick zu behalten ist fernerhin, dass praktizierende Entitäten dabei auch und transitiv sich selbst als dieses und jenes praktizieren, und zwar mithilfe desselben praktischen Wissens oder der praktischen Kontextvertrautheit, die ihre jeweilige Welt der Praxis und die für sie definitorischen Bezüge betrifft. Deshalb kommt Heidegger auf den Schluss: Das praktische Wissen und die dazu gehörige Kontextvertrautheit beziehen auch die praktizierenden Entitäten mit ein und enthalten somit einen Aspekt praktischen Selbstwissens.

Mit Heidegger lässt sich also hervorheben, dass praktisches Wissen eine Selbstbezüglichkeitsdimension voraussetzt, die weder vergegenständlichend ist noch als Inhalt die reine Akteurin hat, die dieses praktische Selbstwissen operationalisiert. Praktisches Selbstwissen betrifft vielmehr die Fähigkeit einer praktizierenden Entität, sich im Rahmen materieller Situationen, sozialer Praktiken, normativer Praxistypen, übermittelter Arten der Lebensführung und des zweckmäßigen Handelns so und so zu verhalten – wobei all diese Elemente wesentlich zum Selbstwissen auch gehören. Eine Person, die raucht, konstituiert und weiß sich praktisch als rauchende Person, eine Person, die einen Malunterrichtstermin vereinbart, konstituiert und weiß sich hingegen als Hobbymalerin. Sie besitzen und aktivieren erst in diesem Sinne ein praktisches Selbstwissen, und zwar dadurch, dass sie sich im Rahmen bestimmter praktischer Relationen so und so zu ihrer Welt der Praxis und zu sich selbst verhalten.

Daraus folgt, dass in praktischen Vollzügen Selbstverhältnisse *praktiziert und instituiert* werden. Diese können aber nur im Rahmen weiterer definitorischer Bezüge bestehen, so oder so tätig sein zu können. Dieses Resultat expliziert diese These weiter, dass alle in praktischen Vollzügen involvierten Elemente durch eine intrinsische Relationalität zueinander charakterisiert sind, dass sie miteinander in einem Gesamtzusammenhang dynamisch verbunden sind und immer wieder erneut verbunden werden. Bevor ich das Ergebnis auf die Frage zurückbeziehe, was für Konsequenzen dies haben sollte, was ein tragfähiges subjektphilosophisches Paradigma betrifft, möchte ich kurz das Wesentliche der bisherigen Diskussion zusammenfassen.

Mit Heidegger lässt sich bei der Annahme ansetzen, dass es praktische Umgänge mit Dingen gibt, die nicht rein instinktgeleitet sind. Diese habe ich als praktische Vollzüge bezeichnet. Eine eingehendere Analyse dieser Vollzüge macht deutlich, dass sie einen komplexen Zusammenhang verschiedener Elemente voraussetzen. Diesen habe ich als Welt der Praxis bezeichnet. Der Begriff bezieht sich darauf, dass praxisrelevante Wirklichkeit eine Welt der Praxis ist, die durch institutionelle, normative Bezüge charakterisiert ist, also in der Form von historisch und geographisch situierten sozialen Praktiken überliefert, gelehrt und gelernt wird. An ihnen orientiert handeln praktizierende Entitäten und finden praktische Vollzüge statt. Fernerhin lässt sich mit Heidegger argumentieren, dass praktische Vollzüge ein implizites praktisches Wissen als Know-how operationalisieren und eine Form von Intelligibilität im Sinne der Kontextvertrautheit darstellen. Diese Intelligibilität gründet fernerhin nicht nur intern in den Fähigkeiten praktizierender Entitäten, sondern relational in der Welt der Praxis. Diese Überlegungen habe ich dadurch abgerundet, dass ich genauer auf die Konsequenzen eingegangen bin, die sich in diesem Kontext bezüglich der praktizierenden Entitäten selbst ziehen lassen. Diese praktizieren sich selbst und wissen sich selbst in jedem ihrer praktischen Vollzüge immer mit. Solches praktisches Selbstwissen betrifft aber nicht die jeweils einzelne praktizierende Entität allein, sondern auch das situative Bezugsganze, in dem gehandelt wird: die praktizierende Entität (und ihr Praktizieren) im Kontext (*GA* 2: 190–191).

Nur noch eine letzte Anmerkung: Diese Art und Weise, Heidegger zu rekonstruieren, bietet letztlich eine Perspektive auf seine argumentative Strategie dar, die ihrem hermeneutischen Anspruch gerecht werden kann (*GA* 2: 196). Ich erkläre mich. Eine verbreitete Lesart von Heideggers *Sein und Zeit* versteht den Text folgendermaßen: Praktische Vollzüge werden analysiert; ihre Diskussion zeigt, dass bei jedem praktischen Vollzug eine Akteurin als Subjektivitätsfigur – aufgrund ihrer konstitutiven Selbstbezüglichkeit – gesetzt werden muss; also deshalb, weil es praktische Vollzüge gibt, gibt es auch Akteur:innen als selbstbezügliche Wesen, von deren Standpunkt aus praktische Vollzüge gefasst werden. Ich verstehe zum Beispiel so Robert Brandoms Bestimmung des Daseinsbegriffs als *self-adjudicating* (Brandom 1983; ähnlich neuerlich Crowell 2013). Meine Rekonstruktionsweise will suggerieren, dass Heideggers Einführung des Daseinsbegriffs, als durch Selbstbezüglichkeit charakterisiert, nicht so sehr eine Setzung ist, deren Notwendigkeit im

Nachhinein legitimiert wird. Die Selbstbezüglichkeit des Daseins lese ich eher als Teil einer Heuristik (oder eben einer Hermeneutik). Es wird nämlich als Arbeitshypothese eingeführt, dass es manche Entitäten gibt, die durch Selbstbezüglichkeit charakterisiert sind (z.B. *GA* 2: 16–17), und die Diskussion praktischer Vollzüge und ihrer Intelligibilität zeigt dann, dass in dieser ein Moment der Selbstbezüglichkeit mitzudenken ist. Das soll aber nicht so verstanden werden, dass dadurch die Setzung des Daseins legitimiert wird; sondern so, dass die Analyse von Praxis eine Art Intelligibilität aufgedeckt hat, die in der Lage ist, die arbeitshypothetische Einführung von Dasein zu untermauern und zugleich weiter zu analysieren, aber erst im Rahmen der Praxis selbst. Der Daseinsbegriff wird nicht gesetzt und sein Gebrauch nach Legitimität geprüft, sondern im Sinne einer Heuristik eingeräumt, deren Ausführung den Daseinsbegriff selbst auf informative Weise weiterbestimmt.

Somit schließe ich die Diskussion von Heideggers Analyse praktischer Vollzüge ab. Ich konzentriere mich jetzt auf die Bedeutung, die sie im Rahmen der Hauptfrage dieses ersten Teils der Untersuchung hat, nämlich die Frage nach einem belastbaren subjektphilosophischen Paradigma. Den Übergang dazu bietet Heidegger selbst, indem er die Operationalisierung vom praktischen Wissen als Entwurf konzeptualisiert und darüber hinaus auf den Begriff der Möglichkeit kommt.

3.2.4 Ein Paradigma für die Operationalisierung vom praktischen Wissen

Um die Diskussion von Heideggers Begriff des Verstehens zu einem Abschluss zu bringen, lohnt es sich zunächst, einen Schritt zurück zu machen und einen Überblick über den bisherigen Argumentationsgang des ersten Teils der Untersuchung zu geben: Ich nähere mich graduell der sachlichen Konvergenz, die ich sowohl bei Schellings als auch bei Heideggers Danken nachweisen und, dementsprechend, im Rahmen der geistesontologischen Fragestellung der Untersuchung geltend machen möchte.

Schellings Verdienst an der subjektphilosophischen Reflexion ist, so habe ich seine Frühschriften ausgelegt, den Fokus auf die Paradigmen zu legen, worauf sich die Subjektphilosophie verpflichtet. Durch die Überprüfung der metatheoretischen Kompatibilität mit bestimmten metaphysischen Aussagen lässt sich der subjektphilosophische Diskurs kritisch betrachten. In diesem Rahmen stellt Schelling den folgenden Vorschlag auf: Das Paradigma, an dem sich die Subjektphilosophie orientieren soll, um ihren eigenen Ansprüchen gerecht zu werden, ist der Begriff der praktischen Interaktion (2.5). Seine metatheoretischen Überlegungen greifen dennoch in der Hinsicht zu kurz, dass praktische Interaktion ein unterbestimmter Begriff ist, wie Schelling ihn entwirft. Im Fall Heideggers wird nun die metatheoretische Perspektivierung nicht so explizit wie bei Schelling angegangen.

Dennoch, wenn sie zum Thema gemacht wird, zum Beispiel eben mithilfe von Schellings Diagnosen, lässt sich auch Heideggers *Sein und Zeit* von diesem Standpunkt aus lesen, ohne den Text zu sehr zu forcieren (3.1). Mit Blick auf diesen umfassenderen Kontext und seine Fragestellung liefert *Sein und Zeit* eine ausführliche Theorie praktischer Interaktionen mit Gegenständen ab, die als Weiterentwicklung und Ergänzung der Intuition Schellings produktiv gemacht werden kann. Diese kann aber, so wie sie bisher rekonstruiert wurde, noch kaum den Anspruch erheben, für den metaphysischen oder für den subjektphilosophischen Diskurs ein Paradigma zu bieten. Tatsächlich ergab sich aus der Diskussion Heideggers lediglich einen Ansatz zum Verständnis von menschlicher Praxis, der eine Vielfalt zwar aufeinander bezogener, aber dennoch verschiedener Elemente ins Spiel bringt: Soziale Praktiken, tradierte Handlungsorientierungen, materielle Gegenstände oder Situationen sowie praktizierende Entitäten vergrößern, wenn überhaupt, das Panorama der involvierten Begriffe und scheinen somit keinen einheitlichen Bezugspunkt für die subjektphilosophische Reflexion auszumachen.

Ein solcher lässt sich dennoch gewinnen. Denn Heidegger beschränkt sich nicht auf die Herausstellung der wechselseitigen Konstitutionsverhältnisse, die zwischen den verschiedenen Elementen bestehen, die praktische Vollzüge involvieren. Sein Ansatz entwickelt sich weiterhin so, dass die Operationalisierung des praktischen Wissens sowie das Zusammenbringen der dabei implizierten Bezüge im jeweiligen Praktizieren zum Thema gemacht werden. Mithilfe des Terminus der Auslegung, begriffen als dynamische Aktualisierung der Bezüge, die in jedem praktischen Vollzug angelegt sind, richtet Heidegger den Blick auf ein einheitliches Geschehen. Der Begriff von Auslegung interessiert mich an dieser Stelle als einheitliche Aktualisierung derjenigen praktischen Intelligibilität, von der bisher die Rede war, als Bezeichnung für die Art und Weise, wie praktizierende Entitäten in jedem ihrer praktischen Vollzüge sich selbst und ihre Wirklichkeit als Welt der Praxis verstehen. Ich werde also auf diesen Aspekt seines Ansatzes den Fokus legen. Ziel der Diskussion ist dennoch, genauer ins Auge zu fassen, was Heidegger im Ausgang davon gewinnt: nämlich einen Ansatz zu der Frage, welcher Begriff als Paradigma für das Verständnis sowohl praktizierender und selbstbezüglicher Entitäten als auch anderer Arten von Entitäten genommen werden kann.

Wie begreift also Heidegger die Operationalisierung des praktischen Wissens in praktischen Vollzügen? Ich habe oben die Rekonstruktion von Heideggers Theorie mit der kurzen Schilderung eines Beispiels eröffnet (3.2.1), deren Ziel es war, eine Beschreibungsweise von praktischen Umgängen mit Gegenständen zu veranschaulichen, die in der Lage ist, diese Gegenstände nicht als praxisunabhängige, sondern als praxisrelevante Entitäten zu begreifen. Die Pointe des Beispiels bestand darin, dass die Identifikationskriterien von praxisrelevanten Entitäten mit Blick auf ihre Einbettung variieren (welche umgekehrt von ihrer materiellen Situiertheit nicht

3.2 Heideggers Analyse praktischer Vollzüge und der Begriff des praktischen Selbstwissens — 77

unabhängig sein kann). Von der bisherigen Rekonstruktion von *Sein und Zeit* aus lässt sich noch hinzufügen: Das jeweilige praktische Geschehen, der Umgang einer Akteurin mit ihrer Umgebung, hängt fernerhin von der Kontextvertrautheit mit ihrer jeweiligen Welt der Praxis und der damit verbundenen praktischen Intelligibilität ab, die ich als praktisches Wissen bezeichnet habe. So betrachtet ist jeder praktische Vollzug eine Operationalisierung davon, die Heidegger als Auslegung bezeichnet (*GA* 2: 197). Zentral ist dabei, dass diejenigen Entitäten, die in Auslegungen involviert sind und werden, im Kontext einer Als-Struktur[19] zu fassen sind (*GA* 2: 199). Mit etwas umzugehen, heißt nach Heidegger, mit etwas „als" gemäß praktischen Relationsbezügen umzugehen: Ein Heft wird mit Blick auf die Praxis des Schreibens gebraucht, heißt, etwas wird als Heft ausgelegt. Er betont an dieser Stelle, dass Als-Bezüge den praxisinvolvierten Entitäten nicht sekundär zukommen, sondern für sie definitorisch und intern sind.

Praktische Intelligibilität wird somit in ihrer Dynamik gefasst. Die Identifikationskriterien von praxisrelevanten Entitäten – sprich derjenigen Elemente, die in praktischen Vollzügen involviert sind – nicht nur verweisen auf ein Netzwerk von Relationen, sondern werden auch jeweils institutionalisiert. Jedes Tun vollzieht eine bestimmte Konfiguration von praktischer Intelligibilität, indem es verschiedene Elemente der Welt der Praxis in Zusammenhang bringt (*GA* 2: 201). Sinnvolle Bezugnahme erfolgt jeweils als eine solche Operation, die Entitäten eben auslegt oder, wie Heidegger es auch bezeichnet, auf Möglichkeiten entwirft. Ich komme somit an der Stelle, wo Heideggers praxisorientierte Theorie des Verstehens als Herausstellung der praktischen Intelligibilität vom Tun und von der Welt sozialer Akteur:innen sich auf die Frage zurückbindet, was als eine einheitliche Grundlage für die subjektphilosophische Reflexion genommen werden könnte. Heidegger schreibt:

> Warum dringt das Verstehen nach allen wesenhaften Dimensionen des in ihm Erschließbaren immer in die Möglichkeiten? Weil das Verstehen an ihm selbst die existenziale Struktur hat, die wir den *Entwurf* nennen. Es entwirft das Sein des Daseins auf sein Worumwillen ebenso ursprünglich wie auf die Bedeutsamkeit als die Weltlichkeit seiner jeweiligen Welt. Der Entwurfcharakter des Verstehens konstituiert das In-der-Welt-sein [...] als Da eines Seinkönnens. Der Entwurf ist die existenziale Seinsverfassung des Spielraums des faktischen Seinkönnens. Und als geworfenes ist das Dasein in die Seinsart des Entwerfens geworfen. [...] Dasein versteht sich immer schon und immer noch, solange es ist, aus Möglichkeiten. [...] Das Verstehen ist, als Entwerfen, die Seinsart des Daseins, in der es seine Möglichkeiten als Möglichkeiten ist (*GA* 2: 193).

---

[19] Auch an dieser Stelle haftet die Problematik des vorsprachlichen oder sprachlichen Status von Heideggers Verständnis von Intelligibilität. Diese Problematik habe ich bereits weiter oben diskutiert, und zwar so, dass ich glaube, hinsichtlich dieser besonderen Frage keine Stellung einnehmen zu müssen (3.2.3).

Jede Operationalisierung vom praktischen Wissen, jeder Vollzug von Verstehen, findet als dynamischer Entwurf in einer Situation statt. Diese besondere Konstitutionslage von praktischen Vollzügen macht somit deutlich, dass das Zusammenbringen verschiedener Relationen praktischer Intelligibilität und Gegenstände immer so erfolgt, dass es in einem situierten, faktischen Spielraum geschieht. Diesen letzten soll nun nach Heidegger thematisiert werden, denn praktische Relationen – und die Akteur:innen selbst – sind erst in diesem Spielraum zu denken, den Heidegger mit Rekurs auf den Möglichkeitsbegriff bezeichnet. Was genau Möglichkeit, beziehungsweise der Möglichkeitscharakter von Praxis, für Heidegger bedeutet, darauf werde ich bald eingehen (3.3). Wichtig an dieser Stelle ist zunächst Folgendes.

Heideggers Analyse praktischer Vollzüge, zwecks der Herausstellung einer Grundlage praktischer Intelligibilität, die zur Beleuchtung von Intelligibilität im Allgemeinen gilt (für mein Anliegen ist aber wichtig: von erstpersonalem Selbstwissen), expliziert einerseits einen Zusammenhang von Elementen und Relationen, die in jedem Tun impliziert sind. Andererseits wird aber auch dadurch ersichtlich, dass solcher Zusammenhang jeweils operationalisiert wird, und zwar in einem Spielraum, gespannt zwischen Orientiertheit an einer Welt und dynamischer Aushandlung (mehr dazu in 5.1). Der situierte Spielraum wird somit nicht bloß als gemeinsamer Nenner aller in praktischen Vollzügen involvierten Elemente, worin sie sich konstituiert; sondern wird er auch qua ihr eigentümlicher Konstitutionsort als einheitliches Prinzip gesetzt, das die Verfasstheit dessen verständlich machen sollte, was in der Welt der Praxis auftritt. Praxisrelevante Entitäten bestehen zunächst in Spielräumen – sowie, um den Gedanken zu seiner letzten Konsequenz zu bringen, praktizierende Entitäten auch. Auf diesen Begriff muss nun die Aufmerksamkeit gerichtet werden.

Bevor ich aber zu der Frage komme, was der Möglichkeitsbegriff in *Sein und Zeit* besagt, lässt sich jetzt abschließend die Kontextualisierung von Heideggers Ansatz noch einmal heranziehen, die anfänglich vorgeschlagen wurde. Ich habe nämlich *Sein und Zeit* mit den Fragen in Zusammenhang gebracht, die aus der Diskussion Schellings hervorgegangen sind: An welchem Paradigma soll sich die philosophische Reflexion orientieren, wenn sie sich mit dem Subjektbegriff befasst? Sind subjektphilosophische Ansätze darauf verpflichtet, in irgendeiner Form die Geistesabhängigkeitsthese zu vertreten?

Auf den ersten Blick scheint Heidegger eine solche These zu vertreten (3.1). Gegenstand seiner Kritik ist aber, richtig gesehen, die Vorstellung einer Konstitution außerhalb von praktischen Relationen insgesamt. Denn er lehnt explizit die Option ab, den Geist gemäß einem Paradigma zu interpretieren, das ihn außerhalb von Relationen zu begreifen beansprucht (*GA* 2: 281). Hingegen gilt es, bei der relationalen Konstitution von verschiedenen Arten von Entitäten als Standard für ihr Verständnis anzusetzen: Sinnvolle Bezugnahme, und somit auch Selbstbezugnahme, beruht auf der Kontextvertrautheit praktizierender Entitäten, die wiederum in der jeweiligen materiellen und sozialnormativen Welt der Praxis gründet, in deren Kontext eine sinnvolle Bezugnahme stattfindet. Hierin zeigt sich auch die Nähe zu Schellings Position, der sich im Kontext der Geistesabhängigkeits- oder -unabhängigkeitsfrage ebenfalls für die Einheit eines praktischen und dynamischen Zusammenhangs von Irreduziblen ausspricht.

Durch diese letzte, umfassendere Fokussierung lässt sich die Aussage legitimieren, dass Heidegger nach einem einheitlichen Paradigma für verschiedene theoretische Diskurse sucht. Denn offensichtlich visiert der philosophische Ansatz von *Sein und Zeit* eine Vielfalt verschiedener Arten von Entitäten an, die fernerhin auf verschiedene Weisen in Perspektive gesetzt werden können; wichtig ist es dennoch, den Anspruch zu bedenken, innerhalb dieses Rahmens eine gemeinsame Grundlage zu finden. Diese entspricht dem Möglichkeitsbegriff, den ich nun in Betracht ziehe und als Basis für die These nehme, dass Subjektivität im Ausgang von praktischen Spielräumen zu fassen ist.

3.3 Der Begriff des praktischen Spielraums

3.3.1 Heideggers negative Bestimmung des Möglichkeitsbegriffs

Mit der Einführung und Diskussion des Begriffs des praktischen Spielraums kommt der erste Teil der Untersuchung zum Ende. Im Ausgang davon möchte ich eine Antwort auf die Frage schildern, welche Basis dem Subjektbegriff zugrunde gelegt wird, der in der Untersuchung entwickelt wird. Es sei angemerkt, dass die Einführung des Begriffs nicht gleichbedeutend ist mit seiner ausführlichen Bestimmung, die erst durch die Weiterführung der Untersuchung gewonnen wird. Ich werde dafür argumentieren, dass praktische Spielräume erst dann angemessen begriffen werden können, wenn ihre prozessuale und geschichtliche Verfasstheit in Betracht gezogen und erläutert wird, sprich, wenn ihre spezifische Dynamik und Situiertheit dargestellt wird.

Dies gesagt, komme ich wieder auf Heidegger zurück, und zwar auf seinen Möglichkeitsbegriff und schließlich auf dessen Ertrag für mein systematischen Anliegen. Einer Analyse des Möglichkeitsbegriffs kann sich eine Interpretation von *Sein und Zeit* im Allgemeinen kaum entziehen. Noch dringlicher wird sie aufgrund der bisherigen Darstellung: Dem Möglichkeitsbegriff habe ich die Rolle zuerkannt, eine einheitliche Grundlage für den bis jetzt entworfenen Zusammenhang zu sichern. Ich habe Heideggers Theorie so rekonstruiert, dass Praxistypen als Normen praktischer Vollzüge zu verstehen sind, die Typen von Funktionalisiertem sowie Erfolgs-

und Ergebnistypen miteinbeziehen. Darauf aufbauend habe ich vorausgeschickt, dass das, was Heidegger Bewandtnis nennt und sich als praktische Intelligibilität konstituiert, mit Blick auf seine Auffassung von Möglichkeit zu verstehen ist. Annäherungsmäßig lässt sich das folgendermaßen in einem ersten allgemeinen Sinne veranschaulichen. Ein Heftblatt wird zum Zigarettenfilter, zum Origami, zur Unterlage eines wackelnden Tisches. Ein Seiendes ist verständlich, weil es sich in einer Vielfalt möglicher praktischer Sinnbezüge hält, die in bestimmten praktischen Vollzügen operationalisiert werden.

Um Heideggers Möglichkeitsbegriff jetzt einzurahmen, werde ich zwei Zitate heranziehen und kommentieren. Ich möchte aber meinem Kommentar die folgende Vorbemerkung voranschicken: Eine typische Art, Heideggers Begriff der Möglichkeit zu interpretieren, besteht in einer Thematisierung desselben im Verhältnis zum Todesbegriff. Letzterer wird die Untersuchung später beschäftigen (5.1.1), im Zuge der Einführung weiterer begrifflicher Komponenten, die zum Verständnis von Heideggers Auffassung des Daseins als etwas beitragen, das in Bezug auf Möglichkeiten zu verstehen ist. Wie bereits betont, ist die entwickelte Interpretation von Heideggers Möglichkeitsbegriff in diesem ersten Untersuchungsteil eine partielle, die erst durch eine genauere Darstellung seines Daseinsbegriffs abgerundet wird. Wichtig ist für mein Anliegen zwischen verschiedenen begrifflichen Ebenen zu unterscheiden, die zwar miteinander zu tun haben, aber nicht zusammenfallen. An dieser Stelle fokussiere ich auf den Möglichkeitsbegriff mit Blick auf eine metatheoretische Reflexion über die Subjektphilosophie, während ich im zweiten Teil genauer die Frage entwickle, wie die spezifische Dynamik, die in Heideggers Auffassung der Möglichkeit zum Ausdruck kommt, zum Verständnis von Subjektivität als praktischem Selbstverhältnis beiträgt.[20]

Dies vorausgeschickt gilt es nun hervorzuheben, dass Heideggers erste explizite Aussagen zum Möglichkeitsbegriff eindeutig negativer Natur sind, wie musterhaft in den folgenden Zitaten dargelegt:

> Das Möglichsein [...] unterscheidet sich ebensosehr [α] von der leeren, logischen Möglichkeit wie [γ] von der Kontingenz eines Vorhandenen, sofern mit diesem das und jenes „passieren" kann (*GA* 2: 191, gr. Buchst. G.C.).

> Der Entwurf ist die existenziale Seinsverfassung des Spielraums des faktischen Seinkönnens. [...] Das Entwerfen hat [β] nichts zu tun mit einem Sichverhalten zu einem ausgedachten Plan,

---

[20] In diesem Sinne verstehe ich meinen Versuch eher in Kontinuität mit Iain Macdonalds (2011) und Mark Sinclairs (2016) Ansätzen, die den Akzent respektive auf eine vielversprechende Parallele mit Theodor W. Adornos Denken und auf Heideggers Rezeption von Aristoteles legen, um den dynamischen Aspekt von Heideggers Konzeption zu thematisieren.

gemäß dem das Dasein sein Sein einrichtet, sondern als Dasein hat es sich je schon entworfen und ist, solange es ist, entwerfend (*GA* 2: 193, gr. Buchst. G.C.).

Es handelt sich offensichtlich um drei Begriffsabgrenzungen. Heidegger beansprucht, seine Möglichkeitsauffassung gegenüber drei anderen zu differenzieren. Er spricht von Möglichkeit nicht in dem Sinne von: logischer Denkbarkeit, handlungsteleologisch aufzufassender Zielsetzung und bloßer Kontingenz. Ich werde diese einzeln diskutieren und dann die Frage stellen, ob sich aus ihnen eine einheitliche, positive Formulierung gewinnen lässt.

(a) Ablehnung von reiner Denkbarkeit. Heidegger versteht seinen Möglichkeitsbegriff so, dass er diesen von einem „leeren, logischen" abgrenzt. „Logisch" spielt in Heideggers Jargon nicht nur auf die Logik, sondern auch auf den Logos im Allgemeinen an. Zwar ist offensichtlich an dieser Stelle den Ausdruck nicht so zu deuten, wie ihn Heidegger am Anfang von *Sein und Zeit* darzulegen versucht (*GA* 2: 43ff.). Genau dort spricht er aber auch von „nachkommenden" Interpretationen, die sich auf etwas wie „Vernunft, Urteil, Begriff, Definition, Grund, Verhältnis" beziehen (*GA* 2: 43), also insgesamt auf Elemente, die auf das semantische Feld des Denkens zurückgeführt werden können. Dieser Verweis wird noch mit Blick auf die Bezeichnung „leer" weiterbestimmt. Dies legt nahe, dass Heidegger sich von denjenigen Auffassungen der Möglichkeit distanzieren will, die ohne Rücksicht auf die jeweils bestimmten Inhalte nur auf bloße Denkbeziehungen zurückgreifen, um den Status dessen, was möglich ist, zu bestimmen.

Die erste Begriffsabgrenzung lässt sich somit folgendermaßen deuten. Heidegger beansprucht, seinen Möglichkeitsbegriff von einer Konzeption zu unterscheiden, die das Mögliche zunächst mit Blick auf die Widerspruchsfreiheit oder Denkkompatibilität bestimmt. Diesen Leitfaden verfolgend, lässt sich auch weiterhin sagen, dass insgesamt das Kriterium der Denkkompatibilität mit bestimmten kontextuellen Einschränkungen Heideggers Möglichkeitsbegriff nicht erschöpft, welcher Art auch immer solche Einschränkungen seien mögen, ob sie sich auf Naturgesetze, soziale Praktiken oder logische Regeln beziehen. In diesem Sinne kann es zwar hilfreich sein, Heideggers Ansatz zur Möglichkeit mit weiteren Ansätzen zur Modalität zu vergleichen (es scheint schwer, so zu handeln, dass der praktische Vollzug logisch, metaphysisch und physikalisch unmöglich ist). Nichtsdestoweniger lautet an dieser Stelle die Hauptfrage nicht, mit welcher Art von Möglichkeiten diejenigen Möglichkeiten, die aus Heideggers Perspektive praktiziert werden können, kompatibel sind. Es ist gerade die *Denkkompatibilität als definierendes Kriterium von Möglichkeit*, von der sich Heidegger distanzieren will. Nach der Auffassung Heideggers, deckt sich das Mögliche nicht mit dem, was aus dem Standpunkt der Denkkompatibilität mit jeweils variablen Einschränkungen aufgefasst wird.

Diese erste Begriffsabgrenzung kann an dieser Stelle meiner Heidegger-Rekonstruktion noch nicht untermauert werden, weil Heideggers Verständnis der Möglichkeit beansprucht, Offenheit und Zukunft als ihr Definiens zu setzen, was aber erst durch die spezifische Diskussion seines Daseinsbegriffs deutlich wird (5.1). Es lässt sich aber Folgendes vorausschicken. Möglichkeit soll nach Heidegger keine Menge von mit bestimmten Einschränkungen kompatiblen, möglichen Sachverhalten bezeichnen, sondern eine gewisse Art von Dynamik der Situationen, in die praktizierende Entitäten involviert sind. Denn der Begriff eines (logisch, metaphysisch, physisch) möglichen Sachverhalts – so verstehe ich Heideggers Pointe – ist ein solcher Begriff, der im Ausgang vom Zeitmodus der Gegenwart (nach Heideggers Interpretation) gedacht wird: Ein möglicher Sachverhalt ist eine bestimmte Situation, eine bestimmte Konfiguration von gegenwärtigen, materiellen und sozialen Verhältnissen, die lediglich nicht der Fall ist (aber unter bestimmten Beschränkungen gedacht oder sogar realisiert werden kann). Ein möglicher Sachverhalt ist demnach bloß eine Instanziierung einer möglichen Gegenwart. Oder noch anders perspektiviert: Man kann sich die Frage stellen, was ausmacht, dass etwas selbstverständlich ist – also die Frage, was Selbstverständlichkeit ist. Mit dem Möglichkeitsbegriff jetzt per Analogie verglichen: Wenn die Frage, was ausmacht, dass etwas möglich ist, also was Möglichkeit ist, durch den Verweis auf eine Klasse von Sachverhalten (unter verschiedenen Einschränkungen) beantwortet wird, dies visiert laut Heidegger nicht den Möglichkeitscharakter, sondern die Gegenwärtigkeit von etwas an. Denn es betrifft lediglich eine Gegenwart, der Aktualität zu- oder abgesprochen werden kann. Möglichkeit, das Möglich-sein, der Möglichkeitscharakter von etwas betrifft hingegen für Heidegger etwas wie eine spezifische Dynamik, eine Art und Weise zu werden, die wesentlich durch Offenheit, Unvorhersehbarkeit charakterisiert ist, die nicht durch und durch bestimmt ist.

Kurz formuliert, die erste Begriffsabgrenzung ist im Kontext von Heideggers *Sein und Zeit* sowohl die wichtigste als auch die kniffligste zu definieren. Dieses Thema wird die Untersuchung später ausführlicher beschäftigen. Ich lasse diese letzten Überlegungen also auf sich beruhen und komme auf die nächsten zwei Begriffsabgrenzungen, um eine erste, präliminäre Interpretation von Heideggers Möglichkeitsbegriff zu konturieren.

(β) Ablehnung von handlungsteleologischen Auffassungen. Heideggers explizite Ablehnung eines Verständnisses von praktischen Möglichkeiten als etwas, das einer Zielsetzung entspricht, mag überraschen: In der Tat sind Zielsetzungen ein definitorischer Aspekt des Zusammenhangs von Elementen, der in jedem praktischen Vollzug vorausgesetzt ist (3.2.2). Dass Heidegger eine solche begriffliche Distanz setzt, ist dennoch bedeutungstragend und entspricht eins zu eins seiner Zurückweisung des Subjektivismus im Sinne einer Position, laut der das Subjekt

als selbstbezugsfähige Entität als das einzige Prinzip von etwas – in diesem Fall, der Möglichkeit – zu setzen ist. Im Einklang damit ist auch Heideggers negative Bemerkung zur beliebigen Willkür (*GA 2*: 191) zu verstehen, sofern diese als entscheidendes und bedeutungstragendes Kennzeichen von praktischen Vollzügen genommen wird.

Die Gefahr des Subjektivismus ist tatsächlich in Heideggers Theorie selbst angelegt und deshalb braucht er, eine solche Interpretation zurückzuweisen. Denn es könnte so aussehen, dass nach seinem Ansatz alles, was in praktischen Vollzügen involviert und ausgelegt wird, genau darin besteht, wie es damit umgegangen wird oder werden kann. Praxisinvolvierte Entitäten wären demnach nichts anderes als das, was individuelle oder auch kollektive Akteur:innen aus ihnen zu machen beabsichtigen. Wenn Möglichkeiten aber keinen „ausgedachten Plänen" und keiner Willkür gleichkommen sollen, so Heidegger, dann gerade deswegen, weil sich ihr Prinzip nicht in den Absichten, Zielsetzungen und Handlungen von individuellen oder auch kollektiven Akteur:innen erschöpfen lässt.

Die Grundlage dafür, Heideggers Ablehnung von Handlungsteleologie als Prinzip seines Möglichkeitsbegriffs zu fassen, habe ich gewonnen, indem ich die begriffliche Unterscheidung zwischen Ergebnistypen oder Erfolgskriterien einerseits und zwischen abschließbaren und unabschließbaren Zielsetzungen andererseits expliziert habe (3.2.2). Die oben getroffene interpretative Entschei dung gewinnt somit auch weitere Plausibilität, da sie Aussagen von Heidegger verständlich macht, die sonst, wenn nicht beliebig, so zumindest weniger begründet erscheinen würden. Ich rufe also kurz in Erinnerung, wie zweckmäßiges Handeln nach Heideggers Theorie praktischer Vollzüge aufgefasst wird.

Praktische Vollzüge weisen zwar eine handlungsteleologische Dimension auf, diese besteht aber nur in Relation zu der handlungsorientierenden Funktion von sozialen Praktiken, soweit sie kodierte Erfolgskriterien und Ergebnistypen beinhalten und vorschreiben. Diese ermöglichen, dass es auf praktische Vollzüge – gemäß ihrer Korrektheit oder Unkorrektheit je nach sozialer Praxis – überindividuell reagiert oder geantwortet wird. Erfolgskriterien/Ergebnistypen von sozialen Praktiken und Zielsetzungen praktischer Vollzüge können prinzipiell voneinander abweichen. So gesehen, kann man Heideggers Ablehnung von Handlungsteleologie als Prinzip seines Möglichkeitsbegriffs folgendermaßen deuten.

Die Normativität sozialer Praktiken lässt sich nicht handlungsteleologisch allein beschreiben und begründen: Zielsetzungen von individuellen aber auch kollektiven Akteur:innen können gemäß Kriterien bestätigt, anerkannt oder sanktioniert werden, die nicht in die Kategorien des absichtlichen Handelns fallen. Wenn dies der Inhalt von Heideggers Ablehnung von Handlungsteleologie als einziges Prinzip seines Möglichkeitsbegriffs ist, lässt sich das fernerhin folgendermaßen plausibilisieren: Die Erfolgskriterien und Ergebnistypen, die soziale Praktiken beinhalten, sind keine Zielsetzungen einer als Makroakteurin gefassten Welt der Praxis, sondern müssen anders konzeptualisiert werden. Dass eine Welt der Praxis keine Makroakteurin darstellt, die Zielsetzungen verfolgt, scheint mir eine sinnvolle Pointe darzustellen. Allerdings gibt Heidegger keine weitere positive Auskunft darüber, wie soziale Erfolgskriterien und Ergebnistypen von sozialen Praktiken beschrieben und begründet werden sollen, wenn das nicht handlungsteleologisch geschehen soll.[21]

Auf jeden Fall bleibe ich bei der Negation, die in Heideggers Begriffsabgrenzung zentral ist: Handlungsteleologie allein stellt kein hinreichendes Prinzip für praktische Vollzüge dar, obwohl sie natürlich ein notwendiges Element davon ist. Grund dafür ist, dass die Weltorientiertheit praktischer Vollzüge nicht handlungsteleologisch allein beschrieben und begründet werden kann.

Diese Überlegungen zwingen somit dazu, das handlungsteleologische Moment in Heideggers Theorie genauer zu situieren und schwächer zu machen. Es gibt nämlich eine gewisse Tendenz in der Forschung, *Sein und Zeit* so zu lesen, dass die Teleologie menschlicher Handlungen genau das ist, wodurch laut Heidegger Intelligibilität zu begründen und zu erklären wäre.[22] So behauptet etwa Mark Okrent (2000), dass die durch sinnvolle Bezugnahme implizierte Normorientierung letztlich in der Normativität gründet, die die teleologische Verfasstheit menschlichen Handelns kennzeichnet. Die Interpretation ist aber schon in Emmanuel Lévinas als Kritik präsent (Lévinas 1990: 140). Nun ist eine solche Lesart nicht nur deshalb problematisch, weil sie die von Heidegger selbst kritisierte subjektivistische Gefahr läuft. Sie ist schon auf der exegetischen Ebene fraglich, weil sie wesentlichen textu-

---

21 Es kann wohl sein, dass Heidegger hier ein wichtiges Problem übersieht. Dieses lässt sich folgendermaßen knapp formulieren: Wenn soziale Normativität nicht aus handlungsteleologischer Normativität besteht, worin genau besteht sie denn? *Sein und Zeit* gibt in dieser Hinsicht keine zufriedenstellende Antwort, so wie ich den Text verstehe, und das ist im Sinne eine kritische Bemerkung gegenüber Heideggers Ansatz zu lesen. Allerdings stimmt es auch, diesmal pro Heidegger, dass er doch eine Antwort auf die Frage gibt, was letztlich das Prinzip von Praxis und von Möglichkeit darstellt – und dieses Prinzip ist Offenheit, wie schon betont wurde und später zu diskutieren sein wird. Demgemäß wäre auch soziale Normativität so zu interpretieren. Diese Aufgabe würde aber die Grenzen meiner Untersuchung sprengen, denn mein Vorhaben ist nur, in Heidegger einen Ansatz zu der Frage der Geschichtlichkeit von Subjektivität zu suchen, und – wie ich zeigen werden – enthält *Sein und Zeit* tatsächlich eine Interpretation von Offenheit im Sinne der Geschichtlichkeit.
22 Eine Interpretation übrigens, die in der Regel durch eine Auslegung der Textstellen zur Bewandtnis untermauert wird, wie bei Blattner (1999), ohne jedoch der Unterscheidung zwischen Erfolgskriterien und Zielsetzungen Rechnung zu tragen, die Heidegger mindestens terminologisch, meiner Meinung nach aber auch begrifflich einführt.

ellen Hinweisen von *Sein und Zeit* nicht gerecht werden kann, nämlich erstens der Unterscheidung zwischen Dazu einerseits und Um-zu und Worumwillen andererseits und zweitens Heideggers Zurückweisung einer Auffassung von Möglichkeit, in deren Mittelpunkt Zielsetzungen alleine stehen. Die Teleologie des Handelns spielt zwar eine Rolle in Heideggers Ansatz, ihr sollte aber nicht die Funktion zuerkannt werden, den letzten Grund von praktischer Intelligibilität darzustellen. Anders gesagt ist es nicht so, dass innerhalb einer Welt der Praxis sinnvolle Bezugnahme erst dadurch möglich wird, dass teleologisch gehandelt wird; umgekehrt ist hervorzuheben, dass teleologisches Handeln und sinnvolle Bezugnahme nur im Kontext einer Welt der Praxis möglich sind.

(γ) Ablehnung von reiner Kontingenz. Die ersten beiden Begriffsabgrenzungen könnten die folgende Vermutung nahelegen: Heidegger distanziert sich damit von einer Auffassungsweise von Möglichkeiten, in deren Mittelpunkt das Denk- oder Handlungsvermögen einer bestimmten Klasse von Entitäten steht, wovon Möglichkeiten abhängen würden, indem sie nicht in der Wirklichkeit, sondern in der Tätigkeit von Akteur:innen angelegt wären. Man könnte schlussfolgern: Die philosophische Intention ist also, einen Möglichkeitsbegriff zu konturieren, der auf bestimmten Eigenschaften vom Tun sozialer Akteur:innen vorerst abgesehen gründet. Die dritte Begriffsabgrenzung entzieht dieser Lesart den Boden, wenn Heidegger behauptet, dass sein Möglichkeitsbegriff nicht mit der „Kontingenz eines Vorhandenen" gleichzusetzen sei, mit dem „das und jenes ‚passieren' kann." Im Zusammenhang damit steht auch seine Bemerkung, dass „als modale Kategorie der Vorhandenheit [...] Möglichkeit das *noch nicht Wirkliche* und das *nicht jemals* Notwendige" bedeutet und derart begriffen „das *nur* Mögliche [...] niedriger als Wirklichkeit und Notwendigkeit" charakterisiert wird (GA 2: 191).

Diese Aussagen lassen sich folgendermaßen deuten. Der Verweis auf Kontingenz bezeichnet kanonisch das, was so oder auch anders sein kann, auf jeden Fall nicht so sein muss, wie es ist; der Verweis auf das Vorhandene impliziert, nach Heideggers Vokabular, einen Verweis auf den Begriff der Substanz. Kurz zum Letzteren: Die Vorhandenheit bezeichnet im Rahmen von *Sein und Zeit* diejenige Auffassungsweise praxisrelevanter Gegenstände, die zur Geltung kommt, wenn die praktischen Relationen, die einen Gegenstand als praxisrelevant konstituieren, aus welchem Grund auch immer ihre Geltung verlieren (GA 2: 98–99); ein Gegenstand wird hierbei als raumzeitlich bestehende Entität gefasst, als „pures Ding" (GA 2: 109). Diese Auffassungsweise von Dingen wird von Heidegger explizit mit dem Substanzbegriff assoziiert (GA 24: 153). Ich verstehe also die konzeptuellen Verweise folgendermaßen: Vorhandenes meint hier raumzeitlich bestehende Substanzen, die in einem Abstraktionsverhältnis zu praxisinvolvierten Entitäten stehen. Möglichkeit würde in diesem Fall bedeuten, dass das Mögliches diejenigen Merkmale bezeichnet, die eine Substanz unabhängig von praktischen Relationen weder wirklich noch notwendig hat, aber aufgrund ihrer Verfasstheit zulässt.

Heideggers Ablehnung dieser Möglichkeitsauffassung bezieht sich im Grunde auf die Ziele seines Ansatzes, nämlich aus einer Analyse von Praxis eine Konzeption von Intelligibilität zu erarbeiten. Das Mögliche als diejenigen Merkmale von Substanzen zu fassen, die ihnen von praktischen Relationen abgesehen zukommen können, versagt im Voraus, Gegenstände primär als praxisrelevant zu begreifen. Deshalb sind Möglichkeiten für Heidegger nicht so zu verstehen, als ob sie erst in Dingen angelegt wären, sofern diese als von praktischen Bezügen unabhängige, raumzeitlich bestehende Substanzen begriffen werden, die etwas sein können, ohne es aktuell zu sein oder sein zu müssen. Möglichkeiten sind nicht das, was etwas, unabhängig davon, wie es mit diesem etwas in je bestimmten situationellen Kontexten umgegangen wird, werden kann oder nicht. Heidegger zielt darauf ab, die Vorstellung von selbstständigen Dingen zu verabschieden, denen aufgrund ihrer kontingenten Organisation und Interaktion mit anderen selbstständigen Dingen bestimmte Eigenschaften zukommen können oder nicht. Der in praktischen Vollzügen vereinheitlichte, relationale Zusammenhang der Welt der Praxis ist eine Wesensbestimmung praxisinvolvierter Gegenstände, die sich aufgrund ihrer intrinsischen Relationalität als Möglichkeiten konstituieren und in dem Zusammenhang der Welt der Praxis stehen.

Zusammenfassen lassen sich die bisherigen negativen Bestimmungen folgendermaßen: Heideggers Möglichkeitsbegriff ist nicht auf die Denkbarkeit von Sachverhalten nach verschiedenen Einschränkungen zurückzuführen; er ist auch nicht handlungsteleologisch zu gründen; er ist auch nicht außerhalb von praktischen Relationen zu verstehen. Die Frage ist nun, ob und wie die drei negativen Aussagen ein erstes, provisorisches, positives Resultat darbieten, ohne dafür direkt in die Diskussion von Heideggers Daseinsbegriff überzugehen, was die Fragen dieses ersten Teils der Untersuchung betrifft.

3.3.2 Praktische Spielräume und Subjektivität als Fähigkeit

Eine Interpretation von Heideggers Möglichkeitsbegriff als metatheoretischem Standard kann man als eigenständiges Resultat in Bezug auf *Sein und Zeit* ansehen. Denn Heidegger beansprucht, nicht nur einen Zugang zu der Frage anzubieten, wie soziale Akteur:innen zu begreifen sind; sondern auch insgesamt eine Grundlage abzusichern, welche die Intelligibilität der verschiedenen Elemente ins Auge fassen kann, die in praktischen Geschehen involviert sind. Sinnvolle Bezugnahme – trotz der spezifizierenden Kriterien bezüglich der jeweiligen Klassen von Entität – kann einheitlich untersucht werden, so verstehe ich Heidegger, und diese einheitliche Perspektive lässt sich am Möglichkeitsbegriff festnageln.

Nun sind Heideggers Bestimmungen des Möglichkeitsbegriffs aus dieser Perspektive nicht besonders problematisch, obwohl zunächst negativ. In der Tat wirken sie mit Blick auf seine Vorgehensweise plausibel. Unter Annahme des Grundsatzes, dass erst eine Perspektivierung auf die Praxis den Hintergrund sinnvoller Bezugnahmen ausmacht, gibt man gerne zu, dass Gegenstände in jeweils unterschiedlichen Theoriebereichen im Rahmen der entsprechenden kontextuellen Bedingungen dieser letzteren ersichtlich werden, und zwar insofern, als sie jeweils unterschiedliche definitorische praktische Bezüge beinhalten. Dafür gilt es deshalb hervorzuheben, dass im Allgemeinen das, worauf Bezug genommen werden kann, sich in Zusammenhängen verschiedener praktischer Bezüge konstituiert. Diese verweisen auf mögliche Umgangsweisen, die weder auf Denk- oder Handlungsvermögen noch auf Charakteristika statischer und ohne den Eingriff praktizierender Entitäten gedachter Sachverhalte zurückzuführen sind, sondern Ergebnis des dynamischen Zusammenspiels verschiedener Faktoren sind. Darin lässt sich eine generelle Anweisung wiedererkennen.

Diese generelle Anweisung möchte ich dennoch näher fassen. Darum schlage ich im Anschluss an einem Ausdruck von Heidegger selbst vor, den Begriff vom praktischen Spielraum als metatheoretische Grundlage für die subjektphilosophische Reflexion zu setzen. Praktische Spielräume verstehe ich als situationelle Bündel von praxisinvolvierten Entitäten, kontextualisiert in einer materiellen Welt von sozialen Praktiken, nach welchen Akteur:innen so oder so tätig sind und verschiedene Arten von Zielen verfolgen. Es ist für praktische Spielräume konstitutiv, durch praktisches Wissen gestiftet zu sein. Fernerhin entsprechen praktische Spielräume keiner statischen Konfiguration, denn sie sind im Geschehen und im Werden zu fassen, im jeweiligen Operationalisieren vom praktischen Wissen als Zusammenbringen und Zusammenkommen praktischer Relationen. Die spezifische Dynamik praktischer Spielräume habe ich noch nicht ausführlich diskutiert, denn dies wird, wie angesprochen, erst im zweiten Teil der Untersuchung möglich. An dieser Stelle ist erstmal die Gewichtung zwischen den verschiedenen Elementen am essenziellsten, um einseitige Interpretationen des Begriffs zu vermeiden. Denn weder die Eigenschaften und Beziehungen eines Sachverhalts, noch die Zielsetzungen sozialer Akteur:innen, aber auch nicht sozial anerkannte Regeln sind allein genommen informativ in der Hinsicht, was ein praktischer Spielraum in seinem Werden ist. Sie sind es erst in ihrem Zusammenkommen.

Von Heideggers negativer Bestimmung des Möglichkeitsbegriffs habe ich eine generelle Anweisung genommen, die sich folgendermaßen positiv deuten lässt: Praktische Spielräume können als Standard für die Untersuchung verschiedener Klassen von Entitäten dienen – Subjekte eingeschlossen. Ich werde nicht untersuchen, was es heißen würde, eine Ontologie von Artefakten, oder eine Ästhetik, eine Sozialontologie oder eine Metaphysik von diesem Paradigma aus zu entwickeln. Mich interessiert lediglich – auf die Vor- und Nachteile davon werde ich später zurückkommen –, wie sich aus dieser Perspektive eine Auffassung von Subjektivität entwickeln lässt. Die Frage ist somit, wie in diesem Rahmen der Subjektbegriff angegangen werden kann. Ich habe bisher Subjektivität auf der Grundlage des Selbstbezugsbegriffs Kontur verliehen. Mithilfe von Heideggers Analysen habe ich fernerhin Folgendes hervorgehoben: Jeder praktische Vollzug setzt voraus, dass die damit involvierten Akteur:innen über ein praktisches Wissen verfügen, das ihre eigene materielle und soziale Situiertheit in der Welt der Praxis betrifft und ein praktisches Selbstwissen darstellt (3.2.3). Somit lässt sich in jedem praktischen Spielraum ein Aspekt isolieren, der Selbstbezüglichkeit wesentlich miteinbezieht: Akteur:innen oder praktizierende Entitäten sind durch Selbstbezüglichkeit charakterisiert, und zwar aufgrund des praktischen Selbstwissens, das in jedem Tun involviert ist. Arbeitshypothetisch könnte dann Subjektivität vom Paradigma des praktischen Spielraums aus durch den Begriff des praktischen Selbstwissens vertreten werden.

Praktisches Wissen habe ich oben im Anschluss an Heidegger als ein Know-how definiert, als die Fähigkeit, mit bestimmten Situationen in Orientierung an bestimmten sozialen Normen und mit bestimmten Zielen umzugehen. Es involviert sowohl sensomotorische als auch soziale Kompetenzen, die im Wesentlichen darin bestehen, eine gewisse Tätigkeit interaktiv und nach öffentlich geteilten Kriterien als korrekt oder inkorrekt bestätigen oder sanktionieren zu lassen (also im Grunde als ansprechbar gelten zu lassen). Um praktisches Selbstwissen dann zu definieren, kann man reflektieren, dass im Rahmen der Fertigkeiten, mit bestimmten Situationen umzugehen, auch eine besondere Klasse von Fähigkeiten mitzuzählen ist, sich selbst zu verhalten, zu bewegen, ansprechbar zu machen. Die Fähigkeit, eine Zigarette zu rauchen, impliziert eine sensomotorische Koordination von den jeweils eigenen Handbewegungen und Atmung, sowie zum Beispiel die jeweils eigene Ansprechbarkeit bezüglich der rechtlichen Lage, dass es in gewissen Räumen nicht geraucht werden darf. Jedes Tun impliziert also, dass die jeweils eigene Situiertheit so oder so praktiziert wird, dass Akteur:innen sich zu sich selbst in jeweils bestimmten materiellen und sozialen Situationen so oder so verhalten. Praktisches Selbstwissen bezeichnet somit diejenige Klasse von Fähigkeiten, sich selbst in einer Situation so oder so zu verhalten oder, mit anderen Worten, bestimmte Selbstverhältnisse in praktischen Spielräumen zu praktizieren. Es zeichnet sich als die folgende Schlussfolgerung ab: Wenn der praktische Spielraum als subjektphilosophisches Paradigma genommen wird, dann wird dabei Subjektivität (oder das Subjekt-sein) durch die Fähigkeiten vertreten, Selbstverhältnisse in materiellen und sozialen Situationen zu praktizieren.

Es ist nun an dieser Stelle wichtig, die wesentliche Relationalität zu betonen, die allen in praktischen Spielräumen involvierten Elementen zukommt. Ich rufe sie kurz in Erinnerung: Jedes der in praktischen Spielräumen involvierten Elemente ist durch die Relationen definiert, die es zu den weiteren involvierten Elementen verbindet und in praktischen Vollzügen aktiviert werden. Es erhellt somit: Auch wenn sich durch den Begriff des praktischen Selbstwissens ein Ansatz zur Subjektivität festmachen lässt, bleibt das praktische Selbstwissen, wie ich es konturiert habe, essenziell auf das Relationsganze bezogen, das die jeweiligen praktischen Spielräume ausmacht. In einem gewissen Sinne sind also Fähigkeiten des praktischen Selbstverhältnisses kein Besitz einer oder mehrerer Akteur:innen, sondern scheinen immer zunächst Fähigkeit eines praktischen Spielraums, einer Situation zu sein. Dies erscheint sowohl kontraintuitiv als auch kontraproduktiv: Folgt daraus also, dass die Fähigkeit zum Selbstverhältnis erst dem Relationsganzen einer materiellen und sozialen Situation zugeschrieben werden muss? Wurde im Endeffekt nichts gewonnen, was eine tragfähige Auffassung von Subjektivität betrifft, wenn Subjekte über eine Fähigkeit definiert werden, die ihnen letztlich gar nicht zuzukommen scheint?

Die Antwort auf diese Fragen, worauf ich bald eingehe, wird die Vor- und Nachteile sichtbarmachen, die mit der Konzeption einhergehen, die ich im Anschluss an Schelling und Heidegger gerade entwerfe. Denn einerseits ermöglicht die Entschärfung der starken Opposition zwischen Akteur:innen und materiellen Gegenständen und sozialen Praktiken, wie ich sie aufgrund der Relationalitätsthese konstruiert habe, auch den subjektphilosophisch internen Kontrast zwischen Subjektphilosophie und Naturalismus zu entschärfen. Dennoch andererseits macht dieselbe Relationalitätsthese es schwer, eine Art von Entitäten zu isolieren, die eindeutig als Subjekte identifiziert werden können.

Um diese Probleme genauer in den Fokus zu rücken, ziehe ich jetzt noch einmal die anfänglichen Fragen zur subjektphilosophischen Naturalismusdebatte in Betracht, wie sie teilweise beantwortet werden können und wie dann Subjektivität als Fähigkeit im Rahmen von praktischen Spielräumen zu begreifen ist. Dadurch lässt sich meine Konzeption auch einer ersten Überprüfung unterziehen. Ganz zu Beginn habe ich mit den Fragen angesetzt, was Subjektivität ist und wie über Subjektivität gesprochen werden sollte. Ich habe die Fragestellung in Bezug auf die Art und Weise weiterentwickelt, wie man im Allgemeinen über die Wirklichkeit und ihre Grundverfasstheit nachdenkt. Mit Schelling habe ich diese beiden Diskurse aus einer einheitlichen, metatheoretischen[23] Perspektive heraus betrach-

---

23 Eine metatheoretische Diskussion der Naturalismusfrage entwickelt auch Carleton B. Christensen (2008) mit spezifischerem Blick auf den naturwissenschaftlichen Diskurs.

tet, und dann einen Lösungsansatz entworfen: Die von Schelling übernommene Orientierung an der Praxis habe ich mithilfe von Heidegger durch den Begriff des praktischen Spielraums genauer bestimmt. Dieser Lösungsansatz muss jetzt auf die Probe gestellt werden, und zwar genau mit Blick auf die Probleme, die ich am Anfang dieses ersten Teils aufgemacht habe. Dadurch wird sich feststellen lassen, ob Subjektivität ausgehend von dem mit Schelling und Heidegger gewonnenen Standpunkt doch so aufgefasst werden kann, dass sich manche, dem subjektphilosophischen Diskurs inhärenten Probleme lösen lassen.

3.3.3 Erstpersonalität und Präreflexivität, Reprise und Kritik

Ich gehe also auf die Anfangsprobleme zurück. Den Grunddissens zwischen der Subjektphilosophie und dem Naturalismus als einer Art und Weise, die Grundstrukturen der Wirklichkeit aufzufassen, habe ich auf die begriffliche Entgegensetzung zwischen erster und dritter Person zurückgeführt. Diese ist zum wesentlichen Baustein der zeitgenössischen Reflexion über Subjektivität nicht zuletzt deshalb geworden, weil sie zu erlauben scheint, einschlägige Argumente gegen Reduktionismen verschiedener Art zu entwickeln. Neuerlich auch in weniger technisierten Milieus der philosophischen Reflexion angewendet, stammt die Unterscheidung zwischen erster und dritter Person hauptsächlich aus zwei Bereichen der analytischen Tradition, der Geistesphilosophie und der Sprachphilosophie. Man denke zum Beispiel an die etwas traditionellere Qualia-Debatte sowie an die Untersuchungen zur indexikalischen Selbstreferenz: In beiden Fällen werden die Besonderheiten stark gemacht, die in den Vordergrund treten, sobald auf Wissensformen reflektiert wird, die mit konstitutiver Selbstbezüglichkeit oder Subjektivität zu tun haben, sei es in Form der qualitativen Färbung meiner Erfahrung oder der Selbstreferenz meines propositionalen Selbstwissens. Die konstitutive Selbstbezüglichkeit erstpersonaler Wissensformen ist deshalb eigenartig, weil sie sich nicht restlos in diejenigen Wissensformen übersetzen zu lassen scheinen, die ohne konstitutive Selbstbezüglichkeit arbeiten. Dieser Argumentationsfaden wurde bis heute weitergesponnen, nicht nur in deutlich analytischen Kontexten (Baker 2013, Kriegel 2009, G. Strawson 2017a), sondern auch im Fall von breiter angelegten Ansätzen (Frank 2011, Zahavi 2005).

Der Begriff der ersten Person bezieht sich, wie erwähnt, auf Formen der Selbstbezugnahme und des wie auch immer gearteten Selbstbewusstseins, in Opposition zu Formen der Bezugnahme auf Anderes. So definiert, betrifft der Begriff der ersten Person oder des erstpersonalen Selbstbewusstseins Fälle von Wissen, bei denen zwischen Wissendem und Gewusstem ein Verhältnis notwendiger numerischer Identität besteht (z.B. Kriegel 2009: 20). Die Voraussetzung der numerischen

Identität von Wissendem und Gewusstem im erstpersonalen Selbstwissen kann als präreflexive Voraussetzung definiert werden: Sie gilt als logische Prämisse für jedes reflexive Selbstbewusstsein. Als notwendige, in andere Wissensformen unübersetzbare Voraussetzung jeglichen Selbstbewusstseins gilt die präreflexive Dimension der erstpersonalen Selbstvertrautheit als irreduzible Wissensform und schließt den Thesenzusammenhang ab (z.B. Zahavi 2005: 69). Die Betonung liegt dabei auf das Wissen, in dessen Kontext die numerische Identität von Wissendem und Gewusstem erst für den Begriff der ersten Person und für ihre Selbstvertrautheit bedeutungstragend wird und somit die Art der Bezugnahme und des epistemischen Zugangs bezeichnet. Ödipus besitzt ein Wissen darüber, dass es jemanden mit diesen und jenen Eigenschaften gibt, dessen Taten der Grund der Seuche in Theben sind, und er besitzt auch ein lokalisiertes Selbstwissen. Obwohl beide Erkenntnisse dasselbe Individuum betreffen, weiß Ödipus das für eine gewisse Zeit nicht: Die numerische Identität der beiden Elemente ist nicht Teil seiner Erkenntnis. Sie muss von Ödipus selbst erkannt (Nozick 1981: 72–73), für sich selbst gesetzt werden, ehe er sich die Augen aussticht.

Oft wird diese Art von Überlegung zur Irreduzibilität einer erstpersonalen Selbstvertrautheit von bestimmten Individuen im subjektphilosophischen Rahmen zu einem zweiten argumentativen Schritt weiterentwickelt. Die Irreduzibilität einer Wissensart wird als Grund zur Annahme einer bestimmten Art von Entitäten herangezogen: Vom erstpersonalen Wissen wird auf erstpersonale Fakten, Eigenschaften, Entitäten geschlossen. Beispiele dafür lassen sich sowohl traditioneller in der Geistesphilosophie Thomas Nagels (z.B. 1986: 54ff.) als auch neuerlich bei Galen Strawson (z.B. 2009: 272–273) ausmachen; eine problematisierende Stellungnahme, die den Schritt vom erstpersonalen Wissen zu erstpersonalen Fakten ablehnt, lässt sich bei John Perry wiederfinden (2002: 239; vgl. kritisch dazu aber Baker 2013: 49–56). Auf jeden Fall wird nicht nur die epistemische Irreduzibilität als Indiz für das eigentümliche Bestehen einer bestimmten Art von Entitäten genommen; diese bestimmte Art von Entitäten wird vielmehr auch als der eigentliche Gegenstand des erstpersonalen Wissens eingeführt. Ein Subjekt oder ein Selbst wird somit als das im erstpersonalen Selbstwissen erschlossene, erstpersonale Wesen aufgefasst.

Auf diese Art und Weise, durch den Schritt vom Wissen zum Wesen, lassen sich schematisch die Argumentationsstrategien definieren, die das Subjekt-sein oder die Subjektivität vor allem als Erstpersonal-sein oder Erstpersonalität sowohl im epistemischen als auch im ontologischen Sinne deuten: Eine Entität, die sich erstpersonal weiß, konstituiert sich zugleich solchen Ansätzen nach als ein erstpersonales Sein, als ein Selbst oder ein Subjekt. Dieses Wesen muss wiederum die begriffliche Entgegensetzung zum Drittpersonalen übernehmen, die auf der epistemischen Ebene festgemacht wurde, und bedingt somit die Kontroverse mit dem Naturalismus und ihre subjektphilosophische Problematik: Genauso wie der Begriff des erstpersonalen Selbstwissens nur im Rahmen seiner Unterscheidung vom Drittpersonalen aussagekräftig ist, so ist auch seine ontologische Interpretation als erstpersonales Sein nur in Opposition zu einem drittpersonalen Sein gehaltvoll.[24] Damit entsteht das Problem, erstpersonale und drittpersonale Fakten im Rahmen einer allgemeineren Auffassung der Wirklichkeit miteinander kompatibel zu machen, und sei es nur im Modus ihrer gegenseitigen Irreduzibilität. Aus subjektphilosophischer Perspektive betrachtet, liegt darin die Aufgabe, tragfähig zu schildern, wie erstpersonale Fakten in einer drittpersonalen Wirklichkeit bestehen können.

Somit komme ich nun auf die Vorteile, die mit der Konzeption einhergehen, die bisher entworfen wurde. Wenn das Subjekt-sein vom Standpunkt des praktischen Spielraums aus begriffen wird, dann wird sich die Subjektphilosophin nicht auf die These des erstpersonalen Seins verpflichten müssen: Sie wird denjenigen Aspekt des Subjektphilosophie hinter sich lassen können, der Subjektivität als außer- oder übernatürliches Merkmal begreift, ohne deshalb die erstpersonale Dimension des Selbstwissens aufgeben zu müssen. Um dies zu schildern, komme ich noch ein weiteres Mal auf Heidegger zurück. Wichtig ist für mich an dieser Stelle, weniger eine Interpretation von Heidegger zu entwickeln. Vielmehr interessiert mich, dass er seine Konzeption von Subjektivität auch von einem Begriff des erstpersonalen Seins entkoppelt. Seine Überlegungen veranschaulichen deshalb das Ziel meiner Diskussion.

Heideggers Ansatz, wie er in *Sein und Zeit* entwickelt wird, weist dem Begriff der Jemeinigkeit eine zentrale Funktion zu: Akteur:innen sind so zu denken, dass es in ihren praktischen Vollzügen immer um sie selbst geht, um ihr Handeln, um ihr Existieren in der Welt geht (um ihr je eigenes Sein, *GA* 2: 57). Die Wortwahl suggeriert, dass jeder praktische Vollzug durch einen erstpersonalen Verweis gekennzeichnet ist: Akteur:innen handeln um ihrer selbst willen und sich zu sich verhaltend. Die Konvergenz von Erstpersonalität und (praktischer) Selbstbezüglichkeit scheint auf den ersten Blick ziemlich unkontrovers lokalisieren zu können, an welchem Punkt der Argumentation sich bei Heidegger eine explizite und grundsätzliche Zuerkennung der fundamentalen Rolle von Subjektivität als erster Person wiederfinden sollte. Zwar stimmt nun die These, dass laut Heidegger jeder praktische Vollzug ein praktisches Selbstwissen mitenthält (3.2.3). Dennoch ist das praktische Selbstwissen, das in jedem praktischen Vollzug von den jeweiligen Akteur:innen operationalisiert wird, in dem Sinne erstpersonal, dass es den selbstbezüglichen Aspekt eines umfassenderen Know-how bezeichnet, das die Umgänge mit und in der Welt der Praxis voraussetzen. Das heißt, das praktische Selbstwissen

---

[24] Was allerdings als ontologisches Argument in Jean-Paul Sartres Augen galt (1943: 26ff).

ist nicht in dem Sinne erstpersonal, dass es *nur* die praktizierende Entität und ihre Selbstbezüglichkeit betrifft, und zwar unabhängig von den weiteren Bezügen praktischer Spielräume.

Diese Stellungnahme, wie ich sie in Heidegger lese, ist allerdings kontrovers und sie wird als eine solche selbst in der Heidegger-Forschung angesehen. Laut Steven Crowell ist eine derartige Auffassung nicht in der Lage, ein hinreichendes Verständnis von Erstpersonalität abzusichern und bedarf deshalb weiterer Kriterien: Die im Know-how enthaltene „praktische Identität", so drückt sich Crowell aus, besteht zunächst aus drittpersonalen Elementen, die ergänzungsbedürftig sind, und zwar mit Blick auf die Fähigkeit von Akteur:innen, sich selbst „unmittelbar, nicht-kriteriell und nicht-inferenziell" zu identifizieren (Crowell 2013: 177). Diese glaubt er in Heideggers Begriffen des Gewissens, der Angst und des Todes erkennen zu können, die als Zugänge zum Begriff eines verantwortlichen und authentischen Selbst (ibid. 179ff.) dargelegt werden. Diese Option von Crowell werde ich nicht ausführlich diskutieren – obwohl im vierten Kapitel der Arbeit eine alternative Interpretation der Angst entwickelt wird –, sie ist aber mindestens aus zwei Gründen problematisch: Erstens wird die interpretative Gegenüberstellung von einem nicht genuinen, bloß drittpersonalen zu einem genuin erstpersonalen Selbst von Heidegger selbst explizit zurückgewiesen (*GA* 24: 228). Zweitens laufen Heideggers Diskussionen von Gewissen, Angst und Tod zwar auf die Freilegung der Grundstruktur des Daseins als Zeitlichkeit hinaus, dies geschieht aber über Kategorien, die noch einmal zunächst dem begrifflichen Feld der Praxis angehören:[25] In erster Linie geht es dabei *nicht* um die nur epistemische Fähigkeit einer erstpersonalen (unmittelbaren, nichtkriteriellen, nicht-inferenziellen) Selbstidentifikation, sondern um eine Freiheitskonzeption, die Crowell dann in Abstraktion von angeblich drittpersonalen, praktischen Bezügen als genuin erstpersonal rückinterpretieren muss (Crowell 2013: 180–190).

Die Kontroverse ist hier nicht textexegetischer, sondern sachlicher Natur: Heideggers Analyse von praktischen Vollzügen zeigt eben, dass die im Vorfeld getroffene Annahme, *rein* erstpersonale von *rein* drittpersonalen Elementen unterscheiden zu müssen, im Feld der Praxis nicht unbedingt gültig ist. Das erstpersonale praktische Selbstwissen konstituiert sich nur in Relation zu drittpersonalen Aspekten und die drittpersonalen Aspekte werden so operationalisiert, dass sie nur im Zusammenhang mit einer Form von praktischem Selbstwissen gelten können. Das heißt, dass praktisches Selbstwissen keinen rein erstpersonellen Gegenstand haben muss: Im praktischen Selbstwissen wird nie

---

[25] Einen analogen Punkt macht auch Tucker McKinney (2017) gegen Dreyfus' Interpretation von Heideggers praktischer Intelligibilität als *mindless coping* stark.

nur ein Selbst erschlossen, sondern eine Situation – ein praktischer Spielraum eben –, in deren Kontext Selbstverhältnisse praktiziert werden.

Auf diese Art und Weise lässt sich argumentieren, dass die subjektphilosophische Reflexion auf die Annahme und entsprechende Opposition von erst- und drittpersonalen Fakten keinesfalls verpflichtet ist. Es fragt sich dennoch, ob die Unterscheidung zwischen Erst- und Drittpersonalem im gerade geschilderten Rahmen noch behalten oder eher preisgegeben wird: Denn in der Tat scheint sie sowohl zentrale Phänomene der subjektiven Erfahrung als auch begriffliche Prärequisiten verschiedener Arten von Wissen angemessen zu beschreiben. Nun denke ich, dass die Ablehnung einer Interpretation von Erst- und Drittpersonalem als Klassen von Wesen oder Eigenschaften keine Ablehnung der zwei Begriffe insgesamt impliziert. Ganz im Gegenteil: Sie ermöglicht, den zwei Begriffen ihren legitimen, zunächst epistemischen Anwendungsbereich zuzuerkennen, ohne ins Ontologische oder ins Metaphysische überzugreifen. Dementsprechend bezeichnen Erstpersonalität und Drittpersonalität diesem Ansatz nach lediglich epistemische Perspektiven auf die jeweiligen praktischen Spielräume. Erstpersonalität besagt anders gesagt nur so viel, dass im Rahmen eines situierten Know-hows auch selbstbezügliche Aspekte vorausgesetzt sind, die die Art und Weise betreffen, wie Akteur:innen sich in einer Situation jeweils verhalten. Ein solcher Begriff des praktischen Selbstwissens ist in der Lage, der konstitutiven Voraussetzung erstpersonaler Bezugnahmen Rechnung zu tragen: Die numerische Identität einer sozialen Akteurin ist kennzeichnend und relevant für praktisches Selbstwissen. Allerdings bedeutet das nicht, dass im praktischen Selbstwissen erstpersonale Fakten erschlossen und gesetzt werden: Denn die Akteurin weiß sich selbst praktisch im Rahmen eines dynamischen Relationsgefüges.

Diese Überlegungen positionieren sich gegenüber der aktuellen Subjektphilosophie kritisch (2.1). Der zentrale kritische Punkt, wie es nun klar sein sollte, betrifft im Grunde zwei Haupttheoreme: die Interpretation des Begriffs von Erstpersonalität in einem ontologischen oder metaphysischen Sinne und die Orientierung an einem Paradigma, das nicht auf Relationen den Fokus setzt. Die Umwege über Schellings Diskussion der Schwierigkeiten, Selbstbezüglichkeit als alleinstehendes Prinzip für die Auffassung von Subjektivität zu setzen, sowie über Heideggers Analyse praktischer Vollzüge haben die anfänglich angenommene Arbeitshypothese kritisch beleuchtet, einen Fokus auf den Begriff der Praxis suggeriert und im Einklang damit die These aufgestellt, dass Selbstbezüglichkeit nicht als nicht-relationales Merkmal von bestimmten Entitäten gedeutet werden kann, sondern als eine Fähigkeit, die intrinsisch durch Relationalität charakterisiert werden muss. Dies legt die Vermutung nahe – was subjektphilosophisch nicht unproblematisch ist, wie ich bald zeigen werde –, dass das Verhältnis zwischen

Selbstbezüglichem und Nicht-Selbstbezüglichem viel enger ist, als es in der Regel in der Subjektphilosophie interpretiert wird.

In der Tat ist eine Variante einer solchen Kritik dem subjektphilosophischen Diskurs schon bekannt. Dan Zahavi (1999: 42) hat bereits die subjektphilosophische Reflexion gegenüber der folgender Art von Vorwürfen verteidigt: Es ist unklar, wie ein so gedachtes Subjekt, ein Selbstbezügliches, in der Lage sein kann, sich auch auf Anderes als sich selbst zu beziehen, und das sowohl im erkenntnistheoretischen als auch im ethischen Sinne. Wenn Subjektivität sich in einer Art Selbstpräsenz erschöpft, es wird dann unklar, wie Alterität und ihre Bedeutung für die subjektive Erfahrung beleuchtet werden oder als bedeutungstragend gelten können. Dagegen argumentiert Zahavi, dass die Annahme einer „unvermittelten, impliziten, nicht-relationalen, nicht-vergegenständlichenden, nicht-begrifflichen, nicht-propositionalen" (Zahavi 1999: 33) Konzeption des Selbst keinesfalls ausschließt, dass der Alteritätsbezug wesentlich für Subjekte sei. Ganz im Gegenteil,

> [t]o speak of a pure self-manifestation is a falsifying abstraction [...], not because it is itself a form of object-manifestation, nor because it needs the confrontation with alterity in order to gain self-awareness, nor because the self-awareness in question is in any way mediated, but exactly because it is our self-transcending subjectivity which is self-aware. Self-awareness is not to be understood as a preoccupation with self that excludes or impedes the contact with transcendent being. On the contrary, subjectivity is essentially oriented and open toward that which it is not, and it is exactly in this openness, exposure, and vulnerability that it reveals itself. What is disclosed by the *cogito* is not an enclosed immanence, a pure interior self-presence, but an openness toward alterity, a movement of perpetual self-transcendence (Zahavi 1999: 199–200).

Auf den ersten Blick im Einklang mit der bisher konturierten Ansicht, bleibt dennoch eine solche Konzeption tatsächlich in dem Paradigma verschlossen, das ich kritisiert habe. Die Differenz lässt sich folgendermaßen knapp darstellen: Die These, dass Subjekte in einem Gefüge praktischer Relationen konstituiert sind, unterscheidet sich von der These, dass Subjekte sich von selbst heraus auf Anderes als sich beziehen. Nach Zahavi besteht die Pointe der präreflexiven Auffassung des Selbst nicht darin, dass ein rein Selbstbezügliches gesetzt wird, welches dann um die Dimension des Alteritätsbezugs ergänzt wird; sondern vielmehr darin, dass das Subjekt, „das sich zu dem öffnet, was es selbst nicht ist", durch eine präreflexive Selbstbezüglichkeit charakterisiert sein muss. Selbst angenommen, dass die von Zahavi eingeführte Differenzierung haltbar ist, gilt es trotzdem zu erwähnen: Die Merkmale, die der Textstelle nach eine monologische oder alteritätsfeindliche Auffassung des Selbst vermeiden würden, haben trotzdem ihren Grund eigentlich in dem Subjekt selbst. Zahavis Lösung entpuppt sich als eine Scheinverteidigung. Soweit die Entgegensetzung zwischen dem Selbst als alleinigem Konstitutionsort von Subjektivität und dem, worauf sich das Subjekt dann bezieht oder woraufhin es sich transzendiert, bestehen bleibt, bleibt meines Erachtens auch die Kluft bestehen, die die Subjektphilosophie mit dem Verdacht von Übernaturalismus oder Extranaturalismus verbindet.[26]

Allerdings zu argumentieren, dass Subjektivität in einem dynamischen Gefüge praktischer Relationen konstituiert ist, sucht nicht in einem Selbst den Grund seines Bezugs auf Anderes, und muss es auch nicht tun: Beides ist im selben Konstitutionsort angesiedelt und wird nach dem einen und selben Paradigma gefasst. Heidegger trifft den richtigen Punkt, wenn er bemerkt, dass das Dasein „draußen" in seiner Welt der Praxis ist. Wie er das formuliert: „Gewiß, der Schuster ist nicht der Schuh, und dennoch versteht er *sich* aus seinen Dingen, *sich*, sein Selbst" (*GA* 24: 227). Der Selbstbezug ist nicht in einer Art von Entität angelegt, hat nicht in einem im Voraus angenommenen Selbst seinen einzigen Grund, sondern findet dynamisch in praktischen Bezügen zu materiellen Gegenständen und handlungsorientierenden Normen statt. Analogisch aber aus dem selben Grund unterscheidet sich meine Position auch von der Lynne Rudder Bakers (2013), die Subjektivität als Fähigkeit oder Disposition zum erstpersonalen Selbstbezug konzeptualisiert (sie bezeichnet allerdings ihre Auffassung kohärent und kompromisslos als supernaturalistisch). Denn zwar ist praktisches Selbstwissen, wie ich es verstehe, eine Fähigkeit; dennoch besteht die Pointe des Arguments darin, nicht allein auf den Fähigkeitsbegriff den Fokus zu legen, sondern auf den relationalen und dynamischen Aspekt.

Etwas plakativ zusammengefasst: Es gibt kein Selbst, das Zigaretten raucht und Notizen aufschreibt, sondern Vollzüge Zigarettenrauchen und Notizenaufschreiben, in denen sich Selbstverhältnisse bilden und praktisches Selbstwissen jeweils instituiert und operationalisiert wird. Die Diskussion der Debatte um Naturalismus und Erstpersonalität hat die Vorteile dieser Konzeption gezeigt: Die Orientierung an dem praktischen Spielraum als ihrer Grundlage vermag die Differenz von erster und dritter Person als rein epistemische Perspektivierung auf praktische Bezüge zu fassen, ohne sie ontologisch oder metaphysisch interpretieren zu müssen.[27]

---

[26] Dieses Problem wird allerdings brisanter, wenn man bedenkt, dass das begriffliche Verhältnis zwischen Selbstbezug und Alteritätsbezug zwar gesetzt, aber nicht erläutert oder begründet wird.
[27] In dieser Hinsicht unterscheidet sich mein Vorschlag auch von der neuerlich wiederaufgegriffenen Option des Panpsychismus, laut der das Mentale oder mentale qua erstpersonale Eigenschaften oder Fakten als identisch mit nicht-mentalen oder drittpersonalen Eigenschaften oder Fakten gesetzt werden müssen (vgl. für eher spekulative Versionen Chalmers 2017, Strawson 2017a; empirischer angelegt verteidigen auch Hutton & Myin 2013 aus enaktivistischer Perspektive die Identität von Subjektivem und Objektivem als subjektphilosophische Grundlage). Ich kann die panpsychistische Option, selbst in ihren enaktivistischen Form nicht ausführlich besprechen. Es

Dies vermeidet eben die Probleme, die selbst aus subjektphilosophischer Perspektive durch die Einführung einer Kluft zwischen Geist und Welt als zwischen erstpersonalen und drittpersonalen Fakten zustande kommen (2.1.5).

Eine solche Auffassung von Subjektivität bringt aber auch Nachteile mit sich. Es wird nämlich schwierig, der Aussage Rechnung zu tragen, ich zitiere noch einmal Heidegger hier als Beispiel, dass der Schuster nicht der Schuh ist: Wenn Subjektivität nicht im Selbst angesiedelt ist, sondern in einem situationellen Ganzen, es leuchtet nicht ein, aus welchem Grund genau der Schuster nicht der Schuh sein sollte. In der Tat behaupte ich etwas wie: Der Schuster ist der Schuh. Trotzdem muss er sich vom Schuh unterscheiden lassen können. Mit dieser Frage schließe ich im Folgenden diesen ersten Untersuchungsteil ab und bereite den Boden für den zweiten vor.

3.4 Offene Probleme

Ich habe diesen Untersuchungsteil mit der Frage eröffnet: Was ist ein Subjekt? Bis hierher lautet die Antwort: Erst eine soziale Akteurin stellt etwas wie ein Subjekt dar. Allerdings ist aber ihr Subjekt-sein, ihre Subjektivität, nicht in der Akteurin selbst, oder etwa ihrer Agency, sondern in der Fähigkeit angelegt, Selbstverhältnissen in praktischen Spielräumen zu bilden. Die Konsequenzen einer solchen Definition sind für die subjektphilosophische Reflexion nicht neutral, und zwar in dem Maße, dass diese Fähigkeit als eine wesentlich durch praktische Relationen konstituierte gefasst wird. Das scheint die Vermutung nahezulegen, dass nur das Ganze von dynamischen Situationen dasjenige ist, was mit Recht als Subjektivität bezeichnet werden darf: Subjektivität ist nicht im Selbst, im Ich, in der Person, in der sozialen Akteurin zu finden, sondern in ihrer Welt. Die bisherige Diskussion würde somit ein kontraproduktives Resultat ergeben. Beim Versuch, jenseits von einerseits Subjekt-Objekt- und andererseits Präreflexivitätsmodellen einen dritten Weg

---

liegt aber die Vermutung nahe, dass sie eine gewisse Verwandtschaft mit Schellings Position der dynamischen Identität von Subjekt und Objekt hat, obwohl Schelling selbst im *System des transzendentalen Idealismus* den Panpsychismus ablehnt (*AA* I/9,1: 309). Selbst wenn sie als dynamische Einheit gefasst wird, möchte ich einen derartigen Ansatz als durch Heidegger weitervermittelt betrachten, und zwar in dem Sinne, dass die Sozialität des Objektiven im Begriff des praktischen Spielraums definitorisch mitenthalten ist. Auf jeden Fall sehe ich den Praxisbezug für meine Position entscheidend: Dies verschiebt insgesamt die Termini der subjektphilosophischen Reflexion. Was das konkret bedeutet, wird aber erst am Ende der Untersuchung klar (6).

für die subjektphilosophische Reflexion aufzuschlagen, wäre die Untersuchung in den Selbstwiderspruch geraten, Subjektivität in a-subjektive Relationen aufgehen zu lassen. Nun weder vertrete ich noch möchte ich diese Ansicht vertreten. Die Lösung für das anscheinend paradoxe Ergebnis lässt sich vorläufig durch eine Präzisierung der dahinterstehenden Frage vorwegnehmen.

Vom Standpunkt der Philosophien der ersten Person lässt sich das Problem so formulieren: Praktisches Selbstwissen als Fähigkeit, Selbstverhältnisse in praktischen Spielräumen zu bilden, kann zwar Selbstbezüglichkeit im Kontext einer Situation vertreten, dies geschieht aber so, dass dabei die Identität von Wissendem und Gewusstem nur in Relation zu Drittpersonalem gedacht wird. Mit anderen Worten gesagt: Die praktische Identität einer Akteurin schließt immer Weltliches mit ein. Sie isoliert kein Subjekt beziehungsweise liefert kein begriffliches Kriterium für die Identifikation eines Subjekts als Wesen ab, weil sie kein Kriterium für die Differenzierung zwischen Subjekt und (nicht subjektmäßigen Elementen der) Welt der Praxis absichert, falls es auf die ontologische Interpretation des Erstpersonalen verzichtet wird. In Bezug auf diese Kritik gibt es nun zwei Möglichkeiten, um weiter zu verfahren. Entweder muss das Projekt aufgegeben werden, Subjektivität allein von praktischen Geschehen aus begreifen zu wollen, da sich darin keine sicheren Kriterien konturieren lassen, um Subjekte von ihrer Welt zu isolieren; oder sucht man ein Kriterium für die Subjekt-Welt-Differenzierung in weiteren Begriffen als in der ontologischen Interpretation und Entgegensetzung von erster und dritter Person, und zwar in solchen, die im Rahmen der hier vertretenen Konzeption begründet werden können.

Selbstverständlich plädiere ich für die zweite Option. Es fragt sich, wie eine solche Umschreibung der Kriterien für die Identifikation von Subjektivität aussehen könnte. Es wurde gesagt: Eine Akteurin weiß sich selbst praktisch nie alleine, sondern nur in Bündeln von Relationen, zum Beispiel als rauchende Person im Umgang mit Zigaretten nach bestimmten Gesten und Regeln. Selbst ohne eine explizit in Propositionen oder Begriffen artikulierten, thematisch aufmerksamen Reflexion, enthält in der Regel das praktische Selbstwissen einer solchen Akteurin auch, dass sie nicht mit der Zigarette identisch ist, die sie gerade anzündet: Sie zündet die Zigarette, nicht sich selbst an. Eine Erklärung muss also noch für dieses Phänomen abgeliefert werden, dass eine soziale Akteurin in ihrer Praxis sich selbst so weiß, dass sie mit ihren Gegenständen und mit den in sozialen Praktiken enthaltenen Handlungsorientierungen nicht zusammenfällt, ohne auf Modelle der ersten Person zu rekurrieren. Der hier vertretene Ansatz muss einen Differenzierungsgrund zwischen dem, was durch Subjektivität charakterisiert ist, und dem, was nicht durch Subjektivität charakterisiert ist, also ein Kriterium für die Differenzierung zwischen Subjekt und (nicht subjektmäßigen Elementen der) Welt der Praxis nachweisen können. Kann mein Ansatz einen solchen Differenzierungsgrund oder ein solches Kriterium nicht nachweisen, so bleibt er grundsätzlich misslungen.

Das Desideratum, so formuliert, enthält zwei Seiten, die zwei Leitproblemen entsprechen. Zum einen muss erklärt werden, wie bei jedem praktischen Vollzug eine Akteurin sich von dem unterscheidet, was sie selbst nicht ist, beziehungsweise, wie im praktischen Selbstwissen auch eine Selbstdifferenzierung von den weiteren Elementen der Welt der Praxis vollzogen werden kann. Darüber hinaus stellt sich zweitens die Frage, was einen solchen Unterscheidungsgrund nicht nur aus erstpersonaler Perspektive, sondern auf der Ebene des begrifflichen Verständnisses von Subjektivität absichern kann. Mit anderen Worten muss es explizit gemacht werden, was die Akteurin als selbstverhältnisfähige Entität im Rahmen von praktischen Bezügen auszeichnet und somit als Kriterium für die Definition und Identifikation von Subjekten gegenüber anderen Arten von Entitäten gelten kann.

Die zweite Frage lässt sich fernerhin so perspektivieren, dass sie unmittelbar mit dem Grundproblem der Untersuchung im Einklang steht. Subjekte sind dem hier vertretenen Ansatz nach wesentlich mit der jeweiligen Praxis verbunden, mit der sie sich beschäftigen: Es gibt Raucher:innen und Leser:innen. Erklärungsbedürftig ist in diesem Kontext, dass bei der Umfunktionierung der praktischen Relationen zwischen Gegenständen, Handlungen, sozialen Praktiken, usw. dieselbe Akteurin sich als Raucherin und als Leserin zu sich selbst verhält, vielleicht im selben oder in verschiedenen Momenten. Dieses Desideratum steht im Zusammenhang mit dem zweiten Aspekt, den ich gerade genannt habe. Denn nach einem begrifflichen Kriterium für die Definition und Identifikation von Subjekten zu fragen, besagt eben, was ermöglicht, dass ein Subjekt identifiziert werden kann. Es ist nun durchaus möglich, diese Frage negativ zu beantworten, wie manche Denker:innen es tatsächlich tun, beispielsweise nach dem folgenden Argument: Die ontologische Interpretation von erstpersonaler Selbstbezüglichkeit sichert kein begriffliches Kriterium ab, um über die transtemporäre Identität verschiedener Tokens von erstpersonalem Selbstwissen ein Urteil zu treffen, und ein solches Kriterium müsste dementsprechend in einem anderen als im Begriff der ersten Person gesucht werden. Diese und ähnliche Positionen sind im nächsten Untersuchungsteil zu diskutieren. An dieser Stelle ist aber nur wichtig zu betonen, dass die Frage nach dem begrifflichen Kriterium für die Identifikation von Subjekten in praktischen Spielräumen als die Frage der Identität von Subjekten im Kontext verschiedener praktischer Bezüge zu verstehen ist. Knapp formuliert: Wie kann die hier vertretene Auffassung die *Identität* des Subjekts durch die Verschiedenheit praktischer Bezüge hindurch begründen? Besonders brisant wird dieses Problem mit Blick auf die transtemporäre Dimension, was in der subjektphilosophischen Reflexion, aber auch allgemeiner in der Philosophie des Geistes, als Frage der Identität von geistigen Wesen über die Zeit gilt.

Im Folgenden müssen also die gerade angesprochenen Probleme eine Lösung finden. Unter der Voraussetzung, dass ich auf die ontologische Interpretation von Erstpersonalität verzichte, es muss also im zweiten Untersuchungsteil begründet werden: dass praktisches Selbstwissen eine Selbstdifferenzierung ermöglicht; dass ein Kriterium für die begriffliche Identifikation von Subjekten gegenüber nicht subjektmäßigen Entitäten der Welt der Praxis gefunden werden kann und wie dieses aussieht; dass dieses Kriterium auch eine Grundlage dafür anbietet, die transtemporäre Identität von Subjektiven aufzufassen.

Zweiter Teil: **Die Konstitution von Subjektivität als Geschichtlichkeit**

4 Die Prozessualität des Subjekts

Im ersten Teil der Untersuchung wurde die Grundlage für die Arbeit gelegt. Ich komme nun zum Hauptanliegen der Arbeit: Das Subjekt-sein muss als Geschichtlich-sein gefasst werden. Die Argumentation für diese These gliedert sich in zwei Schritte, die genauso wie im ersten Teil an Schelling und an Heidegger und an ihrer Reaktualisierung orientiert sind. Inhaltlich gesprochen fokussiere ich mich in jedem Kapitel auf einen Begriff: einmal auf das Prozessual-sein (4) und schließlich auf das Geschichtlich-sein (5) von Subjekten.

Zunächst werde ich den Leitfaden der Untersuchung wiederaufgreifen und mit den Hauptfragen dieses zweiten Teils in Beziehung setzen (4.1). Im Anschluss daran werde ich mich auf Schellings Auffassung des Ich als Prozessualität fokussieren: Nach einigen Vorbemerkungen zu Schellings Methode im *System des transzendentalen Idealismus*, das hier hauptsächlich berücksichtigte Werk, und nach der kritischen Diskussion einer bestimmten Lesart des *Systems* (4.2), wende ich mich der Interpretation von Schellings Zeitbegriff zu (4.3). Dabei werde ich zeigen, dass Schellings Zeitbegriff oder seiner Auffassung des Ich als Zeitlich-sein oder Zeitlichkeit richtig gesehen einem Begriff der Prozessualität oder des Prozessual-seins gleichkommt.

4.1 Geschichtlichkeit als Fragestellung

Am besten lässt sich die Grundfrage dieser zwei Kapitel der Arbeit dadurch in Erinnerung rufen, dass das wesentliche Desideratum der Subjektphilosophie noch einmal explizit gemacht wird. Ihre selbstgesetzte Aufgabe besteht darin, ein Verständnis derjenigen Wesen zu entwickeln, deren Existenz, Persistieren, Lebensführung dadurch charakterisiert sind, dass solche Wesen sich zu sich selbst verhalten. Der hiermit implizierte Fokus auf die Zeitdimension im Sinne einer Erstreckung ist nicht zufällig. Denn in der Tat scheinen diejenigen Entitäten, die als Subjekte bezeichnet werden, in den meisten Fällen die folgende Erfahrung zu teilen und für sich zu beanspruchen: Sie haben eine Lebensgeschichte oder, besser noch: Sie existieren als eine Lebensgeschichte und glauben, zumindest teilweise, die jeweils eigene Lebensgeschichte zu sein.

Dieses Charakteristikum verstehe ich in einem robusten und umfassenden Sinne. Subjekte scheinen sich derart zu verstehen, dass sie nicht nur darüber berichten, was sie innerhalb einer bestimmten, zeitlich begrenzten Aufmerksamkeitsspanne fühlen, wahrnehmen, denken. Zu dem Selbstverständnis solcher Entitäten gehören auch vergangene Ereignisse, die ihnen zugestoßen sind, ebenso wie die eigenen Handlungen, Pläne und Zukunftsvorstellungen, die wiederum angestrebt, bedauert oder bereut werden können. Subjekte verstehen sich selbst derart, dass sie sich dabei auf die Vergangenheit und die Zukunft beziehen. Und fernerhin nicht nur verstehen sich Subjekte anhand und mithilfe ihrer Vergangenheit und ihrer Zukunft, sie sind vielmehr in einem bestimmten Sinn ihre Vergangenheit und ihre Zukunft: Teils ist eine Person das, was sie erlebt hat, genauso wie das, was sie aus sich selbst machen möchte.

Nun taucht hier aber eine begriffliche Opposition auf. Denn nicht nur scheint Selbstbezüglichkeit auf den ersten Blick keinen unmittelbaren begrifflichen Bezug auf die Zeitdimension oder sogar auf das Persistieren derjenigen Entität zu haben, die durch Selbstbezüglichkeit charakterisiert ist (Longuenesse 2017: 140ff.). Vielmehr scheint auch die Gewissheit eines gegenwärtigen Selbstbewusstseins in Unbestimmtheit aufzugehen, sobald sie um die Zeitdimension ergänzt wird: Erinnerungen können täuschen und Pläne können scheitern. Dies formuliert Edmund Husserl plakativ in den *Cartesianischen Meditationen* durch die Aussage, dass bei der Selbsterfahrung eines Subjekts Adäquation und Apodiktizität einer Evidenz nicht Hand in der Hand gehen müssen (*HUA* 1: 62). Sicher ist, dass ein Individuum sich in Bezug auf sich selbst an dieses und jenes erinnert und dieses und jenes plant; weniger sicher ist, ob dies auch der je individuellen Lebensgeschichte adäquat entspricht oder entsprechen wird – freilich aus Gründen, die sehr unterschiedlich sein können. Dass und wie sich Subjekte als zeitlich erstreckte Entitäten – Prozesse oder Geschichten – erfahren und konstituieren, ist also keine Selbstverständlichkeit.

Wie sieht das nun aus dem Standpunkt der Subjektphilosophie aus? Prozessualität oder Geschichtlichkeit werden erst dann subjektphilosophisch ausbuchstabiert, wenn Subjekte nicht lediglich als Prozesse oder Zeitspannen gedeutet werden, sondern wenn umgekehrt auch das Prozessual- und Geschichtlich-sein als das Prozessual- und Geschichtlich-sein von Entitäten bestimmt wird, die durch ihre definitorische Selbstbezüglichkeit aufgefasst werden. Konkreter gesagt, können einem Stein, einem Stuhl, einer Pflanze oder einer Statue zwar Prozessualität und Geschichtlichkeit zugeschrieben werden, aber auf eine unterschiedliche Art und Weise, wie sie Subjekten zugeschrieben werden können. Denn, intuitiv und minimal gesagt, Subjekte scheinen Stellungnahmen zum eigenen Werden einbeziehen zu können: Sie reflektieren darüber, welche Erfahrungen sie in ihrem Leben gemacht haben, welche Entscheidungen sie treffen sollen, um gewisse Ziele zu erreichen, sie fühlen sich frei oder auch gedrängt in Bezug auf das, was ihnen zugestoßen ist und was sie unternommen haben.

Die gerade erwähnte begriffliche Verflechtung von Geschichtlichkeit und Subjektivität beinhaltet eine doppelte Spannung. Erstens schließt sie die Schwierigkeit mit ein, dass die Lebensgeschichtlichkeit von Subjekten sowohl die transtemporäre Persistenz einer Entität als auch ihre Selbstbezüglichkeit betrifft. Es geht, anders gesagt, um die bekannte Frage der Identität von Personen in der Zeit. Zweitens sind aber Geschichten nicht nur Reihenfolgen von Momenten oder Ereignissen nach Sukzessionsrelationen. In der Regel spricht man von Geschichten, wenn verschiedene Ereignisse in einem diachronischen Bestimmungszusammenhang miteinander stehen. In Geschichten bedingen bestimmte, in der Regel frühere Ereignisse andere, in der Regel spätere Ereignisse. Geschichtliche Verhältnisse sind daher Bestimmungsverhältnisse. Zugleich aber scheinen Subjekte auf eine solche Weise lebensgeschichtlich zu existieren, dass sie in Bezug auf den Verlauf ihrer Existenz eine Steuerungsfähigkeit besitzen: Sie beanspruchen, wie bereits erwähnt, Stellungnahmen zu ihrem eigenen Werden einbeziehen zu können. Die Spannung zwischen Bestimmt-sein und, wie ich sie jetzt bezeichnet habe, Steuerungsfähigkeit stellt einen zweiten problematischen Aspekt dar, der im Mittelpunkt eines philosophischen Verständnisses der Geschichtlichkeit von Subjekten steht. Es geht dabei um die interne Artikulation oder Gliederung, durch die das geschichtliche Geschehen charakterisiert ist.

Ich möchte nun die zwei gerade genannten Probleme zuspitzen. Die Frage der Identität von Personen über die Zeit lässt sich genauer als Frage der Identität von ersten Personen in der Zeit fassen. Erstpersonalität habe ich schon als ein Charakteristikum bestimmter Wissensformen erläutert (und ihrer metaphysischen oder ontologischen Interpretation nach kritisiert, vgl. 2). Die konstitutive Selbstbezüglichkeit bestimmter Wissensformen – und dementsprechend die Fähigkeit, diese zu vollziehen oder zu besitzen – zieht aber weitere Schwierigkeiten nach sich.

Entitäten können vom Standpunkt ihrer Identität gefasst werden. Je nach Art der Entität können die Kriterien variieren, mit denen über ihre Identität geurteilt wird. Um festzustellen, ob zwei Zahlen, zwei Theorien, zwei Laptops, zwei Softwares, zwei Tische, zwei Wahrnehmungen identisch sind, müssen unterschiedliche Identitätskriterien in Anschlag gebracht werden. Erweitert werden kann die Frage so, dass dabei der Fokus auf die Identität von zwei Entitäten in verschiedenen Zeitmomenten gelegt wird. In diesem Rahmen können Personen auch als Entitäten gefasst werden, in Bezug auf welche die Frage der Identität und ihrer Kriterien angesichts verschiedener Zeitmomente gestellt werden kann. Man kann sich zum Beispiel fragen, welche Kriterien zu beachten sind, um festzustellen, dass dieselbe Person, Charles-Maurice de Talleyrand-Périgord, zu verschiedenen Zeitpunkten für das *Ancien Régime*, für die Französische Revolution, für Napoleon und für die Restauration gearbeitet hat. Damit ist aber noch nicht die Frage aufgeworfen, wie Talleyrand sich als transtemporär mit sich selbst identisch wissen kann. Wenn dieses Merkmal mitberücksichtigt wird, muss die Frage auch umgedacht werden. Es fragt sich nämlich, welche Identitätskriterien anzuwenden sind, wenn festgestellt werden soll, dass Talleyrand als erste Person, als Selbst oder als Subjekt in der Zeit mit sich identisch ist. Anders gefragt: Wodurch ist gesichert, dass

Talleyrand sich selbst als dieselbe Person weiß, die zu verschiedenen Zeitpunkten für das *Ancien Régime*, die Französische Revolution, Napoleon und die Restauration gearbeitet hat?

Eine traditionelle Antwort orientiert sich in diesem Rahmen am Gedächtnisbegriff (vgl. z.B. Perry 2002: 120–121). Die Kriterien für die Identität des Subjekts werden dadurch gegeben, dass eine gedächtnisfähige Entität sich selbst präsent ist und sich an einen früheren Zustand seiner selbst erinnern kann oder erinnert. Eine derartige Konzeption impliziert eine Reihe von Problemen, die von der Art der Beziehung, die eine Erinnerung darstellt (ob sie eine Identität oder eine Quasi-Identität ist), bis zu ihrem Inhalt reichen (ob Erinnerung bloß psychologisch oder anders zu deuten sei). Noch problematischer scheint aber, dass Gedächtnis oder Erinnerung als mögliche Erläuterungen oder Beschreibungen der transtemporären Identität eines Selbst gelten können. Es scheint vielmehr, dass die Orientierung an der Erinnerung oder am Gedächtnis voraussetzt, dass ein Selbst, ehe es sich an die eigenen Erlebnisse erinnern kann, als erinnerbare Lebensgeschichte bereits konstituiert ist. Die Frage der transtemporären Identität eines Selbst verweist aus der Perspektive der Erinnerung auf die Frage der Geschichtlichkeit von Subjektivität, wie ich sie anhand des gedoppelten Bezugs auf ein Geschehen und auf das Selbstverhältnis dieses Geschehens formuliert habe.

Noch deutlicher wird die Problematik, die sich aus der Fokussierung auf das Gedächtnis ergibt, sobald die Bedingungen hinterfragt werden, unter denen das Erinnerungsvermögen als Grundlage für die transtemporäre Identität eines Selbst gelten kann. Erinnerungen können nur dann als eine solche Basis angesehen werden, wenn sie eine Kontinuitätsvoraussetzung erfüllen: Zwischen dem personalen Zustand, in dem die Person sich an einen früheren Zustand ihrer selbst erinnert, und dem Zustand, an den sich die Person dabei erinnert, muss eine Kette von ununterbrochenen Bestimmungsverhältnissen vorliegen (vgl. z.B. Parfit 1984). Die Bestimmungsvoraussetzung wird häufig als ein Kausalitätskriterium gefasst. An dieser Stelle lässt sich hervorheben, dass Kausalität als Bestimmungskriterium sich in der Regel auf Drittpersonales bezieht oder zumindest gegenüber der Unterscheidung erstpersonal/drittpersonal indifferent ist (Campbell 2011). Die epistemische Dimension der ersten Person ist aber für das Verständnis von Subjekten essenziell. Somit wird eine besondere argumentative Lücke sichtbar: Kontinuitäts- oder Kausalitätsbezüge sind entweder drittpersonal oder, zumindest um des Arguments willen, zunächst weder drittpersonal noch erstpersonal. Das Explanans einer durch Kontinuität oder Kausalität gestifteten Erinnerung betrifft sein Explanandum, die transtemporäre Identität eines Selbst, nicht unmittelbar.

Von genau derselben Erklärungslücke ist auch eine weitere Art von Ansätzen betroffen, nämlich diejenigen, die sich am Begriff der Narration orientieren. Alasdair MacIntyre (1981) hat bekannterweise narrative Auffassungen des Selbst durch das synthetische Prinzip zum Ausdruck gebracht, gemäß dem Narration die Einheit der menschlichen Existenz ausmacht. Dieser Fokus auf Erzählungen (von einer oder über eine Person) kann verschiedenartig aufgefasst werden. Narrationen können beispielsweise als restlose Erklärungen für die Einheit genommen werden, die eine Person oder ein Selbst konstituiert. In diesem Fall lässt sich von einer Art von Reduktion des Selbst auf Narrationen sprechen (z.B. Dennett 2013). Zugleich sind aber nicht alle an Narration angelegten Ansätze reduktionistisch in Bezug auf Subjektivität. Paul Ricœurs Philosophie (1990) kann in dieser Hinsicht als ein integratives Modell verstanden werden, das Narration als notwendige Ergänzung einer Theorie der Selbst heranzieht, ohne deshalb Subjektivität darauf zurückzuführen. Auf den ersten Blick erscheint der Fokus auf Narration als vielversprechend, um die lebensgeschichtliche Dimension des Selbst zu thematisieren: Autobiographisches Erzählen ist eine Praxis der Selbstbezugnahme im narrativen Modus. Wenn Erzählen den Vollzug von narrativen Praktiken bedeutet, so ist damit nicht nur das Erzählte, sondern auch die Tätigkeit des Erzählens selbst gemeint: sowohl die narrative Wiedergabe von etwas als auch dieses etwas als narrative Tätigkeit.

Bedauerlicherweise ist die Lage aber etwas komplizierter (vgl. Strawson 2004; Zahavi 2007). Obwohl ich in der Untersuchung ein hermeneutisches Verständnis von Subjektivität vorschlage, das narrativistischen Ansätzen affin ist und stark von Arthur Dantos Epistemologie narrativer Sätze beeinflusst ist, gilt es an dieser Stelle nichtsdestoweniger die Kritik der narrativistischen Ansätze stärker zu machen. Denn diese lässt die Gründe hervortreten, aus denen der Begriff der Narration nicht unmittelbar als subjektphilosophische Grundlage dienen kann – trotz seines Versprechens, der Lebensgeschichtlichkeit menschlicher Existenz Rechnung zu tragen. Das Problem mit der Narration besteht darin, dass sie für sich genommen keinen Verweis auf Erstpersonalität beinhaltet, wie im Fall von Kausalitäts- oder Kontinuitätsverhältnissen. Somit muss jede Auffassung von Subjektivität, die nicht reduktionistisch verfährt, zur Narration als ihrem Explanans noch etwas hinzufügen, um Erstpersonalität miteinbeziehen zu können.

Es fragt sich nun, ob die Perspektivierung günstiger wird, wenn sie nicht aus dem Standpunkt der zeitlichen Erstreckung, sondern der Selbstbezüglichkeit einer Person oder eines Subjekts entworfen wird. Eine symmetrische Schwierigkeit entsteht aber auch in diesem Fall. Der Begriff der ersten Person verweist in der Regel auf eine Dimension der zunächst kognitiven Selbstbezüglichkeit von selbstbewussten Individuen. Zur Diskussion steht, ob und inwiefern die Orientierung an der so gefassten ersten Person die begrifflichen Mittel zur Verfügung stellt, um Lebensgeschichtlichkeit als transtemporäre Persistenz ins Auge zu fassen. Ein Zeitbegriff, der sich aus der ersten Person ableiten lässt oder mit ihr kompatibel ist, macht den Hintergrund solcher Versuche aus: Das Selbst wird als die mehr oder weniger breite Zeitspanne einer kognitiven Selbstaufmerksamkeit erklärt, aus der sich die Komplexität von lebensgeschichtlichen Bezügen entwickeln lassen soll. Der selbstbewusste Kern von Subjektivität wird einer zeitlichen Interpretation unterzogen und als eine Gegenwart gefasst, in der die kognitive Selbstaufmerksamkeit verwurzelt ist. Solche Gegenwart wird dann je nach Modellen begrenzt (im eigentlichen Sinne ist ein Selbst nur diese Gegenwart, vgl. Strawson 2017b) oder erweitert („width of presence", Zahavi 2012). Auf jeden Fall antizipierend und erinnernd breitet sich die kognitive Selbstpräsenz in die Vergangenheit und in die Zukunft aus.

Dadurch tritt der Fokus auf Geschichtlichkeit oder Lebensgeschichtlichkeit dennoch in den Hintergrund: Er wird zwar als Explanandum angesehen, sei es im Sinne einer Integration oder einer Reduktion, aber kaum als Definiens von Subjektivität. Grund dafür ist, dass der Begriff der ersten Person gegenüber der Geschichtlichkeit menschlicher Existenz zunächst indifferent ist, so wie auf symmetrische Weise Kontinuität und Narration gegenüber der ersten Person indifferent sind. Die Frage der transtemporären Identität der ersten Person deckt somit eine begriffliche Lücke auf.

Dieser ersten Reihe von Fragen folgt, wie bereits erwähnt, nun eine zweite, die das Prinzip der geschichtlichen Artikulation selbst betreffen. In Bezug auf die Aufnahmefähigkeit von subjektphilosophischen Paradigmen sind nicht nur die Beziehungen zwischen den Begriffen des Selbst, der Geschichte und der Zeit bedeutungstragend, sondern auch der Inhalt, der dem geschichtlichen Existieren zuerkannt wird. In den drei oben genannten Modellen – Kontinuität, Narration, Erstpersonalität – fungiert der Zeitbegriff meistens als ein Prinzip für die Auffassung der geschichtlichen Artikulation. Geschichtlichkeit wird im Grunde als Zeitlichkeit begriffen. Ein Individuum existiert geschichtlich oder lebensgeschichtlich, insofern es zeitlich verfasst ist oder nicht. Selbst davon abgesehen, dass der Zeitbegriff nicht nur auf Probleme der Subjektphilosophie oder der Philosophie der ersten Person bezogen ist, sondern auf metaphysische Fragen verweist, deren Diskussion kaum ignoriert werden kann (vgl. Krämer 2014), drängt sich ein präziseres Problem auf: Es ist nämlich unklar, ob Zeitbezüge die geschichtlichen und lebensgeschichtlichen Bezüge und ihre Funktionsweise restlos erschöpfen können.

Zeitbezüge können etwa generell so bestimmt werden, dass sie Sukzession und Irreversibilität beinhalten und durch sie definiert sind. Dennoch impliziert eine Geschichte – sowohl im Sinne eines Geschehens als auch einer narrativen Auffassung desselben – noch etwas Weiteres. Diese Vermutung wird gerade von den eben angesprochenen Modellen der Kontinuität/Kausalität nahegelegt, wenn auch auf eher auf implizite Art. Wenn Kontinuität als Bestimmungsverhältnis zwischen verschiedenen Zeitmomenten und Kausalität als Bedingung für den Nachweis der transtemporären Identität einer Person eingeführt werden, dann steht mehr auf dem Spiel als eine irreversible Sukzession. Es geht nämlich darum, dass etwas der

Grund für etwas Nachkommendes ist. Explizit artikuliert wird das im Rahmen narrativer Modelle. Erzählungen beziehen Vergangenes, Gegenwärtiges und Zukünftiges aufeinander: Narrative Praktiken werden oft im Alltag als Begründungsverfahren angewendet, um Handlungen, Motive, Pläne zu rechtfertigen. Es stellt sich also die Frage, ob der Begriff von Zeitreihe von sich aus in der Lage ist, denjenigen Aspekten Rechnung zu tragen, die für die Konstitution von Geschehen und Geschichten unabdingbar sind, sprich das, was sich vorläufig als Bestimmungsverhältnisse zwischen verschiedenen Ereignissen bezeichnen lässt.

Noch brisanter und offenkundiger wird aber die Kluft zwischen an Zeit orientierten Ansätzen und der Frage der Geschichtlichkeit von Subjektivität, wenn der Bereich der Praxis herangezogen wird – der Bereich also, in welchem die Perspektivierung auf die lebensgeschichtliche Dimension der Existenz von Subjekten ihren vollen Sinn erhält. Dabei wird deutlich, dass das Verhältnis von menschlicher Selbstbezüglichkeit und Geschichtlichkeit ein spannungsvolles und sogar dramatisches werden kann. Judith Butler (2005) fokussiert in der Hinsicht auf die Grenzen und sogar Einschränkungen der menschlichen Selbstbezüglichkeit, soweit diese in einem öffentlichen Raum von Machtverhältnissen stattfindet. Die Fähigkeit, sich zu sich zu verhalten, eine Position zu sich einzunehmen, und somit die Handlungsfähigkeit von menschlichen Individuen – all das ist in eine Komplexität von körperlichen, sozialen und historischen Bestimmungen eingebettet, deren Verflechtung sich bis in die individuelle Lebensgeschichte hinein konkretisiert. Es sind also die praktische Bedingtheit sowie Phänomene der sozialen Bestimmung – sowohl im positiven Sinne der Unterstützung als auch im negativen Sinne der Unterdrückung von individueller Handlungsfähigkeit –, die in den Vordergrund treten, sobald die geschichtliche Verfasstheit von Subjektivität aus einer praktischen Perspektive zum Thema gemacht wird. Die Geschichtlichkeit eines Subjekts ist in gewissem Sinne somit auch das, was aus einer Person gemacht wurde, und zwar so, dass ihr bestimmte Möglichkeiten offenstehen und andere verschlossen bleiben. Jan Slaby (2020) betont in diesem Sinne, inwiefern ein solcher Fokus auf Geschichtlichkeit wichtig ist, um die politischen Implikationen der verschiedenen Auffassungen des menschlichen Geistes darzulegen.

Vorausschickend lässt sich somit bereits festmachen, dass ein philosophischer Ansatz zur Subjektivität als Geschichtlichkeit etwas mehr als das miteinbeziehen soll, was ein rein zeitliches Prinzip enthält. Dieser benötigt ein Denken der praktischen Bestimmungsverhältnisse, die zwischen verschiedenen Zeitmomenten bestehen oder zustande gebracht werden können. In diesem Teil der Arbeit wende ich mich diesen Problemen zu und setzte mich mit der Frage auseinander, wie ein Modell von Subjektivität ihrer Geschichtlichkeit Rechnung tragen kann. Mein Ziel besteht darin, ausgehend von einer erneuten Auseinandersetzung mit Schelling und Heidegger, Geschichtlichkeit im Rahmen eines Modells von Subjektivität zur

Geltung zu bringen. Hauptbezüge stellen dabei das *System des transzendentalen Idealismus* sowie *Sein und Zeit* dar. Letzteres wird mit Bezug auf die *Grundprobleme der Phänomenologie*, die Vorlesung *Metaphysische Anfangsgründe der Logik im Ausgang von Leibniz und die Zollikoner Seminare* interpretiert. Sowohl Schelling als auch Heidegger haben, zumindest in den frühen Phasen ihres Denkens, eine Perspektivierung auf die Subjektivitätsfrage entwickelt, die stark am Begriff der Geschichtlichkeit, des Geschehens und der Prozessualität orientiert ist. Für beide Denker besteht ein Desideratum der Philosophie selbstverhältnisfähiger Entitäten darin, dass diese als Geschichten zu denken sind. In diesem Kapitel wird Schellings Ansatz zum Thema gemacht.

Schelling legt im *System* den Akzent darauf, dass seine Philosophie als eine Geschichte des Selbstbewusstseins zu lesen ist (*AA* I/9,1: 25), und bei der Angelegenheit einer knapp dreißig Jahre späteren Selbstauslegung im Kontext der Münchener Vorlesungen behauptet er, er habe im *System* dem transzendentalen Ich eine transzendentale Vergangenheit zugeschrieben (Schelling 1975). Die Rezeption von Schellings Denken hält diese zwei Aussagen meistens für unproblematische, unmittelbar miteinander verbundene Festlegungen im Rahmen einer Theorie des geschichtlichen Selbst, wenn nicht gar einer Historisierung des philosophischen Denkens überhaupt. Gemäß meiner noch zu entwickelnden Interpretation verdanken sich Schellings scheinbar eindeutige Formulierungen einem viel komplexeren Hintergrund, den es zu rekonstruieren gilt.

Ich werde zuerst den Faden der Interpretation von Schellings Philosophie dort wiederaufnehmen, wo ich ihn liegen gelassen habe, nämlich am Begriff der dynamischen Einheit von Subjekt und Objekt, den ich im Folgenden mit Bezug auf das *System des transzendentalen Idealismus* in Betracht ziehe. Um dies zu tun, muss ich zuerst ein Missverständnis klären, das in Bezug auf Schellings frühes Denken und auf seinen Begriff der Geschichte des Selbstbewusstseins vorherrscht. In der Literatur wird häufig davon ausgegangen, dass dieser Begriff sich auf die geschichtliche Verfasstheit des Selbstbewusstseins bezieht und deshalb eine Behauptung in Bezug auf die Geschichtlichkeit von Subjektivität darstellt. Diese Interpretationen werde ich zurückweisen, um auf die Argumente fokussieren zu können, aufgrund deren sich in Schellings *System* eine Theorie des prozessualen Selbst wiederfinden lassen kann. Ich werde die These vertreten, dass Schellings Begriff der Geschichte des Selbstbewusstseins einen bloß methodologischen Status für seine Philosophie hat und noch keine inhaltliche Aussage über die Konstitution von Subjektivität impliziert.

Im Anschluss daran werde ich den Begriff der dynamischen Einheit von Subjekt und Objekt wiederaufnehmen, und zwar mit Blick auf das *System des transzendentalen Idealismus*. Die Prozessualität des Selbst oder des Subjekts wird von Schelling als Begriff eingeführt, um innerhalb dieses Settings eine Grundlage zu sichern, von der aus Subjektivität in ihrer Differenz zu dem gefasst werden kann, was mit ihr nicht numerisch identisch ist. Diese Frage gleicht offensichtlich einem der zwei Probleme, die nach dem ersten Untersuchungsteil noch ungelöst sind (3.4). Schellings Grundthese lautet in der Hinsicht, dass ein selbstbewusstes Individuum sich von seiner Welt unterscheiden kann, weil es prozessual verfasst ist. Inbegriff dieser Konzeption ist es das einheitliche und dynamische Zusammenkommen von Handlungsmöglichkeiten und -unmöglichkeiten, das nach Schellings Konzeption die Gegenwart einer Praxis konstituiert. Dieses Resultat, den Begriff der Prozessualität, werde ich schließlich in meine Konzeption des praktischen Spielraums integrieren.

4.2 Schellings Ansatz zum prozessualen Selbst im *System des transzendentalen Idealismus*

4.2.1 Die „Geschichte des Selbstbewusstseins" als Irrweg

Im Folgenden gilt es die Argumente zu rekonstruieren, die auf die etwas formelhafte Behauptung Schellings hinauslaufen, laut der das Ich nichts Anderes als „in Tätigkeit gedachte Zeit" sei (*AA* I/9,1: 164). Dieser letzte Begriff muss so interpretiert werden, dass Schelling dadurch ein Modell von prozessualer Subjektivität entwickelt.[28] Vor diesem Hintergrund ist nun allgemein anzumerken, dass Schellings Denken gemäß der traditionellen Historiographie und gemäß einer weit verbreiteten Auffassung durch ein philosophisches Interesse für Prozessualität und Geschichtlichkeit charakterisiert ist (vgl. Habermas 1954; Marquard 1987; Schulz 1955). Insbesondere Odo Marquard (1987) hat die These vertreten, dass Schellings Ansatz zum Selbstbewusstsein durch eine Historisierung seines Gegenstands charakterisiert ist. Unter einer Historisierung des Selbstbewusstseins versteht Marquard sowohl eine methodologische Perspektive als auch eine konstitutionslogische Zuschreibung. Das Selbstbewusstsein soll durch die Reihenfolge dessen verständlich werden, was zu so etwas wie einem Selbstbewusstsein geführt hat (alternativ könnte man auch von einer Genealogie sprechen). Dies

---

[28] Arran Gare (2011) interpretiert auch Schellings *System* in diesem Sinn, fokussiert aber wenig auf die Textstellen, die meines Erachtens die prozessuale Interpretation von Schellings Text am besten begründen können.

sei der Fall, weil das Selbstbewusstsein aus sukzessiv organisierten Elementen besteht, die Handlungen eines geistigen Wesens sind.[29] Um meine Interpretation und ihren Fokus auf das *System* vorzubereiten, grenze ich sie zunächst von der gerade erwähnten Auslegungsart von Schellings Begriff der Geschichte des Selbstbewusstseins ab, genauso wie ich parallel im ersten Kapitel die irrationalistischen Lesarten von Schelling kritisch herangezogen habe.

Im Fall des Irrationalismus war dennoch die argumentative Lage etwas durchsichtiger als bei der Diskussion von Schellings Begriff der Geschichte des Selbstbewusstseins. Hier muss die Kritik vorsichtiger vorgehen. Es gilt dabei zunächst zwei Hauptthesen zu unterscheiden. Die erste besagt, dass Schellings Begriff der Geschichte des Selbstbewusstseins auf die Herausstellung der prozessualen Verfasstheit des Ich abzielt. Die zweite besagt, dass Schelling ausgehend von der ersten These im *System* eine Theorie der prozessualen Subjektivität entwickelt. Diesen Thesenzusammenhang zu widerlegen ist für mein Anliegen aus zwei Gründen wichtig. Erstens, weil Schellings Ansatz zur Prozessualität des Selbstbewusstseins nicht haltbar wäre, würde diese Interpretation stimmen. Zweitens verdeckt sie genau die Textstellen, die in Frage kommen sollen, um Schellings Begriff des prozessualen Ichs zu fassen. Um meine Kritik zu entwickeln, muss zunächst der Begriff der Geschichte des Selbstbewusstseins herangezogen werden.

Der Ausdruck „Geschichte des Selbstbewusstseins" kommt im deutschidealistischen Kontext verhältnismäßig häufig vor (Breazeale 2001; Claesges 1974; Düsing 2001; Stolzenberg 2003, 2009) und bezieht sich im Grunde auf ein spezifisches Selbstverständnis der post-kantianischen Transzendentalphilosophie (ich orientiere mich bei der Rekonstruktion hauptsächlich an Claesges 1974 und Marquard 1987). Ich nehme als Arbeitsdefinition von Transzendentalphilosophie kurz die folgende an. Sie ist eine Art von philosophischer Reflexion, deren primärer Gegenstand die Möglichkeitsbedingungen von Erkenntnis darstellt. Es kann hier argumentiert

---

29 Wenn diese Lesart korrekt ist, so überrascht, dass dem System in letzterer Zeit keine analytische Aufmerksamkeit geschenkt wird, insbesondere mit Blick darauf, dass das Interesse für Prozessualität erneut im Mittelpunkt der Schelling-Rezeption steht. Dabei lässt sich eher eine Weltalter-Fragmente-Welle erkennen (z.B. Wirth 2015; Žižek 1996). Traditionell stellt Dieter Jähnigs Monografie (1966) eine analytische Interpretation des Werkes dar, welche die Frage der Geschichtlichkeit des Selbstbewusstseins als zentral betrachtet. Obwohl seine Rekonstruktionen sich etwas breiter über Schellings Denken des Ich auslassen, scheint der Kommentar doch in erster Linie auf die kunstphilosophischen Aspekte des Werkes gerichtet zu sein. Eine bedauerlicherweise wenig rezipierte monografische Interpretation hat Roswitha Staege (2007) vorgelegt, die Schellings *System* als Theorie des propositionalen und vorpropositionalen Selbstbewusstseins auslegt. Staege fokussiert genau auf die Zeit als zentralen Begriff in Schellings Ansatz zum Selbstbewusstsein.

werden: Wenn etwas erkannt wird, so setzt das voraus, dass diese Erkenntnis auch gerade deshalb Erkenntnis und Wissen ist, weil es sich selbst als Wissen weiß. Ein Bewusstsein von etwas setzt das Bewusstsein eines solchen Bewusstseins voraus. Im Rahmen der Befragung der Möglichkeitsbedingungen von Erkenntnis gilt es deshalb das Selbstbewusstsein zu untersuchen. Der Begriff der Geschichte des Selbstbewusstseins bezieht sich in diesem Kontext auf das Vorhaben, eine Analyse von Selbstbewusstsein als erkenntniskonstituierend durchzuführen.

Der weitere Grundgedanke ist nun dabei, dass Selbstbewusstsein als eine Art Tätigkeit zu fassen ist, deren Operationen rekonstruiert und analysiert werden müssen. Diesem Thesenzusammenhang zufolge besteht also die Darstellung einer „Geschichte des Selbstbewusstseins" als transzendentalphilosophische Herangehensweise zusammengefasst darin, dass die Transzendentalphilosophie

> das, was dem natürlichen Bewußtsein als seine Welt gegenübertritt, als Resultat einer Genesis auffaßt, einer Genesis, die nicht für das natürliche Bewußtsein als solches ist. Das natürliche Bewußtsein ist vielmehr so in diese Genesis einbezogen, daß es als Selbstbewußtsein und Gegenstandsbewußtsein selbst Resultat der gleichen Genesis ist, der es auch seine Welt verdankt. [...] Geschichte meint einmal den Ablauf der dargestellten oder darstellbaren Ereignisse (res gestae), zum anderen die Darstellung dieser Ereignisse (historia rerum gestarum) (Claesges 1974: 12–13).

Dieser Definition zufolge wird aber dem Begriff eine grundsätzliche Ambivalenz zuerkannt, denn er bezieht sich sowohl auf darstellbare Ereignisse als auch auf ihre Darstellung selbst. Der Begriff hat somit sowohl ontologischen als auch epistemischen Wert. Er betrifft die Konstitution des Selbstbewusstseins als eines Geschehens ebenso wie die sukzessionsförmige Darstellungsweise desselben als Aufeinanderfolge verschiedener Momente und somit auch die Methode der Untersuchung von Selbstbewusstsein.

Die doppelte Bestimmung des Begriffs entnimmt Ulrich Claesges hauptsächlich Fichte und überträgt sie schließlich auch auf Schellings Frühphilosophie, die dementsprechend als eine Genealogie des sich aus der Natur herausentwickelnden Selbstbewusstseins gedeutet wird (Claesges 1974: 185ff.). Schellings Gebrauch des Begriffs wird somit als eine Aussage über die prozessuale Verfasstheit des Selbstbewusstseins und über seine Genesis interpretiert. Die neuere Forschung zeigt sich mit dieser Interpretation häufig einig. Jürgen Stolzenberg (2003: 99, 2009) erklärt paradigmatisch Fichtes Philosophie als eine Darstellung der Selbstbewusstwerdung des Ich, die in eine genetische Theorie des Selbstbewusstseins mündet und die Basis für Schellings *System* abgibt. Nach dieser Lesart stellt das *System des transzendentalen Idealismus* das Ich in seinem Progress auf dem Weg zum vollzogenen Selbstbewusstsein dar, indem das Werk die Geschichte dieser Selbstbewusstwerdung nacherzählt. Der doppelte Wert oder die Ambivalenz des Begriffs der Geschichte des Selbstbewusstseins, einmal ontologisch als *res gestae* gefasst und einmal epistemisch-methodologisch als *historia rerum gestarum* gedeutet, ist bedeutungstragend.

Diese Lesart ist nun nicht ohne Konsequenzen. Insbesondere verweist Lars-Thade Ulrichs (2012) mit Recht auf die Problematik der Verschränkung von methodologischen und ontologischen Aspekten, wenn das System so wie gerade erwähnt zu verstehen ist. Er zeigt überzeugend, dass eine genealogische Methode im Kontext von Schellings Selbstbewusstseinstheorie nicht hinreichend zu begründen vermag, dass dem Selbstbewusstsein eine wesentliche Prozessualität zuzuschreiben ist. Eine solche Kritik ist für mein Anliegen gerade deshalb wichtig, weil sie die Widersprüche betrifft, die, zumindest im Fall Schellings, mit der Interpretation des Begriffs der Geschichte des Selbstbewusstseins einhergehen, die ich geschildert habe.

Bedenklich ist in Ulrichs' Interpretation jedoch, dass er die Verschränkung von methodologischer (wie ist das Selbstbewusstsein anzugehen?) und konstitutionslogischer (wie ist das Selbstbewusstsein verfasst?) Perspektive in Bezug auf das *System* für bare Münze nimmt, anstatt sie zu problematisieren. Schellings Gebrauch des Terminus einer Geschichte des Selbstbewusstseins wird unmittelbar als Selbsterklärung einer „genetischen Subjektivitätstheorie" gemäß der Beschreibung eines „Prozesses der Selbstbewusstwerdung" gedeutet (Ulrichs 2012: 104, 110). Ulrichs argumentiert im Wesentlichen, dass Schellings Anwendung des Begriffs der Geschichte des Selbstbewusstseins nicht beweisen kann, dass der Zeitbegriff angemessen auf das Selbstbewusstsein angewendet werden kann, weil Zeit in der Subjektkonstitution nur vorausgesetzt und nicht argumentativ eingeholt wird. Als Zirkelbeweis kann Schellings Ansatz laut Ulrichs keinen Beweis für die Geschichtlichkeit des Selbstbewusstseins liefern, sondern ist bestenfalls als „Explikation", „empirische Aussage", „apriorisches Modell", „Hilfskonstruktion", oder auch „Metapher" zu verstehen. Aus dieser Überlegung schließt Ulrichs, dass Schellings Bezeichnung und Ausführung seines *Systems* als eine Geschichte des Selbstbewusstseins (methodologisch) keinen Beweis für die Geschichtlichkeit vom Selbstbewusstsein (konstitutionslogisch) abgeben kann.

An dieser Stelle sind zwei Optionen vorhanden. Entweder wirft man Schelling Unschlüssigkeit vor; oder man problematisiert die These, gemäß der das *System* im Ganzen eine Genealogie darstellt, sprich das, was ich als ontologische oder konstitutionslogische Interpretation des Begriffs „Geschichte des Selbstbewusstseins" bezeichnet habe. Ulrichs schlägt den ersten Weg ein, ohne den zweiten zu prüfen. Die Basis für die zweite Option liefern dennoch bereits die Überlegungen von Claesges ab, der den epistemisch-methodologischen Aspekt vom ontologisch-konstitutionslogischen differenziert und auseinanderhält, ohne ihre Verschränkung lediglich zu affirmieren.

In der Tat bezieht sich Schelling durch den Ausdruck „Geschichte des Selbstbewusstseins" zunächst auf die Methodologie seines Textes. Das Werk operiert als progressive Auseinanderlegung der begrifflichen Voraussetzungen, die nach sukzessiven Begründungsverhältnissen eingeführt und reflektiert werden.[30] Dies schließt natürlich nicht aus, der Begriff sei in einem mehr als rein methodologischen Sinne gemeint. Hierfür lassen sich dennoch textuelle Belege heranziehen, die die genealogische Lesart unplausibel machen.

Erstens bezeichnet Schelling den sachlichen Ansatz seines *Systems* als an einem „Akt des Selbstbewusstseins" orientiert. Diesen charakterisiert er als eine verdichtete, synthetische Einheit, die *„in der Philosophie* nur als successiv entstehend vorgestellt werden" kann (*AA* I/9,1: 79–80; Kursiv G.C.). Die Sukzessionsform wird nicht dem Akt des Selbstbewusstseins, sondern seiner philosophischen Auffassung zugeschrieben. Das ist freilich nur ein Indiz. Dass die sukzessive Darstellung der verschiedenen begrifflichen Aspekte im Text auf keinen Fall als Eins-zu-eins-Beschreibung der Entstehung vom Selbstbewusstsein genommen werden darf, wird allerdings durch die Anmerkung Schellings bekräftigt, dass manche Aspekte des Selbstbewusstseins als nicht-zeitlich gedacht werden können, wenn sie abstrakt betrachtet werden (z.B. *AA* I/9,1: 184–185). Analogerweise könnte man sagen, dass die rote Färbung eines Gegenstands abstrahierend ohne Zeitbezug zum Thema gemacht werden kann, obwohl sie ohne Zeitbezug in raumzeitlich bestimmten Gegenständen überhaupt nicht instanziiert werden kann. Nun entweder setzt Schelling (implizit) voraus, durch den Verweis auf die Geschichte des Selbstbewusstseins, dass sein *System* als eine Genealogie zu verstehen ist; oder affirmiert er (explizit), dass manche Textstellen des *Systems* auch als außerhalb eines Zeitprozesses bzw. einer Genesis gefasst werden können.

Die rein methodologische Interpretation des Begriffs der Geschichte des Selbstbewusstseins verpflichtet sich nicht auf die These, das *System* sei als Beschreibung eines Entstehungsprozesses zu fassen. Die Progression ist eine Progression im begrifflichen Auffassen. Diese Lesart lässt harmlos zu, dass manche Aspekte der begrifflichen Auffassung zum Thema gemacht werden können, ohne deshalb Zeitbezüge zu mobilisieren. Deshalb ist sie sowohl erklärungskräftiger mit Blick auf den Text, als auch weniger problematisch mit Blick auf Schellings selbstbewusstseinstheoretische Begründung.[31] Der Preis dafür ist, dass Schellings Anwendung

---

[30] Die rein methodologische Lesart von Schellings Begriff der Geschichte des Selbstbewusstseins ist in der Forschungsliteratur nicht prominent vertreten. Erwähnenswert sind aber in dieser Hinsicht Staege (2007: 81 Fn. 199) und Marx (1977: 85–86), die die ontologisch-konstitutionslogische Lesart von Schellings Begriff der Geschichte des Selbstbewusstseins zu Recht ablehnen.

[31] Ein weiterer textueller Beleg kann im Vorbereitungstext auf das *System* gesucht werden. In

des Begriffs der Geschichte des Selbstbewusstseins nicht als Beweis dafür dienen kann, dass er im System eine Theorie prozessualer Subjektivität verteidigt. Dieser Beweis muss textuell anderswo gesucht werden.

4.2.2 Der Anfang des *Systems* und Schellings Methode

Es wurde bereits erwähnt: Schellings Begriff der Prozessualität des Selbstbewusstseins ist in denjenigen Paragrafen des *Systems* zu suchen, die dem Zeitbegriff gewidmet sind. Um ein Verständnis davon zu gewinnen, müssen zunächst zwei Voraussetzungen eingeräumt werden, die Schellings Diskussion des Zeitbegriffs bedingen. Die erste betrifft ihre Position im Gesamtsystem oder ihre begründungslogische Funktion. Sie beantwortet die Frage, wieso Schelling den Zeitbegriff einführt und diskutiert, und was er begründen soll. Die zweite Voraussetzung betrifft die Methode von Schellings Verfahren. Sie betrifft die Frage, wie Schellings Argumentation im *System* verfährt. Da die zweite Voraussetzung mit der ersten eng verbunden ist und im gewissen Sinne darauf beruht, ziehe ich zunächst die erste in Betracht; sie steht fernerhin in einem engen Zusammenhang mit der Grundidee, die die Diskussion von Schellings Frühschriften im ersten Kapitel abgeschlossen hatte.

Schellings stellt in der *Allgemeinen Übersicht* die These auf, dass der Begriff der Wechselwirkung als praktische Interaktion einen angemessenen Zugang zum Verständnis des Absoluten absichert. Diese Vorstellung findet sich nun und bekannterweise auch im *System* wieder, wo der Begriff eines ursprünglichen, dynamischen Zusammenhangs von Geist und Welt durch den Terminus der Identität von Subjekt und Objekt (*AA* I/9,1: 29) zum Ausdruck gebracht wird. Schellings Verwendung von „Identität" verweist an dieser Stelle zunächst nicht, dass zwei Substanzen oder Klassen von Substanzen als numerisch identisch betrachtet oder gesetzt werden sollen; sondern vielmehr, dass Geist und Welt in einem ursprünglichen, dynamischen, in sich gegliederten und einheitlichen Zusammenhang stehen. Diese Überlegung lässt sich unter anderem auch durch Schellings Anmerkungen zu dem

---

der *Allgemeinen Übersicht der neuesten philosophischen Literatur* schreibt Schelling: „Es zeigt sich also, daß jene Folge von Handlungen, welche alle zusammen Bedingungen des Bewusstseyns sind, keine AufeinanderFolge ist, d. h. daß nicht eine die andere, sondern daß sie sich alle zusammen wechselseitig voraussetzen, und hervorbringen. Es ist ein Wechsel von Handlungen, die stets in sich selbst zurücklaufen" (*AA* I/4: 121). Schelling versteht seine Darstellung von „Handlungen" des Selbstbewusstseins nicht als eine chronologische Reihenfolge, sondern als Zusammenhang begrifflicher Verhältnisse, die die Struktur eines Ganzen progressiv wiedergeben.

Verhältnis bestätigen, das dem *System* zufolge zwischen den zwei Wissensarten besteht, die sich respektive mit Geist und Welt befassen:

> Was den Verfaßer hauptsächlich angetrieben hat [...], war der Parallelismus der Natur mit dem Intelligenten, [...] welchen vollständig darzustellen weder der Transscendental- noch der Naturphilosophie allein, sondern nur *beyden Wissenschaften* möglich ist, welche ebendeßwegen die beyden ewig entgegengesetzten seyn müssen, die niemals in Eins übergehen können (*AA* I/9,1: 25).

Transzendentalphilosophie und Naturphilosophie bezeichnen zwei Wissensarten, die sich dadurch unterscheiden, dass die eine auf den Geist den Fokus legt, während die andere auf die Natur reflektiert. Die Einheit von Geist und Welt wird somit durch Rekurs auf zwei Wissensarten philosophisch reflektiert, die weder aufeinander reduzierbar noch in eine dritte Wissensform zusammenzufassen sind, die einen dem Geist und der Welt vorausgehenden Urstoff zum Gegenstand hätte. Dieser Festlegung lässt sich ein wichtiger Punkt in Bezug auf Schellings Ansatz zum Selbstbewusstsein, sprich zur Subjektivität entnehmen (was er als transzendentalphilosophische Reflexion bezeichnet). Die Untersuchung von Subjektivität darf im *System* nur als Reflexion auf die dynamische Einheit von Geist und Welt erfolgen, wobei sie eben nicht auf die Welt, sondern auf den Geist eine Perspektivierung entwickelt. Subjektivität wird, anders formuliert, in einer konstitutiven Relation zur Welt gefasst; von dieser Relation werden diejenigen Aspekte zum Thema gemacht, die für die Auffassung von Selbstbewusstsein relevant sind. Im *System* wird also zunächst keine Genealogie des Selbstbewusstseins dargelegt, sondern eher die Frage gestellt, was für Bedingungen und Implikate auf dem Spiel sind, wenn ein Individuum durch Selbstbewusstsein charakterisiert ist und zugleich durch eine unabdingbare Relation zu seiner Welt steht.

Es gibt also einen ersten Sinn, in dem Schelling den Identitätsbegriff im Gesamtsetting des *Systems* verwendet. Dem folgt aber auch ein zweiter, der etwas näher den Inhalt seiner Auffassung von Selbstbewusstsein bestimmt. Dadurch taucht ein Motiv wieder auf, das schon in den Frühschriften präsent ist. Der Verweis auf den Identitätsbegriff führt nämlich eine Variante der Präreflexivitätsthese ein (vgl. 2.1.3), um sie anschließend kritisch umzuformulieren. Der Wortlaut erinnert stark an die Argumente der *Allgemeinen Übersicht* (2.4). Denn genauso wie dort plädiert Schelling im *System* dafür, dass nur die Voraussetzung einer nicht rein erstpersonalen Dimension im geistigen Geschehen den Wahrheitsanspruch der Vorstellungen bezüglich weltlicher Sachverhalte absichern kann; dies kommt in einem „Gefühl der Notwendigkeit" zum Ausdruck, das jedem Akt des Selbstbezugs inhäriert (*AA* I/9,1: 52–53). Mit anderen Worten ist Subjektivität immer schon mit ihrer Welt verwoben, vermittelt, in gegenseitiger Interaktion und Bestimmung; und ihr Begriff ist erst im Rahmen und im Ausgang von so einer Interaktion zu gewinnen und zu

4.2 Schellings Ansatz zum prozessualen Selbst im *System des transzendentalen Idealismus*

begründen. Anders als in den herangezogenen Frühschriften wird es im *System* fokussierter auf die Frage der subjektphilosophischen Implikate dieser Annahme eingegangen.

Die allgemeinen Koordinaten von Schellings Diskussion, wie sie am Anfang des Werkes dargestellt werden, sind nun essenziell: nicht nur, um ein generelles Verständnis von seiner Subjektphilosophie zu gewinnen, sondern vielmehr, weil sie den Hintergrund der Probleme ausmachen, welche die Einführung des Zeitbegriffs und seine Funktion in Argumentationsganzen rechtfertigen. Sie erhellen also die begründungslogische Funktion des Zeitbegriffs in Schellings *System* und sollen deshalb kurz erläutert werden.

Ich fange mit der Übernahme und Kritik der Präreflexivitätsthese an. Schelling geht von der folgenden Überlegung aus. Entscheidendes Kriterium für einen tragfähigen Begriff des Selbstbewusstseins ist, dass er zwei Voraussetzungen erfüllt: (a) die numerische Identität vom Wissenden und vom Gewussten im Wissen und (b), dass dieses Wissen durch etwas bestimmt wird, was selbst nicht wiederum auf das Selbstbewusstsein zurückgeführt werden kann. Das Ausfallen der zweiten Voraussetzung würde dem *System* zufolge heißen, dass das Selbstwissen zwar unter dem Begriff einer Einheit gedacht wird; diese wäre aber eine inhaltlose und letztlich nicht informative. Selbstbewusstsein wäre in seinem Kern nur eine Aufmerksamkeit zweiten Grades, gerichtet auf die Selbstaufmerksamkeit ersten Grades, ohne dass dadurch etwas erschlossen wird, das nicht zur Selbstaufmerksamkeit bereits gehört. Hingegen soll das Selbstbewusstsein ein „synthetisches" Wissen darstellen, nicht nur und immer mehr als das Selbsterfassen eines Selbsterfassens sein. Es soll von seinem Grund auch objektive Inhalte haben, die nicht in einem zweiten logischen Moment mitbedacht werden, sondern zu den Wesensbestimmungen von Selbstbewusstsein gehören.

Die Konjunktion der beiden Voraussetzungen kann somit laut Schelling nur ein Begriff von Reflexion erfüllen (*AA* I/9,1: 55–56), der diese nicht als Bezugnahme auf ein vorkonstituiertes Selbst konzipiert. Er entwirft vielmehr die Grundlage eines Subjektivierungsbegriffs, demnach Subjektivität etwas ist, was sich im Geschehen und im Prozess des Reflexionsvollzugs bildet, der immer schon in objektiven, weltlichen Verhältnissen eingebunden ist. Erst in einem solchen Subjektivierungsprozess bildet sich Subjektivität, indem im Reflexionsvollzug Objektivitätsmomente zum Problem, zur Frage, zum Thema und zum Inhalt von Subjektivität sowohl vorgefunden als auch gemacht werden. Schelling bemerkt deshalb, in seinem Vokabular, dass Subjektivität dem Subjektivierungsgeschehen gleich ist und keinesfalls vorausgeht. Er nennt den Inhalt eines Reflexionsvollzugs das Ich. Dieses wird aber als nichts Anderes als die Tätigkeit erklärt, als das Vollziehen der Reflexion selbst, und fällt mit ihr zusammen (*AA* I/9,1: 56).

Indem Tätigkeit und Inhalt der Reflexion als zusammenfallend erklärt werden, kann Reflexion als subjektphilosophische Grundlage gelten, ohne deshalb der Kritik von Präreflexivitätsansätzen ausgeliefert zu sein, die numerische Identität von Wissendem und Gewusstem ungeachtet zu lassen. Denn Reflexion ist keine Bezugnahme auf einen beliebigen Gegenstand, der zufällig mit dem Bezugnehmenden identisch ist (*AA* I/9,1: 57–58). Trotzdem unterliegt sie keiner Dualität von Subjekt und Objekt, denn ihr Prinzip ist eine dynamische Einheit von Inhalt und Tätigkeit, in welcher das Subjektive der Selbstaufmerksamkeit stets in Relation zu dem Objektiven derjenigen Verhältnisse steht, die sowohl den Reflexionsvollzug bedingen als auch von ihm reflektiert werden. Die Einheit von Tätigkeit und Inhalt ist weder beliebig noch präreflexiv vorkonstituiert, sondern im Reflexionsvollzug instituiert und gebildet.

Im *System* wird also festgestellt:

> Diese Identität zwischen dem Ich, insofern es das Producirende ist, und dem Ich als dem Producirten, wird ausgedrückt in dem Satz Ich = Ich, welcher Satz, da er Entgegengesetzte sich gleich setzt, keineswegs ein identischer, sondern ein synthetischer ist. Durch den Satz Ich = Ich wird also der Satz A = A in einen synthetischen verwandelt, und wir haben den Punct gefunden, wo das identische Wissen unmittelbar aus dem synthetischen, und das synthetische aus dem identischen entspringt. [...] Der Satz A = A scheint allerdings identisch, allein er könnte gar wohl auch synthetische Bedeutung haben, wenn nämlich das Eine A dem anderen entgegengesetzt wäre. Man müßte also an die Stelle von A einen Begriff substituiren, der eine *ursprüngliche Duplicität in der Identität* ausdrückte, und umgekehrt. Ein solcher Begriff ist der eines Objects, das zugleich sich selbst entgegengesetzt, und sich selbst gleich ist. Aber ein solches ist nur ein Object, *was von sich* selbst zugleich die Ursache und die Wirkung, Producirendes und Product, Subject und Object ist. – Der Begriff einer ursprünglichen Identität in der Duplicität, und umgekehrt, ist also nur der Begriff eines *Subjects-Objects*, und ein solches kommt ursprünglich nur im Selbstbewußtseyn vor (*AA* I/9,1: 62–63).

Die etwas spekulative Passage lässt sich im Licht dessen verständlicher machen, was gerade rekonstruiert wurde. Dass ein Subjekt mit sich selbst identisch weiß, ist kein semantisch triviales, sondern informatives Selbstwissen – dies argumentiert hier Schelling. Die Aussage darf zutreffen, weil Selbstwissen sowohl subjektive als auch objektive Komponente enthält (eine „ursprüngliche Duplizität in der Identität" und umgekehrt eine „ursprünglich[e] Identität in der Duplizität"), die durch den Reflexionsvollzug mobilisiert, in Zusammenhang gebracht werden. Der Identitätsbegriff, an dem sich Schelling für seinen Ansatz zum Selbstbewusstsein orientiert, distanziert sich somit von einem Begriff der statischen, unvermittelten, rein präreflexiven Identität. Die Überlegungen teilen zwar manche Ansprüche von diesem letzteren, münden aber in das viel sparsamere Resultat, dass nicht zwei verschiedene Arten von Selbst eingeführt werden – das präreflexive und das reflexive

4.2 Schellings Ansatz zum prozessualen Selbst im *System des transzendentalen Idealismus*

Selbst –, sondern ein einheitliches Geschehen als subjektphilosophische Grundlage genommen wird.

Zusammenfassend will ich die zwei folgenden Ergebnisse aus dieser einführenden Diskussion der Hauptkoordinate des *Systems* betonen. Erstens geht Schelling im Text von der Umschreibung aus, der er den Begriff des Absoluten bereits in den Frühschriften unterzieht. Er setzt eine ursprüngliche und dynamische Verflechtung von Geist und Welt voraus; von dieser aus wird ein eigentümlich subjektphilosophischer Ansatz zu entwickeln sein. Zweitens drückt sich dieser Grundgedanke subjektphilosophisch folgendermaßen aus: Der Geist wird als Tätigkeit der Selbstbezugnahme oder des Selbstverhältnisses gefasst, in der sich die Verwobenheit von subjektiven und objektiven Elementen widerspiegelt und reproduziert. Dieses zweite Resultat bildet nun den Hintergrund von Schellings Diskussion des Zeitbegriffs. Dieser wird gerade deshalb eingeführt, um zu erklären, wie sich ein selbstbewusstes Individuum, ein Subjekt, sich von seiner Welt differenzieren kann, angenommen, wie Schelling das tut, dass diese Differenzierung keine ursprünglich gesetzte ist. Diesen letzten Punkt werde ich später bei der Rekonstruktion des Zeitbegriffs detaillierter wiederaufgreifen (4.3). Davor sind die methodologischen Implikationen zu beleuchten, die ein solcher Ansatz zur Subjektivität mit sich zieht. Dies ist essenziell, um die Argumentation zu rekonstruieren, die in den Zeitparagrafen des *Systems* entwickelt wird.

Also kurz zu Schellings Methode: Es wurde bereits gesagt, dass das *System* als progressive Darstellung von begrifflichen Verhältnissen gemäß ihren Voraussetzungsbezügen zu verstehen ist (4.2.1). Diese ist aber nicht die einzige von Schelling umgesetzte Methode. Viel ausschlaggebender ist eigentlich der konstante Wechsel zwischen, und die gegenseitige Überprüfung von, erstpersonaler und drittpersonaler Perspektive auf einen jeweils bestimmten Zusammenhang.[32] Man kann zum Beispiel sinnvoll bemerken, dass eine drittpersonale Voraussetzung für die Wahrnehmung ist, dass ein Organismus Sinnesorgane besitzt, und dann im Zusammenhang damit analysieren, wie sich Wahrnehmungen erstpersonal konstituieren. Eine solche zwischen erst- und drittpersonaler Analyse oszillierende Vorgehensweise gründet in der soeben rekonstruierten Grundlage, nach welcher jeder subjektive Zustand eine dynamische Verflechtung von erst- und drittpersonalen Aspekten darstellt.

---

[32] Schelling spricht in dieser Hinsicht von der Entgegensetzung zwischen der Perspektive des Ichs und der Perspektive der Philosoph:innen (z.B. *AA* I/9,1: 148–149).

Diese Ansicht wird konkret im *System* nun folgendermaßen angewendet. Dem Ich, dem Subjekt, wird jeweils ein Merkmal, eine Eigenschaft, ein Prädikat, usw. zugeschrieben. Diese Zuschreibung kann entweder erst- oder drittpersonal fallen. Schelling geht davon aus, wie bereits betont, dass erstpersonale Zuschreibungen in drittpersonale Zuschreibungen nicht restlos übersetzbar sind; anders gesagt, dass die Voraussetzungen für erstpersonale Zuschreibungen nicht die gleichen wie für drittpersonale Zuschreibungen sind. Nun werden Begriffsübergänge im *System* gerade so eingeführt, dass sie sich von den Unterschieden zwischen den Voraussetzungen von erstpersonalen und drittpersonalen Zuschreibungen ableiten lassen. Schellings Methode orientiert sich nun wesentlich an der Diskussion solcher Kontraste zwischen erst- und drittpersonalen Zuschreibungen, die gegeneinander und nach ihrer wechselseitigen Verweisung ausgespielt werden. Sein Argumentationsmuster sieht somit folgendermaßen aus. Es wird gesetzt oder herausgefunden, dass das Selbstbewusstsein durch den Begriff A bestimmt werden muss. Diese Zuschreibung ist zunächst drittpersonaler Natur: Etwas ist A. Aber dieses Etwas ist das Selbstbewusstsein. Die Zuschreibung von A erfolgt als Selbstzuschreibung unter Einführung weiterer Voraussetzungen, nennen wir sie B, denn erstpersonales Wissen ist eben nicht auf drittpersonales Wissen reduzierbar. Um die Selbstzuschreibung von A denkbar zu machen, müssen wir die Voraussetzung B einführen. B wird aber einem Selbstbewusstsein zugeschrieben, was zur Untersuchung von weiteren Voraussetzungen dieser Zuschreibung als Selbstzuschreibung führt.[33]

Ausgehend von dieser letzten Prämisse gehe ich nun zur Interpretation der Textstellen über, in welchen sich Schellings Argumente für die Prozessualität des Selbst wiederfinden lassen: die Paragrafen des *Systems*, wo der Zeitbegriff eingeführt und diskutiert wird.

4.2.3 Der Problemrahmen der Zeitparagrafen

Der erste Schritt für eine Rekonstruktion von Schellings Zeitauffassung, die ich als Basis für eine Interpretation von Subjektivität als prozessual konstituiert nehme, muss eine Rekonstruktion ihrer argumentativen Stellung im Gesamtgerüst des *Systems* sein. Die Frage lautet in dieser Hinsicht, für welches Problem der Zeit-

---

[33] Die vollzogene Einholung der drittpersonalen in die erstpersonale Perspektive erfolgt laut Schelling bekannterweise erst dadurch, dass die menschliche Praxis der Kunst zum Thema gemacht wird. Mit anderen Worten: Erst Kunst macht verständlich, wie im menschlichen Geist das Subjektive und das Objektive zusammenkommen. Ob das ihm gelingt, ist debattiert (bekannterweise erklärte Schulz diese als eine Scheinlösung, Schulz 1955).

begriff eine Lösung darstellen soll. Dies ist schnell gesagt: Der Zeitbegriff soll nach Schellings Vorhaben begründen, dass sich Subjekte von ihren Gegenständen erstpersonal unterscheiden können. Diese Schwierigkeit habe ich bereits als eine solche eingeführt, die dem Ansatz Schellings (und dem Heideggers und meinem, soweit er auf beides aufbaut) inhäriert (3.4).

Vergegenwärtigen wir uns aber noch einmal das Problem. Beim Rauchen praktiziert eine Akteurin ein Selbstverhältnis, sie versteht sich praktisch als Raucherin. Dies impliziert ein praktisches Selbstwissen, worin Erstpersonales und Drittpersonales zusammenfließen. Erstpersonal nenne ich somit lediglich eine Perspektive auf praktische Spielräume als Zusammenhänge verschiedener Komponenten: Dadurch werden keine Entitäten bezeichnet oder abgegrenzt. In der Tat scheint aber, dass beim Rauchen die Raucherin sich selbst so praktisch weiß, dass sie sich dabei von den anderen Elementen oder Komponenten differenziert, die in ihrem Tun mitinvolviert sind. Ihr praktisches Selbstwissen bezieht die Zigarette mit ein – dennoch sie versteht sich selbst als Raucherin und eben nicht als Zigarette. Die scheinbar triviale Unterscheidung ist für ein Modell schwer einzuholen, nach dem zur Praxis des Rauchens und zum Selbstverhältnis als Raucherin eine Zigarette gehört; und das keine robuste Diskontinuität zwischen Geist und Welt dadurch einführen will, dass erstpersonales Selbstwissen ein vom Grund aus isolierbares erstpersonales Sein zum Gegenstand hat. Die Geist-Welt-(Selbst-)Differenzierung wird nicht vorausgesetzt, trotzdem muss sie in das Modell integriert werden, sodass der Ausdruck „Selbstwissen" überhaupt eine Bedeutung haben kann.

Schelling sieht und verhandelt dieses Problem. Seine Lösung lautet: Der Geist kann sich erstpersonal von seinen Gegenständen deshalb differenzieren, weil er als Zeit, prozessual konstituiert ist. Prozessualität wird als Bedingung der Selbstdifferenzierung des Geistes von seiner Welt erklärt. Diese Selbstdifferenzierung deutet Schelling zunächst als Selbstdifferenzierung im Rahmen *sinnlicher Empfindungen* (*AA* I/9,1: 105ff.). Der Grund dafür lässt sich aus dem Standpunkt der argumentativen Lage seiner anfänglichen selbstbewusstseinstheoretischen Diskussion erschließen. Ich habe oben erläutert, dass der Vollzug von Reflexion als der Standpunkt angenommen wird, von dem aus im *System* Subjektivität zum Thema gemacht wird (4.2.2). Jeder Vollzug von Reflexion ist in Schellings Augen ein determinierter und darum wird in jedem Vollzug von Reflexion das Selbstbewusstsein als ein determiniertes, beziehungsweise als ein begrenztes gesetzt (*AA* I/9,1: 81ff.). Hier finden wir das argumentative Schema wieder, worauf sich Schellings Methode im *System* stützt: Die Eigenschaft des Begrenzt-sein als Implikat von Reflexion wird dem Selbstbewusstsein erstmal drittpersonal zugeschrieben; es wird dann untersucht, unter welchen Bedingungen das Begrenzt-sein als erstpersonale Eigenschaft angesehen werden darf.

Ohne die ganze Passage zu rekonstruieren, betrachten wir trotzdem ihr Ergebnis: „Das Ich findet das Begränztseyn als nichtgesetzt durch sich selbst, heißt so viel, als: das Ich findet es gesetzt durch ein dem Ich Entgegengesetztes, d. h. *das Nicht-Ich. Das Ich kann also sich nicht anschauen als begränzt, ohne dieses Begränztseyn als Affection eines Nicht-Ichs anzuschauen*" (*AA* I/9,1: 96–97). Wenn eine Akteurin sich zu sich auf eine jeweils bestimmte Art und Weise verhält und von dieser Bestimmtheit, Bedingtheit und Begrenztheit auch erstpersonal wissen soll, muss dabei noch etwas mitgedacht werden – so Schellings Aussage. Dieses Etwas ist das, was die Reflexion bestimmt, und zwar so, dass es nicht als eine Operation der Reflexion selbst gesetzt wird. Eine Akteurin kann sich deshalb in ihrem Selbstverhältnis als jeweils bestimmt wiederfinden, weil sie den Vollzug des Selbstverhältnisses als nicht ausschließlich durch und von sich selbst bestimmt ansieht. Der Reflexion inhäriert somit die „Affektion eines Nicht-Ichs". Die nur erste Form, also nicht die vollentwickelte, einer solchen internen Determination des Selbst wird nun nach Schelling durch das sinnliche Empfindend-sein erstpersonal gesichert (*AA* I/9,1: 97).[34]

Nach Schelling verhält sich eine Akteurin zu sich also dadurch, dass im Vollzug des Selbstverhältnisses etwas Anderes als sie selbst das Selbstverhältnis rezeptiv, affizierend, der Empfindung nach bestimmt. Es muss betont werden: Solche Determination durch Empfindungen stellt sich Schelling als ein praktisches Geschehen vor. Dies ermöglicht zwei Empfindungsmodelle zu vermeiden: auf der einen Seite die Idee, dass Wirklichkeit ohne konstitutiven Bezug auf die Tätigkeit des Empfindenden begriffen wird, auf der anderen die Vorstellung, dass allein die Tätigkeit des Empfindenden die Empfindung und somit das Empfundene konstituiert (dies noch einmal im Sinne der *Allgemeinen Übersicht*, vgl. 2.4.2). In Schellings Worten:

> Wenn nun aber die ursprüngliche Begränztheit durch das Ich selbst gesetzt ist, wie kommt es dazu, sie zu empfinden, d. h. als etwas ihm Entgegengesetztes anzusehen? Alle Realität der Erkenntniß haftet an der Empfindung, und eine Philosophie, welche die Empfindung nicht erklären kann, ist darum schon eine mißlungene. Denn *ohne Zweifel beruht die Wahrheit aller Erkenntniß auf dem Gefühl des Zwangs* [Kursiv G.C.], das sie begleitet. Das Seyn (die Objectivität) drückt immer nur ein Begränztseyn der anschauenden oder producirenden Thätigkeit aus. In diesem Theil des Raums ist ein Cubus, heißt nichts anders als: *in diesem Theil des Raums kann meine Anschauung nur in der Form des Cubus thätig seyn* [Kursiv G.C.] (*AA* I/9,1: 101).

---

34 Dies aber gilt immer im Rahmen der ursprünglichen Subjekt-Objekt-Vermittlung, also nicht im Rahmen eines Modells, das den empfindenden Geist und das Empfundene als voneinander unabhängig versteht. So Schelling: „Es wird nicht behauptet, es sey im Ich Etwas ihm absolut entgegengesetztes, sondern das Ich finde in sich Etwas, als ihm absolut entgegengesetzt. Das Entgegengesetzte ist im Ich, heißt: es ist dem Ich absolut entgegengesetzt: das Ich *findet* Etwas als sich entgegengesetzt, heißt:

4.2 Schellings Ansatz zum prozessualen Selbst im *System des transzendentalen Idealismus* — 123

Der Ausdruck „Gefühl des Zwangs" verdeutlicht die Vermittlungsfigur, die Schelling der Empfindung zugrunde legt. Es geht dabei um eine praktische Interaktion als ein einheitliches Geschehen, das sich weder auf die weltunabhängige Tätigkeit des Geistes noch auf einen geistesunabhängigen Sachverhalt der Welt reduzieren lässt. Mit anderen Worten formuliert: Rezeptiv ist der Geist, weil er sich in einer Verflechtung von Propriozeption und Sensomotorik dadurch gezwungen fühlt, dass nicht alle Elemente im Geschehen der Rezeption ihm, seiner Steuerungs- bzw. Handlungsfähigkeit zur Verfügung stehen.

Erstmal festgestellt, dass ein Individuum reflektieren kann, indem es begrenzt ist; und dass es sich selbst als begrenzt wiederfindet, indem es empfindet; es muss dann herausgearbeitet werden, der oben dargestellten Methode zufolge (4.2.2), wie die Eigenschaft des Empfindend-seins erstpersonal zu fassen ist. An dieser Stelle setzt eine sehr breite Diskussion in Schellings *System* an, die um den Begriff der produktiven Anschauung ringt (*AA* I/9,1: 122ff.). Ganz allgemein besagt das: Um Empfindung erstpersonal zu fassen, muss das empfindende Individuum nicht nur als rezeptiv, sondern auch als tätig und aktiv an der Konstitution seiner Empfindungen gefasst werden – also als *produktiv*, könnte man sagen. Um die etwas abstrakte Erläuterung zu veranschaulichen: Zur Empfindung gehört erstpersonal, dass Empfindungen ein hohes Maß an Perspektivität, an den Idiosynkrasien und der Situiertheit des jeweils empfindenden Individuums beinhalten. Sie sind subjektiv im gängigen, also nicht subjektphiloophischen Sinne: Sie geben Auskunft über weltliche Sachverhalte nur eingegrenzt, sind abwechslungsreich, individuell bedingt, usw. Die erstpersonale Erfahrung des Empfindens liefert dem empfindenden Individuum eine solche Art von Erfahrung und Erkenntnis ab. Drittpersonal gefasst heißt das nun, dass das hypothetisch angenommen bloß empfindende Individuum, während es sich erstpersonal als rein rezeptiv gegenüber seiner Welt versteht, in der Tat viel zu seinen eigenen Empfindungen beiträgt.

Freilich erschöpft das nicht Schellings Begriff der produktiven Anschauung. Mir ist nur wichtig, die Grundidee des Übergangs von Empfindung zur produktiven Anschauung skizzenhaft darzulegen, um den Boden für den argumentativen Schritt zur Zeitdiskussion zu bereiten. Einmal angenommen, Schelling kann die aktive Rolle des menschlichen Geistes für die Konstitution der sinnlichen Empfindungen erfolgreich nachweisen, so ist der menschliche Geist selbst in der Emp-

---

es ist dem Ich entgegengesetzt nur in Bezug auf sein Finden, und die Art dieses Findens [Hervorhebung G.C.]; und so ist es auch" (*AA* I/9,1: 97–98). Wie die Diskussion des Begriffs der Geschichte des Selbstbewusstseins nahelegt (4.2.1), dies ist fernerhin nicht im genealogischen oder chronologischen Sinne zu verstehen: Die Empfindung ist nur die erste diskursiv erläuterte Form der Determination des Selbst im *System*.

findung nie bloß rezeptiv, sondern gestaltet aktiv seine Erfahrung sowie seine Erfahrungsgegenstände. Daraus resultiert ein besonders wichtiger Kontrast zwischen der drittpersonalen Zuschreibung und der erstpersonalen Selbstauffassung. Jemand versteht sich in seinem Weltverhältnis als bloß Empfindendes, besagt, dass dieses Individuum das Verhältnis zwischen seinem Geist und seiner Welt so begreift, dass für sich bestehende Sachverhalte sich eindrucksmäßig dem eigenen rezeptiven Geist übermitteln. Der Geist wird somit gemäß einer rein rezeptiven Struktur begriffen, sowie die weltlichen Sachverhalte gemäß ihrem je bestimmten Inhalt und ihrer Eindrucksfähigkeit (Schelling schreibt von der Entgegensetzung zwischen einem Ich an sich und einem Ding an sich, AA I/9,1: 156). Während die drittpersonale Perspektive auf Empfindungen, die produktive Anschauung, Geist und Welt im Kontext einer wechselseitigen, praktisch-dynamischen, konstitutiven Bezogenheit auffasst, trennt die erstpersonale Selbst- und Weltauffassung der Empfindung die zwei Momente und setzt sie als selbstständig.

Um diesen Kontrast aufzulösen, muss offenbar der nächste argumentative Schritt Schellings zeigen, unter welchen Bedingungen sich ein Geist erstpersonal als an der Konstitution seiner Welt mitbeteiligt verstehen kann. Die Argumentation, die er im *System* entwickelt, besteht in einer recht langen und artikulierten Auseinandersetzung mit verschiedenen Gegenstandsauffassungen, nach der Reihenfolge: dem sinnlich Angeschauten, dem raumzeitlichen Gegenstand, dem Zusammenhang von Substanz und Akzidenzien, der kausalen Einbettung, der Wechselwirkung der Substanzen, dem Organismus und der Natur als allgemeinem Organismus. Es ist weder unmittelbar einsichtig noch explizit erklärt, worin Schellings Ziel und Programm an dieser Stelle besteht. Ich denke aber, sie folgendermaßen interpretieren zu können. Schelling diskutiert eine bestimmte Gegenstand-Auffassung jeweils innerhalb einer bestimmten Relation zu einer erstpersonalen Ich-Auffassung. So versteht sich der Geist beispielsweise gegenüber dem sinnlich Angeschauten als innerer Sinn. Die jeweilige erstpersonale Opposition wird dann wiederum nach ihren drittpersonalen Bedingungen untersucht, was zu einer komplexeren Gegenstandsauffassung und somit zu einer neuen Selbst- und Gegenstandssetzung führt, usf. Die schrittweise gewonnenen, progressiv umfassenderen Selbstauffassungen stellen Erweiterungen der erstpersonalen Selbstauffassung des Ichs dar, sodass seine aktive Rolle in der Wirklichkeitskonstitution fortschreitend erschlossen wird.

Schelling geht also dem folgenden Gedanken nach: Je genauer ein geistiges Wesen sich mit der Frage der Gegenstandskonstitution beschäftigt, desto mehr entdeckt dieses geistige Wesen, dass Gegenstände eine Komplexität von konstitutiven Wechselbezügen zu ihm selbst aufweisen. Das Ich entdeckt für sich, aus seiner eigenen, sprich erstpersonalen Perspektive, die verschiedenen Vermittlungsweisen von wechselseitiger Selbst- und Weltkonstitution und dadurch entdeckt *sich selbst als wirklichkeitskonstituierendes Wesen*, dessen Verfasstheit aber *nur und erst* im

Rahmen einer Welt-Geist-Vermittlung denkbar ist. Die progressive Erhellung der Konstitutionszusammenhänge von Geist und Welt muss in Schellings Augen als, metaphorisch gesprochen, Aneignung der eigenen „Produktivität" von Welt durch das Ich gelten.

Die Diskussion des Zeitbegriffs wird in diesem Kontext entwickelt. Schelling präsentiert sie ziemlich früh in der gesamten Reihenfolge, und zwar in Bezug auf den Begriff der Empfindung und auf das sinnlich Angeschaute als Gegenstandsauffassung. Darauf gehe ich nun ein. Es wird sich herausstellen, ich nehme es jetzt vorweg, dass die Diskussion des Zeitbegriffs aber weniger mit Empfindung, Wahrnehmung, Sinnlichkeit u. dgl. zu tun hat, als damit, dass Sinnlichkeit als zeitlich verfasst unmittelbar auf Handlungs- oder Interaktionsmöglichkeiten bezogen ist. Dieser Auffassung entspricht eine Konzeption von Subjektivität, oder vom Ich, welche die Fähigkeit begründen und argumentativen einholen kann – ich komme somit zu meinem Anfangsproblem sowie zu Schellings Anliegen (3.4, 4.2.1) –, dass ein geistiges Wesen sich von seiner Welt differenzieren kann, indem es damit praktisch interagiert.

4.2.4 Schellings Begriff der Zeit (I). Sukzession, Irreversibilität, Asymmetrie

Wenden wir uns also den Zeitparagrafen des *Systems des transzendentalen Idealismus* zu und vergegenwärtigen wir uns die argumentative Lage, wo die Diskussion des Zeitbegriffs ansetzt. Ich habe bereits angesprochen, dass die erstpersonale Selbst- und Gegenstandsauffassung der Empfindung als sinnliche Anschauung den Ausgangspunkt der Analyse ausmacht. Schelling beschreibt das folgendermaßen.

> Mithin würde von dieser ganzen Handlung im Bewußtseyn nichts zurückbleiben, als auf der einen Seite das *Angeschaute* (losgetrennt von der Anschauung), auf der andern das Ich als ideelle Thätigkeit, die aber jetzt *innerer* Sinn ist. [...] Das Resultat der hypothetisch angenommenen Beziehung wäre das *sinnliche Object* (getrennt von der Anschauung als Act) auf der einen Seite, und der *innere Sinn* auf der andern. Beydes zusammen macht das Ich empfindend mit Bewußtseyn (*AA* I/9,1: 160).

Das lässt sich noch einmal gemäß den Erläuterungen verstehen, die ich oben entwickelt habe (4.2.3). Trotz der drittpersonalen Aufweisung von „Produktivität" sind nur zwei Begriffe auf der erstpersonalen Ebene wiederzufinden. Das Ich versteht sich selbst als rein innerer Sinn (Selbstauffassung), der, für sich bestehend, einem sinnlich Angeschauten gegenübersteht, das ebenfalls für sich besteht (Gegenstandsauffassung). Indem eine Person produktiv anschaut, ohne sich die Produktivität selbst erstpersonal zuzuschreiben, sondern nur die Fähigkeit der Empfindung, versteht sich die Person so, dass sie von ihrer Welt und ihren Gegenständen getrennt ist; und sie versteht die Welt und ihre Gegenstände als etwas, das lediglich vorgefunden wird.

Ein selbstbewusstes Individuum, das sich als bloß Empfindendes oder Anschauendes versteht, ist für sich selbst präsent und erlebt Empfindungen, die als Effekte einer Welt interpretiert werden, die bloß da ist, vorkonstituiert, auf Sinnesorgane einwirkt und Erfahrungen hervorruft. Schelling beansprucht nun zu zeigen, dass sich eine solche Konstellation von Selbst- und Gegenstandsauffassung dadurch verständlich machen lässt, dass das Ich als „in Tätigkeit gedachte Zeit" konstituiert ist, beziehungsweise sich als *prozessual verfasst* erweist, wie ich das interpretiere. Ein wesentlicher Bestandteil der Diskussion besteht in dem Argument, dass sich der selbstbewusste Geist in der sinnlichen Anschauung von seinen Gegenständen *für sich*, also erstpersonal differenzieren muss, ein mehrmals angesprochenes Desideratum. Daraus folgt: Prozessualität ist für Schelling die Art und Weise, wie sich die Fähigkeit eines selbstbewussten Individuums begründen lässt, sich von seiner Welt zu unterscheiden.

Was das konkret heißt, werde ich weiter unten erläutern – zunächst muss aber Schellings sehr dichte Diskussion des Zeitbegriffs kleinteilig analysiert werden. Diese gliedert sich in drei Hauptargumente:

(α) Die Selbstauffassung einer nur empfindenden Person setzt voraus, dass sie ihr Empfindungsobjekt als von sich unterschieden und sich entgegengesetzt versteht (AA I/9,1: 160–161). Dies wird erstpersonal so gefasst, dass das Empfundene sich auf das Empfindende auswirkt (AA I/9,1: 161).

(β) Eine solche Auswirkung kann ihrer Zufälligkeit nach nur durch die Einführung zwei weiterer Begriffe verständlich gemacht werden: die Sukzession und die Irreversibilität (AA I/9,1: 162–163).

(γ) Die Konjunktion von Sukzession und Irreversibilität ist für die Zeit konstitutiv (AA I/9,1: 163–164). Erstpersonal drückt sich das in einem Gefühl der Gegenwart aus, welches als eine Grundform des Selbstgefühls anzusehen ist. Das Ich wird deshalb als in Tätigkeit gedachte Zeit begriffen (AA I/9,1: 164).

Anzumerken ist, dass der Wechsel zwischen erst- und drittpersonaler Perspektive Schellings gesamte Argumentation antreibt (wie oben diskutiert mit Blick auf die Methodologie des *Systems*, 4.2.2). Während (α) erstpersonale Selbst- und Gegenstandsauffassungen in Betracht zieht, wird die Perspektive des Ichs in (β) teils verlassen. In (γ) wird der erstpersonale Standpunkt dann wieder in den Fokus gerückt und die Resultate der drittpersonalen Diskussion werden letztlich im erstpersonalen Kontext interpretiert. Ich fokussiere mich jetzt auf die ersten zwei Schritte, um darauf aufbauend den dritten Schritt und den Prozessualitätsbegriff in den Mittelpunkt zu rücken.

4.2 Schellings Ansatz zum prozessualen Selbst im *System des transzendentalen Idealismus*

Es wurde gesagt, in und durch Reflexionsvollzüge konstituiert sich das Subjektsein von bestimmten Entitäten. Erschlossen ist dabei aber nie das Subjekt allein, denn Inhalt der Reflexion ist eine Subjekt-Objekt-Einheit oder ein Interaktionsgeschehen, eine Vermittlung von Geist und Welt. Es stellt sich daher die Frage, wie es innerhalb dieses Rahmens verständlich gemacht bzw. argumentativ eingeholt werden kann, dass sich selbstbewusste Individuen in ihren sinnlichen Anschauungen doch von ihren Gegenständen und den weltlichen Sachverhalten unterscheiden können, die sie wahrnehmen.

Schelling wendet sich also der Frage zu, (α) wie sich in sinnlichen Anschauungen eine explizite und erstpersonale Unterscheidung oder Entgegensetzung von Geist und Welt konstituieren kann. Die Geist-Welt-Differenz wird in diesem Kontext als Grenze bezeichnet und folgendermaßen problematisiert.

> Inwiefern ist sie aber überhaupt Gräntze für das Ich? Sie ist nicht etwa Gräntze der Thätigkeit, sondern Gräntze des Leidens im Ich, versteht sich des Leidens im *reellen* und *objectiven* Ich. Die Passivität des Ichs wurde eben dadurch begräntzt, daß ihr Grund in ein Ding an sich gesetzt wurde, was nothwendig selbst ein begräntztes war. Was aber Gräntze für das Ding an sich (die ideelle Thätigkeit) ist, ist Gräntze der Passivität des reellen Ichs, nicht seiner Activität, denn diese ist schon durch das Ding an sich selbst eingeschränkt. Was die Gräntze für das *Ding* sey, beantwortet sich nun von selbst. Ich und Ding sind sich so entgegengesetzt, daß, was Passivität im einen, Activität im andern ist. Ist also die Gräntze, Gräntze der Passivität des Ichs, so ist sie nothwendig Gräntze der Activität des Dings, und nur insofern *gemeinschaftliche* Gräntze beyder (*AA* I/9,1: 161).

Zunächst sei noch einmal die praxisorientierte Perspektive betont, die Schelling im *System* adoptiert: Die Termini der Diskussion sind hier Arten von Tätigkeiten, als Affektion und Passivität eingeführt, und wie sie implizit mitgedacht werden, wenn ein Individuum sich als bloß empfindend versteht.

Schelling Erläuterungen zum Empfindungsgeschehen lassen sich folgendermaßen deuten. In der erstpersonalen Selbst- und Weltauffassung der *bloßen* sinnlichen Empfindung wird das Selbst als rezeptiv und affiziert gegenüber einer sich mitteilenden und affizierenden Welt aufgefasst. Oder umgekehrt formuliert: Die Welt wirkt sich auf eine bestimmte Art auf den Geist aus. Jede bestimmte Empfindung ist eine bestimmte Determination der Rezeptivität des Geistes. So lässt sich Schellings Aussage verstehen, dass jede Empfindung eine Bestimmung der Passivität des Ichs. Parallel bedeutet die jeweils bestimmte Determination der Rezeptivität des empfindenden Geistes, dass die Welt ihn so und so affiziert. Die Einwirkung der Welt auf den Geist ist genauso wie die Rezeptivität des Geistes immer so und so bestimmt. Die zweiseitige Determiniertheit, von Schelling als Begrenzung bezeichnet, der Rezeptivität des Geistes einerseits und des weltlichen Eindrucks andererseits, ist beiden Relata gemeinsam. Sie vermittelt und vereinigt in sich Geist (oder Selbst) und Welt im Rahmen eines einheitlichen Empfindungsgeschehens.

Diese besondere Perspektivierung auf Sinnlichkeit mag auf den ersten Blick etwas abstrakt und sogar verwirrend erscheinen. Dies ist so, weil sie nicht in den Termini entworfen wird, die üblicherweise die philosophische Reflexion zum Thema beschäftigen. Im Mittelpunkt sind dabei nicht Fragen wie das Verhältnis von Qualität und Quantität oder von Anschauung und Begriff. An dieser Stelle diskutiert Schelling die Sinnlichkeit nicht wie einen Ort der Rezeption von bestimmten Inhalten, sondern fokussiert auf das Geschehen der sinnlichen Empfindung, sowie darauf wie dieses, zunächst abstrahiert von weiteren Erkenntnismodi, erstpersonal aussieht.

Über diese kontextuelle Lage hinaus, ist auch die Art und Weise, wie Schelling sich über das Empfindungsgeschehen äußert, nicht unmittelbar klar. Der Schlüsselbegriff an der Stelle ist die Idee, dass die Passivität des menschlichen Geistes in jeder Empfindung begrenzt wird. Intuitiv lässt sich zwar nachvollziehen, dass eine Tätigkeit begrenzt werden kann; schwieriger ist es aber zu fassen, was es heißt, dass eine Passivität begrenzt wird. Nun gehört diese Formulierung zu der dezidert praxisorientierten Perspektive, die das *System* kennzeichnet, und lässt sich mit Blick darauf plausibilisieren.

Unter der Annahme, dass eine Person sich als etwas versteht, dass *nur* empfindet, ist dann das, was empfunden wird, in dem Empfindungsgeschehen tätig: Die Welt, ihre Gegenstände und Sachverhalte, beeinflussen auf eine gewisse Art den nur empfindenden Geist. Das tun sie fernerhin auf eine bestimmte, determinierte Art: Dieser schwarze Tisch beeinflusst meine Sinnesorgane nicht so, wie der Laptopschirm es tut. In diesem Sinne ist ihre Tätigkeit jeweils begrenzt. Der andere Pol vom Empfindungsgeschehen, der nur empfindende Geist, verhält sich und versteht sich gegenüber der Welt als rezeptiv und passiv. Solche Rezeptivität ist aber auch jeweils determiniert: Es ist nicht dasselbe, den schwarzen Tisch oder den weißen Laptopschirm wahrzunehmen. Ich bin immer so oder so rezeptiv gegenüber der Welt. Also ist die Rezeptivität des menschlichen Geistes, soweit er sich als rein empfindend versteht, auch jeweils determiniert und begrenzt. Die gemeinschaftliche Determiniertheit des Empfindungsgeschehens als Bestimmung des empfindenden Geistes durch eine empfundene Welt, die eben dasjenige ist, was den Geist beeinflusst, macht jede Empfindung aus, erstpersonal betrachtet, und die dynamische Ausdifferenzierung von Geist und Welt aus.

Diese ersten Überlegungen ergänzt dann Schelling um die folgende Bemerkung: Die gemeinschaftliche Grenze zwischen rezeptivem Geist und affizierender Welt sei sowohl wesentlich, denn von ihr hängt die Empfindung als erstpersonale Selbst- und Weltauffassung ab, als auch zufällig (*AA* I/9,1: 161). „Zufällig" muss sich hier auf den Inhalt von Empfindungen beziehen, das heißt, in jeder Empfindung ist aufgrund des konstanten Wechsels von Empfindungsinhalten die Zufälligkeit

4.2 Schellings Ansatz zum prozessualen Selbst im *System des transzendentalen Idealismus*

der jeweils determinierten Geist-Welt-Differenz erstpersonal angelegt, die sich in sinnlichen Empfindungen zeigt.[35] Die Empfindung, also die jeweils bestimmte Vermittlung der Passivität des Geistes und der Affizierung durch die Welt, versteht die empfindende Person als zufällig in dem Sinne, dass sie auch auf andere Weise rezeptiv sein könnte, dass die Welt sich auf sie auch anders auswirken könnte.

An dieser Stelle setzt nun der Argumentationsschritt an, der eine eigentümlich zeitliche Dimension einführt. Insgesamt lautet Schellings Argument folgendermaßen: Das Oppositionsverhältnis zwischen Geist und Welt, wie es sich in der Empfindung auf erstpersonaler Ebene aufzeigt, wird nur dann verständlich, wenn es geschlossen werden kann, dass jede Empfindung eine diachronische Dimension voraussetzt. Die einzelnen Schritte der Argumentation, die textuell gesehen ziemlich dicht und wenig ausgeführt sind, müssen jetzt diskutiert werden, um den Ansatz zur Zeitlichkeit rekonstruieren zu können, der im *System* entwickelt wird.

Schellings erster Punkt bezieht sich auf die oben diskutierte Zufälligkeit der Empfindungen. Schelling will argumentieren, dass weder die Auffassung der Welt als aktive Quelle von Sinneseindrücken noch die Auffassung des Geistes als Rezeptivität in der Lage sind, die Zufälligkeit von Empfindungen verständlich zu machen. Er äußert sich folgendermaßen.

> Durch die Gräntze soll die Activität des Dings eingeschränkt werden, und sie soll nicht etwa nur dem Ich, sondern ebenso auch dem Ding zufällig seyn. Ist sie dem Ding zufällig, so muß das Ding ursprünglich und an und für sich unbegränzte Thätigkeit seyn. Daß also die Activität des Dings eingeschränkt wird, muß unerklärbar seyn aus ihm selbst, also erklärbar nur aus einem Grund außer ihm (*AA* I/9,1: 161–162).

Versuchen wir die Textstelle auszulegen. Da sie die *einzig* aktive Quelle der Sinneseindrücke darstellt, muss die Welt, so Schelling, als der *einzig* aktive Pol im Empfindungsgeschehen gefasst werden; und da sie rein aktiv ist, kann die sinnlich

---

[35] Zweierlei darf Schelling an dieser Stelle mit „zufällig" nicht behaupten wollen: erstens, dass die Geist-Welt-Differenz in der Empfindung erscheint, obwohl sie nicht erscheinen muss (sonst gäbe es eben keine erstpersonale Empfindung); zweitens, dass die Geist-Welt-Differenz deshalb zufällig ist, weil sie eine nur erstpersonale Gültigkeit im Rahmen der Empfindung besitzt, dennoch keine endgültige Legitimität in Bezug auf die Grundlage des *Systems* für sich beanspruchen kann (das wäre argumentativ ungünstig: Schelling würde die erstpersonale Dimension verlassen und könnte dementsprechend Zufälligkeit nur drittpersonal, aber nicht erstpersonal der Empfindung zuschreiben). Nun hat meine Interpretation von Schellings Gebrauch von „zufällig" mit Blick auf die Empfindungsinhalte den einen Nachteil, dass er den Zufälligkeitsbegriff a posteriori einfügt, und nicht aus einer diskursiven Überprüfung seiner Begrifflichkeit gewinnt. Trotzdem ergibt diese Deutung eben keine Widersprüche oder Ungünstigkeiten bezüglich Schellings Argumentation und bleibt als allgemeine Charakterisierung der Empfindung als erstpersonaler Erfahrung im Grunde akzeptabel.

angeschaute Welt sich selbst nicht begrenzen. Der Satz ist nicht unmittelbar einsichtig, ganz im Gegenteil. Was kann Schelling damit meinen? Wie bisher gedeutet, scheint die erstpersonale Selbst- und Weltauffassung der bloßen Empfindung gerade darin zu bestehen, dass die Inhalte der Empfindungen auf der jeweils bestimmten Art und Weise beruhen, wie sich die Welt auf das empfindende Individuum auswirkt. Es sind sozusagen die bestimmten Eigenschaften der Welt, die die Inhalte von Empfindungen hervorbringen, indem sie den empfindenden Geist beeinflussen. Wieso wird dann behauptet, dass die Zufälligkeit der Art, in der die Welt den Geist so oder so affiziert, doch nicht in dem Sosein weltlicher Verhältnisse und Eigenschaften begründet sein kann?

Die Aussage Schellings lässt sich folgendermaßen interpretieren und verständlicher machen. Legen wir den Fokus auf den Begriff der Zufälligkeit. Ich habe den Vorschlag gemacht, an dieser Textstelle Zufälligkeit im Sinne der Abwechslung von Empfindungsinhalten zu deuten. Wenn die Welt nun als Träger von bestimmten Eigenschaften gefasst wird, die die empfindende Person affizieren, so könnte Schelling etwas behaupten wollen wie: Solche Auffassung weltlicher Verhältnisse und ihrer Rolle im Empfindungsgeschehen reicht nicht aus, um gerade die Abwechslung von Empfindungsinhalten zu erklären. Diese Ansicht Schellings könnte meines Erachtens in der folgenden Überlegung gründen. Die Welt wird als dasjenige in dem Empfindungsgeschehen angenommen, was einzig und rein tätig, affizierend ist. Die Art und Weise, wie sich die Welt auf den empfindenden Geist auswirkt, ist laut Schelling nun im Rahmen der Selbst- und Weltauffassung der Empfindung unbegrenzt: Es ist nicht so, als ob der empfindende Geist etwas zu seinen Empfindungen noch hinzufügt. Diese Aussage, die auf den ersten Blick der These widerspricht, dass eine Grenze dasjenige ist, was Geist und Welt vermittelt, lässt sich folgendermaßen verstehen: Die Abwechslung von Empfindungsinhalten kann nicht allein auf dem Sosein der Welt beruhen. Sie sind zu abwechslungsreich, zu mannigfaltig, um ihren Grund in weltlichen Verhältnissen allein zu haben, deren relative Stabilität allein die hohe Variabilität von Empfindungsinhalten und ihre (jetzt im gängigen Sinne gemeint) „subjektive" Natur nicht erklären kann.

So sieht es eben auf der Seite des weltlichen Pols des Empfindungsgeschehens aus (was die vorgeschlagene Interpretation der freilich dunklen Textstelle untermauert). Denn es fragt sich, ob dann die Abwechslung der Empfindungsinhalte mit Rekurs auf die Konzeption des Geistes erklärt werden kann, die in dem Kontext der bloßen Empfindung angenommen wird. Dieser Weg ist aber auch schwer einzuschlagen. Denn der menschliche Geist wird als rein empfindendes Ich so konzeptualisiert, dass es sich nicht tätig, nicht konstituierend, sondern nur rezeptiv und affiziert gegenüber der Welt verhält (*AA* I/9,1: 162). Wenn der Geist sich in der Empfindung tatsächlich bloß rezeptiv verhält, kann es eben nicht sein, dass er Empfindungsinhalte aktiv mitkonstituiert und gestaltet.

4.2 Schellings Ansatz zum prozessualen Selbst im *System des transzendentalen Idealismus*

Somit gelangt die Diskussion zu der Sackgasse, worauf Schelling den Fokus legen will: Die Abwechslung von Empfindungsinhalten – charakteristisch für die Empfindung und ihrer erstpersonalen Selbst- und Weltauffassung – lässt sich nicht in der erstpersonalen Selbst- und Weltauffassung begründen und einholen, welche die Empfindung kennzeichnet. An dieser Stelle geht Schelling einen entscheidenden Schritt weiter.

> Daß also die Activität des Dings, und dadurch mittelbar die Passivität des Ichs begränzt ist, davon kann das Ich selbst den Grund in nichts suchen, als in etwas, das jetzt ganz außerhalb des Bewußtseyns liegt, aber doch in den *gegenwärtigen* Moment des Bewußtseyns mit eingreift (*AA* I/9,1: 162, Kursiv G.C.).

Dezisiv ist an der Textstelle, dass die Diskussion um die Zeitdimension ergänzt wird. Schelling behauptet nämlich: Eine punktuelle, isoliert betrachtete Empfindung ist nicht in der Lage zu erklären, wieso sie diesen oder jenen Inhalt hat, wieso Empfindungsinhalte variabel und fluktuierend sind, denn keiner ihrer Faktoren hat sich in dieser Hinsicht als belastbarer Erklärungsgrund erwiesen. Dass Empfindungsinhalte so aber auch anders sein können, als wie sie sind, dass sie abwechslungsreich und variabel erscheinen, wird nur dadurch ersichtlich, dass Empfindungen nie rein punktuell auf einer zeitlich isolierten Konstellation von Selbst und Welt beruhen, sondern auf nicht mehr gegenwärtige Selbst-Welt-Verhältnisse verweisen. Erst diese stellen den Grund der jeweils gegenwärtigen Empfindung dar. Die Geist-Welt-Differenz, wie sie sich in der Empfindung meldet, enthält Zeitbezüge über die jeweils gegenwärtige Geist-Welt-Differenz und ihren Inhalt hinaus. Das scheint auf den ersten Blick etwas willkürlich: Wieso genau zeitliche Verhältnisse an dieser Schnittstelle eine argumentative Rolle spielen sollten, das ist nicht unmittelbar deutlich.

Gehen wir deshalb näher auf Schellings Erläuterungen ein, um nachzuprüfen, aus welchem Grund genau die Zeitdimension hier mobilisiert wird. Er behauptet: Jede Empfindung hat ihren Grund in einer nicht gegenwärtigen Empfindung; die nicht gegenwärtige Empfindung die jeweils gegenwärtige Empfindung bestimmen, denn die erste stellt eben den Grund der zweiten dar. Dann kommentiert er:

> Dieses Unbekannte [der nicht gegenwärtige Grund einer bestimmten Empfindung, G.C.], was wir indeß durch A bezeichnen wollen, liegt also nothwendig jenseits des Producirens vom gegenwärtigen Object, was wir durch B bezeichnen können. [...] Im gegenwärtigen Moment des Bewußtseyn ist also an demselben nichts mehr zu ändern, es ist gleichsam aus der Hand des Ichs, denn es liegt jenseits seines gegenwärtigen Handelns, und ist für das Ich unveränderlich bestimmt (*AA* I/9,1: 162).

Schelling verweist hier sehr knapp (und ohne sie zu sehr zu explizieren) auf die Gründe, aus denen er sich dazu berechtigt sieht, die Zeitdimension für das Verständnis des Empfindungsgeschehens einzuführen. Zum einen interpretiert er das Motiv, dass weder die Selbst- noch die Weltauffassung in der punktuellen Empfindung die Abwechslung der Empfindungsinhalte erklären, positiv um: Der Wechsel der Empfindungsinhalte hat seinen Grund nicht innerhalb, sondern außerhalb der punktuellen Empfindung („des Produzierens vom gegenwärtigen Objekt" bzw. „B"). Oder, mit anderen Worten, etwas (das „Unbekannte [...] A") bestimmt die punktuelle Empfindung zu dem, was sie ihrem Inhalt nach ist. Der entscheidende Punkt für die darauf aufbauende Diskussion besteht dann in der Einsicht, dass der Grund für die Geist-Welt-Relation, worauf eine Empfindung basiert, für den Geist selbst nicht zur Verfügung steht. Er steht nicht zur Verfügung heißt: Er kann nicht geändert werden (er „ist gleichsam aus der Hand des Ichs"). Es gibt also nicht nur einen Aspekt der Nötigung in jeder Empfindung, nach Schellings Verständnis von Rezeptivität, sondern diese wird vielmehr im Sinne einer praktischen Bestimmung gefasst. Ich verstehe hier also das *System* so, dass Schelling auf der Spur nach einem Denken der Sensomotorik ist: Die Empfindung ist nicht primär eine kognitive Einstellung zu einer Welt und ihren Sachverhalten, sondern stellt eine praktische Relation zur Welt dar. Ein Empfindungsgeschehen ist anders gesagt ein praktisches Geschehen, es erschließt sich als ein Geflecht von situationellen, praktischen Bezügen, die das Geist-Welt-Verhältnis nicht bloß beeinflussen, sondern tatsächlich ausmachen. Sie bestimmen die punktuelle Empfindung dahingehend, dass sie genau so ist, wie sie ist und nicht anders.

Um Schellings Aussagen zusammenzufassen: Dass jede Empfindung eine zufällige Konfiguration von Geist-Welt-Verhältnissen darstellt, erklärt sich erst dadurch, dass sie in praktische Weltbezüge eingebettet ist. Solche praxisorientierte Deutung wird auch dadurch unterstützt, dass Schelling ausdrücklich auf die Dimension der Handlungs*fähigkeit* verweist (oder, genauer gesagt, der Handlungs*un*fähigkeit).

Dass die eine Empfindung durch etwas bedingt wird, das dem empfindenden Individuum nicht zur Verfügung steht, wird im Text durch den modalen Verweis auf Handlungsmöglichkeiten erläutert, die dem empfindenden Individuum nicht zur Verfügung stehen. Schelling kommentiert: „Es ist also im Ich ein Zustand des *Nichtkönnens*, ein Zustand des Zwangs" (AA I/9,1: 163, Kursiv GC). Es gilt an dieser Stelle zu betonen, dass der Begriff des Nicht-Könnens im Kontext des *Systems* bei der Diskussion von Intersubjektivität wiederauftaucht (AA I/9,1: 238ff.).[36] Für die

---

[36] Dabei werden die determinierenden praktischen Bezüge weiter spezifiziert im Sinne der geteilten Normativität des öffentlichen Lebens, die anhand eines instrumentellen Modells diskutiert und mit

Zeitparagrafen ist auf jeden Fall zentral, dass der Begriff des Nicht-Könnens sich auf gesperrte, blockierte Handlungsmöglichkeiten bezieht. Das Verhältnis von Selbst und Welt ist zwar von Schelling dynamisch und in Bewegung gedacht; zugleich stellt es aber keinen undifferenzierten Prozess dar. Vielmehr ist das Verhältnis von Selbst und Welt durch jeweils bestimmte Möglichkeiten so oder so zu werden charakterisiert; dazu gehört auch, dass weitere Werde- oder Bewegungsmöglichkeiten nicht zur Verfügung stehen (sei es aus physikalischen oder sozialnormativen Gründen).[37] Diese Auffassung ist bei seinem Modell des Empfindungsgeschehens in dem Sinne tragend, dass dieses als praktisches Geschehen begriffen wird; und dass es durch eine interne und dynamische Differenzierung zwischen Empfindungsmöglichkeiten und -Unmöglichkeiten charakterisiert ist. Diese sind wiederum durch die praktische Einbettung in weltliche Verhältnisse bedingt, welche Empfindungen in dem Sinne ausmachen, dass die Aktivität des menschlichen Geistes im Empfinden sich in einem Zustand des Determiniert-seins befindet. In einer solchen Situiertheit gründet laut Schelling der Inhalt jeder Empfindung als durch etwas bestimmt, das außerhalb ihrer fällt.

Die praxisbezogene Erläuterung der Empfindung ermöglicht es Schelling, zwei Begriffe einzuführen, worauf die Weiterentwicklung der Argumentation basiert. Die Einführung der Begriffe wird im Text nicht stark expliziert. Sie muss aber isoliert und betont werden, denn ohne sie würde Schellings Verfahren in den Zeitparagrafen unverständlich.

Im Zustand oder im Begriff des situierten Nicht-Könnens sind nämlich zwei Facetten vorausgesetzt. Dies wird im oben herangeführten Zitat dadurch zum Ausdruck gebracht, dass der Grund einer Empfindung erstens „jenseits des gegenwärtigen Handelns" liegt und zweitens dieses wiederum „unveränderlich bestimmt". Zum einen bedeutet das: Jede situationelle, praktische Einbettung konstituiert sich nur im Rahmen der *ihr vorausgehenden* praktischen Bezüge. An der Formulierung hängt natürlich der Zweifel, dass Schelling den Zeitbegriff stillschweigend ins Spiel bringt, um im Nachhinein den Hasen aus dem Hut zu zaubern, indem er vom „gegenwärtigen Handeln" schreibt.

Blick auf den Begriff des Artefakts erarbeitet wird. Eine Interpretation dieser Stelle des *Systems* habe ich anderswo entwickelt (Croci 2024, in Erscheinung).

37 Solche negative Seite von Schellings Begriff der Handlungsfähigkeit, die sowohl Können als auch Nicht-Können miteinbezieht, soll aber nicht rein privativ gelesen werden. Ganz im Gegenteil: Die Negation von bestimmten Handlungsmöglichkeiten macht die Determiniertheit vom Handeln aus. Jede Handlung ist eine bestimmte Handlung, und nicht eine andere, und dies gehört zur Handlungsfähigkeit überhaupt (*AA* I/9,1: 244).

Eine wohlwollendere Interpretation liegt aber auf der Hand: Die Rede ist hier zunächst nur von einem Voraussetzungsverhältnis. Jede praktische Geist-Welt-Konfiguration ist in ein Geflecht von Relationen eingebettet und dadurch konstituiert. Zum anderen lässt sich aber dieses Voraussetzungsverhältnis dadurch weiterbestimmen, dass manche praktischen Relationen der aktiven Mitgestaltung seitens des empfindenden Individuums nicht zur Verfügung stehen: Sie sind „unveränderlich" und bedingen zugleich, welche Empfindungsmöglichkeiten als sich daraus entwickelnden Geist-Welt-Konfigurationen dem Individuum noch offen sind. Die Unveränderlichkeit im Kontext eines Bestimmungsverhältnisses erschließt jede Empfindung so, dass dabei das Empfindungsgeschehen die Eigenschaft der Irreversibilität aufweisen muss. Erst aus diesem Grund lässt sich das Voraussetzungsverhältnis, soweit er im Zusammenhang mit der Unveränderlichkeit mancher Relationen der praktischen Einbettung zu interpretieren ist, als Sukzessionsverhältnis deuten: Denn es geht dabei um eine Reihe von Aspekten des Empfindungsgeschehens, die nach Vorher und Nachher Verhältnissen zu fassen sind. Die praktische Irreversibilität vom Empfindungsgeschehen erschließt also das Voraussetzungsverhältnis der praktischen Einbettung als sukzessiv geordnet. Letztlich muss auch hervorgehoben werden, dass Irreversibilität und Sukzession durch eine weitere Eigenschaft ergänzt werden müssen. Nämlich enthält ein Empfindungsgeschehen auch den Verweis auf noch offene Empfindungsmöglichkeiten. Somit ist also der Zusammenhang der verschiedenen Aspekte, die im Empfindungsgeschehen angelegt sind, nicht nur eine sukzessiv geordnete und irreversible Reihe; sie ist auch asymmetrisch konstituiert, gespannt zwischen dem, was dem Geist verschlossen oder offen ist.

Zusammenfassen lassen sich also Schellings Erläuterungen zum Empfindungsgeschehen folgendermaßen. Man empfindet ausgehend von einer praktischen Situation – mit anderen Worten, ausgehend von den praktischen Bezügen eines Spielraums – auf ein bestimmtes Set von Empfindungsmöglichkeiten hin, was das Voraussetzungsverhältnis zu einem Sukzessionsverhältnis macht, das geordnet und irreversibel, und somit asymmetrisch ist. Sukzession, Irreversibilität, Asymmetrie – diese Merkmale, die Schelling für das praktische Empfindungsgeschehen voraussetzt, machen den Hintergrund des nächsten Argumentationsschritts aus, wo der Zeitbegriff eingeführt wird.

4.2.5 Schellings Begriff der Zeit (II). Das Gefühl der Gegenwart und die Prozessualität

Sukzession, Irreversibilität und Asymmetrie als Implikate des Empfindungsgeschehens werden von Schelling erstmal aus drittpersonaler Perspektive eingeführt. Die Einbettung in die sukzessiv geordnete, irreversible, asymmetrische Spannung von Können und Nicht-Können muss nun in die erstpersonale Perspektive übersetzt werden. An dieser Argumentationsstelle wird der Begriff von Gefühl mobilisiert. Das hat die Funktion, die Konsequenzen der bisherigen Diskussion sowohl erstpersonal zu formulieren als auch im Sinne eines Denkens der Zeit zu konkretisieren.

Ich fasse zusammen. Wie sie bisher bestimmt wurde, enthält die erstpersonale Selbst- und Weltauffassung der Empfindung noch keinen Verweis auf zeitliche Eigenschaften. Dabei wurde es erstmal angenommen, dass eine Relation zwischen Selbst, oder Geist, und Welt gesetzt wird; dass im Rahmen dieser Relation das Selbst als rezeptiv und die Welt als affizierend gefasst werden; und dass die jeweilige Konfiguration, die die Geist-Welt-Relation annimmt, abwechslungsreich ist. Darauf aufbauend argumentiert Schelling, dass die abwechselnde Natur der Geist-Welt-Relation, wie sie sich im Empfindungsgeschehen zeigt, sich nicht in dem bisher konturierten Rahmen verständlich machen lässt. Dies erfolgt allerdings nur, wenn das Empfindungsgeschehen als eine praktische Spannung zwischen Determiniertsein und Handlungsoffenheit gefasst wird. Wenn das Geist-Welt-Verhältnis gemäß dieser Relation zu konzeptualisieren ist, so schlussfolgert Schelling, dann muss unser Verständnis davon ergänzt werden. Das Geist-Welt-Verhältnis muss durch praktische Bestimmungsverhältnisse konstituiert sein, die nach asymmetrischen und irreversiblen Sukzessionen organisiert sind. Die abwechselnde Natur von Empfindungen als Geist-Welt-Konfigurationen, die sich erstpersonal meldet, steht also Schellings Argumenten zufolge im Zusammenhang mit dem zuletzt gewonnen Merkmal des Geist-Welt-Verhältnisses, das sich der Kürze halber als praktische Situiertheit bezeichnen lässt.

Textuell wird diese Rekonstruktion dadurch unterstützt, dass Schelling explizit die aktuelle Argumentationslage folgendermaßen beschreibt: Das Ich „fühlt" sich im Empfindungsgeschehen durch etwas bestimmt, das außerhalb seiner Handlungsfähigkeit liegt, worauf er nicht „zurück" kann; und dies in dem Sinne, dass das Ich durch dieses Etwas bestimmt und in seinem Welt- und Selbstverhältnis gezwungen wird, ohne dieses Etwas praktisch modifizieren zu können (*AA* I/9,1: 163). Solches Etwas erscheint somit in dem Inhalt von einer punktuellen Empfindung nicht, sondern die Empfindung selbst charakterisiert sich lediglich als ein Gefühl, im Empfindungsgeschehen selbst determiniert zu sein. Mit anderen Worten: Die sukzessiv geordnete Spannung der praktischen Situiertheit meldet sich erstpersonal als Gefühl des praktischen Gezwungen-seins, des Nicht-könnens.

Genau diese negative Dimension erschließt nun Schelling zufolge einen ganz besonderen Zeitbegriff. Ziehen wir folgende Textstelle in Betracht:

> Der Zustand des Ichs im gegenwärtigen Moment ist also kurz dieser. Es fühlt sich zurückgetrieben auf einen Moment des Bewußtseyns, in den es nicht zurückkehren kann. Die gemeinschaftliche Gräntze des Ichs und des Objects [...] macht die Gräntze des gegenwärtigen, und eines vergangenen Moments. Das Gefühl dieses Zurückgetriebenwerdens auf einen Moment, in den es nicht realiter zurückkehren kann, ist das Gefühl der *Gegenwart*. Das Ich findet sich also im ersten Moment seines Bewußtseyns schon in einer Gegenwart begriffen (*AA* I/9,1: 163–164).

Ich merke an, dass hier die Rede nicht von einer chronologischen Reihenfolge, von Modi der Zeit, oder auch von etwas wie einer bewusstseinsstromartigen Tätigkeit ist, die dem menschlichen Geist zugeschrieben wird (wenn das der Fall wäre, wäre die oben dargestellte Kritik von Schellings Zeitdenken im *System* gerechtfertigt, 4.2.1). Positiv betrachtet heißt das: Das Gefühl der praktischen Einbettung in ein *sukzessiv* geordnetes, *irreversibles, asymmetrisches* Geschehen entspricht einem Gefühl der praktischen Positionierung oder Situiertheit, das sich als Determiniertheit der jeweils eigenen sensomotorischen Bewegungsmöglichkeiten des empfindenden Individuums zeigt. Diese Lage muss gemäß dem mehrmals aufgetauchten Gedanken eines bedeutungstragenden Widerstands interpretiert werden. Man kann Schelling hier auch so verstehen: Was im Empfindungsgeschehen als reine kognitive Passivität gegenüber einer sich vermittelnden und affizierenden Welt zunächst erscheint, erschließt sich eigentlich – nach genauerer Betrachtung ihrer Voraussetzungen – stärker konnotiert, nämlich als praktischer Widerstand weltlicher Verhältnisse, in denen das Individuum verwickelt ist und mit denen es sich bereits in der punktuellen Empfindung auseinandersetzt.

Nun, obwohl das zeitlich vergangene Moment in der punktuellen Empfindung definitionsgemäß nicht explizit erscheint, konstituiert sich die punktuelle Empfindung trotzdem und zugleich als Gefühl der praktischen Einbindung. Genau dieses Gefühl erschließt dem empfindenden Individuum, dass jede punktuelle Empfindung in ein sukzessives, irreversibles und asymmetrisches, praktisches Geschehen eingebettet ist. Somit eröffnet sich, selbst wenn auf etwa implizite und teils negative Weise, eine Zeitdimension im Empfindungsgeschehen. Diese trägt aber nicht die Belastung einer vorkonstituierten Chronologie oder chronologischen Organisation, die im Hintergrund liegt und stillschweigend vorausgesetzt wird. Darin lese ich die Pointe und eigentlich die Stärke von Schellings Argumentation. Er zeigt nämlich, dass die in der Empfindung auf dem Spiel stehende Geist-Welt-Relation („die gemeinschaftliche Grenze des Ichs und des Objekts") eine Zeitdimension eröffnet und somit eine zeitliche Interpretation ihrer selbst ermöglicht („die Grenze des

4.2 Schellings Ansatz zum prozessualen Selbst im *System des transzendentalen Idealismus* — 137

gegenwärtigen, und eines vergangenen Moments"). Die rein topologisch-synchronische Opposition von Geist und Welt wird verständlich nur aufgrund (a) der drittpersonalen Einführung von Sukzession, Irreversibilität, Asymmetrie; und diese spiegelt sich erstpersonal in (b) einem zeitlich gekennzeichneten Gefühl der praktischen Situiertheit oder des praktischen Widerstands wider.

Die Gegenwart wird somit zum Zeitmodus dieser Spannung als Gefühl eines das Selbst bestimmenden Vergangenen (und differenziell in Opposition dazu), obwohl dieses zweite nicht im Empfindungsgehalt zur Erscheinung kommt. Die praktische Situiertheit, die eine Empfindung ausmacht, konstituiert sich somit als Gefühl der Gegenwart: Die erstpersonale Entgegensetzung von Empfindendem und Empfundenem wird als die (wiederum erstpersonale) Entgegensetzung des empfindenden Geistes und der es einschränkenden und vorausgehenden praktischen Bezüge interpretiert – Bezüge, in denen sich das empfindende Individuum situationell „begriffen" findet, schreibt Schelling. Der Zeitmodus der Gegenwart wird somit auf eine Art und Weise eingeführt, die auf keinen vorkonstituierten Zeitbegriff zurückgreift. Hingegen lässt sich zeigen, dass Empfindungen, soweit sie sensomotorisch charakterisiert sind, ein Denken der Zeit eröffnen und erfordern, das sich aus der praktischen Auseinandersetzung zwischen Selbst und Welt heraus entwickeln lässt. Der somit eingeführte Zeitbegriff beruht wiederum auf keine argumentationsexterne Annahme, sondern gehört immanent zu der Explikation der begrifflichen Implikate des Modells, das Schelling entwirft.

Es lässt sich also mit Schelling die folgende These aufstellen. Die Geist-Welt-Relation, die in der Empfindung, sensomotorisch betrachtet, zum Ausdruck kommt, kann unmittelbar praktisch und zeitlich interpretiert werden: als Spannung zwischen Handlungsfähigkeit/-Offenheit und Widerständigkeit kontextueller Verhältnisse, die den Zeitmodus einer durch Vergangenes determinierten Gegenwart erschließt (Gegenwart und Vergangenheit besagen hier für Schelling respektive praktische Situiertheit und bestimmende Relationen). Es scheint mir nun wichtig, an dieser Stelle eine Differenz mit Blick auf Ansätze hervorzuheben, die in der heutigen Debatte Handlungsfähigkeit oder *agency* mit Zeitbewusstsein oder -Wahrnehmung koppeln (vgl. z.B. Montemayor 2017). Es sind nach Schelling nicht die Zeiterfahrung, das Zeitbewusstsein, die Zeitwahrnehmung und dgl. das, was mit Handlungsfähigkeit gekoppelt wird. In seinem Modell sind Zeit und Praxis keine bloß zusammenhängenden Phänomene. Im Fokus liegt eher die zeitliche Verfasstheit vom Selbst- und Weltverhältnis überhaupt, soweit dieses aus praxisorientierter Perspektive angegangen wird. Schellings Grundthese ist meiner Rekonstruktion nach tatsächlich robuster: Praxis ist zeitlich konnotiert und, andersrum, Zeitlichkeit konstituiert sich in und durch Praxis. Dies hat erhebliche Konsequenzen für den Subjektivitätsbegriff, der sich im Anschluss am *System des transzendentalen Idealismus* gewinnen lässt, wie es bald zu zeigen ist (dadurch fallen allerdings die letzten Zweifel bezüglich der oben präsentierten Kritik an Schellings Zeitdenken aus, 4.2.1).

Diese Lesart von Schellings Zeitparagrafen findet nun eine deutliche textuelle Unterstützung. Schelling verbindet explizit den gerade konturierten Zeitbegriff mit der Konstitution des Subjekts, und zwar in der Hinsicht, dass die Zeit mit der Fähigkeit eines Individuums einhergeht, sich von seinen Gegenständen und seiner Welt tätig, in der Praxis zu unterscheiden. Er schreibt nämlich:

> Dieses Gefühl [der Gegenwart, G.C.] ist kein anders, als was man durch das Selbstgefühl bezeichnet. Mit demselben fängt alles Bewußtseyn an, und durch dasselbe setzt sich das Ich zuerst dem Object entgegen (*AA* I/9,1: 164).

Die Aussage ist hier klar, das Gefühl der Gegenwart ist nichts Anderes als ein Selbstgefühl, und ihr Grund lässt sich nun darlegen. Dem ist so, Schelling zufolge, weil die zunächst bloß erstpersonal erscheinende Entgegensetzung von Selbst und Welt, die in der Empfindung vorkommt, durch die Einführung des Zeitbegriffs in die Grundlage der praktischen Geist-Welt-Interaktion integriert und argumentativ eingeholt werden kann. Andersrum dargestellt: Ohne die Zeit als „Gefühl der Gegenwart" wäre die erstpersonale Selbst- und Weltauffassung einer „Grenze" beziehungsweise einer Differenzierung zwischen Geist und Welt auf der einen Seite eine bloße Erscheinung geblieben, die sich zwar in der Empfindung meldet, dennoch letztlich der Grundlage des *Systems* widersprochen hätte (der Einheit von Geist und Welt). Die dynamische, interaktive Einheit von Geist und Welt, auf der anderen Seite, wenn sie nicht in der Lage gewesen wäre, die Differenzierung von Geist und Welt zu begründen, hätte auch nicht als genuine Grundlage für eine Auffassung des Selbst fungieren können. Dies hätte Schellings Projekt zum Scheitern verurteilt: Denn ohne dieses Desideratum würde das *System* keine Grundlage dafür abzuliefern, dass ein sich zu sich verhaltendes Individuum sich auch zugleich von seiner Welt differenzieren kann.

Schelling schlägt also durch seinen Zeitbegriff vor, die Geist-Welt-Differenz dynamisch und praktisch zu fassen. Ein Subjekt ist nicht von vornherein von seiner Welt differenziert. Hingegen Subjekte sind dasjenige, was die Geist-Welt-Differenz erlernen, für sich entwickeln, aushandeln, stabilisieren oder verflüssigen können. Diese Auffassung scheint tatsächlich phänomenal vertretbar: Neugeborene menschliche Individuen lernen, mit ihrer Welt zu interagieren, und durch dieses Interagieren gewinnen und entwickeln sie zugleich die Fähigkeit, sich von Gegenständen, Sachverhalten, anderen Menschen explizit zu differenzieren und sich diesen gegenüber als ein eigenständiges Selbst zu instituieren. Dieses Modell gründet fernerhin kohärent auf der Festlegung, dass Schellings Subjekttheorie kein vorkonstituiertes Selbst annimmt, sondern erstmal dynamische Interaktionen. Kurz

4.2 Schellings Ansatz zum prozessualen Selbst im *System des transzendentalen Idealismus*

zusammengefasst wird somit im *System* die These vertreten: Ein selbstbewusstes Individuum kann sich deshalb von seinen Gegenständen unterscheiden und ein Gefühl seiner selbst besitzen, weil es innerhalb einer prozessualen Spannung praktischer Bedingtheitsbezüge tätig ist und seine Situiertheit im Rahmen praktischer Widerständigkeit aushandelt – was Schelling eben unter „Zeit" zunächst versteht, wie es gezeigt wurde.

Um das Spezifikum von Schellings Zeitauffassung hervorzuheben, diese auf seine Subjektivitätsauffassung zu beziehen, sowie beides für das subjektphilosophische Ziel der Untersuchung zu operationalisieren, möchte ich den gerade rekonstruierten Zeitbegriff als Begriff der Prozessualität (des Subjekts oder des Selbst) bezeichnen. Die Bezeichnung ist trotzdem nicht beliebig oder Schellings Äußerungen fremd. Er bringt selber seine Konzeption folgendermaßen auf den Punkt:

> Indem sich das Ich das Object entgegensetzt, entsteht ihm das Selbstgefühl, d. h. es wird sich *als* reine Intensität, als Thätigkeit, die nur nach einer Dimension sich expandieren kann, aber jetzt auf Einen Punct zusammengezogen ist, zum Object, aber eben diese nur nach einer Dimension ausdehnbare Thätigkeit ist, wenn sie sich selbst Object wird, Zeit. Die Zeit ist nicht etwas, was unabhängig vom Ich abläuft, sondern das *Ich selbst* ist die Zeit, in Thätigkeit gedacht (*AA* I/9,1: 164).

Schelling bedient sich hier des Sprachbildes einer einheitlichen Bewegung von Kontraktion und Expansion, um den Begriff einer „in Tätigkeit gedachten Zeit" zu erläutern.[38] Im Lichte der Rekonstruktion, die gerade entwickelt wurde, lässt sich dieser Passus ohne große Schwierigkeiten deuten. Die praktische Entgegensetzung von Selbst und Welt, wo die Tätigkeit eines geistigen Individuums sich gegenüber einen Widerstand findet, wird mit dem Zustandekommen eines Selbstgefühls gekoppelt. Die Bewegung hat eine gewisse Dimension oder eine gewisse Richtung, denn das Individuum interagiert mit seiner Welt gemäß Handlungsmöglichkeiten,[39] wie oben erläutert. In dieser Bewegung findet es aber zugleich eine Bestimmung durch weltliche Verhältnisse, in welche es eingebettet ist und die seine eigene Situiertheit

---

[38] Kosch (2006: 98) betont, dass dieses Motiv in der späteren sogenannten Freiheitsschrift wiederkehrt, und zwar im Kontext von Schellings Freiheitsauffassung. Sie hebt hervor, dass das Paar Kontraktion-Expansion auf die Naturphilosophie zurückzuführen sei; sie übersieht aber, dass dieses auch für das *System des transzendentalen Idealismus* zentral ist, und zwar genau an der Stelle, wo Schelling seine Konzeption von Subjektivität als eine Art von praktischer Tätigkeit im Kontext von widerständigen Interaktionen mit der Welt darstellt.

[39] Den Bezug auf eine Expansions- qua Öffnungsbewegung möchte ich als einen Bezug auf die dem Handeln inhärente Dimension der Zukunft deuten, soweit das Handeln nicht nur jeweils als

ausmachen. Im Kontext dieser Auseinandersetzung wird das geistige Individuum in seiner Tätigkeit „zusammengezogen", auf sich selbst zurückgeführt, es instituiert sich gegenüber einer Welt. Die zweifache Bewegung bildet die Grundlage, falls sie „sich selbst Objekt wird", das heißt, in der philosophischen Abhandlung dann reflektiert und erläutert, für den Zeitbegriff als chronologisch artikulierte Ordnung.[40] Dieser hängt aber damit zusammen, dass geistige Individuen nicht etwa Zeitbestimmungen auf ihre Welt projizieren, sondern wesentlich prozessual sind. Ein Subjekt ist Zeit in Tätigkeit gedacht, heißt, Subjektivität ist konstitutiv Prozessualität, und dies in dem Sinne, dass sie sich in interaktiven Geschehen bildet.

Bevor ich im nächsten Abschnitt auf die Konsequenzen komme, die ich in systematischer Hinsicht für ein Denken der Subjektivität aus Schellings Diskussion des Zeitbegriffs ziehen möchte, ist es nun hilfreich, noch einmal zusammenzufassen. Die Auffassung der „in Tätigkeit gedachten Zeit", wie sie im *System des transzendentalen Idealismus* entwickelt wird, bezeichnet eine Verflechtung von verschiedenen begrifflichen Aspekten: (a) der Selbstdifferenzierung eines selbstbewussten Individuums gegenüber seiner Welt; (b) der Handlungsbedingtheit einer praktischen Interaktion; (c) der Handlungsoffenheit einer praktischen Interaktion. Schellings Pointe besteht nun darin, dass diese drei Dimensionen oder Aspekte praktischer Interaktionen zeitliche Modi erschließen: (a) die Gegenwart, (b) die Vergangenheit und (c) die Zukunft. In einer Einheit stehen diese drei Momente in dem Sinne, dass jedes praktische Geschehen, jede Interaktion ein dynamisches, situationelles Zusammenspiel – oder eben ein praktischer Spielraum, wie ich den Terminus oben verwendet habe – von Können und Nicht-Können darstellt, das im Praktizieren

---

Nicht-Können eingeschränkt ist, sondern als Handlungsmöglichkeit auf eine jeweils bestimmte Offenheit verweist. Die Zufälligkeit der Empfindungsinhalte und ihre mögliche Variation, ebenso wie auf einer grundsätzlicheren Ebene der Praxisbezug auf Handlungsmöglichkeiten, wären in dem von Schelling entworfenen Begriffsrahmen in der Tat unverständlich, wenn sie nicht im Zusammenhang mit der Verschiedenheit möglicher Vollzüge stehen würden, die als „expansiver" Kontrapunkt der Bedingtheit des Gefühls der Gegenwart gegenüberstehen. Deshalb glaube ich, dass Schellings praxisorientierte Herangehensweise an das Selbstbewusstsein und an die Empfindung parallel zur Vergangenheit als Bestimmungsgrund des Handelns den Bezug auf die Zukunftsdimension als seine jeweils bestimmte Offenheit benötigt. Dem Offenheitsbegriff wird eine ausführlichere Diskussion später anhand von Heideggers Philosophie gewidmet. Das besondere Verständnis aber, das Schelling davon abliefert, wenn er das Verhältnis von Einschränkung und Offenheit als Kontrast, Spannung, Widerstand deutet, lässt sich nicht unmittelbar und völlig in Heideggers Ansatz wiederfinden und ist deshalb wichtig, weil sich dadurch Heideggers Position besser bestimmen lässt.

40 Schelling entwickelt diese Diskussion in den folgenden Schritten des *Systems*. Auf sie gehe ich aber nicht ein, denn mir genügt es, den Begriff der Prozessualität des Subjekts zu gewinnen.

4.2 Schellings Ansatz zum prozessualen Selbst im *System des transzendentalen Idealismus*

ausgehandelt wird. Können und Nicht-Können gehen also ihrer Zusammenkunft nicht voraus, sondern jede praktische Situation ist als Kontrast, Reibung, Spannung zwischen Bedingtheit und Offenheit zu fassen. Dieses Begriffsgeflecht habe ich als Prozessualität bezeichnet. Es ist nun wichtig, das Konzept von zwei Auffassungen explizit zu unterscheiden.

Auf der einen Seite bezeichnet Prozessualität nicht die Zeit im Sinne einer chronologischen Messung oder auch Ordnung von physikalischen Geschehen. Schelling meint zwar, die erste stelle die Grundlage für die zweite dar; dennoch, obwohl ich keine prinzipielle Inkompatibilität zwischen den zwei Auffassungen unmittelbar sehe, möchte ich mich nicht darauf verpflichten, eine solche nachzuweisen oder auch den Zusammenhang beider Ansätze zu explizieren (und ich verstehe mich auch im Sinne dieser Untersuchung nicht dazu genötigt, das abzuliefern).[41] Auf der anderen Seite zielt ein solcher Prozessualitätsbegriff darauf ab, nicht Prozesse oder Vorgängen im Allgemeinen ins Auge zu fassen. Auf dem Spiel steht die besondere Art von Prozessualität und Dynamik, die praktische Interaktionen gekennzeichnet, die Akteur:innen involvieren. Um über Schelling hinaus auf das Vokabular der Untersuchung zurückzugreifen: Es geht um die Prozessualität und die Dynamik von praktischen Spielräumen.

In diesem Kontext soll es auch klar sein, dass Prozessualität nicht eine zeitliche Erstreckung, selbst in einer somit abgegrenzten Region, bezeichnet; sie betrifft eher die Art der Dynamik, der Beweglichkeit, des Werdens, und ihre spezifische Zeitlichkeit, die das Praktizieren und das Tun derjenigen Individuen oder Entitäten kennzeichnet, die sich in ihrem Praktizieren oder in ihrem Tun zugleich zu sich selbst verhalten. Prozessualität, wie ich sie hier mit und im Ausgang von Schelling verstehe, bezeichnet die praktisch-dynamische Situiertheit praktizierender Entitäten, die sich von ihrer Welt differenzieren, soweit sie in Kontrasten, sogar einer Widerstandserfahrungen zwischen Bedingtheit und Offenheit des Praktizierens ihre eigenen Handlungsgrenzen, ihre Einschränkungen und ihre Bedingtheit aushandeln.

Mit diesem Resultat möchte die Diskussion von Schellings Ansatz abschließen. Dem ist nicht so, weil ich seine Philosophie des Selbstbewusstseins erschöpft habe, wie sie im *System des transzendentalen Idealismus* dargestellt wird. Sie geht nämlich weiter, sowohl in der Behandlung von verschiedenen Arten von Gegenständen – über das sinnlich Angeschaute hinaus –, als auch angesichts zwei Haupt-

---

41 Schole (2018) entwickelt eine Interpretation von Schellings Spätphilosophie im Zusammenhang mit einem physikalischen Zeitbegriff, insbesondere mit Blick auf die Frage, wie Zeitlichkeit und Ewigkeit/Zeitlosigkeit kompatibel gemacht werden können. Die Perspektive ist robust theologisch informiert.

themen seines frühen Denkens: die praktische Philosophie und die Ästhetik. Was ich präsentiert habe, sind seine Hauptreflexionen zu dem Thema der prozessualen Natur des Selbstbewusstseins und seiner Konstitution, die die Basis für meine Untersuchung ausmachen. In dieser Hinsicht möchte ich zwei letzte, konklusive Punkte hervorheben.

Erstens möchte ich betonen, dass ich zwar nicht die Gesamtheit von Schellings Selbstbewusstseinsphilosophie in Betracht gezogen habe, dennoch einen wesentlichen Aspekt davon, der in der Schelling-Rezeption zentral ist und trotzdem meistens keiner detaillierten Überprüfung unterzogen wird. Ich konnte nämlich klären, in welcher Hinsicht Schelling tatsächlich ein Modell von Selbstbewusstsein entwickelt, in dessen Mittelpunkt das Werden und die Prozessualität als Wesensmerkmale von Subjektivität stehen. Dadurch konnte ich Kritiken beseitigen, die neuerlich gegen Schelling erhoben wurden, und zwar dadurch, dass ich sie auf ein teils textuelles, teils philosophisches Missverständnis zurückgeführt habe. Es hat sich nämlich herausgestellt, dass Schellings *System* keine Genealogie des Selbstbewusstseins darstellt, sondern eine systematisch vorgehende Diskussion von begrifflichen Voraussetzungen, innerhalb deren sich auch eine Diskussion von Prozessualität befindet. Diese hat sich als eine eigenartige Aufwertung der spezifischen Dynamik von Geist-Welt-Interaktionen erwiesen, die konstitutiv für Subjektivität sind und eine eigentümliche Auffassung von Zeitlichkeit erschließen, die das Zusammenspiel von Können und Nicht-Können, von Offenheit und Bedingtheit in den Fokus bringt.

Zweitens will ich kurz auf die systematische Rolle eingehen, die Schellings Ansatz zum Selbstbewusstsein für die vorliegende Untersuchung insgesamt darstellt, bevor ich im nächsten Abschnitt die bisherigen Überlegungen auf meine Ziele expliziter beziehe. Der textuellen Organisation der Untersuchung ist geschuldet, dass Schelling als ein Zwischenschritt zu Heideggers Konzeption vorkommen mag, während erst Heidegger eine solidere und vollständigere Auffassung der Konstitution von Subjektivität als Geschichtlichkeit darstellt. Nun stimmt es, dass Heidegger deutlicher als Schelling die Basis dafür anbietet, Geschichtlichkeit im Sinne und im Kontext einer sozial geteilten, historischen Dimension zu denken.[42] Was aber

---

42 Schelling kennt eigentlich einen Ansatz zur Intersubjektivität und zu sozialen Relationen im *System*, worauf ich aber im Kontext der vorliegenden Untersuchung auch selbst um der Vollständigkeit willen nicht eingehen möchte. Dem ist so, weil bei Heidegger die Frage der Geschichtlichkeit im engen Zusammenhang sowohl mit der Frage der Sozialität als auch mit der Frage der personalen Identität in der Zeit behandelt wird, was bei Schelling nicht der Fall ist. Die Interpretation würde deshalb einen viel umfangreicheren Umweg in der Auslegung benötigen, selbst angenommen, dass sie zu fruchtbaren Resultaten führen würde, die hingegen im Fall Heideggers viel unmittelbarer auf der Hand legen.

nicht stimmt, ist, dass alles, was sich in Schellings *System* bezüglich meines Themas findet, auch und vielleicht sogar besser in Heideggers *Sein und Zeit* zu finden ist. Denn Schelling vermag ins Zentrum seiner Konzeption von Prozessualität einen Kontrast, eine Spannung, eine Reibung zwischen Einschränkung und Handlungsfähigkeit explizit zu legen, sie kommt nämlich zum Ausdruck in dem Zusammenspiel von Expansion und Kontraktion, was Heideggers *Sein und Zeit* textuell nicht unmittelbar kennt und nur indirekt durch Operationen des Hineininterpretierens und des Ergänzens zulassen würde.

Grund dafür ist, dass Schelling trotz allem Streit ein dialektischer Denker ist: ein Denker der „Identität in der Duplizität" und umgekehrt, sowie des Kontrastes und des Konfliktes, die jede logische Koordination von Verschiedenem mit sich potenziell bringt. Heidegger versteht sich zwar innerhalb, und in einer Spannung zu, der Tradition der deutschen klassischen Philosophie; dennoch fehlt ihm meines Erachtens die fundamentale Einsicht, die Schelling unzweifelhaft vertritt, dass jede prozessual gefasste Geist-Welt-Konfiguration Widerstände und Kontraste birgt, deren Organisation, Auflösung und Überwindung definitorisch und orientierend für die Weiterentwicklung des Gesamtprozesses selbst ist.[43] Auf dieses Thema werde ich noch zurückkommen, möchte es trotzdem schon hier angesprochen haben.

Nach diesen zwei abschließenden Anmerkungen komme ich jetzt zu der systematischen Bedeutung, die meine bisherige Diskussion von Schelling Philosophie des Selbstbewusstseins für die Ziele der vorliegenden Untersuchung hat.

4.3 Das prozessuale Subjekt

4.3.1 Selbstdifferenzierung und praktischer Widerstand

Was lässt sich, in Bezug auf das Verständnis von Subjektivität, vom Subjekt-sein mancher Entitäten, mithilfe von Schellings Philosophie im *System des transzendentalen Idealismus* gewinnen? Ich rufe kurz noch einmal die bisherigen Hauptthesen der Arbeit in Erinnerung und ergänze sie dann mit den Resultaten, die ich durch die Diskussion von Schellings Zeitbegriff gewonnen habe.

---

[43] Es ist somit kein Zufall, dass die materialistische Philosophie im dialektischen Sinne auch aus dem gerade angedeuteten Grund in Schelling einen wichtigen Vorgänger sieht oder findet – obwohl die These zwar bestritten und nicht unproblematisch ist (vgl. aus einer anderen Perspektive: Frank 1992; Habermas 1960).

Ich habe im ersten Makroteil der Untersuchung vorgeschlagen, Subjektivität so anzugehen, dass kein Selbst im Voraus angenommen wird, wie es tatsächlich die gegenwärtige Subjektphilosophie größtenteils tut (dies in dem Maße, dass sie sich auf die These der ontologischen oder metaphysischen Interpretation des zunächst epistemologischen Begriffs der ersten Person verpflichtet). Der hier aufgeschlagene Weg will im Gegenteil versuchen, an einem durch Schellings frühe Spekulation angeleiteten Interaktionsbegriff anzusetzen, um mit manchen Schwierigkeiten umzugehen, die durch die naturalistische Kritik am subjektphilosophischen Programm sichtbar und virulent werden. Mithilfe von Heideggers *Sein und Zeit* habe ich dann detaillierter diese Position erläutert. Dies bedeutete, Subjektivität im Ausgang von praktischen, weltlichen Relationen ins Auge zu fassen, die Bewegungsräume als praktischen Spielräume deuten, die immer von einem Knowhow oder praktischen Wissen und Selbstwissen begleitet sind und ihre Beweglichkeit ausmacht und orientiert. Mit negativem und kritischem Blick betrachtet, hieß das, dass Subjektivität sich nicht allein in denjenigen Entitäten oder Individuen verorten lässt oder konstituiert, die sich auf sich beziehen können. Vielmehr findet der Selbstbezug nur durch oder über die kontextuelle, materielle und sozionormative Situation statt, in der er praktisch vollzogen werden kann.

Diese Perspektive bringt die Gefahr mit sich, subjektphilosophisch ungünstig zu sein. Subjektphilosophisch ungünstig könnte die hier entwickelte Herangehensweise deswegen sein, weil es der Subjektphilosophin schwer macht, ein begriffliches Kriterium für die Unterscheidung und somit Identifizierung derjenigen Entitäten zu finden, die in der Regel als Subjekte gelten. Es stellt sich die Frage, was ein Subjektbegriff wert ist, der besagt, dass das Subjekt-sein einer schreibenden Person in gewissem Sinne auch ihr Laptop, der Schreibtisch und die Prekarität ihrer Arbeitsbedingungen ist. Der Begriff der Subjektivität scheint derart breit und weltlich gefasst zu sein, dass er seinen Gegenstand am Ende verfehlt. In diesem Rahmen stellt sich also die Frage: Wie differenziert man ein Subjekt von dem, was in Netzwerken praktischer Relationen kein Subjekt ist? Ich habe diese Frage so weiter erläutert, dass sie ein Unterproblem miteinbeziehen, und zwar: Wie kann sich ein Subjekt von dem differenziert wissen, was in Netzwerken praktischer Interaktionen mit ihm nicht numerisch zusammenfällt?

Eine erste Lösung für dieses zweite Problem habe ich ausgehend von Schellings Philosophie diskutiert. Die Diskussion dreht sich um die Frage, wie es denkbar ist, dass sich ein selbstbezugsfähiges Individuum in der entworfenen Grundlage des praktischen Spielraums von seiner Welt differenzieren kann, obwohl sich seine Selbstbezugsfähigkeit nur in Relation auf seine Welt und durch sie hindurch konstituiert. Auf den Punkt gebracht lautet Schellings Antwort darauf: Ein Subjekt ist in Bezug auf seine Welt nicht differenziert, sondern *differenzierend*. Ein Subjekt differenziert sich für sich, konstituiert deshalb eine erstpersonale Grenzziehung

4.3 Das prozessuale Subjekt — 145

gegenüber seiner Welt, indem jeder praktische Vollzug als situiert und bedingt ein Kontrast, eine Spannung und ein Zusammenspiel von Handlungseinschränkung und Handlungsfähigkeit ist.[44] Der Akzent liegt dabei auf dem Zusammenspiel als einem dynamischen Geschehen und nicht auf den beiden Faktoren für sich genommen: Die Rede von Handlungsfähigkeit hat nur im Rahmen von einschränkenden kontextuellen Bedingungen Sinn. Diese Perspektive, die hier mithilfe von Schelling gewonnen wurde, spezifiziert den Begriff des praktischen Spielraums weiter, auf der einen Hand; und auf der anderer tut sie das so, dass solche Spezifizierung darauf abzielt, die im ersten Teil aufgeworfenen und gerade wieder angesprochenen Schwierigkeiten zu beseitigen. Verweilen wir kurz darauf.

Es wurde im ersten Makroteil der Untersuchung vorgeschlagen, Subjektivität als die Fähigkeit zu fassen, in Netzwerken von praktischen Relationen Selbstverhältnisse implizit oder explizit zu vollziehen; eine Fähigkeit fernerhin, die essenziell durch praktisches Wissen und Selbstwissen gestützt und konstituiert ist; und die sich nur durch die kontextuellen Relationen fassen lässt, die ihren Vollzug ausmachen. Solche Relationen wurden als wesentlich handlungsorientierend gefasst. Durch die Diskussion von Schelling lässt sich ausmachen, dass die durch praktische Relationen gestiftete Handlungsorientierung eine Spannung darstellt. Das Geflecht von praktischen Relationen zwischen Akteur:innen und Welt ist nicht neutral, sondern stellt jeweils Kontraste zwischen der Handlungsfähigkeit der Akteur:innen und den kontextuellen Bedingungen dar, die die Situiertheit der Handlung determinieren.

Zu diesem ersten Punkt ist ein zweiter hinzuzufügen. Diese Spezifizierung ist – mit Blick auf die systematische Lage der Untersuchung – nicht beliebig. Denn es lässt sich annehmen, dass genau im Aushandeln solcher Kontraste sich eine Akteurin ihrer eigenen Situiertheit und Position nach konstituiert. Im Aushandeln praktischer Widerstände und Handlungseinschränkungen vollzieht sich eine Selbstdifferenzierung der Akteurin ihrer Welt gegenüber. Eine solche Ausformulierung der Grundlageauffassung des praktischen Spielraums ermöglicht es, die Selbstdifferenzierung derjenigen Individuen, die sich zu sich in praktischen Vollzügen verhalten, gegenüber ihrer Welt zu denken. Sie wird im Sinne einer dynamischen, immer wieder neu ausgehandelten und auszuhandelnden, sich stabilisierenden oder auch sich verflüssigenden Differenzierung im Rahmen von praktischen Widerständen begriffen.

---

44 Spekulativer formuliert: Die Frage der Geist-Welt-Differenz wird nicht im Sinne einer Frage der bewussten Selbstaufmerksamkeit, sondern als Frage des Verhältnisses von Freiheit und Unfreiheit, und wie dieses ausgehandelt werden kann und wird (dazu noch mehr in 5.3 u. 6).

Auf diese Art und Weise wird die Geist-Welt-Differenz argumentativ eingeholt, wenn auch nur aus der Perspektive des Subjekts. Dies erfolgt, ohne auf eine im Vorfeld angenommene metaphysische oder geistesontologische Diskontinuität zurückgeführt zu werden. Kurz gesagt wird auf die Frage, wie lässt sich vom Begriff des praktischen Spielraums aus begründen, dass sich Subjekte von ihrer Welt differenzieren und differenziert wissen, die folgende Antwort gegeben: Es lässt sich begründen, weil jedes Geflecht praktischer Relationen ein Zusammenspiel von Handlungseinschränkung und Handlungsfähigkeit ist, erst im Aushandeln dessen sich eine Akteurin von ihren Gegenständen und von anderen Akteur:innen differenziert und sich somit als Selbst instituiert.

Obwohl diese These auf den ersten Blick kontraintuitiv erscheinen mag, sie kann plausibilisiert werden. Stellen wir uns eine Person vor, die sich auf verschiedene Arten und Weisen, indem sie diese und jene praktischen Vollzüge ausführt, zu sich selbst verhält: Sie läuft, schreibt, programmiert, geht mit diesen und jenen Gegenständen um, verhält sich so oder so, je nach sozial anerkannter Praxis. Das ist das Bild, das ich bisher in den Mittelpunkt gestellt habe. Diese Person möchte jedoch auch Klavierspielen lernen, ohne je ein Klavier berührt zu haben und ohne musikalisch besonders gebildet zu sein. Sie geht deshalb zum Unterricht und versucht, die Praxis des Klavierspielens mithilfe eines intersubjektiven Austausches zu erlernen. Klavierspielen, der Umgang mit Partituren, vielleicht ein wenig Musiktheorie, die körperliche Koordination an der Klaviatur und an den Pedalen: All das will angeeignet werden, und es ist schwierig. Anders gesagt, es stellt einen gewissen Widerstand, eine Einschränkung für die Person dar und diesem Widerstand begegnet sie mit ihren Versuchen mehr oder weniger konstant.

Gerade ein solches Phänomen beleuchtet die Perspektive, die ich anhand von der Diskussion von Schellings Philosophie entwickelt habe. Durch die Aushandlung der im Klavierunterricht begegnenden Widerstände konstituiert sich die Akteurin als Klavierspielerin, sie differenziert sich, positioniert sich gegenüber den Gegenständen, den Praktiken, vielleicht ihrer Lehrerin und ihren Freund:innen, die schon Klavier spielen können, und durch diese Selbstdifferenzierung oder Positionierung bei der Aushandlung von Widerständen praktiziert sie sich selbst als Klavierspielerin. Dies erfolgt in dem Umgang mit den Schwierigkeiten, die ihrer Handlungsfähigkeit der materielle und soziale Kontext bereitstellt. Können und Nicht-Können gehören in dem Lernprozess zusammen, und ihr Zusammenspiel macht diesen aus.

Die Grenzen und die Widerstände sind fernerhin weder bloß fluid und beherrschbar noch fest und unüberwindbar, sondern mobil und plastisch. Sie verändern sich, wie sich die lernende Person verändert, im Vollziehen des Lernprozesses. Zunächst ist Klavierspielen eine ganz andere Welt und somit ist die Akteurin auch keine Klavierspielerin. Durch Übung fängt sie an, eine Klavierspielerin zu werden und ist mit bestimmten Schwierigkeiten konfrontiert. Über die

Monate hinweg wird sie besser und ihre Fertigkeiten und ihr praktisches Selbstverhältnis als Klavierspielerin verändern sich, genauso wie die Einschränkungen und die Handlungsmöglichkeiten ihres Praktizierens. Die Klaviatur ist ihr nicht mehr so fremd, sie spürt vielleicht die Tasten auf eine Weise, die es ihr erlaubt, beim Spielen ihre körperliche Kraft für Nuancierungen einzusetzen. Man könnte sogar aus erstpersonaler Perspektive sagen, dass die Klaviatur in einer gewissen Kontinuität mit ihrem Körper erfahren wird, nicht mehr widerständig, sondern irgendwie selbstverständlich für ihr Selbstverhältnis. Die Widerstände, die Fertigkeiten, die Errungenschaften, das Selbstverständnis und sogar die Welt einer eingeübten Klavierspielerin verändern sich: Sie versucht immer schwierigere Partituren zu interpretieren, sie liest sich in abstrakte und komplizierte Musiktheorie ein – und so weiter.

Man könnte viel prosaischer ein Beispiel wie das Autofahren in Betracht ziehen. Fernerhin gilt es, den traditionellen Bezug auf den Blindenstock als Einverleibungsmuster auch in diesem Sinne zu interpretieren. Ich würde sogar so weit gehen, dass neugeborene Säuglinge eben dadurch langsam Selbstverhältnisse aufbauen, dass sie die Interaktion mit ihrer Welt und die damit einhergehenden Schwierigkeiten und Widerstände graduell, aber ohne Unterlass aushandeln und überprüfen: Sie konstituieren sich somit über die chronologische Zeit hinweg als Individuen, die durch Fähigkeiten zu Selbstverhältnissen ihr Leben führen. Zwar sind Säuglinge aus einer Außenperspektive betrachtet von ihren Gegenständen unterschieden – aber erstpersonal ist die Geist-Welt-Differenz im Begriff, sich zu konstituieren.

Auf diese Art lässt sich nun plausibel und verständlich machen, wie vom Modell des praktischen Spielraums aus eine erstpersonale Selbstdifferenzierung des Subjekts von seiner Welt zu denken ist. Es fehlt nun hervorzuheben, wie sich diese Einsicht auf ein Denken der Prozessualität bezieht.

4.3.2 Prozessualität

Ich habe oben behauptet, dass die im *System des transzendentalen Idealismus* entwickelte Zeitauffassung im Grunde einer Auffassung des menschlichen Geistes gleichkommt. Der textuelle Nachweis ist schwer zu übersehen: Schelling fasst seine Erläuterungen zum Zeitbegriff durch die Aussage zusammen, dass das Ich nichts Anderes als die in Tätigkeit gedachte Zeit sei. Ich werde jetzt nicht auf die Rekonstruktion von Schellings Argumenten zur Verbindung von Zeit und Selbst zurückkommen, sondern versuchen, diese mit Blick auf die Zwecke meiner Untersuchung auszuloten. Der bisher entwickelte Ansatz lässt sich durch die folgenden Aussagen zusammenfassen: Subjektivität lässt sich im Ausgang von praktischen Spielräumen begreifen; im Kontext einer solchen Auffassung lässt sich eine erstpersonale Selbstdifferenzierung seitens derjenigen Wesen nachvollziehen, die sich zu sich in praktischen Spielräumen verhalten und in interaktiven Geschehen sich von ihrer Welt erstpersonal unterscheiden. Wie sieht das nun in Bezug auf die Frage der Prozessualität von Subjekten aus?

In der Tat wurden praktische Spielräume so gefasst, dass sie immer im Werden, dynamisch sind. Ich möchte den Begriff der Prozessualität aber so verstehen, dass dieser nicht der ganz allgemeinen Behauptung gleicht, dass etwas im Werden ist. Denn freilich gibt es viele verschiedene Arten und Weisen zu werden. Die Bewegung von einem Glas, das vom Tisch fällt und zerbricht, kann in mancherlei Hinsicht beschrieben werden, ohne auf Begriffe wie praktisches Wissen, Fähigkeit zum Selbstverhältnis und dergleichen zu rekurrieren (offensichtlich nicht in allen Hinsichten, weil der Gebrauch des Begriffs „Glas" eben ein Know-how bezüglich der Klasse von Artefakten voraussetzt, die durch „Glas" bezeichnet werden und ein Netzwerk von sozialen Gebrauchsnormen implizieren, um identifiziert zu werden). Das Werden von praktischen Spielräumen ist durch praktisches Wissen konstituiert, begleitet und gestützt.

In diesem Kontext zielt der Begriff von Prozessualität nicht darauf ab, die Gesamtkonstruktion des praktischen Spielraums, dem Werden nach, in Betracht zu ziehen. Er isoliert vielmehr die Art und Weise, in welchem Subjekte als selbstverhältnisfähige Wesen in praktischen Spielräumen prozessual verfasst sind, und zwar ihrer Subjektivität bzw. ihrer Selbstverhältnisfähigkeit nach. Es geht also um das Prozessual-sein derjenigen Entitäten, die durch Selbstbezugsfähigkeit gekennzeichnet sind, soweit sie durch Selbstbezugsfähigkeit gekennzeichnet sind und Selbstbezugsfähigkeit wiederum prozessual verfasst ist. Kurz gesagt, es geht um einen Begriff des prozessualen Subjekts.

In dieser Hinsicht fügt der durch die Diskussion von Schellings Zeitauffassung im *System* gewonnene Begriff zur Konzeption des praktischen Spielraums ein zentrales Element hinzu. Zum einen wird die Konstitution von Subjektivität mit der Aushandlung des Zusammenspiels von Können und Nicht-Können verbunden, das jeden praktischen Spielraum, freilich in den verschiedensten Graden, auszeichnet. Zum anderen wurde diese Einsicht so dargelegt, dass sie eine *zeitliche Interpretation* ihrer zulässt und zu verstehen gibt. Ich fokussiere mich nun auf diesen zweiten Aspekt.

Zeitliche Interpretation soll hier nicht so verstanden werden, dass einen vorkonstituierten Zeitbegriff im Hintergrund angenommen werden muss, um einen praktischen Vollzug, eine Subjekt-Welt-Interaktion, als Aushandlung des Zusammenspiels von Handlungsfähigkeit und Handlungseinschränkung auf den Begriff zu bringen. Wenn das der Fall wäre, wäre der somit erschlossene Zeitbegriff dem praktischen Geschehen gegenüber völlig indifferent. Unser Begriff von praktischem Geschehen hätte nichts zu unserer Zeitkonzeption beizutragen. Dem ist aber nicht so, denn unsere Zeitkonzeption ist wesentlich dadurch definiert, dass sie der Ausdruck von verschiedenen Aspekten eines praktischen Vollzugs ist. Die Modi der Zeit, die dadurch ans Licht gebracht werden, haben nur als Bestimmungen von Aspekten eines praktischen Vollzugs Sinn. Wiederum bedeutet das, dass die verschiedenen Aspekte praktischer Vollzüge, die ich mit Schelling diskutiert habe, zeitlich verfasst sind. Die Denkfigur, die hier auf dem Spiel steht, ist die einer wechselseitigen Interpretation der zwei Begriffsordnungen – Praxis und Zeit –, die nicht als voneinander unabhängig, sondern als intim aufeinander bezogen begriffen werden. Sie erschließen sich gegenseitig.

Der Begriff Prozessualität bezeichnet hier somit die Verflechtung von Praxis und Zeit in Anbetracht der Konstitution von Subjektivität als Selbstverhältnisfähigkeit in praktischen Spielräumen. Leitend ist dabei der folgende Gedanke. Jeder praktische Vollzug ist ein dynamisches Zusammenspiel von Handlungseinschränkung und Handlungsoffenheit. Handlungseinschränkung und Handlungsoffenheit stehen sich nicht so gegenüber, als ob sie einander bloß entgegengesetzt wären, ganz im Gegenteil. Praktische Vollzüge können zwar auf Verschiedenes, sogar Offenes hinauslaufen; dennoch sind sie praktische Vollzüge, indem sie an kontextuellen Relationen orientiert sind, die sie ermöglichen und determinieren zugleich. Umgekehrt ist die Determination, wovon es in praktischen Vollzügen die Rede ist, eine solche, die ausgehandelt werden kann und dementsprechend einen Spielraum an Unbestimmtheit der Ergebnisse des praktischen Vollzugs selbst zulässt (dazu mehr mit Heidegger, 5.1). Diese Dynamik weist eine besondere, ihr eigentümliche Zeitlichkeit auf, sobald der Fokus auf die praktizierende Entität bzw. auf die Akteurin gelegt wird, die mit ihrer Welt interagiert.

Die Spannung zwischen Bedingtheit und offener Gerichtetheit eines praktischen Vollzugs erschließt sich als eine zeitlich verfasste Spannung zwischen den Bedingungen, die bereits vorliegen, und dem Resultat der Praxis, das sich noch zu ereignen hat. Solche Spannung als Zusammenspiel dieser zwei Aspekte lässt sich als die dynamische Gegenwart des praktischen Vollzugs selbst auffassen, in welcher sich eine Akteurin gegenüber und innerhalb von einem Netzwerk praktischer Relationen situiert, indem sie die Spannung selbst aushandelt. Dem ist so aufgrund der oben wiederaufgegriffenen Erläuterungen zur Selbstdifferenzierung und zur praktischen Widerständigkeit. Im Aushandeln von praktischen Widerständen differenziert eine Akteurin sich selbst von den anderen Elementen im praktischen Spielraum und konstituiert sich somit als sich selbst differenzierend. Da das Aushandeln von Können und Nicht-Können zeitlich interpretiert werden kann, lässt sich die darauf basierende Selbstdifferenzierung als konstitutives Moment von Subjektivität auch zeitlich fassen.

Genau ein solches Begriffsgeflecht drückt der Ausdruck Prozessualität des Subjekts aus (und eben nicht das Werden praktischer Situationen insgesamt oder von nach physikalischer Zeit messbaren Naturprozessen). Prozessualität bezeichnet somit hier eine in sich gegliederte, praktisch-dynamische Einheit, in der zeitliche Aspekte zusammenkommen und in Beziehung zueinander treten. Die Einheit des Subjekts bleibt im Rahmen weltlicher Interaktionen begriffen, dennoch so, dass sich in diesen die Akteurin von ihrer Welt differenziert, indem sie mit ihrer Welt interagiert.

Es lohnt sich nun einen zusammenfassenden Rückblick auf den bisherigen Gedankengang der Untersuchung zu werfen. Der folgende Thesenzusammenhang wird vertreten. Ich nenne Subjektivität die Fähigkeit zu praktischen Selbstverhältnissen im Rahmen jeweils bestimmter situationeller Bezüge, die die Tätigkeit einer Akteurin zugleich ermöglichen und einschränken. Weil in praktischen Vollzügen Handlungseinschränkungen ausgehandelt werden, vollziehen sich Selbstverhältnisse immer im Rahmen von praktischer Widerständigkeit. Wenn Vollzüge praktischer Selbstverhältnisse derart gefasst werden, erweisen sie sich als zeitlich konstituiert, jedoch nicht im Sinne einer Chronologie aufeinanderfolgender, diskreter Zeitmomente, sondern einer in sich gegliederten Einheit verschiedener zeitlicher Aspekte. Im Sinne einer solchen Zeitlichkeit impliziert das Subjekt-sein das Prozessual-sein und Subjektivität wird wesentlich als Prozessualität gefasst.

Auf die Bedeutung, die ein solcher Ansatz im Kontext der Subjektphilosophie der Gegenwart hat, werde ich am Ende dieses zweiten Untersuchungsteils zurückkommen. Das tue ich nicht jetzt, weil die Resultate, die ich mithilfe von der Diskussion von Schellings Zeitauffassung gewonnen habe, noch partiell sind. Eine zweite und letzte Auseinandersetzung mit Heideggers Denken wird sie abrunden – und erst dann werde ich meine Auffassung im Rahmen aktueller Debatten perspektivieren. Nichtsdestoweniger gilt es schon hervorzuheben, dass ich Heidegger nicht als reine Ergänzung oder Vervollständigung von Schelling betrachte. Es wird sich herausstellen, dass die mit Schelling gewonnene Perspektive ein Element miteinbeziehen kann, das mithilfe von Heidegger allein schwer zu berücksichtigen wäre.

Trotzdem bleibt der gerade dargestellte Begriff von Prozessualität mit Blick auf die Ziele der Gesamtuntersuchung eben noch partiell. Dem ist so, weil Geschichtlichkeit in einem robusten Sinne noch nicht zum Thema gemacht wurde. So gefasst, macht Prozessualität nicht verständlicher, wie das geschichtlich erstreckte Persistieren eines Subjekts zu fassen sei beziehungsweise nach welchem Prinzip der Zusammenhang dessen, was als Geschichte eines Subjekts gilt, aufgefasst werden muss (4.1). Allerdings beginnt sich schon hier ein wichtiges Thema zu konturieren, das sich am Ende der Untersuchung als wesentlicher Beitrag zur subjektphilosophischen Diskussion erweisen wird. Denn es ist klar geworden, dass der Hauptterminus der hier entwickelten Reflexion zu Subjektivität nicht die Selbstrelation *alleine* ist. In den Mittelpunkt rückte vielmehr die Denkfigur eines Zusammenspiels von Können und Nicht-Können, von Einschränkung und Offenheit, die nur über den Begriff der bloßen Selbstrelation hinaus formuliert werden kann, diesen nicht voraussetzt, sondern wesentlich mitbestimmt. Bis zu welchen Konsequenzen dieser Gedanke uns führen wird, wird sich nach der zweiten Diskussion von Heidegger und erst am Ende der Untersuchung explizieren lassen.

5 Subjektivität als Geschichtlichkeit

Eine Bewegung, ein Ereignis, selbst Reihenfolgen von Bewegungen und Ereignissen, stellen für sich genommen noch keine Geschichte dar. Zum Beispiel kann ein Naturphänomen als zeitlich erstrecktes Geschehen bezeichnet werden. Kontraintuitiv ist es, von der Geschichte eines frei fallenden Körpers zu sprechen, es sei denn man will einen besonderen narrativen oder rhetorischen Effekt evozieren. Trotzdem lässt sich die Grenzlinie zwischen Geschehen im allgemeinen Sinne und Geschichte nicht so eindeutig ziehen. Man spricht von einer Geschichte der Gattungen, die die Erde bewohnt haben, oder selbst von der Geschichte des Planeten, von einer allgemeinen Naturgeschichte. Allerdings fallen so gefasste Naturgeschichten nicht unmittelbar mit anderen Arten von Geschichte zusammen, wie der Moderne, der Alchimie, des Talleyrands, der Äneis oder der Abenteuer des Äneas.

Die Geschichte von einem selbstverhältnisfähigen Individuum ist der zweiten Art von Geschichte näher – so wird es sich herausstellen. Fernerhin werde ich dafür argumentieren, dass selbstverhältnisfähige Individuen so auf den Begriff gebracht werden können, dass sie wesentlich Geschichten sind – oder, anders formuliert, dass Subjektivität als Geschichtlichkeit gedacht werden kann. Die Frage ist in der Philosophie des Geistes teilweise schon bekannt, sei es im Sinne der personalen Identität in der Zeit oder von Subjektivitätsauffassungen, die das Zeitbewusstsein in den Mittelpunkt rücken. Mit solchen Problemen setzt sich dieses letzte Kapitel auseinander. Dennoch, wie es bereits klar geworden sein sollte, plädiere ich zugleich für ein robusteres Verständnis von Geschichtlichkeit. Subjektivität ist geschichtlich auch in dem Sinne, dass das Subjekt-sein in der sozialen und materiellen, kurzum historischen Dimension tief verwurzelt ist. Dass Subjektivität sich als Geschichtlichkeit konstituiert, bedeutet daher, was es heißt, selbstverhältnisfähig in einem solchen Kontext, in einer solchen Einbettung zu sein.

5.1 Heidegger, Reprise

Selbst im Fall der spezifischen Prozessualität eines Subjekts, wie ich sie oben erläutert habe, ist ein Prozess noch keine Geschichte. Der Begriff bezeichnet eine jedem praktischen Vollzug eigentümliche Art der Dynamik (4.3.2). Er bezeichnet eher die Verflechtung als die Folge der zeitlichen Modi, die praktische Vollzüge als Kontrast und Spannung von Handlungseinschränkung und Handlungsfähigkeit zum Vorschein bringen. Dieses Resultat kann im Rahmen meines subjektphilosophischen Ansatzes zwar Einiges verdeutlichen (bezüglich der Konstitution der erstpersonalen Selbstdifferenzierungsfähigkeit eines sich zu sich verhaltenden

Individuums, soweit diese nicht durch eine ontologische Interpretation von Erst- und Drittpersonalität gesichert wird). Mit Blick aber auf die zwei oben aufgeworfenen Grundfragen (4.1) kann der Begriff von Prozessualität noch wenig leisten und erweist sich deshalb als ergänzungsbedürftig: Gerade deshalb, weil er sich nicht explizit auf so etwas wie eine Reihenfolge bezieht, kann der Begriff keinen Einfluss auf die Frage der transtemporären personalen Identität haben; umso weniger lässt sich daraus unmittelbar das Problem beleuchten, welches Prinzip für das geschichtliche Geschehen als Zusammenhang verschiedener Ereignisse einer Lebensgeschichte einheitsstiftend ist.

Mit diesen beiden Problemen wende ich mich noch einmal Heideggers *Sein und Zeit* zu. Ihnen füge ich noch ein drittes hinzu, das sich angesichts und aufgrund des spezifischen Ansatzes zur Subjektivität stellt, der in der Untersuchung bisher entwickelt wurde. Es geht – ich rufe es in Erinnerung – um das begriffliche Kriterium, das Subjekte von anderen Arten von Entitäten im Kontext der geteilten Grundlage des praktischen Spielraums unterscheidet (3.4). Zwar lassen sich mithilfe von Schelling die begrifflichen Mittel explizit machen, die eine aus erstpersonaler Perspektive geltende Selbstdifferenzierung absichern. Das heißt aber nicht unmittelbar, dass das Kriterium festgemacht wurde, das ein Subjekt von dem unterscheidet, was nicht durch Subjektivität gekennzeichnet ist – wenn die Differenz zwischen erster und dritter Person diese Funktion nicht erfüllen kann und nicht erfüllen soll (3.3.3). Was ein Subjekt auf begrifflicher Ebene von dem unterscheidet, was kein Subjekt ist, wurde also noch nicht geklärt.

Genau an dieser Stelle kommt nun Heidegger zu Hilfe. *Sein und Zeit* entwickelt einen Ansatz, der alle drei Probleme mit einem einzigen Schlag löst – oder lösen sollte, dem Anspruch nach. Fangen wir mit der letzten Frage an. Heidegger stellt sie als Frage der begrifflichen Unterscheidung zwischen daseinsmäßigen und nicht-daseinsmäßigen Entitäten oder Seienden. Seine Antwort lautet: Ekstatische Zeitlichkeit ist das, was daseinsmäßige Entitäten gegenüber allen anderen Arten von Seienden auszeichnet. Die Interpretation muss deshalb auf seinen Begriff der Zeitlichkeit eingehen (5.2). Heideggers Begriff der Zeitlichkeit ist dennoch umso wichtiger für das sachliche Anliegen der Untersuchung, indem dadurch auch ersichtlich werden sollte, so nach dem selbstgesetzten Anspruch von *Sein und Zeit* (vgl. 5.3), was den Zusammenhang von einer Lebensgeschichte ausmacht und wie dadurch die Frage der personalen Identität über die Zeit gelöst werden kann. Nach Heideggers Formulierung soll sein Verständnis von Geschichtlichkeit, das er im Anschluss an seinen Zeitlichkeitsbegriff entwickelt, das Persistieren von selbstverhältnisfähigen Wesen „zwischen Geburt und Tod" (*GA* 2: 493) beleuchten können (was in Heideggers Augen an der Stelle auch bedeutet: selbst als Frage kritisch betrachten).

Die Aufgabe also, mit deren Lösung Heidegger seine Diskussion der Geschichtlichkeit des Daseins explizit betraut, ist durch eine dreifache Fragestellung gekennzeichnet: Was zeichnet selbstverhältnisfähige Entitäten aus und in welchem Sinne differenziert sie das gegenüber anderen Arten von Entitäten? Was sichert ab, dass eine selbstverhältnisfähige Entität mit sich selbst identisch bleibt über die Zeit hinweg? Was charakterisiert Geschichten als Zusammenhänge oder Organisationen von verschiedenen Zeitmomenten? Heideggers Antwort ist aber nun eine einzige und sie lautet: die Wiederholung. Der Begriff der Wiederholung, wie er in *Sein und Zeit* entwickelt wird, soll sowohl das verständlich machen, was Subjekte auszeichnet, als auch einen Ansatz dafür abliefern, wie Subjekte über die Zeit hinweg mit sich selbst identisch bleiben können, sowie klären, was verschiedene Momente in einer Geschichte zusammenhält.

Der Grund dafür lässt sich folgendermaßen knapp vorausschicken. Eine der Kernaussagen von Heideggers Daseinsphilosophie ist, dass der menschliche Geist, selbst durch Selbstverhältnisfähigkeit wesentlich definiert, vollkommen unverständlich wäre, wenn er nicht aus der Perspektive seiner Freiheit begriffen wird. Der Begriff der Wiederholung bezieht sich nun sowohl auf die besondere Freiheitskonzeption, die in *Sein und Zeit* entwickelt wird; als auch auf das organisierende Prinzip, das verschiedene Zeitmomente einer Lebensgeschichte zusammenhält.

Auf diese Weise will Heidegger nicht nur einen einheitlichen Ansatz zu den gerade angesprochenen Fragen abgeliefert haben. Der Sinn seiner Operation besteht vielmehr in der kritischen Betrachtung der Fragestellung zur transtemporären personalen Identität selbst, und zwar dadurch, dass Personen nicht mit Blick auf ihre kognitive Selbstrelation, sondern aus der Perspektive ihrer Freiheit gefasst werden. Solche Verschiebung des Fragenfokus auf den Freiheitsbegriff als Wesensmerkmal von Subjektivität ermöglicht es, eine alternative Lösung zu suchen, als aus dem Selbstrelationsbegriff einen Begriff der zeitlichen Verbindung herauszudestillieren, oder umgekehrt. Sie impliziert aber das Umdenken von Subjektivität, das in *Sein und Zeit* vollzogen wird, sowie dessen Klärung.

Kurz gesagt erhebt also Heidegger den Anspruch, Subjektivität als Geschichtlichkeit zu fassen; dadurch will er auch dieselben Probleme gelöst haben, die diese Untersuchung beschäftigen. Ob und wie das ihm gelingt, diskutiere ich jetzt im Folgenden.

5.2 Offenheit als Subjektivitätsprinzip

5.2.1 Praktische Intelligibilität im Zusammenbruch und ungesicherte Praxis

Es wurde gesagt: Subjektivität ist die Fähigkeit, Selbstverhältnisse in praktischen Spielräumen zu vollziehen, und als solche konstituiert sie sich nur durch und über Zusammenhänge praktischer Relationen. Dieser Ansatz stellt einige Schwierigkeiten dar, die seine theoretische Belastbarkeit im subjektphilosophischen Rahmen bezweifeln lassen (3.4). Mit einer von ihnen lässt sich umgehen, so habe ich argumentiert, wenn vom Begriff des praktischen Spielraums aus, und ohne ein vordifferenziertes Selbst anzunehmen, ein Begriff der subjektiven Selbstdifferenzierung begründet werden kann. Die vorgeschlagene Lösung ist aber eine nur partielle. Denn zwar wurde ein Erklärungsmodell für die subjektive Selbstdifferenzierung im Rahmen von praktischen Spielräumen vorgeschlagen. Dieses operierte aber so, dass dadurch ein neuer, zentraler Begriff eingeführt wird, nämlich der des Zusammenspiels von Handlungseinschränkung und Handlungsoffenheit (4.3). Dieser übernimmt somit die Funktion, ein tragfähiges Verständnis von Subjektivität zu untermauern.

An dieser Stelle lässt sich Heideggers Ansatz fruchtbar machen. In *Sein und Zeit* wird eben das Prinzip der Handlungsoffenheit als Wesensmerkmal von Subjektivität erklärt und somit als begriffliches Kriterium eingeführt, um Subjekte von Nicht-Subjekten differenzieren zu können („daseinsmäßige" und „nichtdaseinsmäßige" Seiende nach Heideggers Vokabular).

Deshalb ziehe ich jetzt Heideggers Philosophie des Daseins so in Betracht, dass dabei der Fokus auf die Frage fällt, was daseinsmäßige Seiende, beziehungsweise Subjekte, beziehungsweise selbstverhältnisfähige Entitäten, von anderen Arten von Entitäten unterscheidet. Heidegger ist in der Hinsicht – zumindest dem Wort nach – ziemlich klar. Er behauptet nämlich zunächst, dass daseinsmäßige Entitäten dadurch gekennzeichnet sind, dass sie, anders als Artefakte, Naturgegenstände und tradierte Handlungsorientierungen, konstitutiv *Sorge* sind (*GA* 2: § 41). Der Begriff der Sorge bezeichnet wiederum einen Zusammenhang verschiedener Elemente, den ich nicht ausführlich darlegen werde. Wichtig ist für mein Anliegen eher, den Fokus auf ein Wesensmerkmal des begrifflichen Geflechts der Sorge zu legen, ein Merkmal fernerhin, das im Rahmen von Heideggers Geschichtlichkeitsauffassung zentral wird: die ungesicherte Natur des menschlichen Tuns, seine unabdingbare Revidierbarkeit.

Dieser Aspekt wird im Rahmen von *Sein und Zeit* durch den *Angstbegriff* eingeführt (*GA* 2: § 40), den ich jetzt heranziehe. Die Diskussion der Angst stellt somit den ersten Schritt dar, um Heideggers Auffassung dessen, was Subjekte ausmacht, verständlich zu machen. Die Angst ermöglicht es nach Heidegger sichtbar zu machen, dass praktizierende Entitäten essenziell dadurch gekennzeichnet sind, dass ihr Praktizieren offen, beziehungsweise nicht durchgängig bestimmt ist. Dies ist wiederum deshalb möglich, weil die Angst für Heidegger veranschaulicht, dass die jeweilige Orientierung durch eine Welt der Praxis in ihrer sinnstiftenden Funktion (3.2.3) nur deshalb orientierend und sinnstiftend ist, weil ihre Gültigkeit nicht abgesichert ist und somit zusammenbrechen kann. Obwohl ich also kein unmittelbares und sachliches Interesse am Phänomen der Angst habe, liegt die Wichtigkeit von

Heideggers Diskussion der Angst darin, dass sie argumentativ den Zugang zu einem Gedanken darstellt, der für meine Rekonstruktion zentral ist. Deshalb verweile ich nun beim Angstbegriff. Weder werde ich Heideggers Konzeption der Angst in allen ihren Aspekten rekonstruieren noch möchte ich eine ausführliche Diskussion dessen abliefern, was Angst ist. Meine Darlegung ist vielmehr dem Anliegen funktional, die ungesicherte Natur der Weltorientiertheit praktizierender Entitäten nach Heideggers Ansatz zu präsentieren.

Zum Zweck der Darstellung von Heideggers Angstbegriffs in seinen wesentlichen Zügen muss ich zunächst einige Koordinaten zum Kontext desselben skizzieren. Gehen wir also einen Schritt zurück. Praktizierende Entitäten gehen laut Heidegger mit Gegenständen um und orientieren sich dabei an den sozialen Praktiken, die in ihrer Welt gelten, sie existieren mit anderen mitpraktizierenden Entitäten zusammen, operationalisieren in ihrem Tun ein praktisches Wissen als Know-how, indem sie agieren, usw. (3.2). Dieser Grundlagegedanke erschöpft dennoch nicht alles, was nach Heideggers Modell das menschliche Tun ausmacht.

Heideggers Ansatz räumt vielmehr als wesentliche Komponente des Praktizierens Affekte, Gefühle oder Emotionen ein oder, genauer gesagt, seine affektive, gefühlsmäßige oder emotive Bestimmtheit (respektive: *Stimmungen*, die zur *Befindlichkeit* praktischer Vollzüge und Situationen gehören, *GA* 2: 178). Solcher affektive Aspekt jedes praktischen Vollzugs ist nicht als Ergänzung zu einem vorkonstituierten Geschehen zu deuten, sondern gehört zu den Grundaspekten, die einen praktischen Vollzug zu dem machen, was er ist (Crowell 2015). Praktizierende Entitäten verhalten sich zu sich und zu ihrer Welt immer so, dass Selbst- und Weltverhältnisse affektiv bestimmt oder „gestimmt" sind, und Affekte sind wesentlicher Bestandteil der Art und Weise, wie praktizierende Entitäten sich selbst und ihre Welt praktisch verstehen (Ratcliffe 2013).

Die Frage danach, was genau Stimmungen nach Heideggers Ansatz sind und wie sie verstanden werden sollten, ist eine unzweifelhaft legitime, ihr werde ich aber hier nicht nachgehen – zumindest nicht in einem allgemeinen Sinne. Mich interessiert lediglich seine Angstdiskussion im Rahmen der breiteren Auffassung dessen, was praktizierende Entitäten ausmacht – und Angst wird eben in diesem Rahmen verortet als eine Art und Weise der gefühlsmäßigen, emotiven, affektiven Färbung des Praktizierens (*GA* 2: 245). Ich möchte nur darauf aufmerksam machen, dass die hier vertretene Auffassung von praktischen Situationen als dynamischen, sich im Werden befindenden Spielräumen in wesentlichen Einklang mit manchen generellen Thesen zu Heideggers Auffassung der affektiven Bestimmtheit gebracht werden kann. Beispielsweise übersetzt William Blattner (2006) Heideggers Begriff der Befindlichkeit eben als *disposedness*; nicht unähnlich betont Katherine Withy (2015) die aristotelische Filiation von Heideggers Auffassung, indem sie Stimmungen als *disclosive postures* versteht und eine dispositionale Interpretation nahelegt.

5.2 Offenheit als Subjektivitätsprinzip — 157

Auf eine dispositionale Interpretation von Heideggers Philosophie werde ich nicht eingehen – der Begriff der Disposition ist belastet und voraussetzungsreich –, dennoch ist eine solche Perspektivierung auf Heideggers Verständnis von Affekten mit dem Begriff des praktischen Spielraums in zwei Hinsichten kompatibel. Erstens ermöglicht sie, Affekte nicht lediglich als isolierte Episoden zu betrachten (seien sie physiologischer, mentaler oder leiblicher Natur), sondern als situierte, affektive Einstellungen oder Haltungen, die aktiviert oder auch getriggert werden können, in verschiedenen Graden und Intensitäten (dies wird auch mit Blick auf die Diskussion der Angst wichtig sein). Genau wie das praktische Wissen, das jedem praktischen Vollzug inhäriert, spielen Affekte eine konstitutive Rolle für das menschliche Tun, selbst wenn sie sich nicht in isolierten Episoden verwirklichen. Zweitens betrachtet eine solche Perspektive Affekte als eine Komponente des Praktizierens, die auch wesentlich dynamisch und im Werden ist, und jeweils mehr oder weniger, impliziter oder expliziter zum Vorschein kommt: Die Annahme ist mit meiner Interpretation des praktischen Spielraums als metatheoretisches Paradigma vereinbar (3.2.4).

Als Stimmung wäre demzufolge die Angst eine bestimmte, situierte, affektive Einstellung oder Haltung in praktischen Spielräumen und bei praktischen Vollzügen zu fassen. Ich werde davon sprechen, dass Akteur:innen *ängstlich* praktizieren (oder dazu eingestellt sind, ängstlich zu praktizieren). Die adverbiale Formulierung[45] erlaubt es, ein breites Spektrum an Phänomenen mitzuberück sichtigen: sowohl prinzipiell isolierbare, akute Episoden (Erlebnisse/Zustände), wo ein bestimmtes Gefühl sich am intensivsten ausdrückt, als auch eine Hintergrundhaltung, die latent das menschliche Tun begleitet. Die zwei Extreme sind als ideale Grenzfälle dessen zu verstehen, was der Angstbegriff in Heideggers Auffassung bezeichnet.

---

[45] Ich entnehme den Ausdruck „adverbial" aus den adverbialen Auffassungen von Lust, obwohl ich nicht in allen Aspekten zustimmen würde, was in dem Kontext „adverbial" bedeutet. Der Bezug Angst-Lust-Schmerz ist tatsächlich in Heideggers Interpretation von Aristoteles präsent (*GA* 18), wird aber bei *Sein und Zeit* meistens verlassen. Von dieser exegetisch-historischen Perspektivierung abgesehen, die ich aber für vielversprechend halte, bezieht sich die Bestimmung „adverbial" darauf, dass etwas den Modus oder die Art und Weise darstellt, etwas zu tun/erfahren: „The phenomenology of pleasant or unpleasant conscious experiences would then consist of having sensory qualities being affectively (adverbially) modified in a certain sort of way. Just as the subpersonal processing can be seen as a kind of adverbial modification of the incoming sensory information for affect, the phenomenology of pleasant sensations would consist of having sensory phenomenology being affectively/hedonically ‚toned'– this toning being the affective adverbial modification of sensory qualities. A somewhat helpful analogy here might be to think of dancing (≈ experience) different dances (tango, waltz, swing, etc. ≈ different sensory qualities, sensations) fast, moderately, or slowly (≈ affective modification of sensory qualities as pleasant, neutral, unpleasant, etc.)" (Aydede 2014: 131).

Auf den ersten Blick mag es kontraintuitiv erscheinen, Angst von einem seelischen oder psychologischen Erlebnis zu entkoppeln und nicht als akute Episode,[46] sondern als Grundhaltung zu fassen. Fernerhin scheinen manche Textstellen von *Sein und Zeit* gerade eben nahezulegen, dass der Begriff Angst sich auf eine Klasse von subjektiven Erlebnissen bezieht, die sich vom Alltäglichen stark abheben. Nun in der Tat äußert sich aber Heidegger auch so, dass Angst als latente Bestimmung des menschlichen Tuns interpretiert wird (GA 2: 252). Die zwei Perspektiven – Angst als Episode oder Angst als Latenz – lassen sich dennoch prinzipiell in dem Maße vereinen, dass die erste auf die zweite begründet werden kann. Dies könnte hypothetisch durch den Rekurs auf die Idee erfolgen, dass eine akute Intensivierung der ängstlichen Latenz bestimmter praktischer Vollzüge zur Entstehung eines Angsterlebnisses im Sinne Heideggers führen könnte. Essenziell ist allerdings, dass der Stimmung der Angst im Kontext von *Sein und Zeit* eine pervasive, diffuse Rolle in Bezug auf das Praktizieren zuerkannt wird, und nicht *ausschließlich* die Funktion einer episodischen Ausnahme im sonst nivellierten Alltag.[47]

Nach dieser Prämisse kommen wir jetzt zu Heideggers Diskussion der Angst. Der Begriff der Angst wird durch eine Entgegensetzung zum Begriff der Furcht eingeführt. Ohne hier tiefer auf diesen zweiten eingehen zu können, lässt sich sagen, dass ein entscheidender Punkt für Heideggers Rekonstruktion in der Gegenstandsbezogenheit der Furcht liegt: Das, was befürchtet wird, gilt es evaluativ in praktischen Vollzügen zu vermeiden. Wenn wir die oben dargestellte Analyse praktischer Vollzüge (3.2.2) auf die Art von praktischen Vollzügen anwenden, die vorwiegend/akut durch Furcht charakterisiert sind, folgt daraus, dass im Fall der Furcht eine Akteurin auch ein implizites oder explizites praktisches Selbstwissen operationalisieren muss. Für die Furcht ist aus Heideggers Sicht diese Kombination aus Gegenstandsbezogenheit und Selbstwissen kennzeichnend. Eine Akteurin fürchtet sich vor Tischen, Spinnen, Forschungskolloquien, bedeutet zugleich auch, dass sie sich

---

[46] Meistens scheint die Literatur darüber einig, dass Heidegger durch „Angst" episodische Geschehen zu bezeichnen beansprucht (z.B. Blattner 2006; Dreyfus 1991; Thomson 2013). Taylor Carman (2015) problematisiert diese Herangehensweise und betont die Dimension der Latenz/Konstanz dessen, was Heidegger durch Angst bezeichnet. Meine Interpretation ist dieser zweiten Lesart näher.

[47] In diesem Sinne betrachte ich mit Bedenken Iain McManus' vierstelliges Kriterium für angemessene Interpretationen von Heideggers Angstbegriff, das wesentlich um die Identifizierbarkeit von einer Erfahrung (*experience*) kreist (McManus 2015: 170). Dass sich die Möglichkeit einer identifizierbaren Erfahrung, einer Episode im geistigen Leben einer Akteurin aus Heideggers Angstbegriff ableiten lassen muss, mag auch stimmen. Dies darf dennoch nicht übersehen – aus sowohl textuellen als auch argumentativen Gründen –, dass Heidegger den Akzent auf die Latenz von Angst als fundamentaler Stimmung des Daseins legt und legen muss.

selbst dabei als eine Akteurin versteht und verhält, die sich vor Tischen, Spinnen, Forschungskolloquien fürchtet (3.2.3).

Nun impliziert die Angst laut Heidegger genauso wie die Furcht eine solche Vermeidungsstruktur im Rahmen einer handlungsorientierenden Welt der Praxis und in Bezug auf praktisches Wissen und Selbstwissen. Dieser Aspekt kommt dadurch zum Ausdruck, dass die affektive Stimmung praktischer Vollzüge auch im Fall der Angst im Rahmen einer Relation auf etwas konstituiert ist, „wovor" eine Akteurin Angst hat (*GA* 2: 247). Die Ausarbeitung der Relation auf das, wovor jemand Angst haben kann, wird aber für Heideggers Argumente entscheidend.

Das Besondere der Angst, so scheint zunächst die Pointe von Heideggers Diskussion zu lauten, besteht darin, dass ihr „Wovor" nicht Gegenstände oder Klassen von Funktionalisierten sind, wie im Fall der Furcht, sondern das Dasein, die Akteurin selbst, gemäß einer Reflexionsrelation. Ich werde bald eine Textstelle in der Hinsicht heranziehen. Trotzdem gilt es vorwegzunehmen, in der Form einer Warnung, die Hubert Dreyfus (1991: 177) zu Recht artikuliert, dass die Angst sich auf das Dasein, auf die Akteurin selbst nicht im Sinne einer expliziten Thematisierung oder Isolierung, Abhebung der Akteurin auf eine vergegenständlichende, objektivierende Art bezieht. Vielmehr geht es darum, dass die Angst die Art und Weise verdeutlicht, wie eine Akteurin in Relation zu den weiteren, in praktischen Spielräumen involvierten Elementen steht – insbesondere zu der Welt der Praxis und dem handlungsorientierenden praktischen Wissen, das diese konstituiert. Anders gesagt: Heideggers Diskussion ist nicht gemäß einem Subjekt-Objekt- oder auch Reflexionsmodell zu interpretieren, nach dem durch die Angst sich eine Akteurin als isoliertes Objekt und unabhängig von praktischen Relationen versteht. Im Gegenteil lässt die Angst diese Relationen unter einem bestimmten Standpunkt hervortreten, und wie die Akteurin auf die praktischen Relationen eingeht, die in praktischen Situationen involviert sind.

Ich ziehe nun folgendes Zitat heran, um das Spezifische darzulegen, das Heideggers Angstbegriff charakterisiert.

> *Das Wovor der Angst ist das In-der-Welt-sein als solches* […]. Das Wovor der Angst ist kein innerweltliches Seiendes. Daher kann es damit wesenhaft keine Bewandtnis haben. […] Das Wovor der Angst ist völlig unbestimmt. […] Nichts von dem, was innerhalb der Welt zuhanden ist, fungiert als das, wovor die Angst sich ängstet. Die innerweltlich entdeckte Bewandtnisganzheit des Zuhandenen und Vorhandenen ist als solche überhaupt ohne Belang, Sie sinkt in sich zusammen. Die Welt hat den Charakter völliger Unbedeutsamkeit. In der Angst begegnet nicht dieses oder jenes, mit dem es als Bedrohlichen eine Bewandtnis haben könnte (*GA* 2: 247–248).

Ängstlich praktizierende Akteur:innen handeln weltbezogen, wie jede Akteurin es tut. Nur ihr Tun ist im Modus der Angst. Was heißt das? Heidegger stellt die Aussage voran, dass das, worauf sich die Angst bezieht, ihr Thema, das „In-der-Welt-sein als solches" sei. Dieser letzte Begriff bezieht sich wiederum auf das Dasein (was ich als praktizierende Entität bezeichnet habe), soweit das Dasein innerhalb eines Netzwerkes von Relationen konstituiert ist, der Welt der Praxis (3.2). Um die Aussage zu verdeutlichen, präzisiert zunächst Heidegger, dass die Angst, anders als die Furcht, nicht an einen bestimmten Gegenstandstypus gebunden ist. Fernerhin gelten in seinen Augen die Relationen der Bewandtnis in der Angst als suspendiert. Wir haben es mit einem Praktizieren zu tun, dessen Bezugspunkt „völlig unbestimmt" ist. Das ist nun erstmal unklar: Heideggers Pointe, wie ich sie dargelegt habe, bestand bisher eben darin, dass sich zu sich verhaltende Akteur:innen nicht im Ausgang von einem Begriff der Unbestimmtheit gefasst werden sollten, sondern immer in Relation zu ihrer bestimmten Situation, also als situierte Akteur:innen. Die Begriffsbestimmung wirkt noch unklarer, wenn man bedenkt, dass Heideggers Grundaussage ist, dass das „Wovor" der Angst eben das In-der-Welt-sein selbst ist, das heißt, ich würde die Textstelle so paraphrasieren, die soziale Akteurin ihrer Weltorientiertheit nach.

Die scheinbar paradoxe Formulierung lässt sich mithilfe der Erläuterungen erschließen, die der knappen Definition folgen. Heidegger kommentiert sein Verständnis der Angst so, dass ängstliche praktische Vollzüge zwar weltorientiert sind, aber so, dass die Orientierung, welche die Welt der Praxis im nicht ängstlichen Praktizieren darbietet, keinen Griff mehr hat. Die Welt der Praxis wirkt in der Angst als „belanglos", sie verliert ihre weltorientierende Funktion und bekommt den „Charakter" der „völligen Unbedeutsamkeit", sie „sinkt in sich zusammen."

Die Welt soll anders gesagt handlungsorientierend sein, erfüllt aber diese Funktion nicht für diejenigen, die ängstlich praktizieren. Die orientierende Funktion der Welt ist in der Angst suspendiert. Dank dieser Ausführungen kann die Weltorientiertheit des menschlichen Tuns als eigentlichen Bezugspunkt der Angst rekonstruiert werden. Durch die affektive Färbung der Angst sind diejenigen praktischen Vollzüge charakterisiert, bei denen die Welt, aus welchem Grund auch immer, ihre handlungsorientierende Funktion verliert. Die Weltbezogenheit selbst aber, die Weltorientiertheit menschlichen Tuns, sie ist nicht suspendiert. Und sie darf es auch nicht sein, denn ohne sie gäbe es eben keine Angst. In dieser Kluft zwischen Bedeutsamkeitssuspension und Weltorientiertheit oder, könnte man auch sagen, Bedeutsamkeitserwartung besteht das Eigentümliche der Angst. Deshalb kann Heidegger und genau in diesem Sinne schreiben, dass der Bezugspunkt der Angst, anders als der Gegenstand der Furcht, die Weltorientiertheit als solche ist, und nicht ein beliebiges Element in der Welt der Praxis. Anders gesagt: Im Bedeutsamkeitsverlust, der sich in der Angst meldet, tritt die Weltorientiertheit des Praktizierens als Thema der Angst negativ in den Vordergrund.

Auf diese Weise gewinnt an Kontur, was Heidegger mit Angst als affektivem Modus des Praktizierens meint. Dennoch ist die Diskussion somit noch nicht erschöpft. Denn zwar mag es auch sein, dass sich die Angst auf die Weltorientiertheit, selbst wenn negativ, bezieht. Ob das in der Hinsicht informativ ist, was genau Weltorientiertheit auszeichnet, und vor allem was das Dasein als weltorientiert angeht, das ist kaum klar geworden. Die Frage ist also an dieser Stelle, wieso laut Heidegger im ängstlichen Praktizieren etwas ganz Besonderes zum Ausdruck kommt, was praktizierende Entitäten und ihre Weltorientiertheit angeht und nicht de facto einer Wiederholung dessen entspricht, was in seiner Diskussion der praktischen Intelligibilität schon enthalten ist.

Um diese Frage zu beantworten, muss es genauer auf die Kluft fokussiert werden, die in der Angst zwischen Bedeutungssuspension und Orientiertheitserwartung zutage tritt. Es wurde gesagt: Selbst wenn die Welt ihre handlungsorientierende Funktion nicht mehr erfüllt, bleibt eine Akteurin trotzdem weltorientiert. Heidegger kommentiert dieses Charakteristikum der Angst so, dass aufgrund der „Unbedeutsamkeit der Welt" sich „die Welt in ihrer Weltlichkeit sich einzig noch aufdrängt", ohne die Welt als „Summe" von Gegenständen und Sachverhalten, unabhängig von praktischen Relationen, zu fassen; was „beengt", ist „die Welt selbst" als „die *Möglichkeit*" von praxisrelevanten Gegenständen überhaupt (*GA 2*: 248).

Ängstliche praktische Vollzüge sind solche, in denen die Weltorientiertheit bestehen bleibt, aber als unerfüllt, als desorientiert oder unorientiert. Da jeder praktische Vollzug eine Dimension des praktischen Selbstwissens mitenthält, muss auch ängstliches Praktizieren ein solches mitenthalten. Dieses kann aber aufgrund der Arbeitsdefinition von Angst nicht an der bestehenden Welt der Praxis orientiert sein. Das praktische Selbstwissen in durch Angst gekennzeichneten praktischen Vollzügen kann somit nur auf die Weltorientiertheit selbst bezogen sein, welche durch die aktuelle Welt der Praxis unerfüllt ist. Eine angsterfüllte Akteurin versteht sich selbst als weltorientiert, weil ihre Weltorientiertheit nicht durch die aktuell geltenden weltlichen Relationen erfüllt ist, aber dennoch bestehen bleibt. In durch Angst gefärbten praktischen Vollzügen verhalten sich Akteur:innen zu sich selbst als zu einer unerfüllten Weltorientiertheit. Das macht aber deutlich, und hier liegt die Pointe Heideggers, dass praktische Weltorientiertheit bestehen bleibt, obwohl sie nicht durch die jeweils *aktuell* geltenden Bezüge einer besonderen Welt der Praxis erfüllt wird. *Weltorientiertheit erschöpft sich nicht in und orientiert sich nicht nur an je aktuell geltenden Bezügen einer besonderen Welt der Praxis*: Sie geht über die jeweilige Welt und ihre Bestimmtheit hinaus.

Auf diese Weise wird klar, dass der Fokus von Heideggers Diskussion der Angst nicht bloß in der Herausstellung einer Logik der Selbstrelation im Praktizieren besteht (die in *Sein und Zeit* schon erwiesen wurde, der textuellen Reihenfolge nach, vgl. 3.2.3). Viel spezifischer geht es in der Diskussion der Angst um die Weiterbestimmung des Möglichkeitsbegriffs, der im Rahmen der Bewandtnisganzheit eingeführt und erst negativ definiert wurde (3.3.1). Mit Heideggers Worten: Die Angst „erschließt [...] das Dasein *als Möglichsein*" (*GA* 2: 249). Das semantische Feld der Möglichkeit bezieht sich aber in diesem Fall nicht nur auf das relationale Geflecht praktischer Bezüge, in denen sich praktische Vollzüge konstituieren. Vielmehr wird dadurch in den Mittelpunkt der Diskussion der spezifische Modus gerückt, wie Akteur:innen oder praktizierende Entitäten auf solche Relationen eingehen, beziehungsweise wie sie weltorientiert sind. „Möglichkeit" bezeichnet also hier nicht mehr ein metatheoretisches Paradigma für die Auffassung verschiedener Klassen von Entitäten oder Seienden, sondern das, was das Dasein auszeichnet.

Wir nähern uns somit dem oben dargestellten Problem an: Wenn Subjekte im Ausgang von praktischen Relationen gefasst werden sollen, genauso wie jede Art von Entitäten, was macht ihre Besonderheit aus, was unterscheidet sie begrifflich von beispielsweise Artefakten, Naturgegenständen, sozialen Institutionen? Es ist die besondere Art und Weise, das lässt sich von Heideggers Diskussion entnehmen, wie sie durch praktische Relationen konstituiert sind und wie sie auf diese eingehen. Der Bezug auf die Möglichkeit muss an dieser Stelle so gedeutet werden, dass praktizierende Entitäten zwar durch Weltorientiertheit charakterisiert sind; diese Weltorientiertheit erschöpft sich aber nicht in einer jeweils bestimmten und aktuellen Orientierung an einer jeweils bestimmten und aktuellen Welt der Praxis. Das ist das Resultat von Heideggers Diskussion der Angst, das für meine Diskussion wichtig ist und das ich behalten möchte.

Nehmen wir also an, dass die jeweils bestimmte praktische Intelligibilität, die das Tun orientiert und an eine historisch und geographisch situierte Welt der Praxis gebunden ist, aus welchem Grund auch immer, ihre Orientierungsfunktion verlieren kann; dass sie zusammenbrechen kann. Im so angenommenen Zusammenbruch der praktischen Intelligibilität, die die Welt bereitstellt, wird Folgendes sichtbar. Selbst wenn menschliche Praxis, menschliches Tun desorientiert, unorientiert, ungesichert sind, bleiben sie weltorientiert. Dem ist so, weil sonst der angenommene Zusammenbruch schlicht undenkbar wäre.

Ein gutes Beispiel dafür gibt Natalie Wynn in ihrem Videoessay *Men*.[48] Sie fokussiert sich darauf, dass das Performieren von cis-heterosexueller Männlichkeit nicht so selbstverständlich in einer Welt der Praxis ist, in welcher das Know-how bezüglich sexueller Orientierungen und geschlechtlicher Identität, aus verschiedenen Gründen, zusammenbricht oder mindestens in Frage gestellt wird. Das heißt natürlich nicht, dass es schwierig geworden sei, cis-heterosexuelle Männlichkeit im Sinne der öffentlichen Sanktionierung und Diskriminierung zu performieren. Die Überlegung besagt eher: In Bezug auf das praktische Selbstwissen „cis-heterosexuelle Männlichkeit" ist die Orientierungserwartung an der Welt der Praxis mit der Bedeutungssuspension konfrontiert, die Cis-Heterosexualität in bestimmten Hinsichten gerade erfährt. Wynn bezeichnet die subjektive Dimension einer solchen sozialen Lage nicht als Angst, das Phänomen lässt sich aber durch Heideggers Begriff gut ins Auge fassen: Es wird unsicher, was es bedeutet, cis-heterosexuelle Männer zu sein, und zwar nicht aus psychologischen Gründen, sondern aufgrund des Verlusts an stiftender Kraft und Selbstver ständlichkeit, der angefangen hat ein solches Selbstwissen zu charakterisieren. Menschliches Tun im Kontext sexueller Orientierungen und geschlechtlicher Identitäten tritt als ungesichert zutage. Bedeutsamkeit verschwindet nicht einfach; sie ist da, allerdings im Zusammenbruch, am Zusammenbrechen.[49]

Dass das Zusammenbrechen von bestimmten Ordnungen praktischer Intelligibilität von den sozialen Akteur:innen als Zusammenbrechen wahrgenommen, erfahren werden und eine gewisse Praxis charakterisieren kann, ist wesentlich ambivalent[50] und enthält eine Rückseite. Die Rückseite davon ist, dass der Verlust an Orientierungskraft und Bedeutsamkeit einer Welt der Praxis erschließen kann, dass die Orientierungserwartung menschlicher Akteur:innen nicht allein an die jeweils aktuellen und aktuell anerkannten Ordnungen praktischer Intelligibilität und ihre Praxiswelten gebunden ist. Oder, positiv formuliert, die Orientierungserwartung von Akteur:innen oder praktizierenden Entitäten geht über das Aktuelle hinaus und ist in diesem Sinne ungesichert. Das bedeutet natürlich zum Teil, dass menschliches Tun an möglichen Sachverhalten und möglichen Welten orientiert ist, wie zum Beispiel die teleologische Konstitution des Handelns nahelegt. Der Sinn aber von „Möglichkeit" – wonach sich die Untersuchung richtet, mit Heidegger und Schelling – deckt sich nicht komplett mit der Vorstellung einer möglichen, alter-

---

48 Natalie Wynn, *Men*, https://www.youtube.com/watch?v=S1xxcKCGljY, aufgerufen 10.06.2022.
49 Dies würde, Heidegger folgend, die Weltlichkeit von sexuellen Orientierungen und geschlechtlicher Identität affektiv, aber möglicherweise auch dramatisch ans Licht bringen. Worauf ein solcher Prozess hinausläuft, ist selbstverständlich unentschieden: ob auf die reaktionäre Erstarrung in phantasierten traditionellen Rollen, Identitäten, Orientierungen, ob auf die neoliberale, letztlich konservative Affirmation einer Pluralität, ob auf die Abschaffung bestehender wechselseitiger Bedingungsverhältnisse zwischen systemischer Ausbeutung und Diskriminierung, die sexuelle Orientierung und geschlechtliche Identität miteinbeziehen (zur Verbindung zwischen Sexualpolitik und postfordistischen Gesellschaft, vgl. Hennessy 2018).
50 Haynes (2015) hebt auch hervor die ambivalente Natur der Angst in Heideggers Auffassung, dennoch auf eine unterschiedliche Weise, wie ich das hier verstehe – er begreift nämlich die Ambiguität der Angst als Spannung zwischen Sympathie und Antipathie.

nativen Welt (3.3.1). Was ein solches Verständnis von Möglichkeit besagt, dem ist im Folgenden nachzugehen. Dazu verhilft Heideggers Diskussion des Todes.

5.2.2 Offenheit in der Praxis

Heideggers Überlegungen zur Angst leiten die explizite Behandlung der Frage nach dem Wesensmerkmal ein, das selbstverhältnisfähige (daseinsmäßige) Entitäten von anderen Klassen von Entitäten unterscheidet. Die latente Disposition zum Zusammenbruch der Bedeutsamkeit einer Welt der Praxis stellt den Ausgangspunkt dar, um das definierende Merkmal von Subjektivität zu identifizieren. Es fällt schwer zu behaupten, die Perspektivierung sei unmittelbar erhellend: Ihr gemäß wären Subjekte dasjenige, was sich zu sich in einem und durch ein Netzwerk praktischer Beziehungen derart verhalten kann, dass es in einer latenten Gefahr der Kollabierung der weltlichen Orientierungskraft steht.

Die Aussage, die zunächst Perplexität hervorrufen mag, soll am Ende der Diskussion deutlicher werden, die ich im Folgenden entwickle. Dafür mache ich nun einen Schritt nach vorne und setze am Begriff an, der nach Heideggers Ansatz die angemessene Bezeichnung für das, was das Dasein ist, also für den Gegenstand meiner Untersuchung – Subjekte – darstellt. Dieser Begriff ist der Begriff der Sorge.

> Das Dasein ist Seiendes, dem es in seinem Sein um dieses selbst geht. Das ‚es geht um…' hat sich verdeutlicht in der Seinsverfassung des Verstehens als des sichentwerfenden Seins zum eigensten Seinkönnen. Dieses ist es, worumwillen das Dasein je ist, wie es ist. Das Dasein hat sich in seinem Sein je schon zusammengestellt mit einer Möglichkeit seiner selbst. Das Freisein *für* das eigenste Seinkönnen […] zeigt sich in einer ursprünglichen, elementaren Konkretion in der Angst. Das Sein zum eigensten Seinkönnen besagt aber ontologisch: das Dasein ist ihm selbst in seinem Sein je schon *vorweg*. Dasein ist immer schon ‚über sich hinaus', nicht als Verhalten zu anderem Seienden, das es *nicht* ist, sondern als Sein zum Seinkönnen, das es selbst ist. Diese Struktur des wesenhaften ‚es geht um…' fassen wir als das S*ich-vorweg-sein* des Daseins. […] Die formal existenziale Ganzheit des ontologischen Strukturganzen des Daseins muß daher in folgender Struktur gefaßt werden: Das Sein des Daseins besagt: Sich-vorweg-schon-sein-in-(der-Welt-) als Sein-bei (innerweltlich begegnendem Seien-den). Dieses Sein erfüllt die Bedeutung des Titels *Sorge* (GA 2: 254–255, 256).

Die Textstelle gibt im Kurzen den Gedankengang wieder, den ich in der bisherigen Rekonstruktion von Heideggers Philosophie in der ganzen Untersuchung verfolgt habe. Die Setzung des Daseinsbegriffs lässt sich als eigentümlich subjektphilosophisch gemäß der Definition betrachten, die ich ganz am Anfang eingeführt habe: Subjekte sind durch eine Selbstrelation charakterisiert (1.1) – sie sind etwas, worauf es nur so sinnvoll Bezug genommen werden kann, dass das Paradigma dieser Bezugnahme eine Selbstrelation ist. Nun versteht Heidegger laut dem Zitat

5.2 Offenheit als Subjektivitätsprinzip — 165

solche Selbstrelation nicht in einem schlicht formalen Sinne: Es scheint nicht nur darum zu gehen, dass etwas in einer Relation zu sich selbst steht, unabhängig der Art und Weise, *wie* es in einer Relation zu sich selbst steht.[51]

Das semantische Feld, das Heidegger mobilisiert, um das Dasein als Selbstrelation qua Sorge näher ins Auge zu fassen, bezieht Ausdrücke wie „Können", „Möglichkeit", „Freisein" mit ein. Es lässt sich vermuten, dass die Funktion der Diskussion der Angst genau in der Annäherung an solche Begriffe bestand. Hiermit tritt die oben angesprochene Perplexität nur stärker zurück. Subjektivität mag zwar als Sorge zu fassen sein; aber die Perspektive, die den Sorgebegriff erschließen soll, geht von der Kollabierung Ordnungen praktischer Intelligibilität und der ungesicherten Natur der praktischen Weltorientierung aus. Heidegger gibt aber im Zitat einen weiteren Hinweis, nämlich, dass die Angst dazu verhilft, das Dasein so zu fassen, dass es „über sich hinaus" und „sich vorweg" ist. Die Diskussion der Angst sollte also ein Verständnis von Subjektivität nahelegen, nach dem Subjekte dasjenige sind, was „über sich hinaus" und „sich vorweg" ist.

Knapp zusammengefasst wird also im Passus Folgendes ersichtlich. Heidegger meint, dass soziale Akteur:innen dem Zusammenbruch der Orientierungskraft ihrer Welt der Praxis latent und konstant ausgestellt sind; dass dieser Gedanke die Grundlage darbietet, um das Wesensmerkmal von sozialen Akteur:innen als selbstverhältnisfähig ins Auge zu fassen; dass dieses wiederum mit Notionen wie Freiheit und Möglichkeit zusammenhängt, die zwar noch angesprochen wurden, aber noch unterbestimmt sind; und dass solche Notionen damit zu tun haben, dass soziale Akteur:innen in ihrem Tun wesentlich „sich vorweg" und „über sich hinaus" sind. In dieser begrifflichen Konfiguration ist die letzte Überlegung diejenige, die ich jetzt in den Mittelpunkt der Diskussion rücke, um sie genauer zu bestimmen und mehr Klarheit in den Zusammenhang zu bringen.

---

[51] Formulierungen wie „in seinem Sein geht es dem Dasein um sein Sein selbst" oder „das Dasein ist um seines Seins willen" könnten suggerieren, dass die Grundidee, die Heidegger in den Mittelpunkt seiner Auffassung rücken will, etwas wie ein Selbstinteresse ist, ein Interesse für das eigene Tun. Diesen Gedanken habe ich bisher nicht thematisiert und ich werde es nicht tun. Ich denke, dass er irreführend werden kann, wenn er zu ernst genommen wird, mit Blick auf Heideggers Ansatz. Damit meine ich nicht, dass Heidegger nicht der Ansicht ist, dass soziale Akteur:innen kein Selbstinteresse haben, was allerdings eine absurde Vorstellung wäre: Im jeweils eigenen Tun geht es darum, eigene Interesse und Ziele zu verfolgen und zu verwirklichen. Trotzdem ist eine solche Perspektive nicht die *via regia* zum Daseinsbegriff, wie Heidegger diesen versteht. Im Gegenteil wird der Daseinsbegriff in *Sein und Zeit* anhand von Begriffen wie Angst, Tod, Gewissensruf in seiner Spezifizität untersucht. Ich habe große Schwierigkeiten damit, selbst wenn nur assoziativ solche Begriffe in Verbindung mit Notionen wie Interesse, Absicht, usw. zu setzen.

Ein unmittelbares Deutungsangebot der zwei Ausdrücke ist die handlungsteleologische Interpretation, die sowohl die Termini als auch der Verweis auf den Begriff des Worumwillens im Zitat suggerieren könnten: Ein Ziel muss über das aktuelle Tun einer sozialen Akteurin hinaus gehen und etwas, um dessen willen gehandelt wird, scheint eben ein Handlungsziel darzustellen. Allerdings sollte an diesem Punkt bereits klar geworden sein, dass ich handlungsteleologisch ausgerichtete Deutungen von Heidegger Daseinsphilosophie für ungünstig halte (3.2.2, 3.3.1). Ich möchte aber kurz erwähnen, aus welchem Grund und dass auch in diesem Rahmen die teleologische Verfasstheit des menschlichen Handelns nicht dasjenige ist, was Heidegger in den Mittelpunkt seiner Analysen stellt. Die Inanspruchnahme der Angstdiskussion als Standpunkt für die Auffassung des Vorwegseins ist hier entscheidend: Die jeweils geltenden weltlichen Bezüge, an denen sich Zielsetzungen orientieren, genauso wie die Zielsetzungen selbst, müssen in ängstlichen praktischen Vollzügen, definitionsgemäß, ihre Orientierungskraft verlieren – und gerade dieses Phänomen soll für das Verständnis des Vorweg-seins wesentlich sein. Auch in diesem Fall halte ich also und *a fortiori* für ausgeschlossen, dass Dasein, Sorge, Vorweg-sein, kurzum, alle die wesentlichen Hinweise auf Heideggers Subjektivitätskonzeption, durch ein handlungsteleologisches Modell textgerecht interpretiert werden dürfen. Es fragt sich somit: Worauf bezieht sich der Gedanke, dass das Dasein sich vorweg und über sich hinaus ist?

Die darauffolgende Diskussion läuft auf die These hinaus: *Praktizierende Entitäten sind „sich vorweg" und „über sich hinaus" in dem Sinne, dass ihre praktischen Vollzüge die Möglichkeit der Offenheit ihres Praktizierens in sich tragen.* Die Aussage ist hier nur vorangestellt. Es gilt sie durch die Rekonstruktion von manchen Aussagen Heideggers zu unterstützen. Für das systematische Ziel der Untersuchung ist daran wichtig, dass die Offenheit das Wesensmerkmal derjenigen Entitäten darstellt, die ich als Subjekte bezeichne. Sie macht das begriffliche Kriterium aus, das Subjekte von anderen Arten von Entitäten univok unterscheidet: Wenn etwas im Konstitutionsgeflecht von praktischen Spielräumen so oder so wird, dass ihm nicht nur bestimmte, durch praktisches Selbstwissen geleitete Handlungsmöglichkeiten zur Verfügung stehen, sondern so, dass sein Werden durch Offenheit charakterisiert ist, dann ist dieses Etwas ein Subjekt, dann ist diesem Etwas Subjektivität zuzuerkennen.

Im Großen und Ganzen soll durch die Rekonstruktion das Desideratum gewonnen werden, den Offenheitsbegriff zu klären, und zwar in seinem Zusammenhang mit der Vorstellung, dass soziale Akteur:innen „über sich hinaus" und „sich vorweg" sind. Dieses Desideratum habe ich hier in Bezug auf Heideggers Philosophie dargestellt. Trotzdem möchte ich hervorheben, dass der gesamte Argumentationsgang der Untersuchung den Offenheitsbegriff als seinen Flucht- und Endpunkt immer schon hatte. Schellings Bezug auf den materiellen Widerstand von Gegenständen gegenüber der menschlichen Freiheit im ersten Kapitel (2.3), die Einführung von Heideggers Begriff der Möglichkeit (3.3.1), und dann wieder Schellings Begriff der Zeit als Verflechtung von Handlungseinschränkung und Handlungsoffenheit (4.2.5), sowie jetzt Heideggers Ansatz zum Dasein teilen einen gemeinsamen Nenner: die Frage der Offenheit des Praktizierens. Darauf werde ich nun durch eine exegetische Auseinandersetzung mit Heidegger genauer eingehen. Der Begriff betrifft aber nicht die Analysen von *Sein und Zeit* allein, sondern den gesamten Ansatz zur Subjektivität als Geschichtlichkeit in seiner Ganzheit – so wie ich Offenheit diskutieren werde und verstehen möchte –, wie er in der Untersuchung entwickelt und vorgeschlagen wird.

Nach diesen kursorischen Überlegungen komme ich nun auf Heidegger zurück. Textuell erfolgt seine Einführung der Offenheit als Prinzip praktizierender Entitäten anhand der Diskussion des Todesbegriffs. In dem Zusammenhang wird sich auch klären lassen, worauf sich die Ausdrücke „sich vorweg" und „über sich hinaus" beziehen. Für die Diskussion von Heideggers Todesbegriff ist zunächst wichtig zu klären, auf welche Frage er eine Antwort abliefern soll. Ich habe bereits betont, dass Akteur:innen in ihrem Tun so weltorientiert sind, dass ihre Weltorientiertheit sich nicht in den jeweils geltenden Relationen ihrer Welt der Praxis erschöpft. Auf der einen Seite droht die Orientierungskraft der öffentlichen Welt ihre Bedeutsamkeit ständig und latent zu verlieren; auf der anderen Seite heißt das auch, dass die jeweils aktuelle Welt die Weltorientiertheit von Akteur:innen nicht saturiert. Heidegger behauptet, dass dieses zweite Merkmal der Art und Weise, wie Akteur:innen an ihrer Welt orientiert sind, genau die Perspektive ausmacht, von der aus sich ein angemessenes Verständnis dessen, was Akteur:innen als selbstverhältnisfähige Entitäten charakterisiert, artikulieren lässt.

Diese letzte Aussage, so bemerkt auch Heidegger, wirkt auf den ersten Blick überraschend oder sogar paradox. Denn erstens wird behauptet, dass etwas das Prinzip, das Wesensmerkmal von praktizierenden Entitäten darstellt. Ein Wesensmerkmal soll nun eine Totalisierungsfunktion in dem Sinne erfüllen können, dass praktizierende Entitäten als eine Ganzheit und in ihrer Ganzheit verständlich gemacht werden. Dennoch wurde zweitens als die eigentümliche Perspektive, wodurch ein solches Prinzip gewonnen werden kann, ein Ansatz vorgeschlagen, der mit dem Ganzheits- oder Totalitätsanspruch zu konfligieren scheint. Ungesicherte Weltorientiertheit scheint nicht so sehr mit der Idee kompatibel, dass etwas ganzheitlich, endgültig und abschließend gefasst wird. Wichtig daran ist eben, dass sie eine wesentliche Unabgeschlossenheit ans Licht bringt. Die argumentative Lösung der Spannung zwischen dem Totalitätsanspruch eines philosophischen Prinzips und der Unabgeschlossenheit als philosophischem Ansatz erfolgt durch die Einführung und Diskussion des Begriffs des Todes, so nach Heideggers Anspruch.

Der Begriff übernimmt die Funktion, Offenheit als Prinzip einer Ganzheit, eines Zusammenhangs von verschiedenen Merkmalen und Aspekten zu setzen.

Heideggers arbeitet seinen Todesbegriff entlang einer argumentativen Linie aus, deren Grundmotiv die Frage der praktischen Bedeutung des Todes für eine soziale Akteurin ist. Unterschieden wird zunächst zwischen zwei möglichen Auffassungen des Todes: Der Tod kann als „Zu-Ende-sein" oder als „Sein zum Ende" verstanden werden (*GA* 2: 326). Im ersten Fall wird der Umstand bezeichnet, dass etwas zu einem Ende gekommen ist. Dass etwas zu Ende ist, besagt, dass dieses Etwas, worauf es Bezug genommen wird, nicht mehr Teil der aktuell existierenden Entitäten einer Welt und ihrer Sachverhalte ist. So gefasst bezieht sich der Todesbegriff auf die Frage, was in einem bestimmten Moment zu einem bestimmten Kontext gehört oder nicht: Ophelia gehört nicht mehr zu denjenigen Entitäten, die aktuell in der fiktiven Welt des Hamlet existieren, und so wird auf sie Bezug genommen. Sie ist zu ihrem Ende gekommen, ihr Fortbestehen ist abgeschlossen.

Diese Art und Weise, den Tod aufzufassen, bezieht offensichtlich nicht mit ein, was die *praktische Bedeutung* des Todes für eine soziale Akteurin ist. Es wird dabei nicht in Blick genommen, was es heißt, dass sie dem Tod ausgestellt ist. Der Terminus für dieses zweite Verständnis kommt in der Auffassung des Todes als „Sein zum Ende" zum Ausdruck.

Soziale Akteur:innen unterhalten in ihrem Tun einen impliziten oder expliziten Bezug zum Aufhören desselben: Wann, wie, wo, aus welchen Gründen ihr Praktizieren aufhören wird. Ob praktizierende Entitäten eine dramatische Tendenz zur Selbstvernichtung haben oder um jeden Preis ihr eigenes Überleben abzusichern versuchen, Heidegger begreift das Panorama solcher Phänomene und Einstellungen so, dass praktizierende Entitäten durch ein Verhältnis zum Aufhören ihres Praktizierens gekennzeichnet sind. Eine solche Todesauffassung ist offensichtlich in erster Linie nicht auf die Frage bezogen, welche Entitäten zu einem beliebigen Zeitpunkt in einer beliebigen Welt sind. Sie bezieht sich eher darauf, wie und ob weiter praktiziert werden kann (oder nicht). Dies kann sowohl im partiellen Sinne als Aufhören eines bestimmten Praktizierens (ich rauche diese Zigarette nicht mehr) als auch als Aufhören des Praktizierens überhaupt verstanden werden (ich sterbe eben). Während der erste Fall einen Wechsel in der Praxis bezeichnet, betrifft der zweite die praktische Bedeutung des Todes im eigentlichen Sinne.

Diese Konzeption vom Tod stellt aber für die bisherige Auffassung von der Praxis eine Grundschwierigkeit dar. Denn der Tod scheint somit völlig außerhalb des begrifflichen Spektrums zu fallen, das durch den bisher entwickelten Praxisbegriff in Blick genommen wird. Eine soziale Akteurin müsste, um sich zu dem Tod als schlichtem Aufhören ihres Tuns zu verhalten, zu etwas verhalten, das jede Kontextvertrautheit, jede praktische Relation komplett ausschließt. Die Bedeutung von „Tod" bezeichnet hier das Aufhören des Praktizierens und somit der Weltorientiertheit von sozialen Akteur:innen überhaupt (*GA* 2: 332–333). Ohne Weltorientiertheit und Kontextvertrautheit, Heidegger folgend, ist aber auch keine Bezugnahme möglich, kein Verhältnis zu etwas möglich (3.1). Trotzdem behauptet Heidegger zugleich, dass der Tod als „Möglichkeit des Nicht-mehr-dasein-könnens", als „Möglichkeit der schlechthinnigen Daseinsunmöglichkeit" *auch* die „ausgezeichnete" Möglichkeit des Daseins darstellt (*GA* 2: 333). Ein Verhältnis zum Tod als Aufhören des eigenen Praktizierens sollte also nicht nur denkbar, sondern auch sehr wichtig im Rahmen von Heideggers Konzeption sein.

Gehen wir weiter. Das Verhältnis zum Aufhören des eigenen Praktizierens wird von Heidegger dadurch plausibilisiert, dass sich eine soziale Akteurin zum eigenen Tod als etwas bezieht, das ihr immer und wesentlich vorweg ist. Das ist auf der einen Hand klar. Denn alle praktischen Beziehungen, die eine Akteurin in ihrem Tun unterhält, gehören zur Welt und zur Weltorientiertheit der Praxis und können als solche per Definition den Tod nicht miteinbeziehen. Zum eigenen Tod verhält sich also eine soziale Akteurin als zu etwas, das den praktischen Relationen, die ihr Tun charakterisieren, entgeht und das sie übersteigt. Diese Überlegung heißt nun auf der anderen Hand: Die praktische Bedeutung des eigenen Todes besteht darin, dass der Tod immer über alle je aktuell geltenden orientierenden Bezüge eines beliebigen Praktizierens hinausgeht. Der Tod kann nur als etwas, das nicht im Rahmen jeweils aktueller praktischer Bezüge figuriert, für praktizierende Entitäten eine Bedeutung haben. Die Frage nach der praktischen Bedeutung des Todes wird somit nicht beantwortet, geschweige denn entschärft. Ein kurzer Vergleich zum Fall der Angst dient zur Veranschaulichung. Die Angst bezeichnet eine Art und Weise zu praktizieren, wo Orientierungserwartungen in eine Spannung zum Bedeutungsverlust geraten. In diesem Sinne ist Angst noch und gerade nur im Rahmen von Praxis denkbar. Der Tod besagt aber keine Spannung, keinen auch ängstlichen und ungesicherten Modus des menschlichen Tuns, der trotz des Zusammenbruchs immer noch eine Art von Praxis darstellt. Was kann also Heidegger meinen, wenn er behauptet, dass das Verhältnis zum eigenen Tod, das zugleich in keiner Art von Tun und keiner Klasse von praktischen Vollzügen bestehen darf, die wesentlichste Möglichkeit des Daseins ausmacht?

In seinem argumentativen Fortschreiten von anscheinend paradoxer Festlegung zu anscheinend paradoxer Festlegung – einem Prinzip, das nichts abschließend verständlich macht, einer Relation zu etwas, das überhaupt in keiner Relation steht – kommt Heidegger zu dem Punkt, wo die praktische Bedeutung des Todes endlich ans Licht gebracht wird. Mittel zur Darstellung ist die begriffliche Entgegensetzung von Wirklichem und Möglichem. Resultat der Darstellung ist, dass die praktische Bedeutung des Todes, also die Art und Weise, auf welche sich eine soziale Akteurin zum Aufhören ihres eigenen Praktizierens verhält, keine Klasse von praktischen Vollzügen identifiziert. Vielmehr stellt die praktische Bedeutung des Todes ein

Wesensmerkmal aller praktischen Vollzüge dar: Die praktische Bedeutung des Todes, das Verhältnis zum Aufhören der eigenen Praxis, begleitet *immer* das Tun sozialer Akteur:innen, gehört essenziell dazu und zeichnet das aus.

> *Die nächste Nähe des Seins zum Tode als Möglichkeit ist einem Wirklichen so fern als möglich.* Je unverhüllter diese Möglichkeit verstanden wird, um so reiner dringt das Verstehen vor in die Möglichkeit *als die der Unmöglichkeit der Existenz überhaupt.* Der Tod als Möglichkeit gibt dem Dasein nichts zu ‚Verwirklichendes' und nichts, was es als Wirkliches selbst *sein* könnte. Er ist die Möglichkeit der Unmöglichkeit jeglichen Verhaltens zu ..., jedes Existierens. [...] Ihrem Wesen nach bietet diese Möglichkeit keinen Anhalt, um auf etwas gespannt zu sein, das mögliche Wirkliche sich ‚auszumalen' und darob die Möglichkeit zu vergessen. Das Sein zum Tode als Vorlaufen in die Möglichkeit *ermöglicht* allererst diese Möglichkeit und macht sie als solche frei (*GA* 2: 348).

Wirklichkeit und Möglichkeit sind die zentralen Begriffe des Passus. Der Bezugspunkt von Heideggers Begriffsgebrauch ist offensichtlich die Praxis und das Praktizieren. In diesem Sinne sollen die zwei Termini nicht zunächst im Sinne einer Diskussion im Hinblick auf aktuelle und mögliche Sachverhalte gelesen werden. Die Erläuterung vom Tod, durch den Verweis auf die Möglichkeit, und die Erläuterung von Möglichkeit, durch den negativen Verweis auf die Wirklichkeit, läuft auf die Opposition zu dem hinaus, was Heidegger im Sinne des Verwirklichens bezeichnet. „Verwirklichen" bezieht sich freilich auf jeden praktischen Vollzug, aktuell oder möglich im modalen Sinne. Denn ein unter bestimmten Einschränkungen denkbarer praktischer Vollzug bezeichnet immerhin etwas, das im Sinne einer bestimmten Art und Weise zu praktizieren begriffen werden muss. Der Tod in seiner praktischen Bedeutung bezeichnet im Gegenteil nichts dergleichen.

Die praktische Bedeutung des Todes kann man laut dem gerade herangezogenen Zitat folgendermaßen fassen: Eine soziale Akteurin verhält sich zum eigenen Tod in praktischer Hinsicht so, dass dieser darauf verweist, dass die Akteurin selbst überhaupt nicht von praktischen Relationen determiniert ist und sich an ihnen gar nicht orientieren kann. Der Tod stellt somit dar, dass Akteur:innen in praktischen Spielräumen auch so werden können, dass die Weltorientierung und die Bestimmung durch die Welt, mithin auch ihr eigenes Tun, aufhören. Die durch den Todesbegriff bezeichnete Art und Weise, werden zu können, vereinigt somit in sich: eine dem Praktizieren inhärente Möglichkeit zu werden; aber eben immer nur eine Möglichkeit zu werden, denn der Eintritt des eigenen Todes für eine Akteurin kein praktischer Vollzug ist, der verwirklicht werden könnte und wofür praktische Relationen eine orientierende Geltung haben. In diesem Sinne besteht die praktische Bedeutung des eigenen Todes darin, dass die Praxis durch ihn ständig begleitet ist; und zwar in dem Sinne, dass die Praxis immer der Möglichkeit ausgestellt ist, dass jede Orientierung suspendiert wird. Allerdings diese Suspendierung isoliert einen solchen Aspekt der Praxis so, dass der nur und immer eine Möglichkeit ist in dem Sinne, dass er nie verwirklicht werden kann. Der eigene Tod ist die andere Seite der Medaille der Praxis, die nie zur Verwirklichung kommt und doch wesentlich zur Praxis als eine sie ständig begleitende Möglichkeit gehört.

Ich meine also Heidegger so rekonstruieren zu können, dass die praktische Bedeutung des eigenen Todes für eine Akteurin folgendermaßen zu fassen ist. Er bezeichnet die virtuelle Lage, *überhaupt nicht* von positiven, geltenden Bestimmungen determiniert zu sein. Dies ist aber nicht so zu fassen, dass eine Akteurin den eigenen Tod praktizieren kann; der eigene Tod ist nie ein aktuelles Tätig-sein, sondern bleibt immer „vorweg", und „über" jeden praktischen Vollzug „hinaus". In diesem Sinne begleitet der eigene Tod die eigene Praxis virtuell, er kann nicht praktiziert werden, und stellt zugleich eine „ausgezeichnete" Möglichkeit in den Fokus. Der Todesbegriff ermöglicht Heidegger, einen Aspekt der Praxis begrifflich zu isolieren, der bisher nur im Zusammenhang mit der Orientiertheit an praktischen Relationen und mit diesen praktischen Relationen selbst mitgedacht wurde, aber doch über sie hinaus und ihnen vorweg ist. Nämlich, dass die Bestimmungskraft praktischer Relationen ihrer Suspension konstant ausgeliefert ist. Es inhäriert dem Tun virtuell, dass die Determination durch praktische Relationen wesentlich und gänzlich instabil ist.

Dass dieser begriffliche Aspekt menschlicher Praxis durch den näheren Fokus auf die Bedeutung des Todes für soziale Akteur:innen gewonnen wurde, und nicht etwa durch Erläuterungen zu funktionalisierten Gegenständen, sozialen Praktiken, usw., also den anderen konstitutiven Elementen von praktischen Spielräumen (3.2.2), ist kein Zufall. Heideggers Diskussion des Todes wird vielmehr mit dem Ziel vor Augen entwickelt, ein begriffliches Kriterium zu finden, um Subjektivität im Konstitutionsrahmen des praktischen Spielraums begrifflich abzusondern.

Dieses Kriterium ist, wie oben vorausgeschickt, der Begriff der Offenheit. Die Offenheit im Praktizieren kann offensichtlich nicht in der Abwesenheit praktischer Determinationen, also in einer kompletten praktischen Unbestimmtheit bestehen: Denn in diesem Fall würde eben keine Praxis stattfinden. Vielmehr erschließt die durch den Todesbegriff gewonnene Instabilität des Praktizierens und seiner Bestimmtheit den Begriff der Offenheit, der Heideggers Auffassung des Möglichen abrundet. Die virtuelle, stetige Instabilität der Praxis lässt erblicken, dass die Praxis einer sozialen Akteurin nicht durch und durch bestimmt werden kann. Positiv formuliert: Keine Welt der Praxis erschöpft das menschliche Praktizieren. Auf diese Weise können wir endlich begreifen, welches Merkmal soziale Akteur:innen oder praktizierende Entitäten im Konstitutionszusammenhang des praktischen Spielraums auszeichnet und sie von anderen Arten von Entitäten differenziert.

Praktizierende Entitäten oder soziale Akteur:innen können mithin nur so als soziale Akteur:innen verständlich werden, dass sie in ihren praktischen Vollzügen die Fähigkeit haben, sich von den jeweils geltenden praktischen Bezügen und Bestimmungen ihrer Welt der Praxis zu entbinden. Diese Fähigkeit verstehe ich als *Fähigkeit der Offenheit* im Praktizieren.

Mit diesem Resultat kann ich endlich zwei Fragen abschließen, die bisher noch ungeklärt bleiben mussten. Die erste betrifft Heideggers Möglichkeitsbegriff und, im Ausgang davon, die Notion des praktischen Spielraums. Die Diskussion hatte ich unterbrochen und nur bis zu der These einer Standardsetzung durchgeführt (3.3). Ein Grund dafür, dass ich die Interpretation auf sich beruhen gelassen habe, lag in dem Fokus auf Heideggers negative Bestimmungen des Möglichkeitsbegriffs. Dank der Diskussion des Todes und der Einführung des Offenheitsbegriffs lässt sich nun aber eine positive Bestimmung hinzufügen. Diese rundet auch den Begriff des praktischen Spielraums ab. Praktische Spielräume und ihre Werdemöglichkeiten müssen so gedacht werden, dass sie nicht durch und durch determiniert sind, sondern so, dass Offenheit sie stets begleitet. Das heißt, dass soziale Akteur:innen oder praktizierende Entitäten in der Lage sind, jeweils geltenden Bestimmungen entkräften zu können. Für meine Ziele werde ich den Begriff über die metatheoretische Interpretation hinaus nicht erweitern. Ich möchte dennoch hervorheben, dass praktische Spielräume positiv durch Offenheit zu denken sind, das heißt, durch eine unabdingbare Instabilität ihrer Bestimmungen.

Der zweite Punkt betrifft die Frage des Wesensmerkmals von Subjektivität. Dieses wird durch die Fähigkeit zu Offenheit vertreten. Im Folgenden wird das Thema ausführlicher diskutiert, ich möchte trotzdem einige Grundkoordinaten bereits festlegen. Erstens bezieht sich der Begriff unmittelbar auf weltliche, praktische Relationen – oder, anders gesagt, berücksichtigt die Weltlichkeit von Subjektivität vom Grund an. Anders als mit der unmittelbaren und unvermittelten Selbstrelation, allein genommen als Prinzip, gerät mit dem Offenheitsbegriff die subjektphilosophische Reflexion nicht in die argumentative Sackgasse einer unvermittelten Dualität zwischen erst- und drittpersonalen Merkmalen oder Substanzen (3.3.3).

Zweitens ermöglicht jedoch die Fähigkeit zur Offenheit im Rahmen der konstitutiven Relationalität ein begriffliches Kriterium zu identifizieren, das die Differenz zwischen Subjekten und anderen Arten von Entitäten nicht tilgt, sondern bewahrt (3.4). Dies erfolgt auf explizite Weise und nicht aus Subjektperspektive allein (4.3). Funktionalisierte Gegenstände, soziale Praktiken, Handlungsnormen müssen nicht definitorisch durch die Fähigkeit der Offenheit gekennzeichnet sein; praktizierende Entitäten können hingegen nur dann gefasst werden, wenn sie diese Fähigkeit besitzen.

Anders perspektiviert: Es scheint schwierig zu behaupten, dass ein Stuhl, ein Stein sich prinzipiell anders verhalten können, als wie sie es tun – oder dass eine Sonnenblume jemals sich nicht nach der Sonne richten wird, eine Schlange sich wesentlich nicht instinkthaft verhält, etc. Fernerhin kann man zwar davon reden, dass gewisse materielle und soziale Bedingungen den sozialen Akteur:innen mehr Offenheit als andere gestatten; dies geschieht dennoch, ohne hierfür Handlungsoffenheit sozialen Normen direkt zuzuschreiben. Es wird lediglich behauptet: Bestimmte praktische Spielräume sind offener als andere oder, anders perspektiviert, bestimmte praktische Spielräume sind so handlungseinschränkend, dass sie kaum individuelle Handlungsfähigkeit erlauben. Derart kann der Begriff der Offenheit auch der politischen Dramatik der menschlichen Existenz gerecht werden und stellt dadurch keine politisch naive Voraussetzung dar. Offenheit in der Alltagsgestaltung wird freilich mehr eingeschränkt bei einer Person, die nine to five ihre Tätigkeit als Lohnarbeit verkaufen muss, um ihren Lebensunterhalt zu bestreiten, als bei einer anderen, sei das Wortspiel erlaubt, die das Vermögen besitzt, (um) dies nicht tun zu müssen. Und trotz allem muss man bedenken, dass soziale Akteur:innen soziale Akteur:innen sind, weil sie die Fähigkeit zur Offenheit virtuell besitzen (und falls diese radikal eingeschränkt oder hyperbolisch vernichtet wird, spricht man eben deshalb von Dehumanisierung oder, im Vokabular der Untersuchung, von Aberkennung von Subjektivität und Reifikation). Dies nicht um den individuellen sozialen Akteur:innen allein Verantwortung zuzuschreiben, sondern um einen Spielraum für soziale Veränderung mitzudenken.

Die Fähigkeit der Offenheit ist und bleibt also ein Merkmal sozialer Akteur:innen, das sie im Konstitutionszusammenhang von praktischen Spielräumen eindeutig identifiziert. Erst die praktische Ausführung – individuell oder kollektiv – kann Offenheit in einen soziomateriellen Rahmen einbringen, weil praktische Spielräume auf eine Art von Entitäten konstitutiv verweisen, die die Fähigkeit haben, weltliche Verbindungen unverbindlich zu machen.

Somit lässt sich die entscheidende Spezifizierung des Subjektbegriffs einführen: *Das Subjekt-sein oder die Subjektivität ist die Fähigkeit, Selbstverhältnisse in einer Welt der Praxis so zu praktizieren, dass die dafür definierenden praktischen Relationen im Praktizieren selbst unverbindlich gemacht, entkräftet, revidiert werden können.*

Dieses Resultat einmal gewonnen, bleibt noch zu klären, ob und wie es einen Erkenntnisgewinn mit Blick auf die Frage der Geschichtlichkeit von Subjektivität darstellt. Diese Frage wird die nächsten und letzten Schritte der Untersuchung beschäftigen. Bevor ich aber darauf eingehe, möchte ich noch einen Schritt in der Heidegger-Rekonstruktion machen und kurz auf seinen Begriff der ekstatischen Zeitlichkeit eingehen. Dadurch wird deutlich, in welchem Sinne Heideggers Praxisauffassung zeitlich interpretierbar ist. Die begriffliche Brücke zwischen Praxis und Zeit bereitet den argumentativen Boden für die Diskussion der Geschichtlichkeit vor.

5.2.3 Die zeitliche Interpretation der Praxis (und umgekehrt)

Ich werde mich nicht lange mit Heideggers Begriff der ekstatischen Zeitlichkeit beschäftigen. Diese Entscheidung gründet darin, dass ich den Fokus nur auf zwei Aspekte von Heideggers Auffassung legen möchte, die für meine Zwecke essenziell sind.

Erstens, wie schon angesprochen, ermöglicht mir Heideggers Begriff der Zeitlichkeit, den argumentativen Übergang zur Diskussion der Geschichtlichkeit vorzubereiten. Das ist einerseits interpretativ motiviert, denn die Theorie der Geschichtlichkeit von *Sein und Zeit* bezieht sich wesentlich auf den Zeitlichkeitsbegriff; andererseits lässt sich durch die Zeit-Praxis-Verbindung die philosophische Herangehensweise legitimieren, nach der aus einer *praxis*orientierten Perspektive die Frage der *zeitlich* erstreckten Organisation von Geschichten (4.1) angegangen wird. Zweitens stellt Heideggers Auffassung der Zeitlichkeit den Versuch dar, zu zeigen, dass die Fähigkeit zur Offenheit sich mit der weltlichen Bestimmtheit menschlichen Praktizierens vermitteln muss. Dass menschliche Praxis sowohl determiniert als auch loslösungsfähig ist, bestimmt die Fähigkeit zur Offenheit selbst als einen spannungsvollen und in sich gegliederten Begriff. Nach Heideggers Anspruch soll die zeitliche Interpretation der Praxis die Spannung und Gliederung des Offenheitsbegriffs philosophisch artikulieren. Die knappe Rekonstruktion von Heideggers Gliederung des Offenheitsbegriffs werde ich benutzen, um die problematische Natur der Fähigkeit zur Offenheit hervorzuheben; und um die Problematik darzulegen, mit der die Frage der Geschichtlichkeit, wie sie in *Sein und Zeit* gestellt wird (5.3), konfrontiert ist.

Ich fange damit an, Heideggers zeitliche Interpretation des menschlichen Tuns einzuleiten. Die Zeitdimension wird durch eine Weiterbestimmung der Fähigkeit zur Offenheit eingeführt, die Heidegger im Zusammenhang mit dem Zeitmodus der Zukunft auslegt. Ziehen wir folgendes Zitat heran:

> Wenn zum Sein des Daseins das [...] *Sein zum Tode* gehört, dann ist dieses nur möglich als *zukünftiges* in dem jetzt angezeigten und noch näher zu bestimmenden Sinn. „Zukunft" meint hier nicht ein Jetzt, das, *noch nicht* „wirklich" geworden, einmal erst *sein wird*, sondern die Kunft, in der das Dasein in seinem eigensten Seinkönnen auf sich zukommt (*GA* 2: 430–431).

Der erste Satz rückt in den Mittelpunkt der Diskussion die Bedeutung des Todes für soziale Akteur:innen. Die Aussage ist schwer zu bestreiten: Wenn der Tod für eine Akteurin eine praktische Bedeutung haben soll, dann *muss* diese mit dem Zeitmodus der Zukunft in Zusammenhang gestellt werden. Denn freilich kann das Aufhören des eigenen Praktizierens, sofern es praktiziert wird, nur so gedacht werden, dass es zukünftig und nicht gegenwärtig stattfindet. Gleichermaßen hätte es auch keinen Sinn, die praktische Bedeutung des Todes auf den Zeitmodus der Vergangenheit zu beziehen: Als etwas Vergangenes lässt sich denken, dass eine Akteurin noch nicht praktiziert hatte, aber nicht, dass ihr Praktizieren noch aufhören kann.

Der zweite Satz im Zitat ruft die argumentative Funktion in Erinnerung, welche die praktische Bedeutung des Todes für Heidegger hat, nämlich eben, die Fähigkeit zur Offenheit zu erschließen. Heidegger hebt hervor, dass die praktische Bedeutung des Todes sich zwar nur im Zusammenhang mit dem Zeitmodus der Zukunft und aus begrifflicher Notwendigkeit denken lässt. Solche zeitliche Interpretation der praktischen Bedeutung des Todes trifft aber erst unter der Prämisse zu, dass der Modus der Zukunft nicht als eine praktische Situation, ein Sachverhalt gedeutet wird, wo eine Akteurin handelt, der nicht der Fall ist und sukzessiv der Fall werden kann.

Diese Präzisierung gründet auf den oben rekonstruierten Analysen der praktischen Bedeutung des Todes (5.2.2). Wenn der eigene Tod eine praktische Bedeutung hat, diese darf sich nicht auf irgendwelchen denkbaren praktischen Vollzug beziehen. Denn der eigene Tod besagt eben: kein Praktizieren. In diesem Sinne stellt der Bezug auf die Zukunft keine bloße Subsumption unter Zeitbegriffe dar. Ganz im Gegenteil erhält er seine eigentümliche Bedeutung dadurch, dass der Zeitmodus auf die Praxis rückbezogen ist. Mit anderen Worten erschließt sich eine praxisbezogene Bedeutung von Zukunft. Diese wird nicht aus der Vorstellung eines zukünftigen oder auch sukzessiven Sachverhalts gewonnen, sondern aus demjenigen Merkmal der Praxis, das Heidegger durch seinen Todesbegriff herausstellt. Die Zukunft wird somit durch den Verweis auf die Fähigkeit zur Offenheit interpretiert und bestimmt (die „Kunft", in der das Dasein sich als „Seinkönnen" erschließen lässt). Übrigens war die Konvergenz und wechselseitige Begriffsbestimmung zwischen Offenheit und Zukunft auch in Schellings Ansatz zum Zeitbegriff präsent (4.2.5), obwohl sie im *System des transzendentalen Idealismus* argumentativ nicht so ausgelotet und weitgetrieben wird wie bei Heidegger.

Auf jeden Fall stellt genau das Begriffsgeflecht Zukunft-Offenheit den Königsweg dar, so nach Heideggers Denken, um das Zusammenkommens der begrifflicher Felder von Zeit und Praxis zu etablieren und zu erarbeiten. Die jedem praktischen Vollzug inhärierende, weil für praktizierende, selbstverhältnisfähige Entitäten definitorische Offenheitsfähigkeit ist zeitlich bestimmt und zeitlich zu interpretieren, und zwar durch den Bezug auf den Zeitmodus der Zukunft. Umgekehrt ist der Zeitmodus der Zukunft mit Blick auf die Offenheitsfähigkeit praktisch zu interpretieren, indem er nicht aus einer praxisexternen Dimension abzuleiten und auf das Praktizieren anzuwenden, sondern als Aspekt des Praktizierens zu gewinnen und zu explizieren ist. Ich spreche hier von Interpretation, weil weder Zeit noch Praxis, nach meinem Verständnis, in einem Subsumptionsverhältnis zum anderen Element stehen. Die Offenheit gewinnt ihren Sinn im Kontext der Praxis durch ihre zeitliche Bestimmung, was wiederum die Zukunft im Kontext der Zeit mit Offenheit koppelt, ohne dafür das begriffliche Feld der Zeit willkürlich und praxisextern einzuführen und auf den Praxisbegriff lediglich anzuwenden.[52] Genauso wie die Praxis zeitlich gefasst werden muss, muss umgekehrt die Zeit praktisch gefasst werden.

Die wechselseitige Interpretation von Zeit und Praxis stellt nun einen Erkenntnisgewinn dar. Auf der einen Seite liefert sie einen einheitlichen Standpunkt für das Verständnis von Praxis ab. Praxis wurde zwar als gegliederter Zusammenhang analysiert (3.2); und in diesem Zusammenhang wurde Offenheit als das definierende Kriterium isoliert, um soziale Akteur:innen begrifflich zu identifizieren (5.2.2). Dennoch wäre Praxis bloß als äußerlicher Zusammenhang *gesetzt* – und dementsprechend als ein bloß Disparates, das erstmal rein hypothetisch einheitlich betrachtet wird –, könnte also mit anderen Worten kein einheitlicher Standpunkt gewonnen werden, von dem her sich Praxis auch als einheitliches Phänomen angehen lässt; dann wäre Heidegger dann doch nicht in der Lage, seine Festlegung eines Praxisbegriffs argumentativ einzuholen und den Schein ihrer Willkürlichkeit loszuwerden. Diese Seite seines Zeitlichkeitsbegriff interessiert meine Untersuchung nicht so sehr, wenn ich das richtig sehe, denn sie betrifft eher Heideggers philosophisches Vorhaben, wie es in *Sein und Zeit* artikuliert wird, die Frage nach dem Sein erneut zu stellen und zu begründen – trotzdem habe ich sie angesprochen, um der Systematik des Werkes gerecht zu werden.

Auf der anderen Seite nun – und dieser Aspekt ist für meine Ziele von höchster Relevanz – ermöglicht die wechselseitige Interpretation von Zeit und Praxis, den Begriff der Fähigkeit zur Offenheit als einen in sich gegliederten darzustellen. Damit meine ich: Indem Offenheit/Zukunft als *Prinzip* von Praxis etabliert werden muss, dann müsste es aufgezeigt werden können: dass Offenheit auf die eine oder andere Art nicht nur in der Dimension der Zerbrechlichkeit und der Instabilität des Tuns verschlossen bleibt, sondern alle wesentlichen Aspekte der Praxis betrifft. Anders gesagt: Die Art und Weise, auf Relationen mit materiellen Gegenständen, mit sozialen Institutionen, mit anderen sozialen Akteur:innen einzugehen, kurz

---

52 An manchen Textstellen scheint Heidegger für ein stärkeres Modell zu plädieren, als ich es hier mit Blick auf die Idee einer wechselseitigen Interpretation dargestellt habe. Er scheint nämlich, die chronologische Auffassung der Zeit als Reihenfolge von Jetztmomenten auf seine praxisorientierte Auffassung der Zeit begründen zu wollen (vgl. die Paragrafen zum Begriff der Innerzeitigkeit, *GA* 2: §§ 80–81). Die Argumentation basiert im Grunde darauf, dass die chronologische Einordnung von jeweils gegenwärtigen, aufeinander folgenden Jetztmomenten auf dem praktischen Umgang mit Gegenständen aufbaut. Heideggers Argumentation in dieser Hinsicht zu rekonstruieren, ist aber für mein sowohl exegetisches als auch sachliches Anliegen nicht essenziell, und ob Heidegger tatsächlich eine Begründung in einem starken Sinne meint, ist eine offene sowie knifflige Interpretationsfrage. William Blattner (1999) hat bekannterweise Heidegger vorgeworfen, einen subjektiven Idealismus der Zeit zu verteidigen, und zwar gerade deshalb, weil er die Relation zwischen Zeit

gesagt, die für praktische Spielräume definitorischen Bezüge, müssen alle so gedacht werden können, dass sie durch Offenheit charakterisiert und vermittelt sind (wenn Offenheit tatsächlich ein Prinzip für die Auffassung der Praxis sozialer Akteur:innen ist). Das heißt wiederum zu zeigen, konkreter formuliert, dass die Fähigkeit zur Offenheit sich vermitteln und verwirklichen können muss. Argumentiert Heidegger nicht überzeugend dafür, lässt sich dann schwer sagen, dass Offenheit ein tragfähiges und philosophisch belastbares Prinzip für eine Philosophie der Praxis und *a fortiori* der Subjektivität darstellt. Zu diesem letzten Punkt denke ich – etwa dem Vorhaben Heideggers entgegen –, dass er dieses Desideratum erst in den Geschichtlichkeit-Paragrafen erreicht. Diese Überlegung lasse ich aber jetzt auf sich beruhen und komme auf die Frage, wie die wechselseitige Interpretation von Zeit und Praxis den Offenheitsbegriff als einen gegliederten und vermittelten erschließt.

Heidegger behauptet, dass zwei wesentliche Aspekte des Tuns neben der Fähigkeit zur Offenheit eine zeitliche Interpretation zulassen: Die Gebundenheit und Orientiertheit an einer Welt der Praxis legt Heidegger als vergangenheitsbezogen aus; dass jede Akteurin eine Akteurin in Sachverhalten ist, die der Fall sind, und nur so eine Akteurin sein kann, bezieht er auf den Zeitmodus der Gegenwart (*GA* 2: 433). Ich werde mich nicht in die Diskussion vertiefen, möchte aber die Aussagen mit Blick auf die bereits dargelegte Rekonstruktion von Heidegger plausibilisieren.

Die Analyse von praktischen Vollzügen hat gezeigt, dass diese sich an ihrer jeweiligen Welt der Praxis orientieren, beziehungsweise immer an ihr orientiert sind (3.2). Das Tun ist somit immer schon in eine Welt der Praxis situationell eingebunden. Der Ausdruck „immer schon" verweist nach Heidegger gerade auf die zeitlichen Implikationen des Orientierungsverhältnisses der praktischen Situiertheit (*GA* 2: 434). Heideggers Weiterentwicklung der zeitlich-praktischen Interpretation stellt also eine gemeinsame Logik fest, die praktische und zeitliche Antezedenz ver-

---

und Praxis als Begründung versteht (und Heideggers Praxisbegriff stark teleologisch deutet). Ich sehe mich aber nicht darauf verpflichtet, dieses Problem an dieser Stelle zu lösen. Keines der zwei Theoreme – Begründungsverhältnisse zwischen Zeit und Praxis und zunächst teleologischen Praxisbegriff – möchte ich verteidigen oder brauche ich zu verteidigen, und dies aus systematischem Standpunkt. Aus exegetischem Standpunkt betrachtet, denke ich, dass eine umsichtige Interpretation Heideggers sich mit der Frage auseinandersetzen sollte, ob seine Philosophie in der Form eine transzendentale Begründung oder hermeneutisch vorfährt. Die Selbstbezeichnung seines Denkens als Hermeneutik spricht in meinen Augen als ziemlich deutliche Äußerung einer philosophischen Absicht, was aber das Problem natürlich nicht erschöpft. Was Teleologie angeht, habe ich schon oben diese Herangehensweise an Heidegger *Sein und Zeit* kritisiert – die ich für schlicht partiell und keinesfalls zufriedenstellend halte.

bindet. Die weltliche Eingebundenheit des Tuns erweist sich somit als eine Determination, die jedem Tun *bereits* vorausgeht. Der Begriff der Vergangenheit lässt sich andersherum als Determination durch weltliche Eingebundenheit im Kontext der Praxisauffassung gewinnen.

Eine ähnliche Ansicht teilt auch Schelling im *System*, wie bereits dargestellt (4.2.4). Man muss hier aber Heideggers Ansatz zuerkennen, dass er viel expliziter als Schellings den praktischen Begriff von Vergangenheit konturiert. Weltliche Eingebundenheit ist nicht in dem Sinne bereits da, dass sie einem vergangenen Sachverhalt entspricht, der nicht mehr aktuell oder gegenwärtig ist, obwohl er der Fall war. Die praktische Antezedenz ist vielmehr insofern zeitlich zu interpretieren, dass sie nicht in dem Sinne vergangen ist, dass sie nicht mehr aktuell oder gegenwärtig ist. Heidegger unterscheidet „vergangen" im Sinne von nicht mehr aktuell oder gegenwärtig von „gewesen" im Sinne der praktisch-zeitlichen Antezedenz (*GA* 2: 434).

Denn Sachverhalte, die soziale Akteur:innen enthalten, sind laut Heidegger immer im Zeitmodus der Gegenwart zu interpretieren, ungeachtet dessen, ob sie schon chronologisch vergangen oder zukünftig sind. Diese Bedeutung des Zeitmodus der Gegenwart wird in *Sein und Zeit*, wie es im Fall der Zukunft und der Vergangenheit auch gemacht wird, kraft der zeitlich-praktischen Interpretation gewonnen. Heideggers Überlegung lautet in dieser Hinsicht folgedermaßen: Jeder praktische Vollzug stellt einen Umgang mit umgebenden Gegenständen in bestimmten Kontexten dar. Er findet also in jeweiligen Sachverhalten statt, die soziale Akteur:innen enthalten. Die Rede von Sachverhalten – ob sie chronologisch gegenwärtig, vergangen oder auch zukünftig sind – bezieht sich also auf die Dimension der Gegenwart im Sinne von einer bestimmten Konstellation von Gegenständen, Akteur:innen, etc., die in Relation zueinander stehen (*GA* 2: 434). Erst somit lässt sich im praktischen Sinne die Gegenwart von der Zukunft – der Offenheitsfähigkeit – und der Vergangenheit – der weltlichen Eingebundenheit und Orientiertheit der Praxis – begrifflich differenzieren.

Aus diesen drei wechselseitigen Begriffsbestimmungen der Zukunft, der Vergangenheit und der Gegenwart einerseits, und der Offenheit, der Eingebundenheit, und der Kontextualisierung in Sachverhalten, lässt sich somit feststellen: Die Zeitlichkeit ist für Heidegger keine weitere Voraussetzung, die von der Praxis selbst verschieden wäre. Zeitlichkeit ist nichts anderes als zeitlich interpretierte Praxis; Praxis erschließt sich als zeitlich (*GA* 2: 434–435). Diesen Zusammenhang und die wechselseitige Interpretationslogik von Zeit und Praxis bezeichnet Heidegger durch den Begriff der ekstatischen Zeitlichkeit (*GA* 2: 435).

Ich habe bereits oben vorausgeschickt, dass für die Ziele meiner Diskussion von primärer Relevanz ist, dass Heideggers Einführung der Zeitlichkeit den Offenheitsbegriff als einen vermittelten und in sich gegliederten bestimmt. Dieses

Merkmal von Offenheit, das ihr in Heideggers Modell zukommt, lässt sich zunächst an der systematischen Funktion festmachen, die Heidegger Offenheit und Zukunft zuschreibt. Denn Offenheit/Zukunft ist laut *Sein und Zeit* sowohl ein Modus von Praxis/Zeit als auch der Modus von Praxis/Zeit, der eine Vorrangstellung verdient (*GA* 2: 435–436): sowohl Element in als auch Prinzip von einem Zusammenhang. Die Fähigkeit zur Offenheit liefert nicht nur das Kriterium ab, von dem aus praktizierende Entitäten oder soziale Akteur:innen oder Subjekte eindeutig identifiziert werden. Sie vervollständigt auch Heideggers Auffassung der Praxis und der praktischen Spielräume, indem dadurch verständlich werden soll, was die Werdemöglichkeiten von Praxis auszeichnet – ihre wesentliche Offenheit eben.

Diese zweite, umfassendere Bedeutung von Offenheit in Heideggers Modell möchte ich weniger als eine Lösung denn als ein Problem verstehen. Das heißt: Wenn Offenheit als definierendes Moment von Praxis etabliert werden soll, müsste man zeigen können, dass Offenheit alle Wesensaspekte von Praxis betrifft – sprich, weltliche Eingebundenheit und Einbettung in Sachverhalten. Aus einem anderen Blickwinkel betrachtet, bedeutet das, überzeugen zu können, dass Offenheit sich mit dem artikuliert und vermittelt, was nicht unmittelbar über die Offenheitsfähigkeit definiert wird. Es muss gezeigt werden, also Heidegger müsste zeigen, dass die Fähigkeit zur Offenheit sich in weltlicher Eingebundenheit und Einbettung in Sachverhalten realisieren kann. Oder, mit Blick auf die zeitliche Interpretation gesagt, dass sich Zukunft in oder mit Gegenwart und Vergangenheit vermitteln lässt.

Um das mit dem alten Beispiel zu veranschaulichen: Es ist nicht das Papierblatt im Notizenheft, das die Offenheitsfähigkeit besitzt, sich selbst als Zigarettenpapier umzufunktionieren, obwohl er als materieller Gegenstand eine gewisse Beschaffenheit hat, die eine solche Umfunktionierung erlaubt oder ermöglicht. Genauso ist es nicht direkt die Handlungsorientierung des Aufrollens, die die Umfunktionierung des Papierblatts im Heft ausführt, dennoch würde eine Akteurin vielleicht nicht so unmittelbar auf Idee des Umfunktionierens kommen, wenn das Zigarettenaufrollen eine durchritualisierte soziale Praxis wäre, die nur unter gewissen, stark codierten Umständen ausgeführt werden kann. Anders gesagt: Die Offenheitsfähigkeit gehört – oder, wie man auch sagen könnte, das Veränderungspotenzial obliegt – den praktizierenden Entitäten und ihrer Ausführung, Gestaltung, Übernahme der Welten der Praxis, in denen sie handeln und durch und über welche sie sich als praktizierende Entitäten konstituieren; dennoch muss sie sich in kontextuellen Sachverhalten und innerhalb der weltlichen Eingebundenheit durchsetzen und realisieren können.

Genau an dieser argumentativen Stelle setzt eine meines Erachtens gerechtfertigte Kritik von Heideggers Philosophie an. Denn Heidegger entwickelt zwar eine nuancierte Darstellung seiner Zeitekstasen, scheint aber dennoch auf einen Schlag die Problematik der Vermittlung von Offenheit in sozio-materiellen Kontexten loswerden zu wollen. Dies tut er, indem er die Fähigkeit zur Offenheit als letztlich abgesichert gegenüber und unabhängig von der soziomateriellen Vermittlung oder sogar Einschränkung verstanden haben will (Macdonald 2019, vgl. Kap. 4 insbes.). An einer Argumentationslinie wird diese Scheinlösung besonders sichtbar. Zum einen entwickelt Heidegger anhand der Unterscheidung von Eigentlichkeit und Uneigentlichkeit die Idee, dass eine Praxis, die offen sein kann, so aufzufassen ist, dass zu ihr auch die Möglichkeit der Geschlossenheit, also des Scheiterns der Offenheitsfähigkeit gehört. Zweitens erläutert Heidegger das Gelingen der Offenheitsfähigkeit beziehungsweise das Gelingen ihrer Verwirklichung durch den Begriff der Entschlossenheit, dessen stark voluntaristische Züge bereits kritisiert wurden (z.B. Philipse 1999). Ich möchte und werde hier keine ausführliche Diskussion dieser Argumentationslinie entwickeln. Zu erwähnen gilt es aber: Einerseits muss man Heidegger zuerkennen, dass es die Offenheitsfähigkeit innerhalb einer Dynamik von Scheitern und Gelingen begreift; andererseits wird die Dynamik von Gelingen und Scheitern – insbesondere vom Gelingen als Entschlossenheit – völlig auf die Seite von der einzelnen Akteurin verschoben und ohne Rücksicht auf die kontextuelle und situationelle Determinationskraft soziomaterieller Kontexte, zu deren Berücksichtigung Heideggers Ansatz selbst allerdings auffordern sollte.

Ob Heideggers Konzept der Entschlossenheit eine zufriedenstellende Erläuterung zu der Frage darstellt, wie sich die Offenheitsfähigkeit gelingend in der Praxis realisiert, lasse ich auf sich beruhen. Persönlich glaube ich, dass Entschlossenheit nur eine Scheinlösung darstellt; das zu untermauern interessiert mich aber nicht. Und es interessiert mich nicht, weil es außerhalb des Umfelds der Untersuchung fällt. Viel wichtiger ist in meinen Augen, dass es in *Sein und Zeit* einen weiteren Weg gibt, um die interne Gliederung oder Vermittlung, auf jeden Fall die Realisierung von Offenheit zu denken. Dieser wird nämlich in den Geschichtlichkeit-Paragrafen skizziert. Die Relevanz dieses zweiten Wegs, innerhalb von *Sein und Zeit*, ist für mein Anliegen unbestreitbar: Denn dadurch wird nicht nur eine besondere Art und Weise zum Thema gemacht, wie sich Zukunft/Offenheit mit Vergangenheit/weltlicher Eingebundenheit vermittelt. Vielmehr diese Frage wird wesentlich auf das Problem bezogen, wie Heideggers Modell eine Antwort dafür abliefern kann, wie sich Subjektivität – also die Fähigkeit, Selbstverhältnisse in praktischen Spielräumen so zu vollziehen, dass praktische Determinationen revidiert werden – als geschichtlich oder geschichtlich erstreckt konstituiert.

Wie wir bald sehen werden, darin finden sich die zwei Hauptfragen wieder, die unsere Fragestellung eröffnet haben: Wie ein einziges Prinzip sowohl für Subjektivität als auch für geschichtliche Erstreckung und Organisation bürgen kann.

5.3 Geschichtlichkeit in und um *Sein und Zeit*

5.3.1 Personale Identität und geschichtliche Organisation

Ich komme endlich zu den Paragrafen von *Sein und Zeit*, wo Heidegger den Begriff der Geschichtlichkeit einführt und diskutiert. Zur Überleitung in den neuen textuellen Gegenstand nehme ich die Frage, wie ich sie gerade oben genannt habe, der Vermittlung oder der Gliederung von Offenheit. Insbesondere interessiert mich, was sich als Vermittlung der Zukunft mit der Vergangenheit etwas pauschal und provisorisch bezeichnen lässt. In den spekulativen Termini von Heideggers Modell menschlicher Praxis jetzt ausgedrückt, kann die Formulierung konkreter ausbuchstabiert werden. Bei solcher genaueren Überlegung stellt sich heraus, dass die *Sein und Zeit* interne Frage der Realisierung von Offenheit zu der Grundfrage meiner Untersuchung passt: Wie lässt sich Subjektivität als Geschichtlichkeit begreifen?

Heidegger geht in den Geschichtlichkeit-Paragrafen das Problem der Realisierung von Offenheit so an, dass er dabei die zwei von mir oben angesprochenen Fragen zur Geschichtlichkeit von Subjektivität diskutiert (4.1). Er beansprucht zu klären, in welchem Sinne eine soziale Akteurin sich als ein Selbst konstituiert, das in der lebensgeschichtlichen Erstreckung dasselbe bleibt (*GA* 2: 496). Anders gesagt: Es geht ihm dabei explizit um die Frage der transtemporären Identität von selbstbezüglichen Personen. Diese Frage soll in Heideggers Vorhaben dadurch beantwortet werden, dass nach dem Modus, der Art und Weise des geschichtlichen Zusammenhangs gefragt wird (*GA* 2: 501), was ich oben als die Frage der geschichtlichen Artikulation und Organisation bezeichnet habe: Der Begriff von Geschichte beinhaltet nicht die schlichte Idee einer Sukzession von Ereignissen, sein Gehalt besteht vielmehr darin, dass zwischen Ereignissen eine Determination zu denken ist, dass Ereignisse nach Bestimmungsverhältnissen organisiert und artikuliert sind. An diesem Punkt sollte klar sein, wie die Frage der Vermittlung von Offenheit sich mit den zwei Fragen zusammenfügt, die der Begriff von Geschichtlichkeit von Subjektivität mit sich bringt. Dass Vergangenheit als weltliche Eingebundenheit die Praxis als offenheitsfähig determiniert, übersetzt sich in das Problem, die Organisation oder die Artikulation einer Geschichte auf den Begriff zu bringen. Heidegger beansprucht zu zeigen, dass, diese Frage zu beantworten, auch die transtemporäre Identität von Personen beleuchtet.

Das Spezifikum des Ansatzes von *Sein und Zeit* besteht darin, dass die zwei Probleme – geschichtliche Determination und transtemporäre Identität von Personen – in Zusammenhang gebracht werden. Die Zusammenfügung ist durch die folgende Frage geleitet, die sich veranschaulichend und etwas plakativ stellen lässt. Was wird aus einer weltlich eingebundenen Akteurin und ihrer Offenheitsfähigkeit, wenn ihre Praxis so zu fassen ist, dass ihr eine lebensgeschichtliche Dimension

„zwischen Geburt und Tod" (*GA* 2: 493) definitorisch zuerkannt wird? Die Frage spitzt das Problem der Vermittlung von Offenheit/Zukunft zu seinen äußersten Konsequenzen zu, denn eine Akteurin ist nach Heideggers Ansatz, ich wiederhole es, wesentlich weltorientierte Tätigkeit.

Nehmen wir jetzt an, dass weltorientierte Praxis um die lebensgeschichtliche Dimension ergänzt wird – was übrigens ziemlich nachvollziehbar ist, denn soziale Akteur:innen nehmen oft Bezug auf ihre Lebensgeschichte, um ihre Praxis zu gestalten und sozial zu situieren. Unter dieser Prämisse ist jeder praktische Vollzug nicht nur an seiner Welt der Praxis orientiert; sondern er beruht auch auf Erfahrungen, Gewohnheiten, Sozialisierungen, die sich durch die jeweils individuelle Lebensgeschichte hindurch angesammelt haben.[53] So gefasst, kommt der eigentliche Widerspruch – wenn ich ihn so bezeichnen darf – ans Licht, der den Geschichtlichkeitsgedanken charakterisiert. Auf der einen Seite ist die lebensgeschichtliche Dimension von Praxis für die Verwirklichung von Praxis unabdingbar – oder, nach der Formulierung von oben, offene Praxis muss sich vermitteln. Auf der anderen ist die lebensgeschichtliche Dimension, was Praxis selbst ihrem Prinzip nach – der Offenheitsfähigkeit – auch gefährdet.[54] Erlebnisse, erlernte Handlungsmuster, kontextuell bedingte Erwartungsschemata machen Praxis aus, bis ins Individuelle hinein. Menschliche Praxis sollte zwar in diesem Kontext auch durch eine Fähigkeit zur Offenheit gekennzeichnet sein, und zwar prinzipiell; dass sich diese Fähigkeit aber im Rahmen derart überdeterminierender Verhältnisse konkretisieren lässt, ist fraglich und freilich kontraintuitiv. Oder, noch einmal anders perspektiviert: Die Fähigkeit zur Offenheit ist somit sowohl das anzunehmende Prinzip, das praktizierende Entitäten charakterisiert und sie von anderen Arten von Entitäten differenziert, als auch etwas, das seinen Konstitutionsbedingungen nach kaum zu verwirklichen ist. Heidegger ist sich dieses Problems bewusst. Gerade in einer Erläuterung zum Phänomen der Alltäglichkeit, auf den ich hier nicht eingehe, wird der Alltag als eine Art und Weise menschlicher Praxis bestimmt, wo das „Morgige" zum „ewig Gestrigen" wird (*GA* 2: 490). Die Verstrickung von lebensgeschichtlicher Identität, gewohnheitsmäßiger Weltorientiertheit und Zeitlichkeit wird zum Problem.

---

[53] Im phänomenologischen Kontext wird heutzutage gerne die Metaphorik der Sedimentierung und der Stratifizierung eines kollektiven Gedächtnisses gebraucht (Fuchs 2017) – welche vielleicht einige empirische Beschreibungen in die Hand legen kann, dennoch die Frage der Geschichtlichkeit völlig voraussetzt, unbeachtet lässt und dieser gegenüber letztendlich parasitär ist.
[54] Odo Marquard (1987) hat am deutlichsten dieses Problem auf den Punkt gebracht.

Das Argumentationsverfahren von *Sein und Zeit* besteht zunächst darin, das gerade genannte Problemgeflecht als einheitliche Frage zu formulieren, wie ich es oben schon vorausgeschickt habe. Heidegger verwendet hierfür den Ausdruck des geschichtlichen „Wirkungszusammenhangs" als Wesensmerkmal dessen, was unter „Geschichte" und *a fortiori* unter „Lebensgeschichte" verstanden wird.

> Unter den Bedeutungen des Ausdrucks ‚Geschichte' [...] beansprucht diejenige einen vorzüglichen Gebrauch, in der dieses Seiende als *Vergangenes* verstanden wird. [...] ‚Vergangen' besagt hier einmal: nicht mehr vorhanden oder auch: zwar noch vorhanden, aber ohne ‚Wirkung' auf die ‚Gegenwart'. Allerdings hat das Geschichtliche als das Vergangene auch die entgegengesetzte Bedeutung, wenn wir sagen: man kann sich der Geschichte nicht entziehen. Hier meint Geschichte das Vergangene, aber gleichwohl noch Nachwirkende. Wie immer, das Geschichtliche als das Vergangene wird in einem positiven bzw. privativen Wirkungsbezug auf die ‚Gegenwart' im Sinne des ‚jetzt' und ‚heute' Wirklichen verstanden. [...] Sodann meint Geschichte nicht so sehr die ‚Vergangenheit' im Sinne des Vergangenen, sondern die Herkunft aus ihr. Was eine ‚Geschichte hat', steht im Zusammenhang eines Werdens. [...] Was dergestalt eine ‚Geschichte hat', kann zugleich solche ‚machen'. ‚Epochemachend' bestimmt es ‚gegenwärtig' eine ‚Zukunft'. Geschichte bedeutet hier einen Ereignis- und ‚Wirkungszusammenhang', der sich durch ‚Vergangenheit', ‚Gegenwart' und ‚Zukunft' hindurchzieht (*GA* 2: 500–501).

Im Passus macht Heidegger deutlich, wie der Ausdruck „Geschichte" erst so auf den Begriff gebracht wird, dass dabei mehr als die Vorstellung einer Sukzession von Ereignissen oder Zeitmomenten auf dem Spiel steht. Ich hatte dieses Thema bereits eingeführt, und zwar als Frage der geschichtlichen Organisation (4.1).

Im Mittelpunkt dabei steht die Einsicht, dass vergangene Ereignisse – falls sie als Vergangenheit einer Geschichte in den Blick genommen werden – sich nicht im Sinne von Sachverhalten erschöpfen lassen, die der Fall waren, aber nicht mehr sind (oder die innerhalb einer geordneten Sukzession einem bestimmten Zeitpunkt zugeordnet werden können, der einem anderen vorangeht). Vielmehr besteht zwischen Ereignissen einer Geschichte, oder soll zwischen ihnen bestehen, soweit sie eine Geschichte ausmachen oder als Geschichte erfasst werden, ein Wirkungszusammenhang. Ein Wirkungszusammenhang besteht nach Heideggers vorläufiger Einführung des Begriffs, wenn vorangehende Ereignisse nachfolgende Ereignisse bestimmen, wenn sich die ersten auf die zweiten auswirken. Oder, mit anderen Worten gesagt, die sich noch einmal auf die Offenheitsproblematik beziehen: Durch eine Geschichte gemacht zu sein und aus dieser Geschichte etwas zu machen, diese beiden Aspekte gehören zusammen.[55]

---

[55] Holger Maass (2001) schreibt von einer „normativen Rückbindung an die Vergangenheit". Seine Interpretation von Heideggers Geschichtlichkeit, laut der die „Unwirksamkeit des Vergangenen" im Rahmen eines Anerkennungsgeschehens enthoben werden müsste, ist aber etwas zu einseitig.

Ich möchte an dieser Stelle Folgendes hervorheben, um den Zusammenhang mit meinem Untersuchungsgegenstand deutlicher zu machen. Heideggers Aussage, dass Geschichte eben einen „Ereignis- und Wirkungszusammenhang" bedeutet, der sich durch die Zeit hindurchzieht, verbindet die transtemporäre Identität einer Geschichte, ihr Sich-hindurchziehen, mit den Bestimmungsverhältnissen, die zwischen den sukzessiv geordneten Zuständen bestehen, die als der Geschichte selbst zugehörig interpretiert werden. Die Analyse der Verbindung zwischen transtemporärer Identität eines Gegenstands und den Kausalketten, welche die Kontinuität zwischen seinen früheren Eigenschaften und seinen späteren Eigenschaften absichern, macht ein kanonisches Argumentationsverfahren von analytischen Ansätzen zur Frage der transtemporären Identität von Personen aus.[56] Es überrascht somit immer weniger, dass Heidegger die Frage der transtemporären Identität von Personen „zwischen Geburt und Tod" genau in den Geschichtlichkeit-Paragrafen von *Sein und Zeit* behandelt; und dass erst in diesen Paragrafen die Interpret:innen einen an Heidegger orientierten Ansatz zu dieser Frage erarbeiten sollen.

In der Frage der geschichtlichen Artikulation, oder des geschichtlichen Wirkungszusammenhangs, zeigt sich also eine besondere Verschränkung von praktischer Bestimmtheit, zeitlichen und sogar chronologischen Begriffen, welche die Frage der Lebensgeschichtlichkeit von Subjekten beleuchten soll. Und weiterhin: Darin sieht Heidegger selbst einen Vorrang der Vergangenheit als Bestimmungsgrund von Praxis angesiedelt (*GA* 2: 502), der den oben affirmierten Vorrang von Zukunft/Offenheit problematisiert. Als lebensgeschichtliche sind praktizierende Entitäten auf ihre Welt der Praxis angewiesen, weil diese für sie den Terminus der für sie konstitutiven praktischen Relationalität ausmacht. Sie sind derart auf ihre Welt der Praxis angewiesen, dass ihre Vergangenheit im chronologischen Sinne eine Wirkungskraft im praktischen Sinne auf das jeweilige Praktizieren ausübt. Die praktische und die chronologische Interpretation von Zeitbegriffen kommen hier zusammen, und zwar so, dass das Problem der Verwirklichung von Offenheit/Zukunft näher angegangen werden kann, und zwar mit Blick auf die Bestimmung durch Vergangenes.

Um diesen Fragenzusammenhang einheitlich zu behandeln, bringt Heidegger den Wiederholungsbegriffs ins Spiel (*GA* 2: 509–510). Der Begriff übernimmt somit in der Argumentation von *Sein und Zeit* eine zweifache Funktion: Er beleuchtet

---

Selbst davon abgesehen, dass der Begriff von Anerkennung eher extern auf *Sein und Zeit* bezogen werden kann, und sein Gebrauch deshalb legitimiert werden müsste, Heideggers Auffassung von Geschichtlichkeit zielt vielmehr auf eine positive Veränderung von geschichtlichen Relationen ab, und nicht bloß auf eine Reaktivierung von bestehenden historischen Verhältnissen (vgl. 5.2.2).

56 Ganz traditionell: Parfit 1984; Shoemaker 1984.

die Verwirklichung von Offenheit im Kontext der weltlichen Eingebundenheit sozialer Akteur:innen; und er macht verständlich, was es heißt, dass Geschichten Wirkungszusammenhänge sind. In das Vokabular meiner Untersuchung übersetzt, heißt das im Grunde, dass Heideggers Wiederholungsbegriff verständlich machen sollte, wie Subjektivität als Geschichtlichkeit gefasst werden kann. Denn Wiederholung soll als Prinzip der geschichtlichen Organisation einerseits beleuchten, wie Lebensgeschichten als Wirkungszusammenhänge begriffen werden können; und, indem Wiederholung für die Verwirklichung von Offenheit bürgt, bringt der Begriff andererseits das Definiens von Subjektivität, die Fähigkeit zur Offenheit, in Zusammenhang mit der Lebensgeschichtlichkeit von sozialen Akteur:innen. Der Wiederholungsbegriff wird demzufolge nun zum Schlussstein meiner Heidegger-Interpretation.

5.3.2 Heideggers Wiederholungsbegriff in *Sein und Zeit*

Der Wiederholung wird in *Sein und Zeit* zunächst eine kapitale Rolle zugeschrieben: Das Werk soll bekannterweise eine Wiederholung der Frage nach dem Sein repräsentieren und vollziehen, so laut seinem ersten Paragrafen.[57] Dann verschwindet aber der Begriff und wird wieder in Anspruch genommen, als in der Textökonomie *les jeux* schon *faits* zu sein scheinen: Die Wiederholung wird zum zentralen Begriff der Geschichtlichkeit-Paragrafen, die allerdings erst nach der Diskussion des philosophischen Angelpunkts des Werkes, die ekstatische Zeitlichkeit, kommen. Gegenüber der ekstatischen Zeitlichkeit mag der Wiederholungsbegriff sogar para-

---

57 Ich interpretiere diesen anfänglichen Begriffsgebrauch Heideggers in einem methodologischen oder sogar metaphilosophischen Sinne. Heidegger versteht seine Philosophie qua Hermeneutik (mehr dazu im Fazit) im Großen und Ganzen als eine Wiederholung und, mit einer eher methodologischen Nuancierung, schreibt er von einer Wiederholung seiner Analysen, um inhaltlich in der Diskussion fortzuschreiten (z.B. *GA* 2: 312). Diesen beiden Bedeutungen des Wiederholungsbegriffs in Heideggers Denken kann ich hier offensichtlich nicht nachgehen. Ich denke aber, und das möchte ich erwähnen, dass sie eng mit der Geschichtlichkeitsfrage zusammenhängen (und somit ist es kein Zufall, dass der Wiederholungsbegriff im Zusammenhang mit ihr in Betracht gezogen wird) – oder, noch genauer, mit der Frage nach einem Wissen, das historisch und geschichtlich ist. Historisches Wissen und historiographisches Wissen sind in Heideggers Augen paradigmatisch für Wissen insgesamt: Sie stellen die fundamentale Art und Weise dar, wie Erkenntnis für geschichtliche und soziale Akteur:innen bezüglich ihrer selbst und ihrer Welt operiert. Der Wiederholungsbegriff stellt in diesem Kontext das Prinzip vom historiographischen Wissen dar und, sofern historiographisches Wissen paradigmatisch für Heideggers Auffassung von Erkenntnis und Philosophie

sitär erscheinen.[58] Sein Ertrag ist nicht unmittelbar deutlich und scheint in einer bloßen Anwendung des Zeitlichkeitsbegriffs in den Bereichen der Geschichtsphilosophie und der Epistemologie der Historiographie zu bestehen. Neben den *Sein und Zeit* internen Gründen, die Perplexität mit Blick auf den Wiederholungsbegriff hervorrufen mögen, ist auch ein sachliches Bedenken zu nennen, das von der Heidegger-Kritik bereits zum Thema gemacht wurde.[59] Der Wiederholungsbegriff kann nämlich so interpretiert werden, dass er ein Zurückgreifen auf das bezeichnet, was wiederholt wird, das somit bloß wiederhergestellt und zur Geltung wiedergebracht wird. Heideggers Ansatz wäre somit, weit entfernt von einem Denken, das Geschichte und Werden verständlich machen kann, eine Philosophie der Konser-

---

ist, lässt sich verstehen, wieso der Wiederholung in *Sein und Zeit* eine metaphilosophische und methodologische Funktion zukommt. Kurz und etwas plakativ formuliert: In dem Maße, wie Heidegger seine Philosophie als hermeneutisches Denken gefasst haben will, also als ein Denken der geschichtlichen und historischen Konstitution von Wissen und Selbstwissen, ist Wiederholung Grundelement derselben. Wiederholung hat eine metaphilosophische und methodologische Funktion in *Sein und Zeit*, weil Wiederholung nach Heidegger die Quintessenz der Hermeneutik darstellt.
58 Das Wort Wiederholung erscheint beispielsweise im Zusammenhang mit dem Begriff der Entschlossenheit (z.B. *GA* 2: 408). Der Begriffszusammenhang erklärt sich aus folgendem Grund, den ich nicht ausführlich diskutieren kann, aber dennoch ansprechen möchte. Sowohl die Entschlossenheit als auch die Wiederholung sind im Rahmen von Heideggers Ansatz Freiheitsfiguren in dem Sinne, dass sie die Realisierbarkeit von Offenheit in praktischen Vollzügen erläutern sollen (5.2.3). Nun ist textuell nicht auszuschließen, dass die beiden Begriffe in Heideggers Augen im Grunde zusammenfallen. Einiges spricht sogar dafür, wie zum Beispiel Heideggers Aussage, dass Geschichtlichkeit nur eine gewisse Perspektivierung auf die bisherigen Argumente seines Textes ist und keine begriffliche Erneuerung. Wie bereits deutlich geworden sein sollte, neige ich dazu, die Differenzen zwischen den zwei Begriffen herauszustellen. Während die Entschlossenheit als eine Freiheitsauffassung interpretiert werden kann, bei der sich leicht ein bedenklicher Eskapismus diagnostizieren lässt (vgl. z.B. Pippin 1994) und welche deshalb als abstrakt kritisiert werden kann, antwortet die Wiederholung auf eine viel konkretere Frage, nämlich auf die Frage der Wirkungskraft des Vergangenen, und auf die Frage, wie diese durch Offenheit charakterisiert werden kann (5.3.1). In jüngerer Zeit hat Joseph K. Schear (2013) eine Interpretation der Geschichtlichkeit-Paragrafen geliefert, die den Akzent nicht auf den Wiederholungsbegriff, sondern auf den Entschlossenheitsbegriff legt. Dies ist textuell gesehen nicht falsch – Heidegger bezieht sich explizit darauf –, lässt aber das kritische, *Sein und Zeit* interne Potenzial der Geschichtlichkeit-Paragrafen auf sich beruhen. Deshalb kommt Schear auf das Resultat, dass die Geschichtlichkeit-Paragrafen etwa die Vorstellung einer „Geburt" aus dem Tod einer Lebensform wiedergeben würden (gemäßer der Entschlossenheitsrhetorik einer unvermittelten, etwa automatischen Offenheit, gesichert durch die Vernichtung einer besonderen, sozial geteilten Art und Weise, das Leben zu führen; die kulturellen und politischen Assoziationen einer „Geburt aus dem Tod" werde ich nicht thematisieren, sind aber offensichtlich problematisch, obwohl kohärent mit Heideggers Figur und politischer Besinnung).
59 Vgl. mustergültig Iain MacDonald (2019: 116) im Anschluss an Adorno.

vation und der Reproduktion von einem vergangenen Grund des Zukünftigen, der sich in den geschichtlichen Bewegungen unverändert bewahren soll.

Im Folgenden werde ich mit beiden Problemen so umgehen – indem ich den Wiederholungsbegriff von *Sein und Zeit* diskutiere und ihn zur Basis meines subjektphilosophischen Ansatzes mache –, dass ich den durch ihn gewonnenen Erkenntnisgewinn mit Blick auf die oben eingeräumten Fragen (5.3.1) verdeutliche; und dass ich die Interpretation zurückweise, laut der das Konzept den Zugriff auf einen unveränderlichen Ursprung von Denken und Praxis bezeichnet. Ganz im Gegenteil werde ich zeigen, dass Heideggers Wiederholungsbegriff auf die Darstellung einer Logik der Transformation von denjenigen praktischen Relationen hinausläuft, die die Praxis an das Vergangene zurückbinden, und in einem gewissen Sinne vom Vergangenen selbst.

Gehen wir also zunächst auf den Text ein. Heidegger definiert die Wiederholung im Sinne eines Verhältnisses zu etwas Vergangenem, wobei das Vergangene als „gewesene Existenzmöglichkeit" (*GA* 2: 509) bezeichnet wird. Ich fange damit an, zu betonen, dass hier eine Ambivalenz zwischen chronologischer und praktischer Interpretation vom Vergangenen auftaucht. Auf der einen Seite spielt das semantische Feld der Möglichkeit und des Möglichen auf die praktische Interpretation der Zeit an, obwohl in Heideggers Begrifflichkeit Mögliches und Möglichkeit sich zunächst auf die Zukunft beziehen (5.2). Auf der anderen bedient sich Heidegger in seiner Bestimmung des Wiederholungsbegriffs eines Vokabulars, das offensichtlich auf eine sukzessive und chronologische Auffassung der Zeit, auf Verhältnisse des Vor- und Nachher zwischen Ereignissen oder Zeitmomenten hinweist. Er schreibt nämlich:

> Die Wiederholung des Möglichen ist weder ein Wiederbringen des ‚Vergangenen', noch ein Zurückbinden der ‚Gegenwart' an das ‚Überholte'. Die Wiederholung läßt sich, einem entschlossenen Sichentwerfen entspringend, nicht vom ‚Vergangenen' überreden, um es als das vormals Wirkliche nur wiederkehren zu lassen. Die Wiederholung *erwidert* vielmehr die Möglichkeit der dagewesenen Existenz. Die Erwiderung der Möglichkeit im Entschluß ist aber zugleich *als augenblickliche* der *Widerruf* dessen, was im Heute sich als ‚Vergangenheit' auswirkt. Die Wiederholung überläßt sich weder dem Vergangenen, noch zielt sie auf einen Fortschritt (*GA* 2: 509–510).

Der Passus muss nun entziffert werden. Zuerst möchte ich hervorheben, dass Heidegger die Wiederholung kohärent mit seinem Gesamtansatz als ein praktisches Geschehen, als eine Sache der Praxis betrachtet. Es handelt sich dabei ganz allgemein um einen Umgang mit dem Vergangenen und mit seinen Auswirkungen „im Heute". Ein solcher Umgang sollte nach Heidegger Vorstellung „die Möglichkeit der dagewesenen Existenz erwidern". Was dieser letzte Ausdruck bedeutet, wird am Ende meiner Rekonstruktion klar. Jetzt und ganz am Anfang lässt sich dennoch bereits feststellen, dass Heidegger einige Bedeutungen von Wiederholung ablehnt. Mit Wiederholung meint er nämlich nicht, dass vergangene Sachverhalte in dem Sinne wieder aktuell gemacht werden, dass die gegenwärtige praktische Situation in Orientierung an der Vergangenheit modifiziert wird. Noch einmal und auch in diesem Kontext wird fernerhin eine handlungsteleologische Interpretation, die Wiederholung als das Abzielen auf ein Gutes der Handlung, auf einen Fortschritt, zurückgewiesen (vgl. 3.2.2, 3.3.1).

Um näher zu fassen, was Heidegger hier mit dem Wiederholungsbegriff beabsichtigt, brauchen wir uns nur das oben dargelegte Desideratum in Erinnerung zu rufen: Die Fähigkeit, offen zu praktizieren, ist in Verbindung mit ihrer Realisierbarkeit zu denken; oder, anders gesprochen, Offenheit/Zukunft muss sich mit den anderen Modi von Praxis/Zeit vermitteln können. Textuell lässt sich als Beleg dafür heranziehen, dass Vergangenes hier mit Bezug auf das Feld des Möglichen, und somit des Zukünftigen als Offenen, in Betracht gezogen wird. In diesem Sinne verstehe ich hier Wiederholung als Erwiderung einer Möglichkeit im Vergangenen: Durch das praktische Geschehen der Wiederholung tritt das Vergangene in eine konstitutive Relation mit Offenheit/Zukunft.

Eine kurze Überlegung legt bereits an den Tag, dass ein solcher Annäherungsversuch an den Wiederholungsbegriff gerade seine Problematik hervorhebt. Denn dadurch wird erfordert, dass ein späteres Geschehen, die Wiederholung, etwas Früheres beeinflusst und verändert. Sodass der Wiederholungsbegriff irgendeine Bedeutung haben kann, muss vorausgesetzt werden, dass zwischen dem früheren Moment, dem Wiederholten, und dem späteren Moment der Wiederholung eine beliebige Spanne mitgedacht wird, wo das Frühere nicht wiederholt beziehungsweise noch nicht mit Offenheit/Zukunft vermittelt wird. Heidegger scheint nahezulegen, dass etwas Späteres etwas Früheres beeinflussen oder, anders gesprochen, dass eine Ursache ihrem Effekt folgen kann.

Nun in der Tat verteidigt Heidegger die Vorstellung vom geschichtlichen Geschehen, dass spätere Ereignisse in einem gewissen Sinne frühere Ereignisse beeinflussen können. Die anscheinend paradoxe und auf Retrokausalität hinauslaufende Ansicht kann aber plausibilisiert werden. Heideggers Verständnis vom geschichtlich Vergangenen gründet auf die Idee – die ich mit Blick auf weitere Texte bald rekonstruiere –, dass geschichtlich Vergangenes (oder Früheres), das heißt im Sinne von Vergangenem (oder Früherem) für ein praktisches Geschehen, nur in Relation zu zukünftigen, späteren Ereignissen überhaupt identifiziert werden kann. Wenn diese Auffassung von Vergangenheit im geschichtlichen (und nicht etwa im naturkausalen) Sinne überzeugend verteidigt werden kann, dann ist es in der Tat nicht absurd zu denken, dass sich die Relationen auf spätere Ereignisse, welche die Identifizierbarkeit vom geschichtlich Vergangenen auch ausmachen, im Laufe der oder einer Geschichte sich ändern oder sogar verändert werden können.

Dann ist es ist in der Tat plausibel, in einem gewissen Sinne der Ansicht zu sein, dass Ursachen ihren Effekten folgen können: Denn die Effekte können wesentlich nie aufhören, modifizierbar zu sein; oder, wie ich es mithilfe von Arthur Danto (2007) formulieren werde, weil Vergangenheit im geschichtlichen Sinne nicht als abgeschlossen oder als *fait accompli* gedacht werden darf.

Die gerade erwähnte Auffassung von Vergangenheit im geschichtlichen Sinne, die Heideggers Wiederholungsbegriff voraussetzen muss, um philosophisch belastbar zu sein, wird in *Sein und Zeit* nicht explizit entwickelt. Sie lässt sich aber in zwei weiteren Texten durchblicken, die ich deshalb gleich heranziehe: den *Zollikoner Seminaren* und der Vorlesung *Metaphysischen Anfangsgründen der Logik im Ausgang von Leibniz*.[60]

5.3.3 Die *Zollikoner Seminare*. Die Lücken in der Lebensgeschichte

Für mein Anliegen ist in den *Zollikoner Seminaren* Heiddegers Diskussion und Kritik von Sigmund Freuds Denken besonders relevant.[61] Dadurch wird in den Mittelpunkt die Frage gerückt, wie die individuelle Lebensgeschichte auf den Begriff gebracht beziehungsweise unter welchem Organisationsprinzip sie gedacht werden soll. Geschichtlichkeit wird aus der Perspektive der individuellen Lebensgeschichte qua Wirkungszusammenhang zum Thema gemacht. Heidegger zieht

---

60 Während die Leibniz-Vorlesung fast unmittelbar nach der Veröffentlichung von *Sein und Zeit* stattfand, sind die *Zollikoner Seminare* einer späteren Phase von Heideggers philosophischer Produktion chronologisch zuzuordnen. Einige Perplexität mag in dieser Hinsicht aufgrund der chronologischen und philosophiehistorischen Zuordnung entstehen: Die aktuellste Ausgabe der *Zollikoner Seminare* besteht aus Abschriften, Protokollen und Notizen zu verschiedenen Seminaren, die Heidegger in der Zeit zwischen 1959 und 1969 hielt (GA 89). *Sein und Zeit* wurde also mehr als dreißig Jahre vor dem ersten *Zollikoner Seminar* veröffentlicht. Es entsteht also der Zweifel, dass zwischen den zwei Texten nicht nur eine chronologische, sondern womöglich auch eine philosophische Distanz besteht: Bekannterweise distanzierte sich Heidegger in seiner späteren Philosophie von seinen daseinsphilosophischen Ansätzen. Ich werde weder auf die Periodisierung von Heideggers Produktion eingehen noch die Frage der sogenannten Kehre in seinem Denken thematisieren. Ich möchte dennoch erwähnen, dass diese Schwierigkeit für mein sachliches Anliegen nicht so relevant ist und sich aufgrund der Grundfragestellungen der *Seminare* sich beseitigen lässt. Denn allgemeiner Gegenstand der Veranstaltung sind der Mensch und eine philosophische Interpretation von Psychiatrie, Psychologie, Psychiatrie und Psychopathologie. Allerdings mobilisiert Heidegger hierfür seine frühere Daseinsphilosophie, die durch Motive aber ergänzt wird, die erst nach *Sein und Zeit* in seinem Denken zentral werden. Zentral bleibt auf jeden Fall in den *Seminaren* die Konzeption der Zeitlichkeit als praktisch-zeitliches Geflecht, das zur Interpretation des Menschen als soziales/praktisches angewendet wird.

61 Ich gehe auf Freuds Texte nicht direkt ein, sondern beschränke mich auf Heideggers Deutung

dabei eine besondere Auffassung der Lebensgeschichtlichkeit heran, um sie zu kritisieren und daran anschließend eine alternative Auffassung zu skizzieren.

Der erste Kritikpunkt Heideggers lässt sich in Bezug auf die Frage umreißen, an welchem Paradigma sich eine Auffassung des Menschen und seiner jeweils individuellen Lebensgeschichtlichkeit orientieren sollte. Heidegger kritisiert nämlich diejenige Position, die sich hauptsächlich mit den Begriffen von Bewusstsein und Selbstbewusstsein befasst, um einen Begriff vom Menschen zu gewinnen (GA 89: 48–49). Ohne näher darauf einzugehen, gilt es an dieser Stelle nur zu betonen, dass Heidegger seine diesbezügliche Kritik so formuliert, dass eine am Bewusstsein – also nicht am Begriff der Praxis – orientierte Auffassung den Menschen als weltloses Subjekt versteht (GA 89: 48). Gegenstand seiner Diskussion ist also offensichtlich das, was ich seit dem Anfang der Arbeit als Subjekt bezeichnet habe; seine Kritik an dieser Auffassung besagt, dass eine paradigmatische Orientierung am Selbstbewusstseinsbegriff deshalb problematisch ist, weil dadurch die für praktizierende Entitäten beziehungsweise soziale Akteur:innen konstitutive Weltorientiertheit und die praktische Relationalität übersehen werden.

Dieses erste Problem bestimmt den begrifflichen Rahmen, in dem sich das zweite, für mein Anliegen relevantere Problem artikuliert. Es geht dabei um die Frage der Lebensgeschichte als Wirkungszusammenhang. Lebensgeschichtlichkeit soll eben laut Heidegger einen Konstitutionsaspekt des menschlichen Geistes ausmachen. Denn, er wiederholt hier eine Grundthese des daseinsphilosophischen Ansatzes von *Sein und Zeit*, jeder Zustand eines Subjekts, sein Welt- und Selbstbezug, ist als Sinnzusammenhang zu verstehen, sprich, als ein sinnvoller und artikulierter Zusammenhang aus verschiedenen Elementen, die in Relation zueinander stehen (GA 89: 51). Freilich ist eine solche Aussage nicht weit von seinem daseinsphilosophischen Ansatz entfernt. Selbst- und Weltbezug konstituiert sich im Rahmen von affektiven Färbungen, volitiven Einstellungen, praktisch-sozialen

---

davon. Am Rand möchte ich dennoch erwähnen, dass Heideggers Freud-Interpretation oberflächlich bleibt (obwohl es stimmt, dass Heidegger einen Zug von Freuds Denken identifiziert, der unbestreitbar in seinen Schriften präsent ist). Sie konzentriert sich beispielsweise auf den Text *Das Unbewusste* (GW 10) – trotzdem selbst eine kurze Lektüre von Arbeiten wie *Erinnern, Wiederholen und Durcharbeiten* (GW 10) oder *Konstruktionen in der Analyse* (GW 16) machen deutlich, dass Freuds Auffassung der menschlichen Lebensgeschichtlichkeit und des menschlichen Erinnerns viel nuancierter als Heideggers Wiedergabe derselben ist. Es ist in diesem Sinne kein Zufall, dass Walter Benjamin in den *Passagen* Freud eine zentrale und positive Position als Denker der Geschichtlichkeit zuerkennt (GSB V.1–2). (Zu Freuds Auffassung der menschlichen Lebensgeschichtlichkeit, mit besonderem Fokus auf die Zeitfrage, vgl. Hock 2012; Kirchhoff 2009; kritisch, Derrida 1967: 318).

Relationen usw. (3.2.2). Dem fügt er dann noch hinzu, dass jeder Sinnzusammenhang, wie gerade definiert, zugleich auch einen lebensgeschichtlichen Wirkungszusammenhang darstellt, denn jeder Selbst- und Weltbezug ist im Gefüge eines Bestimmungsverhältnisses zu denken, wo das Vergangene die Gegenwart einer sozialen Akteurin mitbestimmt (*GA* 89: 51). Das ganze Problem besteht darin, wie eine solche lebensgeschichtliche Bedingtheit konzeptualisiert, beziehungsweise wie (lebens-)geschichtliche Artikulation als Bestimmungsverhältnis auf den Begriff gebracht wird.

Heideggers Freud – alles, was Heidegger Freud entnehmen zu dürfen glaubt und an Freud kritisiert – denkt lebensgeschichtliche Artikulation als geschlossenen Zusammenhang von Ursachen und Wirkungen. Jeder Welt- und Selbstbezug wäre daher somit aus lebensgeschichtlicher Perspektive als lückenloser Kausalzusammenhang aufgefasst (*GA* 89: 51). Heidegger definiert an der Stelle Kausalität als „notwendige Folge in der Zeit" (*GA* 89: 116) und behauptet, dass es eine bestimmte Konzeption der Lebensgeschichtlichkeit gibt, die sich an der Vorstellung einer notwendigen Zeitfolge zwischen Ursachen und Wirkungen abarbeitet. Dementsprechend würde ein Set von Wirkungen einem Set von Ursachen ausnahmslos und mit Notwendigkeit folgen. Ob diese Auffassung von Kausalität ihrem Gegenstand überhaupt angemessen ist, ist jetzt sekundär. Wichtig ist hier zunächst, Heideggers Position zu rekonstruieren. Er kritisiert eine Auffassung der Lebensgeschichtlichkeit praktizierender Entitäten, die als Prinzip ihres Gegenstands Lückenlosigkeit setzt – Lückenlosigkeit erstmal und provisorisch durch den Verweis auf Kausalität und Notwendigkeit gefasst.

Der bisher eher vage Begriff von Lückenlosigkeit muss genauer bestimmt werden. Heidegger verwendet das Konzept kritisch in zwei Hinsichten. Auf der einen Seite handelt es sich um eine epistemische Perspektive auf die Erklärungs- und Begründungsverhältnisse, die im Rahmen eines lebensgeschichtlichen Zusammenhangs zwischen Ereignissen vorausgesetzt werden (*GA* 89: 51, 110). Auf der anderen zielt Heideggers Begriffs der Lückenlosigkeit darauf ab, einen konstitutiven Aspekt von sozialen Akteur:innen und ihrem Tun aus negativer Sicht hervorzuheben. Dieser bezieht sich auf die Konsequenzen, die die Eigenschaft der Lückenlosigkeit mit sich zieht, was die Auffassung vom menschlichen Selbst- und Weltbezug angeht. Insbesondere fällt der Fokus bei dieser zweiten Perspektivierung auf die Frage der Offenheit von praktischen Spielräumen (*GA* 89: 116) sowie darauf, wie diese mit dem Gedanken der lebensgeschichtlichen Bedingtheit zu vermitteln sei. Lückenlosigkeit bedeutet daher in dem Kontext der *Zollikoner Seminare*: dass lebensgeschichtliche Artikulation durch das Prinzip einer lückenlosen Rekonstruktion zum Begriff zu bringen sei; und dass Lebensgeschichten selbst lückenlos seien. Heidegger will beides ablehnen.

Eine Widerlegung beider Ansichten lässt sich nun in den *Seminaren* nicht finden. Dafür werde ich auf die Leibniz-Vorlesung eingehen und darüber hinaus auf *Sein und Zeit* zurückkommen, um die Interpretation des Wiederholungsbegriffs endlich abzuschließen. Nichtsdestoweniger stellen die *Seminare* einen zentralen Erkenntnisgewinn mit Blick auf die Interpretationsfragen, die ich mit Blick auf den Wiederholungsbegriff aufgeworfen habe (5.3.2). Denn der Begriff der Lückenlosigkeit lässt sich jetzt mit Blick einerseits auf meine bisherige Rekonstruktion von Heideggers Philosophie und andererseits auf die Entgegensetzung zu einer angemessenen Beschreibung der lebensgeschichtlichen Bedingtheit menschlichen Praktizierens interpretieren.

Das Desideratum der letzteren muss aus Heideggers Sicht darin bestehen, dass die Bedingtheit menschlichen Praktizierens so konzeptualisiert wird, dass sie mit dem Offenheitsbegriff kompatibel ist. Lebensgeschichtliche Bedingtheit für soziale Akteur:innen oder praktizierende Entitäten *als* soziale Akteur:innen oder praktizierende Entitäten (und eben nicht, beispielsweise, als rein kausalmechanisch, physiologisch, biochemisch bedingte Wesen) muss bedeuten, dass lebensgeschichtliche Bedingtheit mit dem Gedanken der Offenheitsfähigkeit kompatibel gemacht wird. Die Fähigkeit zur Offenheit habe ich oben mit Heidegger als die Fähigkeit definiert, die für jeden praktischen Vollzug definierenden Relationen im Praktizieren selbst unverbindlich zu machen, zu entkräften, zu revidieren (5.2.2). Das Prinzip der Lückenlosigkeit ist somit weder in der Lage, und zwar kategorial, die Bedingtheit von offenheitsfähigen als offenheitsfähigen Wesen verständlich zu machen;[62] noch kann es und gerade deshalb Lebensgeschichtlichkeit verständlich machen, denn Lückenlosigkeit setzt eine Art Aufeinanderfolge von Ereignissen voraus, die als durch und durch bestimmt und als nicht revidierbar gedacht wird. Lebensgeschichten wären demgemäß ihrem Prinzip nach abgeschlossen oder abschließbar, was dem Offenheitsbegriff widerspricht.

Dieser Idee gegenüber müsste man mit Heidegger die Vorstellung einer Lückenhaftigkeit oder Unabgeschlossenheit von Lebensgeschichten vertreten können. Davon hängt es ab, ob der Begriff von offenheitsfähigen sozialen Akteur:innen philosophisch belastbar ist oder in sich zusammenstürzt, und zwar genau in der Hinsicht, dass er eine Auffassung von Subjektivität als Geschichtlichkeit absichern sollte. Wir kommen somit auf die Fragen zurück, die insgesamt das Problem der

---

[62] Dem setzt Heidegger in den *Seminaren* einen Begriff der Wiedererinnerung entgegen, in dem der Begriff der Wiederholung widerhallt und der explizit auf so etwas wie Überlieferung bezogen wird (*GA* 89: 58). Die Termini stehen also im Zusammenhang mit den Hauptbegriffen der Geschichtlichkeit-Paragrafen aus *Sein und Zeit*, der Ansatz wird aber nicht weiterentwickelt.

Geschichtlichkeit (4.1) und Heideggers Wiederholungsbegriff (5.3.2) betreffen. Die Bezüge zwischen Ereignissen innerhalb einer Geschichte sind sowohl Relationen des Vorher und Nachher als auch Bestimmungsverhältnisse. Wird der Gedanke einer unmittelbar Retrokausalität heuristisch für unhaltbar gehalten, dann müsste man zeigen, wie das Vorher das Nachher so bestimmen kann, dass es nicht auf absehbare Resultate hinausläuft. Dies wird erst mal denkbar, so scheint Heidegger zu meinen, wenn Geschichten als wesentlich lückenhaft gedacht werden.

Die These, dass eine Geschichte wesentlich lückenhaft ist, verstehe ich so, dass das so viel bedeutet wie: Geschichtliche Vergangenheit ist nicht in ihren Aspekten und Eigenschaften bestimmt, das heißt, geschichtliche Vergangenheit ist unabgeschlossen. Der Gedanke einer wesentlichen Unabgeschlossenheit vom geschichtlich Vergangenen wird den Inhalt von Heideggers Wiederholungsbegriff spezifizieren und zugleich plausibilisieren. Die Grundidee lautet nicht mehr: Vergangenes soll als Effekt einer ihm nachfolgenden Ursache gefasst werden; sondern: Vergangenes ist wesentlich unabgeschlossen.

5.3.4 Die Leibniz-Vorlesung. Vom historiographischen Wissen

Die zunächst etwas vage und abstrakte These der Unabgeschlossenheit des Vergangenen lässt sich konkreter fassen, wenn sie vor dem Hintergrund von Heideggers Verständnis vom historiographischen (und historischen) Wissen gelesen wird. Freilich steht im Vordergrund bei Heideggers Denken nicht nur die Geschichtlichkeit des menschlichen Geists beziehungsweise vom Dasein. Vielmehr spielt bei ihm Historie als historisches Wissen über etwas, was selbst durch Geschichtlichkeit gekennzeichnet ist, eine wesentliche Rolle. Die Frage nach dem Sein, die Leitfrage von *Sein und Zeit* eben, stellt Heidegger so, dass sie *wiederholt* werden sollte, und zwar im Kontext dessen, was als Geschichte der Frage nach dem Sein herangezogen wird. Geschichtlichkeit wird also von Heidegger nicht nur im Sinne eines zentralen Themas seiner Regionalontologie des menschlichen Geistes verwendet. Der Begriff macht auch einen grundsätzlichen Baustein seiner Erkenntnisauffassung aus: Menschliches Wissen operiert wesentlich geschichtlich und bezieht sich wesentlich auf Geschichtliches. In der Leibniz-Vorlesung äußert sich Heidegger zu der Frage, was historiographisches Wissen auszeichnet, und verbindet diese mit der Vorstellung einer wesentlichen Unabgeschlossenheit des Vergangenen (Lodge 2015; vgl. auch Reis 2017).

Die Vorstellung, dass Vergangenes unabgeschlossen ist, mag auf den ersten Blick überraschen. Dass vergangene Sachverhalte und Ereignisse nicht abgeschlossen im Sinne von noch offen, nicht durch und durch bestimmt so sind, dass an ihnen noch etwas geschehen kann – dieser Gedanke ist erstmal kontraintuitiv. Die folgende Textstelle legt den Kern von Heideggers Auffassung an den Tag:

> Daher wäre es eine völlig irregeleitete Auffassung des Wesens der Philosophie, wollte man glauben, man könnte schließlich durch ein geschicktes Verrechnen und Ausbalancieren etwa aller Kantauffassungen oder aller Platointerpretationen ‚den' Kant und ‚den' Plato herausdestillieren. [...] Der ‚Kant an sich' ist eine dem Wesen der Historie überhaupt und erst recht der philosophischen Geschichte zuwiderlaufende Idee. Der geschichtliche Kant ist immer nur der, der sich in einer ursprünglichen Möglichkeit des Philosophierens offenbart [...]. Die Wirklichkeit des Geschichtlichen, im besonderen des Vergangenen, kommt nicht zum Ausdruck in einem möglichst lückenlos gewußten ‚So und so ist es gewesen', sondern die Wirklichkeit des Gewesenen liegt in seiner Möglichkeit, die als solche je nur offenbar wird als Antwort auf eine lebendige Frage, die eine zukünftige Gegenwart sich selbst stellt im Sinne des ‚Was können wir tun?'. In der Unerschöpflichkeit der Möglichkeiten, nicht in der sturen Fertigkeit eines Resultates liegt die Objektivität des Geschichtlichen (*GA* 26: 88).

Das Problem wird aus philosophiehistorischer Perspektive angegangen, das heißt, es geht dabei um historiographisches Wissen in Bezug auf das Denken von Philosoph:innen der Vergangenheit. Nichtsdestoweniger verrät Heideggers Wortwahl eine gar nicht bescheidene Perspektivierung: Es sollte sich um nichts weniger als das „Wesen der Historie" handeln. Den Leser:innen begegnen noch einmal die Themen und Aussagen, die ich anhand der *Zollikoner Seminare* dargelegt habe. Die „Wirklichkeit des Geschichtlichen, im besonderen des Vergangenen" wird dadurch bestimmt, dass sie *nicht lückenlos* aufzufassen sei. Heidegger setzt sich hier offensichtlich mit denselben Fragen der diskutierten Stellen der *Seminare* auseinander und polemisiert gegen dieselbe Auffassung der Vergangenheit. Hier finden wir aber einen deutlicheren Bezug auf den zentralen Begriff von *Sein und Zeit* – die Möglichkeit nämlich –, den Heidegger interessanterweise mit einem Denken der historischen Chronologie in Zusammenhang bringt. Kurz formuliert, es geht darum, wie sein Denken der Möglichkeit beziehungsweise der Offenheit mit der Frage der Konstitution des Vergangenen aus einer historisch-chronologischen Perspektive vermittelt ist (5.2).

Heideggers Aussagen im Passus lassen sich folgendermaßen auf den Punkt bringen. Er führt zunächst die Historie der Philosophie als Problemrahmen ein. Eine Philosophiehistorikerin nimmt sich eine Studie dessen vor, was eine Philosophin in der Vergangenheit über ein bestimmtes Thema oder ein bestimmtes Problem vertreten hat. Die Philosophiehistorikerin könnte ihre Studie so angehen, dass sie ihren Gegenstand anhand präziser Methoden „lückenlos", wie er „gewesen ist", nach allen seinen Merkmalen durchzublicken und zu wiedergeben versucht. Heidegger behauptet nun, dass diese Vorstellung des historiographischen Wissens und seines Gegenstands essenziell irregeleitet sei. Anders als im Fall der *Zollikoner Seminare* expliziert er hier allerdings einige Argumente für seine Ablehnung.

Seiner Ansicht nach ist es ein Irrtum, zu glauben, dass Gegenstände von historischem Wissen unabhängig von der Art und Weise bestehen, wie sie berücksichtigt, befragt und untersucht werden. Diese These ist weder im Sinne einer Opazität oder Unzugänglichkeit historischer Gegenstände noch einer Begrenztheit des historischen Wissens selbst zu verstehen, als ob Historiographie immer nur subjektivistisch oder perspektivisch verfahren könnte. Vielmehr begründet er seine Auffassung durch den Bezug auf eine positive Eigenschaft der historischen oder geschichtlichen Vergangenheit: „[D]ie Wirklichkeit des Gewesenen liegt in seiner Möglichkeit."

In der Leibniz-Vorlesung begegnet uns also die Konzeption wieder, die ich in der Definition der Wiederholung schon isoliert hatte, die Vorstellung nämlich, dass geschichtliche Vergangenheit durch eine Fähigkeit zur Offenheit charakterisiert sei (5.3.2). Hier wird sie aber genauer in den Blick genommen, was der Interpretation eben ermöglicht, die These der Lückenhaftigkeit oder Unabgeschlossenheit des Vergangenen näher zu fassen. Vergangenes ist laut Heidegger nicht deshalb lückenhaft oder unabgeschlossen, weil vergangene Sachverhalte nur partiell bestimmt und manche ihrer Eigenschaften, Merkmale, Aspekte bloß unterbestimmt, vage, nicht determiniert sind. Vielmehr vertritt er die These, dass die Möglichkeit als Wesen der geschichtlichen Vergangenheit erst „offenbar wird", und zwar „als Antwort auf eine lebendige Frage, die eine zukünftige Gegenwart sich selbst stellt." Unabgeschlossenheit muss dem Vergangenen im geschichtlichen (oder historischen) Sinne gerade deshalb zugeschrieben werden, weil Vergangenes im geschichtlichen (oder historischen) Sinne nur im Rahmen einer Beziehung zur Zukunft als Offenheit und Möglichkeit einer Praxis – „Was können wir tun?" – denkbar ist.

Somit möchte ich eine Grundidee von Heideggers Auffassung der Geschichtlichkeit festmachen: *Vergangenes im geschichtlichen Sinne – also nicht im Sinne der Chronologie eines physikalischen Vorgangs – ist unabgeschlossen und es ist deshalb unabgeschlossen, weil es wesentlich in einem Verhältnis zur Offenheit des Praktizierens steht.*

Nun mag diese These sehr abstrakt klingen, als würde sie nur auf dem Gerüst beruhen, das Heidegger im Laufe von *Sein und Zeit* entworfen hat. Sie hat dennoch ein großes systematisches Gewicht. Denn sie hat gerade die Funktion, zu begründen, dass die Zukunft die Vergangenheit vermittelt, sodass dies nicht nur eine Voraussetzung von Heideggers Ansatz bleibt, sondern auch argumentativ eingeholt werden kann. Zu diesem Zweck möchte ich eine andere Erläuterung und Begründung dieser These präsentieren, nämlich wie bereits mehrmals erwähnt die Philosophie von Arthur Danto, der sich in seiner Theorie narrativer Sätze genau mit dem Problem der Offenheit des Vergangenen auseinandersetzt. Er kommt, wie Heidegger auch, auf den Schluss, dass historisches Wissen die Vergangenheit als offen versteht, jedoch auf dem Weg einer Analyse der Funktionsweise der Beschreibung von

Handlungen (man könnte aber allgemeiner meinen: von praktischen Vollzügen). Ich ziehe deshalb Dantos Theorie in Betracht, um sie als Weg zum Verständnis von Heideggers Auffassung der Geschichtlichkeit zu benutzen, diese zu plausibilisieren und letztlich auf die oben aufgeworfenen Fragen zu beziehen (5.3.1).

5.3.5 Die relationale Auffassung der historischen Vergangenheit: Heidegger via Danto

Der Umfang und die Ziele von Arthur Dantos *Analytical Philosophy of History*, später als *Narration and Knowledge* erschienen (Danto 2007), sind viel breiter angelegt als die Diskussion, die ich im Folgenden entwickeln werde. Da ich nicht alle Thesen aus Dantos Werk bespreche, werde ich nur ein Argument aus dem Werk heranziehen, um im Ausgang davon Heideggers Idee der Unabgeschlossenheit des Vergangenen sowie daran anschließend den Wiederholungsbegriff zu erörtern, nämlich Dantos Analyse von narrativen Sätzen (Danto 2007: 143ff.). Die Analyse ist in Bezug auf das aufschlussreich, was ich als geschichtliche Artikulation bezeichnet habe, auf die Art der Verhältnisse also, die zwischen verschiedenen Momenten eines geschichtlichen Geschehens bestehen. Entscheidend für meine Rekonstruktion von Heidegger ist insbesondere ein Ergebnis von Dantos Überlegungen, nämlich der Begriff der retroaktiven[63] Neuausrichtung der Vergangenheit (Danto 2007: 168). Dieser wird als Wesensmerkmal von geschichtlicher Artikulation eingeführt. Ich fokussiere mich jetzt auf die Hauptthesen Dantos, um sie dann im Rahmen der Heidegger-Interpretation produktiv zu machen.[64]

Dantos Überlegungen gründen auf eine Auffassung von narrativen Sätzen, laut der *ihr allgemeinstes Merkmal darin besteht, dass narrative Sätze sich auf zwei zeitlich verschiedene Ereignisse beziehen, wovon sie aber nur das frühere Ereignis*

---

[63] Wie David Weberman (1997) richtig bemerkt hat, ist im Fall von Danto die Rede von einer eigentümlichen Retroaktivität unangebracht (obwohl Danto selbst den Terminus verwendet), sondern umsichtiger wird dabei eher die These der Unabgeschlossenheit des Vergangenen verteidigt.

[64] Als Randbemerkung sei hervorgehoben, dass Heidegger und Danto höchstwahrscheinlich keinen gemeinsamen zeitontologischen Hintergrund teilen. Ich werde Dantos Kapitel dazu nicht rekonstruieren (2007: 182ff.). Interessant ist jedoch, dass sein Ansatz sich an Aristoteles über die Interpretation orientiert, einem Denker nämlich, der auch für Heideggers Ansatz zur Möglichkeit zentral ist. Für meine Ziele beschränke ich die Interpretation von Danto auf seine eher epistemischen Thesen zur Funktionsweise und Voraussetzungen von narrativen beziehungsweise historiographischen Sätzen.

beschreiben oder betreffen (Danto 2007: 143). Genau solche Art von Sätzen machen den Grundbaustein vom Wissen über das Geschichtliche, *historical knowledge*, aus (Danto 2007: 143). Im Anschluss an diese Definitionen entwickelt Danto seine Ablehnung der These, dass die Vergangenheit im geschichtlichen Sinne – also soweit sie durch narrative Sätze erfasst wird – als „fait accompli", fixiert, inert zu setzen ist (Danto 2007: 143, 146, 148). Diese These wird darüber hinaus so näher gefasst, dass geschichtliches Vergangenes als ein Behälter aller Ereignisse definiert wird, die stattgefunden haben, der dem Fließen der chronologischen Zeit entsprechend größer wird und dessen einzige Modifizierung in der Distanz besteht, die das Vergangene von der Gegenwart trennt (Danto 2007: 146). Dantos Kritik gelingt es, zu zeigen, dass gerade eine solche Voraussetzung bezüglich des Status vom geschichtlich Vergangenem das Wissen vom Geschichtlichen unmöglich macht. Seine Argumente sind also deshalb interessant, weil sie Heideggers Pointe – freilich expliziter, als Heidegger selbst es tut – beleuchten und bekräftigen.

Zum Zweck seiner Kritik umreißt Danto den Begriff eines „Ideal Chronichler" (ID). Der ID wird als eine Person definiert, die über eine komplette Beschreibung jedes Ereignisses verfügt, das stattfindet, und zwar genau in dem Moment, in dem es stattfindet. Der ID verfügt somit auch über eine komplette und endgültige Beschreibung jedes vergangenen Ereignisses, unter den Annahmen nämlich, dass Vergangenes als *fait accompli* zu fassen ist und dass sich seine Merkmale ebenso wenig verändern können wie die Sätze, die es per Definition vollständig beschreiben. Allein auf Zukünftiges darf sich der ID nicht beziehen, denn in diesem Fall wäre er kein Chronist, sondern ein Prophet (Danto 2007: 148–149, 151). Zukunftsbezogene Sätze verwendet der ID nicht, sondern beschreibt nur und unaufhaltsam seinen ideellen Bericht. Dieser stellt das Ideal aller Historiographie dar, wenn Historiographie an der Vorstellung eines abgeschlossenen Wissens über eine lückenlose und inerte Vergangenheit gemessen wird. Hypothesengemäß enthält alle wahre Historiographie nur Sätze, die auch im Werk des ID stehen (Danto 2007: 149).

Genau an dieser Stelle sieht Danto das wesentliche Problem der Annahme eines ideellen Chronisten. Denn Historiker:innen verwenden eine Teilmenge der narrativen Sätze, die im Werk des ID hypothesengemäß nicht erscheinen können. Der Streitpunkt betrifft den Zukunftsbezug oder, schwächer ausgedrückt, den Bezug auf spätere Ereignisse, den narrative Sätze verlangen. Aufgrund dieser Inkompatibilität zwischen ID und Historiographie schließt Danto, dass der ID und seine Berichte keine angemessene Orientierung für historiographisches Wissen darstellen.

Dantos Position lässt sich auf zwei Grundüberzeugungen zurückführen: erstens, dass Vergangenes im Kontext historiographischen Wissens durch narrative, das heißt auch zukunftsbezogene Sätze beschrieben wird; und zweitens, weil Zukunft potenziell neue Informationen mit sich bringt, indem neue Ereignisse im

Laufe der Zeit stattfinden, dass die Beschreibungen vom historisch Vergangenen über die Zeit hinweg reicher und reicher werden können und somit eine prinzipielle Unabschließbarkeit nachweisen (Danto 2007: 155–156).[65] Die Kontinuität mit meinen Grundfragen sollte an dieser Stelle klar sein. Danto geht es um einen Begriff der Artikulation des Geschichtlichen, also um ein Verständnis der Relationen, die zwischen chronologisch separaten und miteinander verbundenen Ereignissen im Rahmen eines einheitlichen geschichtlichen Geschehens bestehen. Darüber hinaus möchte ich auch die Zentralität des Zukunftsbegriffs im Sinne dessen, was später ist oder chronologisch folgt, sowie der Frage der Revidierbarkeit von Beschreibungen in Dantos Herangehensweise betonen. Zukunftsbezogenheit und Revidierbarkeit sind in Dantos Modell Wesensmerkmale der Artikulation von Geschichten – was schon mehr als eine Analogie zwischen *Narration and Knowledge* und *Sein und Zeit* durchblicken lässt.

Um Dantos Position zu rekonstruieren, möchte ich von zwei kritischen Punkten ausgehen. Es gibt nun zwei Gegenargumente, die man Dantos Modell entgegenhalten kann, wie ich es knapp zusammengefasst habe. Erstens, dass Historiographie narrativ verfährt, heißt noch nicht, dass sie narrativ verfahren muss: Vielleicht sollten Historiker:innen auf narrative Sätze verzichten, welche vielmehr die methodologische Unreife vom historiographischen Wissen zum Vorschein bringen. Zweitens, dass etwas in Relation zu etwas Anderem steht, heißt noch nicht, dass etwas *wesentlich* in Relation zu etwas Anderem steht und dass Veränderungen in den Relationen demzufolge auch Veränderungen in den Relata implizieren müssen.[66] Ich werde gleich diese zwei kritischen Anmerkungen durch die Rekonstruktion von Danto diskutieren und zeigen, dass sie nicht zutreffen oder in dem hier

---

65 Am Rand sei es hervorgehoben, dass Danto seine Auffassung als eine zunächst epistemologische präsentiert. Dabei handelt es sich also um keine ontologische Instabilität des Vergangenen (Danto 2007: 155), sondern um die Art von Wissen, das man über Zukünftiges besitzen kann. Zukünftiges im Kontext der Beschreibung von Geschichten kann zwar durch mehr oder weniger begründete Hypothesen geahnt oder auch geplant werden; es kann aber nicht gewusst werden. Diese Einschätzung gründet, wie ich Danto lese, auf dem Unterschied zwischen historiographischen und naturwissenschaftlichen Erklärungen, soweit die zweiten mit Naturgesetzen und ihrer Notwendigkeit verbunden sind (Danto 2007: 201ff.). Dieser Punkt differenziert offensichtlich Dantos Ansatz von dem von Heideggers: Der zweite visiert die Zukunft als die Fähigkeit zur Offenheit an, die das menschliche Tun mit sich bringen muss, ehe das als Naturprozess gefasst wird. Danto schreibt hingegen „When we say that the Future is hidden, all we may mean is that we lack the sorts of laws and theories which the astronomer *has*" (Danto 2007: 176, vgl. Auch 178). Nichtsdestoweniger tauchen in seiner Diskussion von Aristoteles Thesen auf, die an der Schnittstelle von Metaphysik der Zeit und Kritik des logischen Determinismus verortet sind (Danto 2007: 200). Ich lasse aber die Diskussion von Dantos metaphysischen Annahmen auf sich beruhen.

herangezogenen Kontext nicht zutreffen. Durch die Zurückweisung dieser zwei kritischen Punkte lässt sich Zweierlei nachweisen: dass die Zukunftsbezogenheit narrativer Sätze für das Auffassen von Geschichten nicht zufällig, sondern konstitutiv ist und dass Relationen auf Zukünftiges für das Vergangene im geschichtlichen Sinne nicht extrinsisch, sondern intrinsisch sind. Beide Thesen werde ich verwenden, um auf Heideggers Konzeption der Wiederholung zurückzukommen, sowie für die daran anschließende Abschlussdiskussion eines Begriffs von Subjektivität, der ihrer Geschichtlichkeit Rechnung tragen darf (5.4).

Ich fange mit dem ersten Problem an. Was macht es nötig, dass Historiographie narrativ verfährt? Narrative Sätze wurden oben mit Danto so definiert, dass sie ein früheres Ereignis beschreiben, indem sie sich auf ein späteres Ereignis beziehen. Stellen wir uns die Frage, was Historiker:innen beschreiben. Historiker:innen beschreiben Ereignisse, die sich über einen chronologischen Zeitraum erstrecken. Diese Ereignisse beziehen sich auf die eine oder andere Art auf das menschliche Tun, auf menschliche Institutionen, Kulturen, gesellschaftliche Formationen (historiographische Werke mögen auch Naturereignisse miteinbeziehen, diese werden aber in einem Narrativ gefasst, das ihre Relevanz und ihre Bedeutung für die menschliche Praxis zum Vorschein bringt). Ich möchte im Rahmen und für die Zwecke dieser Untersuchung vorschlagen, dass Historiker:innen etwas beschreiben, was sich durch den im Anschluss an Heidegger oben entwickelten Begriff des praktischen Spielraums (3.3) ins Auge fassen lässt: dynamische Zusammenhänge von Relationen zwischen Institutionen, Normen, materiellen Gegenständen, sozialen Akteur:innen – aus sowohl individueller als auch kollektiver Perspektive – in ihrem Werden betrachtet.

Nun ist die Sache mit den praktischen Vollzügen – Danto schreibt von *behaviour*, das ist hier aber sekundär[67] – dass sie auf Resultate hinauslaufen, sei es im Sinne der Zielsetzungen sozialer Akteur:innen, oder auch der Erfolgskriterien, die zur Definition bestimmter praktischer Spielräume gehören (3.2.2). Auf jeden Fall weisen sie Relationen auf Ereignisse auf, die an einem chronologisch späteren Zeitpunkt verortet werden müssen. Dieser besondere Zusammenhang wird laut

---

66 Wenn Person-A größer als Person-B ist, aber dann über die Jahre Person-B doch größer wird, dann verändert sich zwar die Relation zwischen A und B hinsichtlich ihrer relativen Größe. Allerdings geschieht das, ohne dass irgendwelche Veränderungen in A stattgefunden haben.
67 Will man das Argument nur auf absichtliche Handlungen beschränken, lässt sich G.E.M. Anscombes *Intention* (2000) heranziehen, um die These der wesentlichen Relation von Beschreibungen absichtlicher Handlungen auf Zielsetzungen zu plausibilisieren.
68 *Project verbs* – um des Wortspiels willens könnte man sie auch Entwurfsverben im Anschluss an Heidegger nennen.

Danto durch eine besondere Art von Ausdrücken beschrieben, die er als Projektverben[68] bezeichnet und folgendermaßen definiert.

> Let R be any result, and let E be any behaviour engaged in so as to bring about R. Then what a man is doing may either be described with E or R. Then 'a is R-ing' will be a correct description of what a is doing if a does E and E is a means to R. But in fact 'is R-ing' will generally cover a whole range of different pieces of behaviour $B_r...B_n$, so that when it is true that a is R-ing, we may provisionally suppose that a B_i's, where B_i is a member of the range and where 'B_i's' is a *literal* description of what a does. The range marked out by a predicate like 'is R-ing' is almost certain to be very flexible, and of whomever it is true that he is R-ing it will generally be true that he will do different things in the range. Or it may be the case that 'is R-ing' is indifferently applicable to a group of individuals each doing *one* of the things in the range, such as, in a mass-production factory. I shall term predicates like 'is-R-ing' *project verbs* (Danto 2007: 160–161).

Danto argumentiert, dass, eine Verhaltensweise oder eine Handlung zu beschreiben, zugleich auch bedeutet und so übersetzt werden kann, dass die Verhaltensweise oder die Handlung auf ein bestimmtes Resultat hinauslaufen und gemäß demselben beschrieben werden können.

„Die Studentin dreht sich eine Zigarette" beschreibt verschiedene Gesten, *pieces of behaviour*: Handbewegungen, Umgänge mit bestimmten Gegenständen, etc. Diese werden nun so beschrieben, dass sie im Zusammenhang mit dem stehen, worauf sie hinauslaufen, sowie mit den sozialen Erfolgskriterien, die das Tun der Studentin als sozialer Akteurin orientieren, fördern oder sanktionieren – d.h. u.a. mit dem Sachverhalt, dass die Studentin in ihren Händen oder in ihrem Mund eine gedrehte Zigarette hält. Außerhalb eines solchen bedeutungstragenden Zusammenhangs mit dem späteren Sachverhalt oder Ereignis hätte es keinen Sinn, die einzelnen Handbewegungen als Zigarettendrehen zu beschreiben: Sie wären sinnlose und rätselhafte Gebärden, Teile eines mysteriösen Geschehens, oder sogar ein Naturereignis, für dessen Beschreibung den Bezug auf Späteres zunächst unwesentlich erscheint. Genau dieselbe Überlegung gilt allerdings auch für Sätze wie „Die Arbeiter:innen streiken" – ihre Gültigkeit beschränkt sich also nicht auf den Fall, dass ein praktischer Vollzug ein oder mehrere Individuen als soziale Akteur:innen involviert.

Im Anschluss an diesen Überlegungen lässt sich auch feststellen, dass Projektverben nicht nur für die Beschreibung eines gesamten praktischen Vollzugs verwendet werden. Sie können vielmehr wahrheitsgemäß als Beschreibungen der einzelnen Gesten oder *pieces of behaviour* verwendet werden, die zum gesamten praktischen Spielraum gehören und beitragen. Eine Prise Tabak zwischen die Finger nehmen, den Filter an dem einen Ende der Zigarette setzen, das Blättchen aufrollen – das wird alles durch den Satz „die Studentin dreht sich eine Zigarette" wahrheitsgemäß beschrieben.

Machen wir jetzt einen Schritt zurück und verweilen kurz darauf, dass die Struktur von Projektverben der Struktur von narrativen Sätzen gleicht. Dabei wird Früheres in Bezug auf Späteres beschrieben. Die im Mund gehaltene gedrehte Zigarette muss sich vom Aufrollen eines Blättchens Papier um eine Prise Tabak chronologisch unterscheiden lassen und dieser Handlung chronologisch folgen. Wenn wir also davon ausgehen, dass Historiker:innen generell etwas wie praktische Vollzüge oder praktische Spielräume beschreiben, dann dürfen sie eben nicht auf Projektverben und somit auf das Prinzip narrativer Sätze verzichten.[69] Somit betrachte ich den ersten kritischen Punkt als zurückgewiesen. Narrative Sätze stellen kein kontingentes Defizit vom historiographischen Wissen dar, das im Laufe einer hypothetischen Verbesserung seiner Methoden zu beseitigen wäre. Vielmehr gehören Narrative im Sinne Dantos zu einem Wissen dessen, was soziale Akteur:innen über die Zeit hinweg betreiben, und zwar wesentlich.[70]

Wir müssen somit langsam zum zweiten Problem kommen und klären, wie die Relationen des geschichtlich Vergangenen auf spätere Ereignisse zu fassen sind und ob solche Relationen für die zwei Relata, für das geschichtlich Vergangene insbesondere, extrinsisch oder intrinsisch sind. Um dies zu klären, stellen wir uns zunächst die Frage, im Anschluss an die letztere Diskussion, ob narrative Beschreibungen mit der Annahme der Abgeschlossenheit vom geschichtlich Vergangenen kompatibel seien (Danto 2007: 162–165). Es wurde gesagt, dass laut dieser Annahme alle wahre Historiographie nur diejenigen Sätze enthält, die auch in der ideellen Chronik eines ideellen Chronisten zu finden sind. Das heißt Sätze, die komplette Beschreibungen dessen und *nur* dessen sind, was stattgefunden hat und gerade stattfindet, denn der ideelle Chronist ist kein Prophet und kann daher keine wahren Sätze über jeweils spätere Ereignisse schreiben. Es wurde gesagt, dass Historiker:innen narrative Beschreibungen verwenden müssen. Sind aber narrative Beschreibungen in der

---

[69] Die Option, dass sich historische Ereignisse nicht als praktische Vollzüge – das heißt hier ohne Bezug auf Erfolgskriterien von sozialen Praktiken sowie Zielsetzungen beschreiben lassen – werde ich nicht diskutieren, denn sie scheint mir völlig widersinnig. Sie würde historische Ereignisse in physikalische oder biologische, auf jeden Fall rein naturwissenschaftlich beschreibbare Prozesse aufgehen lassen.

[70] Man könnte sogar sagen, sie stellen ein Spezifikum dieser Art von Wissens dar, dessen Gegenstand die Praxis von sozialen Akteur:innen ist, die mit ihrer Welt offenheitsfähig umgehen können.

ideellen Chronik enthalten? Oder sind sie mindestens Übersetzungen dessen, was in der ideellen Chronik steht?

Hier muss man zwischen Arten narrativer Beschreibungen aufmerksam unterscheiden. Nehmen wir zum Beispiel den Satz: „Am 14. Oktober 2022 organisiert die Forschungsgruppe XYZ einen zweitägigen Workshop für den kommenden Frühling." Dieser Satz ist narrativ im Sinne Dantos. Er beschreibt ein früheres Ereignis in Bezug auf ein späteres Ereignis. Stellen wir uns die Frage, ob ein solcher Satz in der ideellen Chronik trotz des Bezugs auf Späteres stehen darf. In der Tat widerspricht der Satz den Voraussetzungen der ideellen Chronik nicht. Dadurch wird keine Aussage darüber getroffen, ob der Workshop im Frühling stattfindet oder nicht. Der Bezug auf Späteres setzt keinesfalls voraus, dass am 14. Oktober 2022 der ideelle Chronist einen wahren Satz darüber schreibt, dass im kommenden Frühling der Workshop stattfinden wird. Die Art der narrativen Sätze, die derart auf Späteres bezogen sind, dass Späteres nicht der Fall sein muss, damit der Satz wahr oder überhaupt sinnvoll ist, sind also ganz unproblematisch mit der ideellen Chronik verträglich.

Nehmen wir jetzt einen anderen Beispielssatz: „Im Jahre 1775 wird in Leonberg der Autor der *Freiheitsschrift* und zentrale Figur des deutschen Idealismus geboren." Mit dieser Aussage verhält es sich nun anders als mit dem letzten Beispiel. Der Satz ist offensichtlich wahr, denn Friedrich Schelling wurde 1775 in Leonberg geboren, schrieb die *Freiheitsschrift* und ist einer der Protagonist:innen des deutschen Idealismus. Dieser Satz könnte offensichtlich in einem Handbuch zur Geschichte der europäischen Philosophie, aber niemals in der ideellen Chronik erscheinen. Denn diese Beschreibung der Geburt Friedrich Schellings – streng genommen, ist auch zu bezweifeln, dass man in der ideellen Chronik von der Geburt Friedrich Schellings sprechen darf, weil keine Geburtsurkunde am Moment der Geburt vorliegt – war 1775 keinesfalls wahr. Weitere Voraussetzungen sind dafür nötig: zum Beispiel, dass die *Freiheitsschrift* geschrieben wird, dass es andere Philosoph:innen in Deutschland gibt und dass sie sich mit dem Denken Immanuel Kants auseinandersetzen, usw. Solche späteren Ereignisse müssen stattgefunden haben, damit der Beispielsatz sinnvoll, verifizierbar und wahr ist.

Aus dieser Differenzierung zwischen zwei Arten von narrativen Sätzen lässt sich die folgende Überlegung ziehen. Die ideelle Chronik mag vielleicht in manchen Fällen narrative Sätze in sich zulassen. Was sie aber nicht zulässt – und darin besteht ihre wesentliche Untauglichkeit für das Wissen über historische Ereignisse –, sind genau diejenigen Sätze, welche die Bedeutung, sogar die Bestimmungskraft des historisch Früheren für das historisch Späteren zu erschließen versuchen. Denn diese sind unmöglich thematisierbar, ohne vorauszusetzen, dass ein früheres Ereignis seine eigene Bedeutung und Bestimmungskraft für später vorgekommene Ereignisse in Relation zu diesen erhält.

Hiermit kommen wir auf das oben erwähnte Problem, nämlich die Frage, ob Vergangenes im geschichtlichen Sinne so auf Zukunft bezogen ist, dass solche Bezogenheit ihm extrinsisch oder intrinsisch ist. Wenn eine Beschreibung eines vergangenen Ereignisses u.a. die Frage beantworten soll, welche Bedeutung, welche Rolle, welche Relevanz ein vergangenes Ereignis für ein späteres Ereignis hat, dann ist es widersinnig und unmöglich – so lese ich Danto –, das vergangene Ereignis überhaupt als solches in Blick zu nehmen, ohne seine Relationen auf Zukünftiges als ihm intrinsisch zu setzen. Der Grund dafür ist, dass geschichtliche oder historische Vergangenheit erst in bedeutungstragenden Zusammenhängen zu weiteren Ereignissen einen Sinn erhält. Außerhalb dieser Zusammenhänge kann man sich natürlich die Frage stellen, was an einem gewissen Zeitpunkt aus z.B. physikalischer Sicht der Fall gewesen ist. Dennoch, sobald man diesen sehr eingeschränkten Blickwinkel verlässt und eine Perspektivierung auf die Vergangenheit wagt, welche die Funktion, Rolle, etc. befragt, welche die Vergangenheit innerhalb breiterer Zusammenhänge materieller, sozialer, kultureller, selbst auch nur biographischer Natur hat – sobald man also diese Art von Fragen stellt, dann hat es überhaupt keinen Sinn, von einem vergangenen Ereignis außerhalb seiner Relationen auf Zukünftiges zu reden.

In diesem Sinne, falls sich solche Relationen verändern, die Vergangenes im Verhältnis zum Zukünftigen identifizieren, verändert sich auch die Bedeutung des geschichtlich Vergangenen selbst. Allerdings, weil das geschichtlich Vergangene auch in seiner Bedeutung für die Zukunft besteht, muss geschichtlich Vergangenes so gedacht werden, dass es sich aus einer gewissen Perspektive im Laufe der historischen Zeit verändert. Diese Aussage verlangt jetzt nach der Diskussion keinesfalls die Annahme einer Retrokausalität oder gedankenexperimenteller Zeitreisen, Doppelgänger:innen, Klonen, usw. Sie zu akzeptieren, heißt nur, von der Vorstellung Abschied zu nehmen, dass geschichtlich Vergangenes ein fait accompli ist, nur und erst wirklich außerhalb komplexer Ereignis- und Bedeutungszusammenhänge existiert, die sich im Laufe der Zeit immer noch entwickeln können. Mit Heidegger gesprochen, es braucht nur, die Idee zurückzuweisen, dass geschichtliche Vergangenheit und die Wissensfrage dazu durch eine ausführliche Beschreibung der Eigenschaften eines Sachverhalts erschöpft werden können. Denn geschichtliche Vergangenheit und das Wissen um sie bestehen vielmehr in historischen Relationszusammenhängen und ihrer Erforschung, welche sich nicht ohne die Perspektive darauf denken lassen, was für eine Bedeutung sie noch haben und noch haben werden mögen.

Solche Zusammenhänge bezeichnet Danto als Zeitstrukturen. Unter Zeitstrukturen sind diachronische Zusammenhänge aus diskreten Elementen zu verstehen, die einheitlich unter einem Narrativ gefasst werden (Danto 2007: 165–166). Den Begriff verwendet er, um zu verdeutlichen, in welchem Sinne seine relationale

Auffassung der historischen Vergangenheit am historiographischen Beispiel geltend gemacht werden kann. Seine Ansicht ist deshalb interessant, weil sie der Verfahrensweise von historiographischen Narrativen gerecht werden kann, und zwar auf eine Art und Weise, die für die Annahme einer ideellen Chronik unerreichbar ist. Es wird dadurch klar, inwiefern die Identifikation und Zusammensetzung von verschiedenen diskreten Elementen in einem historio-graphischen Narrativ ohne Relationen auf Späteres prinzipiell nicht auskommt. Denn durch diese wird die Bedeutsamkeit historischer Vergangenheit konstituiert, auf Basis derer dann ein Element der historischen Vergangenheit in einem Narrativ identifiziert und beschrieben wird. Dieses Prinzip gilt sowohl für individuelle Biographien als auch für makrohistoriographische Untersuchungen, die zum Beispiel mit der Definition und Umgrenzung von einer Epoche befasst sind: Es ist nicht entscheidend, ob individuelle Handlungen oder kollektive, transgenerationale Ereignisse zur Diskussion stehen. Entscheidend ist nur die relationale Identifizierbarkeit der historischen Vergangenheit innerhalb von diachronischen Zusammenhängen und ihrer Bedeutsamkeit.

Ich zitiere noch einmal Danto:

> Just which happenings there and then are to be counted part of the temporal structure denoted by 'The French Revolution' depends very much on our criteria of relevance. [...] [I]nsofar as there is disagreement over criteria, the disputants will collect different events and chart the temporal structure differently, and obviously our criteria will be modified in the light of new sociological and psychological insights. The Past does not change, perhaps, but our manner of organizing it does. [...] Any term which can sensibly be taken as a value for x in the expression 'the history of x' designates a temporal structure. Our criteria for identifying a, if a be a value of x, determines which events are to be mentioned in our history. Not to have a criterion for picking out some happenings as relevant and others as irrelevant is simply not be in a position to write history at all. [...] I have contended that a particular thing or occurrence acquires historical *significance* in virtue of its relations to some other thing or occurrence in which we happen to have some special interest, or to which we attach some importance, for whatever reason (Danto 2007: 166–167).

Historiographische Forschung ist somit keine Sache der ausführlichen Beschreibung eines (früheren, nicht mehr aktuellen) Sachverhalts. Der Grund dafür ist, dass historische Vergangenheit erst durch Relationen auf Späteres in Bedeutungszusammenhängen identifiziert werden kann. Die Identifikation von Ereignissen aus der historischen Vergangenheit hängt essenziell von der Aushandlung und Feststellung von Kriterien ab, mit deren Variation selbstverständlich auch die Identifizierbarkeit eines vergangenen historischen Ereignisses variiert – einerseits. Andererseits müssen diese Kriterien ihrem Gegenstand Rechnung tragen können. Weil sie eben die Kriterien für die Identifizierbarkeit der historischen Vergangenheit darstellen, das heißt all dessen, was nur durch Projektverben narrativ gefasst werden kann, müssen sie die intrinsische Relationalität des Vergangenen in historischem Sinne mitberücksichtigen. Ein Ereignis aus der historischen Vergangenheit – sei es der Astronomie aus wissenschaftshistorischer, sei es des Lebens des Copernicus aus biographischer Perspektive – hat unter den Kriterien seiner Identifizierbarkeit Relationen auf spätere Ereignisse.

Gerade diese Idee bringen Dantos oben erwähnter Begriff der Neuausrichtung der Vergangenheit und Heideggers Begriff der Wiederholung zum Ausdruck. Die zwei Begriffe verlangen keine Umkehr von Kausalzusammenhängen. Sie beziehen sich vielmehr darauf, dass vergangene Ereignisse in Geschichtszusammenhängen erst im Lichte späterer Ereignisse identifizierbar werden. Grund dafür ist, dass manche Ereignisse mit der menschlichen Praxis zu tun haben und außerhalb praktischer Bedeutungsrelationen, einschließlich Relationen auf Späteres, unverständlich bleiben. In diesem Kontext heben sowohl Heideggers Wiederholung als auch Dantos Neuausrichtung der Vergangenheit hervor, dass solche Relationen sich im Laufe der Zeit verändern können.

Ich komme somit endlich auf Heidegger zurück. Erst im nächsten und letzten Paragrafen stelle ich eine umfassende Interpretation vom Wiederholungsbegriff dar, wie er sich auf die Grundfragen dieser Untersuchung bezieht. Gesammelt wurden gerade eben die wesentlichen Argumentationsschritte, die das problematische Element im Begriff plausibilisieren, und zwar vor dem Hintergrund einer Reflexion zur Identifizierbarkeit historisch Vergangenen. Heideggers Auffassung der Geschichtlichkeit polemisiert – mal impliziter, mal expliziter – mit der Vorstellung, dass Vergangenheit im historischen Sinne eine abgeschlossene Sache ist. Die intrinsische Relationalität des historisch Vergangenen auf spätere Ereignisse schließt die Option seiner Abgeschlossenheit prinzipiell aus. In diesem Sinne kann die Frage der geschichtlichen Artikulation näher betrachtet werden (um darauf aufbauend Geschichte als Wirkungszusammenhang zum Begriff zu bringen). Ereignisse in einem geschichtlichen Geschehen fügen sich so zusammen, gliedern sich so in Zusammenhänge, dass ihre Gliederung über mehrdirektionale Bedeutungsrelationen erfolgt. Diese binden sowohl Späteres an Früherem, als auch Früheres an Späterem. Die Vorstellung, dass geschichtlich relevante Relationen nur Späteres an Früherem binden, ist zu verabschieden. Erst von dieser Überlegung aus lässt sich ein Verständnis von Geschichte und Geschichtlichkeit entwickeln, das philosophisch belastbar ist, und zwar hinsichtlich der Lebensgeschichtlichkeit von sozialen Akteur:innen oder Personen. Ein solches Verständnis lege ich im nächsten und letzten Schritt der Untersuchung dar.

5.4 Die Fähigkeit der praktischen Uminterpretation

5.4.1 Subjekte oder Geschichten? Ein einheitliches Kriterium

Die Untersuchung erreicht somit langsam die Konvergenz der verschiedenen Probleme, die bisher aufgeworfen wurden. Anhand einiger Schlussbemerkungen zu Heideggers Wiederholungsbegriff werde ich die Leitfäden der Untersuchung wiederaufgreifen und so zusammenbringen, dass sie eine Lösung zu meiner Grundfrage darbieten, nämlich die Frage danach, wie das Subjekt-sein als durch Geschichtlich-sein gekennzeichnet begriffen werden kann. Allerdings, bevor ich darauf eingehe, möchte ich noch einmal und kurz zusammenfassen, in welchem Kontext und aus welchen Gründen ein an Schelling und Heidegger orientierter Ansatz eine ertragsfähige Perspektivierung und zugegeben eine günstige Umformulierung der Fragestellung selbst ermöglichen.

Ich habe oben die Fragestellung zur Geschichtlichkeit von Subjektivität aus zwei Perspektiven präsentiert: der Frage nach der transtemporären Identität von Personen und der Frage nach dem zeitlich verfassten Selbst (4.1). Aus den zwei Herangehensweisen lässt sich eine pointierte Darstellung der Probleme gewinnen, die mit der Frage der Geschichtlichkeit von Subjektivität einhergehen. Ohne jetzt die oben dargestellte Einleitung noch einmal in Betracht zu ziehen, möchte ich trotzdem die Probleme knapp zusammenfassen, die für meine Fragestellung am relevantesten sind.

Ich fange mit der Frage der transtemporären Identität von Personen an. Diese wird in der Regel so verstanden, dass sie nach den notwendigen und hinreichenden Kriterien dafür sucht, dass eine und dieselbe Person zu verschiedenen Zeitpunkten mit sich identisch bleibt. Diese Art und Weise, die Frage zu stellen, birgt bereits eine Schwierigkeit. Denn es wird nicht nach Kriterien für transtemporäre Identität im Allgemeinen gesucht, sondern wird die Frage in Bezug auf Personen gestellt. Es geht also um „personenspezifisch[e] Fragen und Problem[e] diachroner Identität" (Kramer 2014: 184). Bevor man solche Kriterien identifizieren kann, stellt sich im Hintergrund die Frage, ob der Begriff von Person und der Begriff von transtemporärer Identität so unmittelbar zusammenhängen, wie es häufig angenommen wird. In der Tat ist ihr Zusammenhang nicht selbstverständlich. Das Personen-sein wird häufig im Ausgang von einem Verständnis geistiger Wesen gefasst, das sich wiederum an Begriffen der Selbstbezüglichkeit orientiert (z.B. Perry 2010: 229). Andererseits wird diachrone oder transtemporäre Identität so verstanden, dass es sich dabei um die Frage der Verbindung handelt, die zwischen verschiedenen Ereignissen zu verschiedenen Zeitpunkten besteht. Solche Verbindung wird häufig anhand von Begriffen der psychologischen Kontinuität durch Kausalität erläutert (z.B. Shoemaker 1984: 90).

Der Zusammenhang dieser zwei Definitionen ist nicht selbstverständlich: Von sehr unterschiedlichen Bereichen aus, wie der analytischen Philosophie des Geistes (Campbell 2011), der gegenwärtigen Kantforschung (Longuenesse 2017: 140ff.) und dem Poststrukturalismus (Derrida 2013: 208) wird genau auf diese Problematik der Fragestellung selbst aufmerksam gemacht. Verbindung zwischen zeitlich Verschiedenem einerseits und Selbstbezüglichkeit andererseits lassen sich als Begriffe nicht voneinander – weder in die eine oder in die andere Richtung – ableiten. Diese Perplexität bestätigen nun diejenigen Philosoph:innen, die sich mit der Frage des zeitlich verfassten Selbst als erster Person beschäftigen. Sei es als Setzung eines ursprünglich zeitlich verfassten Selbst, wie es in der Phänomenologie der Gegenwart erläutert wird (z.B. Zahavi 2012), sei es als Zurückweisung von Zeitbezügen im Begriff der ersten Person (z.B. Strawson 2017), wird es in allen Fällen klar, dass zeitliche Kontinuität/Erstreckung und Selbstbezüglichkeit/Erstpersonalität sich nicht selbstverständlich zusammenfügen.

Was ich vorschlagen möchte – und in diesem Sinne schlage ich auch eine Umformulierung der Fragestellung unmittelbar vor –, ist ein Perspektivenwechsel in der Art und Weise, wie der Begriff von Person, oder Selbst, oder Subjekt, auf jeden Fall der Begriff dessen, was sich transtemporär erstreckt *und* selbstbezüglich ist, angegangen wird. Plakativ formuliert denke ich, dass Selbstbezüglichkeit alleine ganz schwer, aber Freiheit als Begriff eine Perspektive auf Subjektivität aufwerfen kann, die Subjektivität in unmittelbaren Zusammenhang mit der Kontinuitätsfrage bringen kann. Somit kann die Grundschwierigkeit beseitigt werden, Kontinuität/Kausalität und Selbstbezüglichkeit/Erstpersonalität kompatibel zu machen. Hingegen lässt sich im Ausgang von Schelling und Heidegger ein Freiheitsbegriff festmachen, der unmittelbar auch der Verbindung zwischen chronologisch verschiedenen Zeitmomenten Rechnung tragen kann. Dieser Freiheitsbegriff ist freilich ziemlich spezifisch und orientiert sich an Heideggers Vorstellung der Offenheitsfähigkeit: In den Geschichtlichkeit-Paragrafen hat sich eben diese Frage als die zentrale gezeigt, nämlich wie die Verbindung zwischen verschiedenen Zeitmomenten für soziale Akteur:innen auf den Begriff gebracht werden kann. Die mit Heidegger erarbeitete Perspektive möchte ich mithilfe von Schelling aber auch kritisch betrachten, und zwar in dem Sinne, dass Heidegger noch etwas zu abstrakt argumentiert und keine zufriedenstellende Beschreibung dafür gibt, wie Verbindungen zwischen Zeitmomenten einer Lebensgeschichte von sozialen Akteur:innen so oder so instituiert werden. Diesen Punkt möchte ich jetzt an dieser Stelle noch offen lassen, um ihn später wiederaufzugreifen.

Wichtig ist an dieser Stelle, noch ein letztes Mal Heideggers Denken zum Thema zu machen. Ich habe oben argumentiert, dass in den Geschichtlichkeit-Paragrafen das Problem angegangen wird, wie die Verbindung zwischen Ereignissen innerhalb einer Geschichte gedacht werden kann beziehungsweise wie geschichtliche

Artikulation zu begreifen ist. Mir bleibt noch übrig, diese Überlegung mit dem mehrmals angesprochenen und problematisierten Begriff der Offenheitsfähigkeit in Zusammenhang zu bringen. Dieser Schritt ist für mein Anliegen essenziell. Denn dadurch lässt sich wiedererkennen, wie die Offenheitsfähigkeit – die von Heidegger vertretene Freiheitsauffassung, wie ich sie präsentiert habe – sich unmittelbar auf die Frage anwenden lässt, wie zeitlich verschiedene Zeitmomente oder Ereignisse für soziale Akteur:innen miteinander in Verbindung kommen.

5.4.2 Vergangenheit in der Praxis

Ich habe es bereits betont: Heideggers Philosophie ist einer Gefahr ausgesetzt. Entweder ist sie in der Lage zu zeigen, wie die Fähigkeit zur Offenheit alle definitorischen Aspekte betreffen kann, die in der Konstitution von sozialen Akteur:innen und ihrer Tätigkeiten offengelegt wurden, oder sie scheitert an ihrem Desideratum, die Verflechtung von Zeit und Praxis zu erläutern und als Grundlage für Intelligibilität im Allgemeinen zu etablieren (5.2.3). Von diesem Problem aus lässt sich seine Theorie der Geschichtlichkeit heranziehen und interpretieren. Ihr Schlüsselbegriff ist in *Sein und Zeit* der Begriff von Wiederholung, der aber unscharf definiert wird und auf den ersten Blick sehr problematisch wirkt. Plausibilisieren lässt sich der Begriff durch die folgende Auslegung: Heideggers Verständnis von Wiederholung beruht auf der Idee, dass Vergangenheit im Kontext von historischen Geschehnissen nur unter Berücksichtigung von Relationen auf spätere Ereignisse identifiziert werden kann. Und damit möchte ich hervorheben, dass der Wiederholungsbegriff auf diese These zwar beruht, ihr aber nicht gleichkommt. Mit anderen Worten gesagt: Wenn Danto wesentliche Hilfe zur Plausibilisierung Heideggers und seines Vokabulars leistet, geht Heidegger trotzdem einen Schritt weiter.

Diesem Schritt muss es jetzt nachgegangen werden. Am besten lässt er sich so angehen, dass die Unterschiede zwischen den philosophischen Grundfragen der zwei Denker hervorgehoben werden. Danto nimmt sich in *Narration and Knowledge* zunächst eine Epistemologie der narrativen bzw. der historiographischen Sätze vor. Heidegger entwickelt in *Sein und Zeit* eine Philosophie der Praxis, in deren Mittelpunkt eine zeitliche Interpretation menschlichen Tuns steht, um davon ausgehend einen Ansatz zur Intelligibilität im Allgemeinen darzulegen. Nicht nur sind die Ansprüche der zwei Werke kaum vergleichbar. Vielmehr ist die jeweilige Perspektivierung essenziell anders: Für Danto geht es um die Auffassung einer bestimmten Wissensform; Heidegger beschäftigt sich hingegen zunächst mit einem Praxisverständnis. Vor diesem Hintergrund muss jetzt an Heideggers Position, nachdem sie durch die Diskussion von Danto beleuchtet wurde, in ihrem Spezifikum und in ihrer Differenz zur Epistemologie von *Narration and Knowledge* herangegangen werden. Was passiert nun, wenn wir versuchen, Dantos Thesen zur relationalen Konstitution der Vergangenheit in narrativen Sätzen in den Kontext von Heideggers Auffassung von Zeit und Praxis zu übersetzen?

Freilich können Dantos und Heideggers Auffassungen der Vergangenheit innerhalb eines historischen oder geschichtlichen Geschehens nicht unmittelbar gleichgesetzt werden. Für Danto bezeichnet der Begriff einen Sachverhalt, der aktuell nicht, aber zu einem früheren Zeitpunkt seiner Beschreibung der Fall ist. Diese Definition ist in seinen Augen eine Begriffsnotwendigkeit in dem Sinne, dass historische Vergangenheit nur durch Verweis auf einen späteren Sachverhalt beziehungsweise innerhalb einer Zeitstruktur beschrieben werden kann. Diese Auffassung von geschichtlicher oder historischer Vergangenheit kann Heidegger nicht zufriedenstellen, denn sie fällt aus seiner Perspektive unter den Begriff der Gegenwart (5.2.3). Gegenstand von Dantos Diskussion sind bestimmte situative Zusammenhänge und ihrer Eigenschaften und Relationen, genauso wie die Merkmale, welche die historiographischen Beschreibungen solcher Zusammenhänge besitzen. Mit Heidegger gesagt: Ob dann eine Situation zu diesem oder jenem Zeitpunkt einer chronologischen Reihenfolge verortet wird, ob sie der Fall ist, war oder sein wird – sie ist in allen Fällen eine Gegenwart.[71] Den Sinn des Zeitmodus der Vergangenheit will Heidegger hingegen aus der Situiertheit und Weltorientiertheit menschlichen Tuns sowie aus der Bestimmungskraft der soziomateriellen Relationen gewonnen haben, die solche Situiertheit und Weltorientiertheit ausmachen.

Aus dem Standpunkt menschlicher Praxis betrachtet, sehe ich keine andere Lösung dieser Diskrepanz als dadurch, dass die zwei Aspekte zusammengedacht werden. Dafür möchte die Bezeichnung *praxisrelevante Vergangenheit* verwenden. Sie ist weder im Sinne einer Perspektivierung auf nicht mehr aktuelle Sachverhalte

---

[71] Das stellt für Danto kein unmittelbares Problem dar. Dennoch beruht seine Untersuchung auf der epistemischen Differenz zwischen physikalisch beschreibbaren und historiographisch beschreibbaren Vorgängen. Die Gründe dieser epistemischen Differenz werden in *Narration and Knowledge* nicht ausführlich diskutiert, es lassen sich trotzdem Hinweise im Text finden. Am auffälligsten ist Dantos Randbemerkung, dass eine solche Differenzierung im Grunde so viel wie die Aussage beinhaltet, dass menschliche Akteur:innen Handlungsspielraum in der Wirklichkeit haben. Es wird also darauf hingewiesen, dass es im Grunde die Freiheit menschlicher Praxis dasjenige ist, was den Inhalt der Differenzierung zwischen physikalisch beschreibbaren und historiographisch beschreibbaren Vorgängen darstellt. Mit anderen Worten gesagt: Die Differenz zwischen physikalischer Beschreibung und historiographischer Beschreibung besteht darin, dass historio-graphische Beschreibung Geschehnisse betrifft, die menschliche Praxis beinhalten oder einbeziehen. Man könnte also kritisch einwenden, im Geist Heideggers, dass die Perspektivierung auf menschliche Praxis eben einer Auffassung der Vergangenheit qua Bestimmungskraft und Situiertheit menschlichen Tuns bedarf.

allein noch als deflationäre Ausklammerung von Verhältnissen des Vor- und Nachher, des Früheren oder Späteren der Zeitreihe nach zu verstehen. Vielmehr kann es erst durch eine solche synthetische Auffassungsweise verstanden werden, inwieweit beide Facetten zusammengenommen – die Bestimmungskraft soziomaterieller Relationen und die Aufeinanderfolge nach Verhältnissen des Vor- und Nachher – der menschlichen Praxis Sinn verleihen.

Soziale Akteur:innen differenzieren in ihren praktischen Vollzügen – und schreiben solcher Differenzierung eine gewisse Bedeutung zu – hinsichtlich der Bindungs- und Bestimmungskraft von soziomateriellen Relationen, die zu verschiedenen Zeitpunkten zuzuordnen sind. Die Antwort auf eine im Gespräch aufgetauchte, beispielsweise sexistische Anmerkung gestaltet sich anders als die Durcharbeit, die erlernte heteronormative und patriarchale Verhaltensmuster und affektive Dispositionen erfordern, um beseitigt zu werden. Die Techniken, Strategien, Zielsetzungen gestalten sich in den zwei Fällen unterschiedlich aus und die Unterschiede bestehen sowohl in der Bindungskraft als auch in der chronologischen Zuordnung dessen, was den praktischen Spielraum mitbestimmt und bildet. Im ersten Fall mag eine ironische oder zornige Zurückweisung hinreichen, im zweiten Fall höchstwahrscheinlich nicht. Das mag teilweise einem Argument von *Sein und Zeit* widersprechen, nämlich Heideggers emphatischer Kritik gegen das vulgäre Zeitverständnis. Allerdings kann man anhand von Heidegger selbst zwischen der Reduktion aller Zeitverhältnisse auf Relationen der Aufeinanderfolge zwischen Sachverhalten (dem vulgären Zeitbegriff, *GA* 2: § 81), einerseits, und andererseits der sinnstiftenden Funktion von Chronologie und somit Aufeinanderfolge im Rahmen einer umfassenderen Zeitkonzeption unterscheiden (wie sich sein Begriff der Innerzeitigkeit verstehen lässt, *GA* 2: § 80). Das Problem ist offensichtlich nicht Chronologie *per se*, sondern die Reduktion von Zeitlichkeit auf Chronologie bzw. Zeitmessung.

Auf diese Art und Weise können Dantos Überlegungen nicht nur dazu dienen, Heideggers Vokabular und anscheinend paradoxalen Wiederholungsbegriff zu plausibilisieren, wie oben. Vielmehr können die Ansätze der zwei Philosophen kombiniert werden, und zwar zugunsten unserer Fragestellung. Denn Praxisrelevanz von chronologisch früheren sowie sich auf das jeweils gegenwärtige Tun auswirkenden Ereignissen und soziomateriellen Relationen lässt verstehen, dass Vergangenheit im Rahmen eines Tuns, einer Praxis, nur so angegangen und gewissermaßen identifiziert wird, dass sie in Relation zu Späterem gesetzt wird. Vergangene Ereignisse und Aspekte der Situiertheit in einer Welt der Praxis, soweit sie als bedingend und orientierend für praktische Vollzüge zu fassen sind, gelten als vergangen, wenn sie in einem praktischen Zusammenhang verortet, eingebettet sind. Dieser enthält auch spätere Ereignisse. Späteres bezieht nun im Rahmen menschlicher Praxis, und hier kommt das wesentliche Argument, das Tun von sozialen Akteur:innen mit ein, die essenziell offenheitsfähig sind. Deshalb denke ich, dass *praxisrelevante Vergangenheit*, soweit sie erst im Rahmen vom Tun sozialer Akteur:innen ersichtlich und identifizierbar wird, muss so gedacht werden, dass soziale Akteur:innen mit ihr und mit ihrer Bestimmungskraft für das jeweils gegenwärtige Tun auch *offenheitsfähig* umgehen können müssen. Und in diesem Sinne muss das auch heißen, dass praxisrelevante Vergangenheit der Veränderung ausgeliefert ist: Ihre Bestimmungskraft kann revidiert und entkräftet werden. Aber praxisrelevante Vergangenheit ist auch ihre Bestimmungskraft. Also, praxisrelevante Vergangenheit kann verändert werden – nicht als Art der Retrokausalität, sondern als Veränderung der Bestimmungsrelationen, die Vergangenes und Gegenwärtiges aneinander knüpfen.

Der begrifflichen Stelle von *Sein und Zeit*, wo der Wiederholungsbegriff diskutiert wird, wurde meistens eine oberflächliche Aufmerksamkeit geschenkt, wie ich bereits betont habe. Heideggers Begriffe der Geschichtlichkeit und der Wiederholung wurden zwar schon diskutiert, dennoch entweder als kaum informativ betrachtet oder durch ganz allgemeine und freilich vage Konzepte, die auf den argumentativen Inhalt sowie auf die Funktion der Begriffe im Gesamttext nicht eingehen. Eine Ausnahme bildet die Interpretation von Róbson Ramos dos Reis (2017). Er schildert, ganz ähnlich wie ich es hier gemacht habe, Heideggers Auffassung von Geschichtlichkeit und Wiederholung folgendermaßen. Ein Ereignis erfährt eine genuine Veränderung seiner Relationen, wenn es in eine Reihe von Bezügen eintritt, die das Eintreten eines späteren, relevanten Ereignisses vorsehen; wenn ein früheres Ereignis als Bedingung zum Auftreten eines späteren, relevanten Ereignisses beiträgt, dann kann das Eintreten des späteren Ereignisses eine neue relationale Eigenschaft im früheren Ereignis hervorbringen (Reis 2017: 260).

Allerdings gibt es ein Detail, bei dem es schwerfällt, Reis' Rekonstruktion zuzustimmen. Er versteht praktische Relationen gegenüber physikalischen Eigenschaften als emergent (Reis 2017: 252ff.). Die These ist unter der Annahme unkontrovers, dass die Grundstruktur der Wirklichkeit aus physikalischen Eigenschaften besteht – beziehungsweise aus denjenigen Eigenschaften, die Philosoph:innen aus der Forschung von Physiker:innen ableiten und ontologisch oder metaphysisch interpretieren zu dürfen meinen. Ob dieser Schritt gewagt werden sollte und ob er richtig ist, kann und möchte ich nicht diskutieren. Exegetisch gesehen, mit Blick auf Heidegger, ist die Emergenz-These, wie ich sie eben angesprochen habe, falsch. Dies ist aber an dieser Stelle sekundär.

Die wichtige Frage ist, ob solche Stellungnahme für das sachliche Problem der Konstitution von Ereignissen in einem geschichtlichen Geschehen notwendig ist oder überhaupt etwas zu ihrem Verständnis beiträgt. Ist eine Beschreibung von Ereignissen innerhalb eines geschichtlichen Geschehens eine Beschreibung von physikalischen Eigenschaften? Es steht natürlich außer Frage, dass Ereignisse innerhalb eines geschichtlichen oder auch lebensgeschichtlichen Geschehens auch physikalischen Eigenschaften nach bestimmt sein müssen. Genau so steht es außer Frage, dass physikalische Eigenschaften innerhalb eines geschichtlichen oder lebensgeschichtlichen Geschehens bedeutungs- oder praxisrelevant sein können. Bedenklich ist nur, dass Eingebundenheit in diachronisch-praktische Zusammenhänge – Grundlage der Identifizierbarkeit von Ereignissen eines geschichtlichen Geschehens – mit Rekurs auf Beschreibungen von physikalischen Eigenschaften in Betracht gezogen werden kann. Das ist nun zu bezweifeln. Mit anderen Worten gesagt: Eine positive Stellungnahme zum Verhältnis zwischen physikalischen Eigenschaften und praktischen Relationen einzunehmen, ist nicht nur für Heideggers Modell, sondern auch für das Verständnis geschichtlicher Artikulation nicht unmittelbar relevant. Sie birgt vielmehr die Gefahr, wenn man physikalische Eigenschaften als Grundstruktur der Wirklichkeit annehmen will, dass man sich auf metaphysische Thesen einlässt, die für ein Verständnis von Geschichtlichkeit kontraproduktiv sind – beispielsweise die kausale Geschlossenheit der Welt und den Determinismus, die auch Danto, obwohl sehr metaphysikkarg, für inkompatibel mit seiner Geschichtsauffassung ansehen könnte (Danto 2007: 144).

Diese letzte Präzisierung ausgenommen, stimme ich im Wesentlichen Reis' Rekonstruktion und Überlegungen zu. Der chronologische und der praktische Standpunkt können somit, und selbst im Ausgang von Heideggers Ansatz, zusammengebracht werden. Diese Konvergenz lässt sich nun folgendermaßen zusammenfassen. Soweit sich das Vergangene als praxisrelevant konstituiert, muss es sich als Vergangenes im Rahmen eines praktischen Zusammenhangs konstituieren. Dafür ist der Verweis auf spätere Ereignisse essenziell. Spätere Ereignisse sind in diesem Sinne auch nachfolgende praktische Vollzüge. Als solche enthalten sie die Fähigkeit von sozialen Akteur:innen, die Bestimmungskraft praktischer Relationen zu revidieren und zu verändern. Praxisrelevante Vergangenheit wird also wesentlich dadurch konstituiert, dass ihre Bestimmungskraft entkräftet werden kann. Das entspricht übrigens Heideggers Definition von Wiederholung: Vergangenheit, aus praktischer Sicht und innerhalb eines geschichtlichen Geschehens, ist eben als Möglichkeit im Sinne von *Sein und Zeit* zu verstehen, das heitß, als wesentlich offenheitsfähig, der Offenheit ausgesetzt.

5.4.3 Die Fähigkeit des Uminterpretierens: Begriffene Lebensgeschichtlichkeit

Was hat nun die Spekulation über geschichtliche Vergangenheit mit den spezifischen Schwierigkeiten zu tun, die aus subjektphilosophischer Sicht im Zusammenhang mit der Perspektivierung auf die Geschichtlichkeit von Subjekten entstehen? Die Frage kann nun so beantwortet werden, wenn die gerade explizierte

Konzeption der praxisrelevanten Vergangenheit um ihre Implikate ergänzt bzw. weiterentwickelt wird. Versuchen wir näher zu betrachten, was es heißt, dass Vergangenheit für soziale Akteur:innen der Offenheit ausgesetzt ist.

Man kann in der Tat diese letzte Aussage umgekehrt formulieren. Soziale Akteur:innen sind in der Lage, mit praxisrelevanter Vergangenheit so umzugehen, dass sie die Bestimmungskraft der darin implizierten und mitgemeinten praktischer Relationen entkräften, revidieren, verändern können. Somit können soziale Akteur:innen auch, den oben entwickelten Überlegungen zufolge, Vergangenheit im praxisrelevanten Sinne verändern – und zwar gerade deshalb, weil sie das Relationsgefüge modifizieren, innerhalb dessen sich Vergangenheit konstituiert. Was praxisrelevante Vergangenheit angeht, sind also soziale Akteur:innen dazu fähig, sie umzuinterpretieren. Kurz gesagt, soziale Akteur:innen verhalten sich zur praxisrelevanten Vergangenheit im Sinne einer *Fähigkeit der Uminterpretation*. Die Fähigkeit der Uminterpretation von praktischen Bezüge, unter anderen auch von Bezügen auf praxisrelevante Vergangenheit, ist das, was lebensgeschichtliche oder auch bloß geschichtliche Artikulation für soziale Akteur:innen auszeichnet. Damit sind sowohl ein Denken von praktischen Bestimmungsrelationen als auch eine explizite Auffassung von Verhältnisse der chronologischen Reihenfolge mitbedacht. Die Fähigkeit der Uminterpretation kann also die Frage beantworten, was lebensgeschichtliche Artikulation ausmacht.

Diese Antwort muss nun an die weitere Komponente des Problems der Lebensgeschichtlichkeit von Subjekten angewendet werden. Es wurde nämlich schon oben geschildert, wie insbesondere im Kontext von analytischen Debatten bezüglich der diachronischen Identität von Personen folgendes Problem in den Vordergrund tritt: Angenommen, dass Personen bzw. Subjekte durch die Eigenschaft der Selbstbezüglichkeit von anderen Arten von Wesen begrifflich unterschieden werden können, wird somit erklärungsbedürftig, wie ein Konzept der Selbstrelation in der Lage ist, eine unmittelbare Antwort in Bezug auf das Problem der Sukzession vorzulegen. Mit anderen Worten, die Frage der Lebensgeschichtlichkeit von Subjekten steht vor der Schwierigkeit zu begründen, wie das begriffliche Kriterium für Subjektivität auch als begriffliches Kriterium für ihre diachronische Identität gelten kann. Diese Schwierigkeit kann nun anhand des Fokus auf die Fähigkeit der Uminterpretation beseitigt werden.

Ich habe nämlich mit Schelling und Heidegger dafür argumentiert, dass Selbstrelation als subjektivitätsdefinierendes Kriterium einseitig und ergänzungsbedürftig ist. Argumentiert man hingegen aus einer praxisorientierten Perspektive und thematisiert man von ihr aus den Subjektbegriff, stellt sich somit heraus, dass die Selbstrelation von Subjekten eine Selbstrelation in und, in einem gewissen Sinne, von einem Gefüge soziomaterieller, praktischer Relationen ist. Um innerhalb von Netzwerken praktischer Relationen ein differenzielles Kriterium für

Subjektivität festzumachen, müssen weitere Begriffsbestimmungen als die Selbstrelation herangezogen werden. Hierfür lässt sich dem Vorschlag von Schelling und Heidegger folgen, der den Freiheitsbegriff in den Fokus rückt.

In beiden Fällen handelt es sich um eine besondere Freiheitskonzeption. Beide Philosophen setzen in den Mittelpunkt ihrer Ansätze die wesentliche Weltlichkeit von Subjektivität oder, mit anderen Worten gesagt, von sozialen Akteur:innen. Diesem Verständnis entspricht sowohl im *System des transzendentalen Idealismus* als auch in *Sein und Zeit* eine Freiheitsauffassung, die den Offenheitsgedanken als Kennzeichen von Freiheit erklärt. Offenheit lässt sich als die Fähigkeit von sozialen Akteur:innen erläutern, sich von praktisch-soziomateriellen Bestimmungen loszulösen und diese zu entkräften, revidieren, in Frage zu stellen, jeweils anders zu gestalten und sich ihnen gegenüber anders zu verhalten, als die praktisch-soziomateriellen Bestimmungen selbst es vorschreiben würden.

Die Fähigkeit der Uminterpretation ist somit nichts anderes als die Fähigkeit zur Offenheit, an die Frage der geschichtlichen Artikulation angewendet. Oder, umgekehrt gesprochen, die Fähigkeit zur Offenheit stiftet und macht verständlich, wie geschichtliche Artikulation im Rahmen einer Subjektivitätsauffassung begriffen werden kann. Auf diese Art und Weise lässt sich ein einheitliches begriffliches Kriterium finden, das sowohl für Subjektivität oder Personalität als auch für geschichtliche Artikulation oder Kontinuität bzw. Persistenz in der Zeit seine Gültigkeit nachweisen kann. Die argumentative Schwierigkeit lässt sich also beseitigen (4.1, 5.4.1), die Begriffe von Selbstrelation und Kontinuität in der Zeit im Nachhinein miteinander kompatibel zu machen, nachdem ihr Zusammenhang gesetzt wird. Sie muss nicht nachgeholt werden, weil sie gar nicht entsteht. Die Fähigkeit zur Offenheit als Fähigkeit zur Uminterpretation gibt einen begrifflichen Standard ab, der sowohl für Subjektivität als auch für Artikulation zwischen verschiedenen Zeitmomenten stehen kann. Die scheinbare Inkompatibilität zwischen einer Subjektauffassung und einem Denken der Geschichtlichkeit (1.1) löst sich somit als unnötige Hintergrundannahme auf. Sie war – wie es die philosophische Kritik oft nachweist – nur ein Perspektivierungsproblem.

In einem gewissen Sinne möchte ich also zwei Perspektiven auf die Frage der Geschichtlichkeit von Subjektivität für nicht zufriedenstellend erklären: die Tendenz, diese Frage als Frage nach den notwendigen und hinreichenden Kriterien dafür zu stellen, dass eine Person dieselbe zu zwei verschiedenen Zeitmomenten ist; und die Tendenz, aus dem kognitiven oder auch praktischen Selbstbewusstsein *allein* Zeitbezüge abzuleiten oder in ihm selbst zu setzen. In beiden Fällen wird die Frage nicht beantwortet, aus welchem Grund und wie genau Subjektivität und Kontinuität vom Subjekt in der Zeit zusammenhängen. Sie kann nicht beantwortet werden, weil der Subjektbegriff allzu einseitig mit Selbstbezüglichkeit gleichgesetzt wird. Diese Problematik der gängigen Art und Weise, die Frage der Geschichtlichkeit von Subjektivität anzugehen, lässt sich auch bei einem Ansatz wiedererkennen, der allem Anschein nach dem hier entworfenen sehr nah steht: die *Person Life View* von Marya Schechtman (2014).

Schechtmans Theorie ist in der analytischen Debatte zur personalen Identität in der Zeit zu verorten. Allerdings ist ihr Vorschlag, wie ich ihn verstehe, der hier vertretenen Auffassung von Subjektivität sehr ähnlich. Der *Person Life View* (PLV) zufolge ist eine Person eine diachron strukturierte, praktische Einheit (*ibid.* 108), die durch ein homöostatisches Eigenschaftscluster (*ibid.* 202) konstituiert wird, dessen wesentliche Elemente sind: der Körper und die Physiologie einer sozialen Akteurin, ihre Interaktionen und Fähigkeiten sowie der sozial situierte und anerkannte, normative Rahmen, innerhalb dessen Persönlichkeit ihre Grundzüge erhält (Schechtman 2014: 112–113). Im Großen und Ganzen kommt also die PLV sehr nah an das Verständnis von Subjektivität, das ich entworfen habe: sowohl den Ansprüchen (einer umfassenderen Theorie von personaler Identität in der Zeit, die Lebensgeschichtlichkeit robust in den Fokus rückt, unter Bezugnahme auf die soziale Welt als Bedingung von Persönlichkeit) als auch manchen Resultaten nach (einem Personenbegriff, demzufolge eine Person eine soziale Akteurin ist). Der Ansatz Schechtmans unterscheidet sich natürlich von dem hier vorgelegten in manchen Hinsichten – zum Beispiel dem fast exklusiven Bezug auf die analytische Debatte und der robusten argumentativen Rollen von biologischer Kontinuität. Insbesondere auf zwei möchte ich nun den Fokus legen, die für die Hauptfragestellung der Untersuchung zentral sind: das Praxisverständnis und die Kompatibilitätsfrage.

Schechtmans Fokussierung auf die Praxis als zentralen Ansatz zu ihrem Personenbegriff ermöglicht es zwar, das Feld zwischenmenschlicher Interaktionen und sogar die soziale Welt im Rahmen ihrer Theorie philosophisch anschlussfähig zu machen. Allerdings scheint mir ihre Position durch das Problem belastet, das ich an den Subjektivitätsauffassungen von Schelling und Heidegger herangezogen habe (3.4). Indem auch Schechtman – ich verwende hier mein Vokabular – für eine robuste Weltlichkeit von Subjektivität in ihrem Ansatz einsteht, droht dabei die Schwierigkeit, die Differenz zwischen Subjekten und materiellen Verhältnissen, Organismen, sozialen Netzwerken zu tilgen. Man könnte also die Frage stellen, *worin besteht nun das Subjekt-sein von Subjekten*? Das ist im Allgemeinen die Schwierigkeit mit philosophisch liberalen Subjektbegriffen: Wie vorteilhaft die Verweltlichung von Subjektivität angesehen werden mag, entsteht im Gegenzug damit als Nachteil die Beweislast, zeigen zu müssen, wie man denn zwischen Subjekten und anderen Arten von Wesen begrifflich unterscheiden kann.

Ich will Schechtman nun nicht zu viel unterstellen, finde aber das philosophische Interesse, das sie in ihrer Theorie verfolgt, auch zum Teil mit der Freiheitsfrage verbunden, welche allerdings als solche nie explizit gemacht und vor allem nicht als begriffliches Kriterium für Subjektivität erläutert wird. Sichtbar wird aber die Freiheitsfrage vor allem in ihrer Diskussion von dem, was sie als *Anomalous Social Position* bezeichnet (Schechtman 2014: 125ff.). Dabei tritt in den Mittelpunkt das Phänomen von derart unterdrückenden bzw. ungerechten sozialen Systemen, die manchen Individuen oder Klassen von Individuen den Personenstatus rechtlich oder praktisch absprechen und aberkennen. In ihrer Diskussion hebt Schechtman zwar hervor, dass unterdrückte Individuen ihren Personenstatus prinzipiell nicht verlieren. Darin besteht eben die Gewalt von extremen Unterdrückungssystemen und dadurch kommt sie zu der Auffassung, dass Individuen am Rand vom Personenstatus in der paradoxen Position einer nicht als Person behandelten Person behalten werden. Zugleich äußert sie sich aber auch so, dass solche ungerechten Unterdrückungsformen in einem umgekehrten Verhältnis zu der Fähigkeit stehen, als Person zu leben und zu existieren. Somit scheint mir die Idee doch implizit vorausgesetzt zu sein, dass der Personenstatus eben eine Freiheitssache ist.

Damit, dass der Freiheitsgedanke nicht robust aufgegriffen und tiefer erläutert wird, geht das zweite Problem einher, das sich an Schechtmans Ansatz feststellen lässt. Wenn die PLV an der Kompatibilitätsfrage überprüft werden müsste (welcher zufolge zu klären sei, inwiefern Personalität und Kontinuität als begriffliche Kriterien genau zusammenhängen), wäre die Theorie mit mehr Schwierigkeiten als der Ansatz konfrontiert, den ich entwickelt habe. Schechtman plädiert mit guten Gründen dafür, dass der Praxisbezug eine ihm immanente Zeitdimension impliziert. Allerdings wird in PLV aus dem Praxisbegriff ein deutliches begriffliches Kriterium für Personalität oder, in dem Vokabular dieser Untersuchung, für Subjektivität nicht herausgearbeitet. In der Praxis sind aber viele Elemente involviert, die für Subjektivität konstitutiv sind, ohne zugleich Subjekte zu sein. Es ist unbestreitbar, dass Schechtmans Ansatz durch den Praxisfokus einen wichtigen Schritt für die Beantwortung der Kompatibilitätsfrage macht, indem dadurch Lebensgeschichtlichkeit direkt in ihre Diskussion von Personalität aus einer praxisorientierten Perspektive aufgenommen werden kann. Jedoch weiter als eine Plausibilisierung geht der Schritt auch nicht.

Wird hingegen der Freiheitsbegriff als differenzielles Kriterium für Subjektivität genommen, lässt er sich auch als Kontinuitätskriterium interpretieren. Was – um mich jetzt an Schechtmans Ansatz anzunähern – so viel heißt wie: Wenn der Personenstatus nicht bloß eine Praxis-, sondern genauer gesehen eine Freiheitssache ist, muss es auch mitbedacht werden, dass Personen nicht nur ihre Lebensgeschichte sind, sondern aus ihrer Lebensgeschichte etwas machen. Dass soziale Akteur:innen agency besitzen, kommt darin zum Ausdruck, dass diachronische Bestimmungsverhältnisse uminterpretiert und in der Praxis geändert werden können, wie oben dargestellt. Durch den kurzen Vergleich zu Schechtmans PLV lässt sich das Debattenpanorama selbstverständlich nicht erschöpfen. Der

Vergleich stellt jedoch auf synthetische Art die Verdienste dar, die ein an Schelling und Heidegger orientierter Ansatz absichern kann.

Allerdings erschöpft sich das Licht, das Schelling und Heidegger, zusammengenommen und im Dialog gelesen, auf Subjektivität angesichts ihrer Geschichtlichkeit werfen dürfen, nicht in dem Vergleich zu alternativen Positionen, die gegenwärtig zur Debatte stehen und in diesem Rahmen geltend gemacht werden können. Denn die Perspektivierung auf Freiheit, in ihrer soziomateriellen Einbettung betrachtet, ermöglicht, eine ganz besondere Perspektive auf die Art und Weise zu gewinnen, wie Subjekte geschichtlich und geschichtlich frei sind. Auf der einen Seite wurde es auf den Fähigkeitsbegriff rekurriert, der in sich sowohl die Möglichkeit seiner Verwirklichung als auch die Möglichkeit enthält, dass eine Fähigkeit nicht realisiert wird; auf der anderen Seite, und diese Einsicht gewinnt sich freilich mehr aus dem Denken Schellings als aus dem Denken Heidegers, dass zwischen diesen zwei Optionen kein statisches, sondern ein dynamisches Verhältnis besteht und dass genau solche Dynamik dasjenige ist, was Geschichtlichkeit vorantreibt, in Bewegung setzt und somit eben als Geschehen, als Werden letzten Endes charakterisiert kann.

Praxisrelevantes Vergangenes muss, so wurde es gesagt, als unabgeschlossen gefasst werden. Unabgeschlossen ist es nun, weil seine Identifizierbarkeit wesentlich auf Relationen beruht, die in einen Prozess der Aushandlung und der Uminterpretation einbezogen werden oder sogar neu entstehen können. Grund dafür ist, dass praxisrelevantes Vergangenes in den Aktivitäten von sozialen Akteur:innen als Vergangenes konstituiert und instituiert wird und somit der Veränderung und der Offenheit ausgeliefert ist. So formuliert, bleiben wir im Rahmen eines an Heidegger orientierten Bilds. Diese Überlegung erscheint als die allerletzte Konsequenz von Heideggers Auffassung des menschlichen Geistes als geschichtlich und historisch, im Werden, als Geschehen und soziomateriell bedingt, allerdings auch durch einen Freiheitsspielraum gekennzeichnet, dessen Tilgung das Gesamtgebäude von *Sein und Zeit* zusammen mit der spezifischen Differenz zwischen sozialen Akteur:innen und unfreien Wesen einstürzen lassen würde.

Nun natürlich wirkt diese Auffassung plausibel, wenn es darum geht, aus einer sehr allgemeinen Perspektive die Tätigkeit einer sozialen Akteurin von der Tätigkeit einer Sonnenblume oder eines Spatzen zu unterscheiden. Akzeptabel klingt sie auch mit Blick auf relativ unproblematische alltägliche Unternehmen: Fahrradfahren und Zigarettendrehen sind Beispiele von Tätigkeiten in praktischen Situationen, die einen gewissen Spielraum an Offenheit zulassen. Man kommt allerdings mit dem Zweifel nicht aus, dass eine solche Konzeption die potenzielle Dramatik übersieht, die gelegentlich das Tun von sozialen Akteur:innen durchdringen kann. Wie kann man so sicher sein, dass Freiheit so selbstverständlich in jeder praktischen Situation steckt und vor allem zugänglich ist? Prinzipiell mag die Aussage stimmen, besteht sie aber eine genauere Überprüfung gegenüber der soziomateriellen Bedingtheit, die jedem praktischen Spielraum unterliegt?

In der Tat können praktische Netzwerke je nachdem sehr unterschiedlich Offenheit ermöglichen oder einschränken. Dafür muss man sich nicht autoritäre Gesellschaftssysteme ausdenken, die offensichtlich die Fähigkeit von sozialen Akteur:innen dramatisch einschränken. Subtilere Formen der Unterdrückung und der Diskriminierung bedingen das individuelle Handeln: Sozial kodierte Verhaltensmuster sanktionieren Klassenzugehörigkeit, ethnische Herkunft, Geschlechterrollen und machen es auf dieser Basis für bestimmte Individuen schwieriger, praktische Situationen aktiv mitzugestalten und umzuinterpretieren. Um das pointierter zu formulieren: Zwar gibt der Begriff der Fähigkeit zur Uminterpretation eine konkretere und genauere Grundlage ab, um Offenheit zu denken. Allerdings droht aber der Begriff noch einmal ins Unbestimmte aufzugehen, indem er undifferenziert so viel heißt wie: Soziale Akteur:innen sind sowieso in der Lage, praktische Relationen umzuinterpretieren, ungeachtet der Probleme und Einschränkungen, die sich in der jeweiligen Situation subtil oder gewaltig artikulieren können.

Es würde in diesem Kontext nicht viel bringen, auf Heidegger zurückzukommen. Zwar entwickelt er in *Sein und Zeit* eine Auffassung von Praxis, in deren Mittelpunkt eine Spannung und eine Dynamik von Offenheit und sozialer Heteronomie steht: Menschliches Praktizieren, so Heidegger, verwirklicht sich innerhalb eines Spektrums – ich benutze hier seine Begriffe – von Eigentlichkeit und Uneigentlichkeit. Oder, mit anderen Worten: Menschliches Praktizieren ist zwar frei als offenheitsfähig, zur Freiheit als Offenheitsfähigkeit gehört aber zugleich auch ein Rest an Unfreiheit, an Geschlossenheit, der in dem Zusammenspiel der Offenheit selbst mitzudenken ist.[72] Diese Spannung ist aber für das gesamte Modell nicht tragend. Es ist nicht der Kontrast zwischen Praxisstiftung, und dem dabei mitzudenkenden Offenheitsspielraum, und Offenheitseinschränkung dasjenige,

---

[72] Jacques Derrida hat schon bemerkt, dass der Wiederholungsbegriff, wie er von Heidegger eingeführt und bestimmt wird, spannungsleer und ohne Dramatik erscheinen kann, es aber dennoch nicht ist (Derrida 2013: 295–296). Es kann scheinen, als ob das Wiederholen, ohne Hindernisse vor sich gehen würde und ohne Kontraste mit der Bestimmungskraft, die praktische Relationen auf die Handlungen, Zielsetzungen, Hoffnungen von Akteur:innen haben können. Obwohl ich im Grunde mit Derridas Anmerkung übereinstimme – textuell lässt sie sich auch darin wiedererkennen, dass Heidegger gerade das Problem eines hoffnungslosen „ewig Gestrigen" anspricht –, muss angemerkt werden, dass Heidegger wenig auf die interne Spannung von praktischen Uminterpretationen fokussiert. Er neigt hingegen dazu, Beschreibungen vom offenen Praktizieren abzuliefern, denen zufolge sich praktizierende Entitäten etwa plötzlich für dieses oder jenes entscheiden können, ohne Rücksicht auf die Wirkungskraft der materiellen, sozialen, praktischen Bindungen, die jedes Praktizieren ausmachen und bedingen.

was die Dynamik der Veränderung, der Infragestellung, der Uminterpretation leitet und orientiert. Heideggers Offenheitsbegriff hat, etwas spekulativ formuliert, nur Offenheit als seinen Inhalt: keinesfalls die *malheurs*, die Kontraste, die Widerstände, die in den Versuchen sozialer Akteur:innen entstehen, Offenheit im Handeln zu gewinnen und ins Handeln zu bringen.

Genau an diesem Punkt muss man Heidegger verlassen und eine Ergänzung seines Modells suchen – und zwar eine solche, welche Kontraste, Probleme und Widerstände nicht als sekundär, sondern als primär und definierend für die Fähigkeit zur Offenheit bestimmen kann. Hierfür lassen sich Schellings Überlegungen zum Zeitbegriff beziehungsweise zum prozessualen Selbst wiederaufgreifen. Ein zentraler Aspekt des Begriffs des prozessualen Selbst ist, dass zu jedem Selbstverhältnis eine Selbstdifferenzierung gehört, die sich im Rahmen einer spannungsvollen Aushandlung von Handlungseinschränkungen und Handlungsoffenheit konstituiert. Der oben eingeführte Begriff der Offenheitsfähigkeit lässt sich zwar inzwischen genauer mit Heidegger fassen. Schelling fokussiert allerdings anders als Heidegger darauf, dass Offenheit ihre Bedeutung erst nur in Entgegensetzung zu Widerständen erhält.

Soziale Akteur:innen müssen zwar so gefasst werden, dass Offenheit in der Praxis als unentbehrliches Merkmal ihres Tuns vorausgesetzt wird. Allerdings beinhaltet diese mehr als die Annahme einer möglichen Revision oder Uminterpretation praktischer Relationen. Ihr Inhalt ist die Aushandlung von, Auseinandersetzung mit oder sogar Kampf gegen situationelle Bedingungen, die Praxis orientieren, bedingen und einschränken. Mit Blick auf die bisher mehrmals angesprochene zeitliche Dimension heißt es: Zukunft als Offenheit erschließt sich nicht als eine bloße Tendenz, bestehende Praxisbedingungen zu revidieren, und nicht mal aus einer solchen. Vielmehr erhält Offenheit ihre Bedeutung und ihren Inhalt aus den konkreten Konflikten, Unzulänglichkeiten, Hindernissen, die jedem Tun definitionsgemäß inhärieren. Die Position einer sozialen Akteurin, sowie ihre Freiheit, sich in einer Situation mit mehr oder weniger Spielraum zu bewegen, sind nicht durch Offenheit abgesichert, sondern konstituieren sich in Auseinandersetzungen und Widerständen. Erst aus diesen konstituiert sich Offenheit – eine jeweils bestimmte Offenheit, als Antwort auf jeweils bestimmte Probleme und Hindernisse.

So betrachtet ist die Fähigkeit der Uminterpretation keine Selbstverständlichkeit mehr,[73] beziehungsweise muss sie sich, um begriffen zu werden, im Rahmen von

---

[73] In diesem Geist verstehe ich Adrian Johnstons Vorschlag einer „error-first" Perspektive (2018), welche auch die Wichtigkeit des Scheiterns und des „Irrens" für die Konstitution von Verstehen betont. Richard Rorty interpretiert aber schon *Sein und Zeit* so, dass dabei die Fragilität jedes menschlichen Unternehmens zentral ist (1995).

materiellen, sozialen, praktischen Widerständen konstituieren. Diese können so überwiegend sein, dass die Fähigkeit zur Offenheit und zur Veränderung praktischer Relationen sehr eingeschränkt werden kann. Das ist natürlich ein extremer und bedauerlicher Fall, wichtig ist er aber deshalb, weil er die Dramatik und die Schwierigkeit der Subjektkonstitution aufzeigt – sowie die Notwendigkeit einer Gestaltung von materiellen Relationen, die Subjektkonstitution ermöglichen und zugänglich machen. Gesellschaftliche Systeme extremer Ausbeutung und Diskriminierung berauben soziale Akteur:innen ihrer Subjektivität. Wo die Möglichkeit der Veränderung praktischer Relationen entnommen wird, wird auch die Möglichkeit der Subjektivierung entnommen. So betrachtet, ist die Fähigkeit der Uminterpretation als Definiens von Subjektivität ein Begriff der situationellen oder situierten Freiheit im materiellen, sozialen und historischen Sinn. Der Begriff trägt in sich eine interne Spannung von Veränderung und Widerstand, aus welcher er seinen Inhalt erhält.

In diesem Sinne (mit Heidegger) gegen Heidegger gesprochen: Begriffene Subjektivität, in ihrem lebensgeschichtlichen Geschehen begriffen, erschließt sich nicht aus Entzugsfiguren der bloßen Abgründigkeit oder Nichtigkeit, deren Leere durch Entscheidungen für diese oder jene Schicksalskonstellation erfüllt werden kann, sondern aus den praktischen Widerständen, die Praxis sowohl ermöglichen als auch einschränken. Dies heißt wiederum nicht – um Heideggers Kritik im Voraus zu kontern –, aus Offenheit/Zukunft einen erreichbaren Sachverhalt oder eine Gegenwart zu machen: Der Kampf um die Veränderung von Praxiseinschränkungen läuft nicht auf im Voraus durchbestimmte Resultate hinaus. Er ist vielmehr der Versuch, in jeweils Konkreten praktischen Situationen Offenheit einzuführen, zu erlangen, zu instituieren. Ob dies subtiler im Versuch, die Regeln des Klavierspielens an meine Körperbewegungen anzupassen, oder viel sichtbarer in sozialen oder politischen Konflikten geschieht, ist erstmal sekundär: Subjektivität konstituiert sich dort, wo diese Auseinandersetzung stattfindet.

Mit diesen letzten Bemerkungen möchte ich das Ziel der Untersuchung durch den Begriff der Fähigkeit der Uminterpretation praktischer Relationen als erreicht ansehen. *Das Prinzip der geschichtlichen Artikulation von Ereignissen, soweit sie im Zusammenhang mit der menschlichen Praxis gefasst werden, ist die Fähigkeit, praxisrelevantes Vergangenes in seiner Relation zur jeweiligen Praxis neu auszurichten, und zwar dadurch, dass die bedingenden, bestimmenden und der Handlungsoffenheit von Akteur:innen widerstehenden Relationen revidiert, entkräftet, verändert werden können. Diese Fähigkeit enthält immer ein Moment der praktischen Selbstrelation, denn jede Praxis ist immer auch eine Selbstpraxis*, wie im ersten Teil ausführlich argumentiert, *die aber nicht unabhängig von, sondern erst in jeweils konkreten Auseinandersetzungen eine Praxis des Selbst als Praxis der Veränderung praktischer Relationen ist.*

5.4 Die Fähigkeit der praktischen Uminterpretation — 221

Ich kehre somit zur Grundfrage der Arbeit zurück, nämlich wie sich subjektphilosophisch begreifen lässt, dass Subjekte als Lebensgeschichten zu fassen sind. Subjekte habe ich arbeitshypothetisch so gefasst, dass sie durch Selbstbezüglichkeit charakterisiert sind. Darüber hinaus habe ich auf eine im Begriff der Geschichte angelegte Ambivalenz zwischen einem Geschehen als *res gestae* und der Auffassung desselben als *historia rerum gestarum* aufmerksam gemacht. Diese zwei Perspektiven zusammenzubringen und kompatibel zu machen, war und ist das selbsterklärte Ziel der ganzen Untersuchung.

In einem ersten Sinn habe ich dieses Ziel bereits erreicht. Wenn verständlich gemacht werden sollte, dass selbstverhältnisfähige Entitäten sich erst im Rahmen einer Lebensgeschichtlichkeit zu sich selbst verhalten, dann ist dieses Desideratum durch die These erreicht, dass Subjekte als Subjekte in praktischen Spielräumen gefasst werden. Ich bin zu der Antwort gelangt, dass Subjektivität oder das Subjekt-sein die Fähigkeit zum praktischen Selbstverhältnis in einer orientierenden Gebundenheit an die materiellen und sozialen Relationen der jeweiligen Welt der Praxis ist, nachdem ich im Allgemeinen einen praxisorientierten Standpunkt festgemacht habe. So gefasst muss ein Subjekt in einem robusten Sinn geschichtlich sein. Selbstverhältnisse sind materiell und sozial vermittelt und hängen von den verschiedenen Elementen ab, die praktische Situationen ausmachen: Erlernte Handlungsweisen, Zielsetzungen, kodierte soziale Praktiken, aber auch Wünsche, affektive Färbungen, Erwartungen in intersubjektiven und gesellschaftlichen Kontexten, Erinnerungen an vergangene Ereignisse, Widerstände gegen die eigenen Handlungen und Absichten.

Allerdings musste in diesem argumentativen Kontext ein Kriterium dargelegt werden, um Subjektivität differenziell zu begreifen. Mit diesem Ziel bin ich dem Begriff der Offenheitsfähigkeit nachgegangen. Dieser situiert letztendlich das Definiens von Subjektivität in der Fähigkeit, situationelle Praxisbedingungen umzugestalten. In diesem Sinne lässt sich der Begriff als eine Freiheitsfigur deuten, die Autorschafts- sowie Kritikmotive aus subjektphilosophischer Sicht produktiv macht. Diese letzte Begriffseinführung ermöglicht es, eine direkte Brücke zwischen den subjektphilosophischen Überlegungen und der Frage der Geschichtlichkeit im Sinne der lebensgeschichtlichen Erstreckung zu schlagen: Lebensgeschichtliche, voneinander verschiedene, zu einem relativen (praxisrelevanten) Ganzen zugehörige Ereignisse sind durch das Prinzip ihrer möglichen Uminterpretation miteinander verbunden. Das Subjektivitätsprinzip der Umgestaltung praktischer Relationen lässt sich somit auch als Prinzip der lebensgeschichtlichen Erstreckung interpretieren und anwenden: Subjektivität lässt sich unmittelbar als Geschichtlichkeit denken.

Dieses Resultat zwingt zu einer Revision der Termini, in denen die Frage der Lebensgeschichtlichkeit von Subjekten häufig gestellt wird – nämlich als Frage der personalen Identität in der Zeit, die nach notwendigen und hinreichenden Kriterien für die Identität einer Person zu zwei verschiedenen Zeitpunkten sucht. Diese Art und Weise, die Frage zu formulieren, vernachlässigt die praktische Natur ihres Gegenstands – eine Kritik, die sich vor allem mit Heidegger formulieren lässt. Es wird davon ausgegangen, dass Personen, Subjekte, auf eine solche Weise für lebensgeschichtlich erstreckt erklärt, dass es dabei um Gegenstände mit internen zeitbezogenen Eigenschaften geht, die jeweils nach variablen Identitätskriterien isoliert und trotz der Zeitabstände miteinander verglichen werden können.

Allerdings sind Subjekte keine derart verfassten Gegenstände, beziehungsweise nicht nur: Als organische oder physikalische Körper kann vielleicht derart über sie geurteilt werden, jedoch nicht insofern sie praxisbezogene Lebensgeschichten sind. Wenn über Subjekte als praxisbezogene Lebensgeschichten geurteilt werden soll, dann können dabei keine angemessenen Identitätskriterien für verschiedene, für sich allein bestehende, durch intern fixierbare Merkmale charakterisierte Gegenstände abgesichert werden. Die verschiedenen Zeitmomente einer Lebensgeschichte konstituieren sich nur relational in einem praxisrelevanten Zusammenhang; und jedes praxisrelevante, vergangene Ereignis ist nur dadurch identifizierbar, dass es in einer Relation zu einem praxisrelevanten zukünftigen Ereignis (oder auch mehreren) steht, wodurch Uminterpretation und Umgestaltung von praktischen Relationen wiederum eintreten können. Praxisrelevantes, lebensgeschichtliches Vergangenes einer und derselben Person kann sich *nur so* konstituieren, dass die Kriterien für seine Identifikation revidierbar und veränderbar sind.

Noch ein letztes Mal und synthetisch zusammenfassend: Das Subjekt-sein als Geschichtlich-sein wird als die Fähigkeit der Uminterpretation praktischer Relationen verständlich, indem in jedem praktischen Vollzug auch eine materiell und sozial konstituierte Relation zu sich selbst praktiziert wird. Begriffene Lebensgeschichtlichkeit von Subjekten ist die Fähigkeit der Uminterpretation praktischer (Selbst-)Verhältnisse über Zeitabstände. Subjektivität konstituiert sich als Geschichtlichkeit im Sinne ihrer Fähigkeit zur Uminterpretation. Wie verhält es sich nun mit der Differenz zwischen *res gestae* und *historia rerum gestarum*, derjenigen Ambivalenz, die sich in der Frage nach der Geschichtlichkeit eines beliebigen Gegenstandes meldet? Die Antwort wird an dieser Stelle klar: Im subjekt-philosophischen Rahmen muss sie verabschiedet werden. Die *res gestae* eines selbstverhältnis- als offenheitsfähigen Wesens können sich nur als solche konstituieren, weil sie einer möglichen Uminterpretation ausgeliefert sind, also einer möglichen, neuen, revidierenden *historia rerum gestarum*. Subjekte konstituieren sich nur deshalb als Geschehen, weil sie ihr Geschehen uminterpretieren können.

6 Fazit

Im letzten Kapitel der Arbeit habe ich meine Antwort auf die anfänglich gestellte Frage gegeben, wie das Subjekt-sein oder die Subjektivität als Geschichtlichsein oder Geschichtlichkeit gefasst werden kann. Dafür habe ich mithilfe von Schelling und Heidegger den Begriff der Fähigkeit zur Uminterpretation praktischer Relationen entworfen. Ich möchte abschließend darüber reflektieren, welche Bedeutung dieser These im Feld der Subjektphilosophie zukommt. Gemeint ist dies weniger in Bezug auf die spezifischen Thesen, die die Arbeit diskutiert hat, als mit Blick auf das allgemeine Verständnis dessen, was man mit dem Terminus Subjekt in der Regel und aus paradigmatischer Sicht versteht. In einem gewissen Sinne heißt das, die arbeitshypothetischen Setzungen vom Beginn der Untersuchung erneut in Betracht zu ziehen. Nach einer solchen Wiederaufnahme meiner Fragestellung und ihrer Einbettung im subjektphilosophischen Diskurs möchte ich schildern, inwieweit die vorliegende Arbeit letztlich dafür plädiert, dass Subjektphilosophie als Hermeneutik verstanden werden soll.

Die Untersuchung hat mit der Frage begonnen, wie ein Subjektbegriff zu denken ist, in dessen Mittelpunkt Geschichtlichkeit und Prozessualität stehen. Dieses Problem habe ich mithilfe von zwei Arbeitsdefinitionen eingeführt, in Bezug auf welche ich schon von Beginn an eine gewisse Ambivalenz und deshalb den Bedarf einer genaueren Bestimmung hervorgehoben hatte: Die beiden dadurch eingeführten Begriffe sind der Subjektbegriff und der Geschichtsbegriff.

6.1 Ein dreifaches Paradigma für die Subjektphilosophie

Den Begriff der Subjektivität habe ich oben im Anschluss an die heutige subjektphilosophische Reflexion eingeführt: Das Subjekt-sein oder die Subjektivität zu verstehen, heißt, sich an der einheitlichen Form des Selbstbezugs zu orientieren. Ein Subjekt ist dementsprechend das, was sich auf sich qua Selbstbezügliches bezieht. Im ersten und im zweiten Kapitel habe ich dann diese These, die ich der Subjektphilosophie als Paradigma zuschreibe, expliziter auf verschiedene Positionen in der Debatte bezogen. Besonders wichtig war für meine Argumentation die Art, wie Begriffe wie Erstpersonalität und Präreflexivität, die ich als Begriffe des Selbstbezugsform im Sinne der Subjektivität interpretiere, im subjektphilosophischen Diskurs gedeutet und gebraucht werden. In den ersten beiden Kapiteln der Arbeit habe ich somit eine spezifische Kritik eines solchen Gebrauchs entwickelt. Aufbauend auf die Resultate des zweiten Teils meiner Arbeit möchte ich diese Kritik jetzt so fassen, dass dadurch die Form des Selbstbezugs durch ein komplexeres, dreifaches Paradigma für den subjektphilosophischen Diskurs ersetzt wird.

Von dem Desideratum einer zumindest partiellen Kompatibilität von Subjektphilosophie und Naturalismus ausgehend, das ich auch mit Blick auf eine metatheoretische Perspektivierung der respektiven Standards der zwei Diskursbereiche thematisiert habe, wurden zwei Ergebnisse erarbeitet.

Das erste Resultat betrifft vor allem die Annahmen, die als allgemeine Standardsetzung für die Entwicklung des subjektphilosophischen Diskurses gelten, und wurde mithilfe von Friedrich Schellings Frühphilosophie gewonnen. Die Interpretation von Schelling habe ich entlang von zwei Hauptlinien organisiert. Zunächst habe ich gezeigt, wie Schelling einen metatheoretischen Standpunkt entwickelt, der zwei philosophische Diskurse in ihrem wechselseitigen Abhängigkeitsverhältnis untersucht: den subjektphilosophischen und den metaphysischen. Derart habe ich den Begriff des Ichs oder des Selbstbewusstseins, für den ersten Fall, und den Begriff des Absoluten für den zweiten interpretiert. Ausgehend von der Frage, ob das Absolute als Ich zu denken ist, oder als Nicht-Ich, und in welchem Maße diese zwei Denkweisen zusammenhängen oder sich widersprechen, entwickelt Schelling ein begriffliches Instrumentarium für die Untersuchung der metatheoretischen Abhängigkeits- oder Widerspruchsrelationen zwischen verschiedenen subjektphilosophischen und metaphysischen Positionen. Seine Überlegungen in den *Philosophischen Briefen über Dogmatismus* und Kritizismus sowie in der *Allgemeinen Übersicht der neuesten philosophischen Literatur* konnte ich in dem Sinne produktiv machen, dass ich davon ausgehend nicht nur kritische Bemerkungen entwickelt habe, sondern auch eine erste, wenn auch sehr allgemeine und provisorische, positive Perspektivierung für meinen subjektphilosophischen Ansatz gewonnen habe: *Das Subjekt-sein ist in Orientierung an und im Ausgang von der Idee zu fassen, dass Subjekte sich nur innerhalb einer dynamischen und praktischen Relation mit ihrer Welt konstituieren und dieser nicht vorausgehen.*

Diese erste, sehr allgemeine Einstufung meines subjektphilosophischen Ansatzes habe ich dann im zweiten Kapitel mithilfe von Martin Heideggers *Sein und Zeit* spezifiziert, ausgearbeitet und untermauert. Die Interpretation von *Sein und Zeit* lieferte das zweite Resultat des ersten Teils der Dissertation – und mit ihm auch den Ansatz für eine präzisere Kritik am aktuellen subjektphilosophischen Diskurs. Heideggers Denken habe ich zunächst so eingeführt, dass ich dabei eine ähnliche metatheoretische Perspektivierung wie im Fall Schellings ins Zentrum gerückt habe; anders als im Fall Schellings habe ich die Interpretation von Heidegger aber so weiterentwickelt, dass sie nicht auf die metatheoretischen Ebene beschränkt bleibt, sondern eine These im subjektphilosophischen Bereich entwickelt. Ich habe mich vor allem mit drei Begriffen Heideggers auseinandergesetzt, wie sie in *Sein und Zeit* entwickelt werden: der Bewandtnisganzheit, dem Verstehen und der Möglichkeit.

6.1 Ein dreifaches Paradigma für die Subjektphilosophie — 225

Nach einer Rekonstruktion von Heideggers Analyse der praktischen Interaktionen, die soziale Akteur:innen mit ihrer Welt unterhalten, und ihrer verschiedenen Elemente, habe ich auf Heideggers These fokussiert, dass jeder praktische Vollzug dadurch gekennzeichnet ist, dass er über ein praktisches Wissen im Sinne eines Know-how verfügt. Diese Art praktischer Intelligibilität habe ich weiterhin so diskutiert, dass sie eine unabdingbare Weltgebundenheit aufweist und ein praktisches Selbstwissen impliziert. Heideggers Analyse von praktischen Vollzügen zeigt hiermit, dass jeder Umgang mit der Welt sich im Kontext eines Relationszusammenhangs – in praktischen Spielräumen – konstituiert und dass das in jedem praktischen Vollzug operationalisierte Know-how genau diesen Relationszusammenhang betrifft; der selbstbezügliche, im Know-how angelegte Aspekt, den ich als praktisches Selbstwissen bezeichnet habe, konstituiert sich somit auch im Rahmen des Relationszusammenhangs praktischer Spielräume.

Auf diese Weise lässt sich die Standardsetzung der praktischen Interaktion spezifizieren: In der Untersuchung habe ich das Paradigma meines subjektphilosophischen Ansatzes als eine intrinsische, praktische Relationalität erklärt. Die Bezeichnung habe ich gewählt, weil die Relationen den sozialen Akteur:innen nicht äußerlich sind, sondern intrinsisch zu ihnen gehören. Praktischen Relationen, in welchen sich jeder Umgang mit der Welt konstituiert, sind für das jeweils mitvollzogene Selbstwissen sozialer Akteur:innen nicht zufällig. Sie gehören vielmehr zum praktischen Selbstwissen selbst, das eine essenzielle Basis des hier vorgeschlagenen Subjektbegriffs ausmacht.

Die Orientierung an praktischer Relationalität musste fernerhin so interpretiert werden, um den subjektphilosophischen Ansatz näher zu bestimmen. Auch diesen Schritt habe ich im Anschluss an Heidegger gemacht, als ich seinen Begriff der Möglichkeit eingeführt habe und dafür eine erste, wenn auch noch partielle Interpretation abgeliefert habe. Obwohl mein erster Teil der Diskussion des Möglichkeitsbegriffs von *Sein und Zeit* partiell bleibt und ich in mancher Hinsicht über Heideggers Text hinausgehen musste, habe ich dadurch eine erste Definition des Subjekt-seins gewonnen, ausgehend von welcher ich meine Kritik der Begriffe der Erstpersonalität und Präreflexivität als Paradigmen für das Verständnis von Subjektivität aus ontologischer Sicht formuliert habe.

Genau von diesen Überlegungen ausgehend habe eine erste positive Bestimmung von Subjektivität gewonnen: *Subjektivität (oder das Subjekt-sein) ist die Fähigkeit, Selbstverhältnisse in materiellen und sozialnormativen Situationen beziehungsweise in praktischen Spielräumen zu vollziehen.* Der praktische Spielraum ist somit nicht mit Subjektivität gleichzusetzen, er macht aber die Perspektive aus, aus welcher Subjektivität begriffen wird, und zwar als Fähigkeit zu praktischen Selbstverhältnissen. Diese Definition von Subjektivität ist das zweite Resultat des ersten Teils der Untersuchung. Als Resultat hat diese These allerdings sowohl Vorteile als auch Nachteile. Während sie auf der einen Hand ermöglicht, einen subjektphilosophischen Ansatz zu konstruieren, der Subjekte nicht in einer robusten Diskontinuität gegenüber anderen Arten von Wesen fassen muss, was ich als subjektphilosophisches Desideratum erklärt habe, läuft sie Gefahr, diese Diskontinuität zugleich völlig zu verwischen.

Dieses letzte Problem hat dem zweiten Teil der Untersuchung, bei der Auseinandersetzung mit der Frage der Selbstdifferenzierung des Subjekts und seines Einheitsprinzips, als Leitfaden gedient. Vor diesem gewonnenen Hintergrund habe allerdings ich eine Thematisierung der prozessualen und geschichtlichen Verfasstheit von Subjektivität unternommen. Diese wurde sowohl als eine Spezifizierung als auch als eine Problematisierung des Subjektbegriffs entwickelt, den ich im ersten Teil entworfen habe.

Die Problematisierung setzte an der These der praktischen Relationalität an. Diese besagt im Grunde, dass das Prinzip von Subjektivität, also das, was ein Subjekt zum Subjekt macht und stiftet, nicht *intern* im Subjekt selbst zu finden ist (oder, mit Heidegger gesprochen: Das Dasein ist draußen). Ein Subjekt ist nicht allein deshalb ein Subjekt, weil es einen Selbstbezug für sich präreflexiv bereits ist oder auch reflexiv vollzieht. Dafür nötig sind vielmehr materielle und normative Relationen zu einer Welt der Praxis (und, wie die Arbeit später gezeigt hat, die Fähigkeit zur Offenheit). Ist also Subjektivität nichts Anderes als ein Beiprodukt von situationellen, apersonalen und nicht subjektiven Bedingungen? Gerade um diese Option auszuräumen, habe ich mich auf die beiden Probleme der Selbstdifferenzierung und des Einheitsprinzips von Subjektivität fokussiert, soweit sie sich im Rahmen meines Ansatzes begründen. Diese zweiseitige Perspektivierung auf die im ersten Teil verteidigten Thesen ermöglichte es, zwei Begriffe einzuführen, die für die Arbeit zentral sind: die Prozessualität und die Offenheit.

Beide Begriffe habe ich anhand einer Diskussion von Schellings und Heideggers Auffassungen von Zeit entwickelt, die auf verschiedene Weise auf diese Problematik einhergehen. Schelling problematisiert, inwiefern das Ich sich von seinen Objekten unterscheiden kann, wenn das Ich sich selbst nur im Kontext einer ihm logisch vorausgehenden Interaktion konstituiert. Anders formuliert, versucht er zu klären, wie sich das Selbst von einer Welt differenzieren kann, wenn dieses erst vor dem Hintergrund einer Einheit mit jener zu denken ist. Heidegger fragt auf analoge Weise nach dem Prinzip der Einheit des Daseins, das zugleich ein Unterscheidungskriterium bieten soll, um daseinsmäßige Wesen von nicht-daseinsmäßigen Wesen zu unterscheiden. Obwohl beide Lösungen auf die Einführung eines Zeitbegriffs hinauslaufen, verteidigen die zwei Philosophen nicht den gleichen Zeitbegriff – allerdings verweisen beide Ansätze auf denselben Aspekt von Subjektkonstitution. Diesen habe ich als das praktische und spannungsvolle Zusammenspiel von

Können und Nicht-Können, von Handlungseinschränkung und Handlungsoffenheit gefasst, das jeden praktischen Vollzug charakterisiert.

Die Interpretation von Schellings Zeitbegriff und von Heideggers Begriff der ekstatischen Zeitlichkeit haben mir erlaubt, die folgende These aufzustellen: Was Subjekte von anderen Arten von Wesen differenziert, lässt sich als die *Fähigkeit* bestimmen, *praktische Relationen so umzuinterpretieren, dass die bedingenden, bestimmenden und der Handlungsoffenheit von sozialen Akteur:innen Widerstand leistenden Aspekte der jeweiligen Welt der Praxis revidiert, entkräftet, verändert werden können*. Dieser Begriff lässt sich als Freiheitsbegriff bezeichnen, der Freiheit als Fähigkeit und als situationelle Spannung zwischen Bedingtheit und Offenheit anvisiert. Mit diesem Resultat lässt sich die anfängliche Arbeitshypothese zum Subjektbegriff korrigieren. Die Untersuchung kann in dieser Hinsicht so gelesen werden, dass sie eine Verkomplizierung des Paradigmas vorschlägt, das für die philosophische Auseinandersetzung mit Subjektivität heute noch leitend ist.

Allerdings steht der hier vorgeschlagene Ansatz in einem gewissen Sinne mit der anfänglich aufgestellten Definition von Subjektphilosophie im Einklang, und zwar insofern, als der Selbstbezug als orientierendes subjektphilosophisches Paradigma beibehalten wird. Dieser wurde aber als praktisches Selbstverhältnis im Vollzug weltlicher Interaktionen erläutert. Gerade der Fokus auf die Praxis hat dennoch dazu geführt, dass neben dem Selbstbezug weitere Aspekte eingeführt werden mussten, um Subjektivität zu definieren.

Die erste Erweiterung betrifft den *Inhalt* des Selbstbezugs. Ich habe dafür plädiert, dass der Inhalt von praktischen Selbstverhältnissen kein Selbst, keine erste Person, kein selbstbewusstes Individuum ist. Der Inhalt von Subjektivität, bestimmt als die Fähigkeit, Selbstverhältnisse zu praktizieren, ist ein Bündel aus praktischen, materiellen und sozialnormativen Relationen. Der Inhalt eines praktischen Selbstverhältnisses ist eine praktische Situation beziehungsweise ein praktischer Spielraum.

Die zweite Erweiterung bezieht sich auf die Art und Weise oder auf den *Modus* des situationellen Selbstverhältnisses im Sinne der Subjektivität. Sie ist etwas implizit in der anfänglich angesprochenen Idee angelegt, dass ein Subjekt sich zu sich als Selbstbezüglichem verhalten kann. Diese Vorstellung scheint nahezulegen, dass Subjekte in der Lage sind, eine Position zu sich selbst und zur eigenen Lage einzunehmen – etwa zu reflektieren. Reflexion impliziert an dieser Stelle offensichtlich einen begrifflichen Überschuss gegenüber dem reinen Selbstbezug sowie seinem Inhalt: Sie umfasst beides, selbstverständlich, lässt sich aber nicht durch diese Termini erschöpfen. Der Sinn der Rede von der Fähigkeit, sich zu sich selbst zu positionieren und darüber zu urteilen, was man unternimmt, wünscht, getan hat, tun wird und hofft, verweist weder bloß auf den Inhalt eines Selbstbezugs noch auf das Selbstverhältnis allein. Sie bezieht sich vielmehr darauf, wie Selbstverhältnisse für Subjekte stattfinden oder vollzogen werden. Es geht also dabei um einen Modus des Selbstverhältnisses. Der hier gemeinte Modus ist nichts Anderes als die Grundthese der Untersuchung, dass Subjektivität als Fähigkeit der Uminterpretation praktischer Relationen zu begreifen ist. Anders gesprochen: Situationelle Selbstverhältnisse werden für Subjekte im Modus einer möglichen Veränderung vollzogen.

Die drei gerade genannten Aspekte – die praktische Interpretation des Selbstbezugs sowie die Hervorhebung seines Inhalts und seines Modus – zwingen dazu, den subjektphilosophischen Fokus genauer zu gliedern und zu denken. Wenn in der Subjektphilosophie erneut vom Paradigma ausgegangen wird, gemäß dem man Subjekte zunächst dem reinen Selbstbezug nach verstehen muss, habe ich diese Ansicht folgendermaßen ergänzt. Subjekte zu verstehen, heißt eine Art von Wesen dem Selbstbezug nach, mit Blick auf situationelle, praktische Relationen und im Modus ihrer Fähigkeit zur Veränderung solcher Relationen zu verstehen.

Es ist nicht ohne eine gewisse Ironie, dass diese These ausgerechnet auch mithilfe von Heideggers Philosophie gewonnen wurde: Subjektivität zu begreifen, heißt die Fähigkeit zu begreifen, praktische Relationen zu verändern. Anders formuliert: Ein gutes Verständnis eines menschlichen Individuums qua Subjekt wird erst dadurch abgegeben, dass die Möglichkeit der Veränderung praktischer, überindividueller, materieller und sozialnormativer Relationen mitgedacht wird. In der *Negativen Dialektik*, wo sich Theodor W. Adorno kritisch mit Heideggers Philosophie auseinandersetzt, und das teils auf eine Weise, die den Text nicht besonders wohlwollend interpretiert, drückt er sich aber auch folgendermaßen aus: „Wahrhafter Vorrang des Besonderen wäre selber erst zu erlangen vermöge der Veränderung des Allgemeinen" (*GSA* 6: 307). Gerade diese Ansicht konnte ich mithilfe von Schelling und Heidegger vertreten und spezifisch auf die Frage der Subjektivität beziehen.

Der dreifache Fokus auf Form, Inhalt und Modus des Selbstbezugs ist jedoch nicht die einzige Umschreibung, die die Arbeit mit Blick auf den subjektphilosophischen Diskurs vorschlägt. Ich gehe nun zur zweiten über, welche enger mit der Frage der Geschichtlichkeit und ihrer Auffassung verbunden ist.

6.2 Subjektphilosophie als Hermeneutik

Die zweite abschließende Reflexion, die ich in Bezug auf die Resultate der Arbeit kurz skizzieren möchte, betrifft den Status der Subjektphilosophie als philosophischen Diskurs. Die Überlegung ist etwas umfangreicher als die gerade entworfene zum subjektphilosophischen Paradigma. Ich möchte sie dadurch einführen, dass ich noch einmal auf die zweite fundamentale Arbeitshypothese der Untersuchung rekurriere: das Verständnis von Geschehen oder Geschichte.

Ich fasse kurz die Ziele und die Resultate der Untersuchung aus dieser Perspektive zusammen. Desideratum der Arbeit war, eine subjektphilosophische Position zu entwerfen, welche die Lebensgeschichtlichkeit von Subjekten beleuchten kann. Den Aspekt der Lebensgeschichtlichkeit habe ich absichtlich breit gefasst. Wenn sich zu sich als Subjekte verhaltende Wesen von sich reden und sich tatsächlich zu sich verhalten, dann tun sie das in der Regel so, dass sie auch auf ihre Lebensgeschichte zurückgreifen. Sie reden von sich selbst, verstehen sich selbst häufig so, dass sie die signifikanten Ereignisse ihres Lebens aufzählen, ihre Wünsche, ihre Hoffnungen und ihre Pläne aufzeichnen, etwa: Ich wurde an jenem Ort und zu jener Zeit geboren, ich habe dieses und jenes unternommen, mir ist dieses und jenes passiert, in der Zukunft möchte ich gerne dieses und jenes tun und, übrigens, wünsche ich mir, dass mein Existieren so und so gestaltet sein wird.

Ein solcher Bezug auf die jeweilige individuelle und eigene Lebensgeschichtlichkeit wurde fernerhin so eingeräumt, dass er nicht rein chronologischer Natur ist. Infrage steht vielmehr eine Gliederung von Ereignissen, deren Organisation sich nicht auf chronologische Beziehungen des Vor- und Nacheinanders zurückführen lässt, sondern weitere Arten und Weisen der Relation impliziert. Eine soziale Akteurin kann beispielsweise dadurch über ihren seelischen Zustand Rechenschaft ablegen, dass sie auf etwas Bezug nimmt, das ihr gestern, vorgestern, letzte Woche oder vor Jahren passiert ist oder sie getan hat. Sie kann auch ihre Handlungen dadurch begründen, dass sie sich dabei auf Vergangenes bezieht und mit Blick auf projektierte, zukünftige Sachverhalte ihr Handeln rechtfertigt. So betrachtet, habe ich die als einen begrifflichen Aspekt eingeführt, der von einer tragfähigen Subjektkonzeption nicht zu trennen ist.

Dazu habe ich dennoch angefügt, dass ein solches Desideratum nicht leicht zu gewinnen ist. Gegenwärtige Ansätze zum Subjektbegriff verfehlen dieses Ziel oft, weil Selbstbezüglichkeit als Definiens von Subjektivität und Geschichtlichkeit als Desideratum einer Subjekttheorie nicht selbstverständlich aufeinander bezogen sind. Das Forschungspanorama ist vielmehr als eine Skala von verschiedenen Positionen organisiert, die sich in einem Spannungsfeld zwischen zwei Polen verteilen. Auf der einen Seite lässt sich die extreme Position wiederfinden, die der Geschichtlichkeit Rechnung tragen kann, aber den Aspekt der Selbstbezüglichkeit in den Hintergrund treten lässt oder sogar vernachlässigt, wie es beispielsweise in reduktionistischen narrativorientierten Ansätzen der Fall ist. Am anderen Extrem habe ich diejenigen Theorien verortet, die auf einen Begriff des minimalen Selbst, verstanden als kognitive Selbstbezüglichkeit, abzielen und dabei bestreiten, dass ein solches minimal aufzufassendes Selbst überhaupt zeitlich oder lebensgeschichtlich erstreckt sei.

Um die Zielsetzung der Untersuchung näher zu fassen, habe ich zwei Perspektivierungen auf den Terminus Geschichte explizit gemacht, beziehungsweise habe ich auf eine gewisse im Terminus Geschichte angelegte Ambivalenz hingewiesen. Mit Geschichte ist häufig nicht nur ein Geschehen gemeint, sondern auch die (narrative) Wiedergabe eines Geschehens, welches Medium auch immer diese annimmt. Geschichte scheint demnach sowohl die *res gestae* als auch die *historia rerum gestarum* zu bezeichnen. Von dieser Unterscheidung ausgehend habe ich die Vermutung aufgestellt, dass Subjektivität erst dann als Geschichtlichkeit begriffen wird, wenn ihre Geschichtlichkeit im Sinne der *res gestae* nachgewiesen wird, also wenn Subjekte als Geschehen erläutert werden. Ich habe dann dieses Ziel in zwei Schritten unterteilt: Es gilt zunächst zu verstehen, dass ein Geschehen ein Prozess ist; und darüber hinaus, dass das Geschehen der Subjektivität in einem stärkeren Sinne ein geschichtliches ist, das heißt, dass es nicht etwa einem Naturprozess gleicht, sondern dass es mit der Geschichtlichkeit der sozialen und materialen Welten zu tun hat, in denen Subjekte existieren. Subjektivität musste demnach als ein geschichtlicher Prozess erläutert werden.

Genau diese letzte Perspektivierung, die auf der Differenz zwischen Geschehen und Wiedergabe eines Geschehens aufbaut, wurde durch die Diskussion und mithilfe vor allem von Heideggers und Dantos Philosophie nicht nur in Frage gestellt, sondern eigentlich abgelehnt. Wenn sich die *res-gestae*-Auffassung als eine substanzielle und die *historia-rerum-gestarum*-Auffassung als eine epistemisch-narrative Auffassung von Geschichte respektive einstufen lassen, dann lautet die These der Arbeit in dieser Hinsicht: Substanziell aufgefasste Geschichte eines Subjekts konstituiert sich nur im Rahmen ihrer Wiederaufnahme und Wiedergabe.

Der Fokus auf die Geschichtlichkeit zwang die Arbeit dazu, die Unterscheidung zwischen *res gestae* und *historia rerum gestarum* zu verabschieden. Die Vertiefung in die Konstitutionslogik von Geschichten als praxisrelevant organisierten Geschehnissen hat gezeigt, dass das Prinzip der geschichtlichen Artikulation die Fähigkeit von sozialen Akteur:innen ist, durch die Wiederaufnahme der sie bedingenden praktischen Relationen und im Rahmen ihres Verhältnisses zur eigenen Geschichte solche praktische Relationen zu verändern und das Verhältnis zur eigenen praxisrelevanten Vergangenheit neu auszurichten. Die substanzielle Auffassung von Geschichte wurde somit verabschiedet, denn – nach der Formulierung Derridas (2013: 105) – das erste Wort der Geschichte ist, dass man nicht beim Ursprünglichen anfängt.

Es steckt also ein Fehler in der Vorstellung, dass eine schlichte, endgültige Unterscheidung zwischen der Geschichtlichkeit des Subjekts als *res gestae* (dem Substanziellen/Ursprünglichen) und als *historia rerum gestarum* (dem im Nachhinein Aufgefassten) getroffen werden kann. Suspekt ist die Unterscheidung aus einem sachlichen Grund. Im Ausgang von der Fähigkeit der Uminterpretation sind die *res gestae* eines Subjekts auch deshalb was sie sind, weil das Subjekt ein Verhältnis zu ihnen als zu sich selbst aufbaut, weil sie wiedergegeben, aufgefasst, organisiert werden, und zwar definitionsgemäß im Modus der *historia rerum gestarum*. Die zwei Perspektiven zu trennen, würde von Anfang an das Ziel verfehlen, die Geschichtlichkeit von Subjektivität zu begreifen. Die Frage der Konstitution *von Subjektivität* als Geschichtlichkeit wurde somit teils durch eine Korrektur der Frage selbst beantwortet.

Allerdings dürfen die gerade erwähnte Akzentuierung und die entsprechende Ablehnung einer scharfen Unterscheidung zwischen einer substanziellen und einer nicht-substanziellen Auffassung von Geschichte nicht einseitig interpretiert werden. Etwas plakativ formuliert: Es muss nicht nur auf die Geschichtlichkeit *von Subjektivität*, sondern zugleich auf die *Geschichtlichkeit* von Subjektivität fokussiert werden. Die Fähigkeit der Uminterpretation, in der ich das organisierende Prinzip von Geschichtlichkeit sowie das charakterisierende Merkmal von praktizierenden Entitäten erkannt habe, wurde als eine besondere Auffassung von Freiheit präsentiert. Es könnte nämlich so aussehen, als ob der einzig entscheidende Aspekt der hier vorgeschlagenen Auffassung der Gesichtspunkt einer regellosen, dem Subjekt zur Verfügung stehenden Uminterpretation praktischer Verhältnisse wäre – sprich, im Grunde, ein Revisionismus. Die *historia rerum gestarum* würde demgemäß in sich eine hinreichende Bestimmung dessen tragen, was die *res gestae* eines Subjekts (und das Subjekt als res gestae) ersichtlich machen sollte. Die historische Interpretation praktischer Verhältnisse würde deutlich genug machen, was es heißt, geschichtlich zu existieren.

Dies ist aber auch ein Missverständnis, dem ersten gegenüber völlig symmetrisch, das Geschichte als Ereignis diesseits seiner Interpretation sucht. Nur in diesem Fall wird der Ursprung auf der Seite der Tätigkeit sozialer Akteur:innen gesucht, nach dem Muster: Da Geschichtlichkeit immer da ist, wo auch die Fähigkeit uminterpretierender Subjekte ist, erschöpft diese das Geschichtlich-sein des Subjekts. Beispielsweise äußert sich Menke so, dass die einzige Geschichte des menschlichen Geistes in seiner Emanzipation oder Befreiung zu finden ist, und wo es keine Befreiung, Emanzipation oder – meinen Termini nach – Uminterpretation gibt, dort gibt es nur eine „naturverfallene Gestalt" der Geschichte des menschschlichen Geistes (Menke 2018: 149). Beide Missverständnisse beruhen hier auf einer partiellen Perspektivierung. Während das erste aus dem Subjekt eine feststehende, abgeschlossene Geschichte macht, macht das zweite aus der Geschichtlichkeit eine Nebenwirkung der Tätigkeit des Subjekts, ohne dass Geschichtlichkeit den menschlichen Geist und vor allem seinen Begriff auf informative Weise bestimmt.

Auf die gemeinsame Wurzel dieser zwei einseitigen Interpretationen des Verhältnisses von Subjekt und Geschichte hat bereits Derrida aufmerksam gemacht, als er an den Unterschied zwischen *Gleichsetzung* von Subjektivität und Geschichtlichkeit und *Subsumierung* von Geschichtlichkeit unter Subjektivität erinnert hat (Derrida 2013: 155–157, 163, 224). Im ersten Fall informieren sich beide Begriffe gegenseitig, im zweiten ist Subjektivität dem Begriff der Geschichtlichkeit gegenüber erstmal indifferent.

In der Untersuchung habe ich hingegen versucht mich auf die Wechselkonstitution von Subjekt-sein und Geschichtlich-sein zu fokussieren. Dieser Fokus hat mich dazu geführt, nicht von einer Gleichsetzung der Geschichte des Geistes und der Befreiung des Geistes, sondern von einer Gleichsetzung der Geschichtlichkeit des Geistes und der Befreiungsfähigkeit des Geistes zu schreiben, verstanden als Fähigkeit zur Uminterpretation. Dieser habe ich eine interne Spannung zwischen Offenheit und Einschränkung, Können und Nicht-Können, Widerstand und Eröffnung zugeschrieben, und zwar eine Spannung, die sowohl die Möglichkeit ihres glücklichen Erfolgs als auch die Möglichkeit ihres dramatischen Scheiterns miteinbezieht. Die Geschichte des Geistes ist nicht weniger Geschichte des Geistes oder nur eine „naturverfallene", weil und wenn keine Befreiung darin stattfindet. Mit Walter Benjamin ist hingegen zu behaupten: Die Geschichte des Geistes ist genau deshalb eine Geschichte des Geistes, weil sie die Geschichte der Gefahr des Freiheitsverlusts, des Unterdruckt-seins und des Versuchs ist, sich zu befreien (*GSB* I: 695) – ein Versuch der, wie die Aktualisierung der Fähigkeit zur Uminterpretation, auch scheitern kann, und das auf dramatische Weise.

Die Geschichtlichkeit von Subjektivität, soweit sie in der Fähigkeit zur Uminterpretation besteht, und nicht im Vollzug der Uminterpretation, wird in der Spannung, in dem Kontrast, in dem Widerstand und in dem Versuch verortet, praktische Relationen zu verändern. Zunächst in diesem Sinne ist Subjektivität geschichtlich. Subjektivität ist der Unfreiheit ausgesetzt, sie beherrscht sich selbst und umso mehr als Geschichte nicht völlig. Sie ist nicht nur da, wo es ihr gelingt, sich zu befreien und tatsächlich uminterpretierend zu agieren, sondern ebenso in der Kontingenz, und vor allem in der Möglichkeit ihres Scheiterns. Nur als Fähigkeit der Uminterpretation ist das Subjekt ein Geschehen; nur als offenes, fehlbares Geschehen ist das Subjekt Fähigkeit zur Uminterpretation.

Genau dieser Anmerkung bleiben die letzten Resultate der Untersuchung treu. Aufgrund der praxisorientierten Perspektivierung, des Fokus auf Relationalität und somit auf den Bezugszusammenhang, in dem sich Selbstverhältnisse konstituieren, ist die Untersuchung Gefahr gelaufen, die Berücksichtigung einer Freiheitsfigur in die Behauptung einer Unfreiheitsfigur umschlagen zu lassen (das habe ich vor allem anhand von Heidegger zum Thema gemacht). Diese argumentative Schiene kann mithilfe von Beispielen wie dem Historismus oder einer naiven Genealogie veranschaulicht werden; diese entsprechen fernerhin der etwas populär-psychologischen Intuition, dass jeder Mensch ein Resultat seiner lebensgeschichtlichen Erfahrung ist. Diesen verschiedenen Positionen ist die Ansicht gemeinsam, dass das

Vergangene eine Bestimmungskraft besitzt, die unvermeidlich die Gegenwart und die Zukunft gestaltet.

Die Bestimmungskraft des Vergangenen erscheint noch unvermeidlicher als, beispielsweise, diejenige der Gegenwart, und zwar gerade deshalb, weil das Vergangene dabei als *fait accompli* betrachtet wird: Wenn das Vergangene accompli ist, dann sind es auch seine Effekte, seine Auswirkungen, eben seine Bestimmungskraft auf das, was nicht vergangen ist. Wenn diese Ansicht hyperbolisch vertreten wird, ist jeder gegenwärtige Vollzug von Selbstverhältnissen, im Grunde jeder praktische Vollzug, restlos und fast ableitungsmäßig eine Konsequenz, ein Produkt der Aufeinanderfolge seiner bisherigen Zustände. Wie kontraintuitiv eine solche hyperdeterministische Aussage auch sein mag, in ihrem Zentrum liegt eine Intuition, der man sich nur schwer entziehen kann, wenn man der Geschichtlichkeit eine zentrale Rolle zuerkennt. Mit Geschichten zu tun zu haben, heißt, nicht nur mit chronologisch aufeinanderfolgenden Momenten zu tun zu haben; es bedeutet vielmehr, dass darin interne Bestimmungsverhältnisse zwischen den verschiedenen Momenten bestehen müssen.

Im letzten Schritt der Untersuchung bin ich deshalb auf die Frage eingegangen, wie die internen Bestimmungsverhältnisse im Kontext der Geschichtlichkeit praktizierender, selbstverhältnisfähiger Entitäten auf den Begriff zu bringen sind. In dieser Hinsicht habe ich zum einen die These vertreten, dass Bestimmungsverhältnisse im Rahmen geschichtlicher Prozesse revidierbar sind, beziehungsweise neu ausgerichtet werden können. Geschichtliche Vergangenheit, i.e. Vergangenheit von praktischen Vollzügen ist erst deshalb was sie ist, weil sie durch einen definitorischen Bezug auf die Zukunft charakterisiert ist. Zukunft ist aber nicht rein chronologisch, sondern auch praktisch im Bezug zur Offenheit des Praktizierens zu fassen. Weil geschichtliche Vergangenheit erst aufgrund eines intrinsischen Bezugs zur Offenheit des Handelns geschichtliche Vergangenheit ist, ist sie auch in einem gewissen Sinne offen, nicht durch und durch bestimmt.

Das heißt aber nicht, dass das menschliche Handeln *ständig* seine eigene Vergangenheit uminterpretiert, in Frage stellt, und somit ihre Bestimmungskraft sowie die praktischen Einschränkungen verändert, durch die es ermöglicht und bedingt wird. Subjekte sind auf eine Art und Weise geschichtlich, dass sie ihre Vergangenheit uminterpretieren *können*, weil sie sich *anders* auf die eigene Vergangenheit sowie auf ihre Bestimmungskraft beziehen *können*, weil ihre praktischen Vollzüge durch die *Möglichkeit* der Offenheit charakterisiert sind. Die Offenheit praktischer Vollzüge kann nicht endgültig abgesichert werden. Zum Verhältnis zur eigenen Vergangenheit gehört definitorisch, dass dieses ein unfreies sein kann, und nur so kann es ein freies sein, das nicht im Voraus zu einer ständigen Befreiung gezwungen ist.

Deshalb kann Freiheit als Uminterpretationsfähigkeit weder einem Akkumulationsnoch einem Iterationsmodell entsprechen. Geschichtlich Vergangenes ist keine Stratifizierung von Ereignissen, die im Nachhinein in Betracht gezogen werden, auch keine immer gelingende, verändernde und offene Interpretation praktischer Relationen. Im ersten Fall wird menschliches geschichtliches Existieren als eine Geschichte reiner Unfreiheit, im zweiten als eine Geschichte reiner Freiheit verstanden. Die Geschichtlichkeit von Subjekten ist hingegen immer eine Organisation des geschichtlichen Geschehens, die unfreie Freiheiten und freie Unfreiheiten beinhaltet: Offenheitsmomente sind solche, weil sie auch in Unfreiheit umschlagen können, und Einschränkungen der Handlungsfähigkeit sind solche, weil sie die Möglichkeit einer Befreiung, einer Infragestellung, in sich tragen.

Gerade diesen Zusammenhang, den ich durch die Fähigkeit zur Uminterpretation praktischer Relationen bezeichnet haben möchte, wurde als charakterisierendes Merkmal von Subjektivität erklärt. *Das Subjekt-sein als Geschichtlich-sein wird als die Fähigkeit zur Uminterpretation praktischer Relationen verständlich, indem in jedem praktischen Vollzug auch eine materiell und sozial konstituierte Relation zu sich selbst praktiziert wird. Begriffene Lebensgeschichtlichkeit von Subjekten ist die Fähigkeit zur Uminterpretation praktischer (Selbst-)Verhältnisse.* Die Fähigkeit zur Uminterpretation als subjektphilosophisches Prinzip fasst in sich die drei Aspekte, die ich oben genannt habe: den Selbstbezug, den Inhalt der situationellen Relationen praktischer Spielräume und den Modus der fehlbaren Freiheit.

Aufgrund der Setzung eines solchen Prinzips für die philosophische Reflexion über Subjektivität verstehe ich die Resultate der Arbeit als wesentlich hermeneutisch. Wenn Subjektphilosophie betrieben wird, ist sie in der Form und in dem Sinne einer Hermeneutik zu betreiben – Hermeneutik freilich im Ausgang von Heidegger begriffen. Heidegger begreift seinen Ansatz in *Sein und Zeit* als auf den Begriff der Auslegung zentriert (*GA* 2: 50), den ich oben als Operationalisierung von praktischem Wissen beziehungsweise von Know-how gedeutet habe.

In diesem Sinne verstehe ich auch den Begriff der Fähigkeit zur Uminterpretation. Soziale Akteur:innen gehen mit ihrer Welt und sich selbst so um, dass sie dabei materielle und sozialnormative Verhältnisse instituieren, revidieren, verändern oder auch nur reproduzieren. Dieses Umgehen ist jeweils ein praktisches Interpretieren von Selbst- und Weltverhältnissen, das möglicherweise als Uminterpretation vollzogen werden kann. Im Geist von Heidegger habe ich auch die Interpretation und die Möglichkeit der Uminterpretation als Prinzip des hier entwickelten subjektphilosophischen Ansatzes präsentiert. Ich habe fernerhin hervorgehoben, dass dieser Ansatz Subjektivität immer im Rahmen der materiellen und sozialen, historischen, situationellen Position versteht, in welcher Selbst- und Weltverhältnisse vollzogen werden, und nie in Absehung oder unabhängig davon. Wenn zugestanden wird, dass man eine solche Philosophie als Hermeneutik bezeichnen kann, wenn sie sich an einem solchen Konzept von Interpretation und möglicher Uminterpretation sowie an der historischen und materiellen Weltgebundenheit orientiert, dann lässt sich die Schlussfolgerung ziehen: Subjektphilosophie ist wesentlich Hermeneutik, keine Philosophie des Selbstbewusstseins, des Mentalen, der indexikalischen Ausdrücke, aber auch nicht bloß der Handlung, der Autonomie, ebenso wenig ist sie rein Sozialphilosophie, geschweige denn eine Reflexion über Naturvorgänge oder über den Menschen als Spezies.

Subjektphilosophie wird der vorliegenden Arbeit nach als eine Reflexion über die Fähigkeit von sozialen Akteur:innen gefasst, Welt- und Selbstverhältnisse zu verändern, eine Fähigkeit, über die sie auch dann verfügen, wenn sie an der Veränderung scheitern.

Literaturverzeichnis

Siglen

AA   Schelling, Friedrich. W. J. *Historisch-kritische Schelling-Ausgabe der Bayerischen Akademie der Wissenschaften.* Hrsg. H. M. Baumgartner, W. G. Jacobs, J. Jantzen, H. Krings und H. Zeltner. Stuttgart-Bad Cannstatt: frommann-holzboog, 1976ff.

GA   Heidegger, Martin. *Gesamtausgabe.* Frankfurt a.M.: Klostermann, 1975ff.

GSA   Adorno, Theodor W. *Gesammelte Schriften.* Hrsg. R. Tiedemann unter Mitwirkung von G. Adorno, S. Buck-Morss und K. Schultz. Frankfurt a.M.: Suhrkamp, 1970ff.

GSB   Benjamin, Walter. *Gesammelte Schriften.* Hrsg. R. Tiedemann und H. Schweppenhäuser. Frankfurt a.M.: Suhrkamp, 1972ff.

GW   Freud, Sigmund. *Gesammelte Werke.* Hrsg. A. Freud. Frankfurt a.M.: Fischer, 1940ff.

HUA   Husserl, Edmund. *Husserliana: Edmund Husserl – Gesammelte Werke.* Den Haag: Nijhoff, 1950ff.

Zitierte Quellen

Anscombe, Gertrude E. M. *Intention.* Cambridge, MA, London: Harvard University Press, 2000.
Aydede, Murat. „How to Unify Theories of Sensory Pleasure: An Adverbialist Proposal." *Review of Philosophy and Psychology* 5 (2014): 119–133.
Baker, Lynne Rudder. *Naturalism and the First-Person Perspective.* Oxford et al.: Oxford University Press, 2013.
Bertram, Georg W. „Das Denken der Sprache in Heideggers *Sein und Zeit*." *Allgemeine Zeitschrift für Philosophie* 26, Nr. 3 (2001): 177–198.
Bertram, Georg W. *Hermeneutik der Freiheit – Improvisation, Konflikt und Selbstkritik (Manuskript, in Vorbereitung).* 2020.
Blattner, William D. „Heidegger's Kantian idealism revisited." *Inquiry* 47, Nr. 4 (2004): 321–337.
Blattner, William D. *Heidegger's Temporal Idealism. Cambridge*: Cambridge University Press, 1999.
Blattner, William. *Heidegger's Being and Time. A Reader's Guide.* London: Continuum, 2006.
Brandom, Robert. „Heidegger's Categories in ‚Being and Time'", *The Monist* 66, Nr. 3 (1983): 387–409.
Breazeale, Daniel. „Fichte's Conception of Philosophy as a ‚Pragmatic History of the Human Mind' and the Contributions of Kant, Platner, and Maimon." *Journal of the History of Ideas* 62, Nr. 4 (Oct. 2001): 685–703.
Butler, Judith. *Giving an Account of Oneself.* New York: Fordham University Press, 2005.
Campbell, John. „Personal Identity." In: *The Oxford Handbook of the Self*, herausgegeben von Shaun Gallagher, 339–351. Oxford: Oxford University Press, 2011.
Carman, Taylor. *Heidegger's Analytic. Interpretation, Discourse, and Authenticity in Being and Time.* Cambridge: Cambridge University Press, 2003.

Carman, Taylor. „Things fall apart. Heidegger on the constancy and finality of death." In: *Heidegger, Authenticity and the Self. Themes from Division Two of Being and Time*, herausgegeben von Denis McManus, 135–145. London, New York: Routledge, 2015.

Carr, David. *The Paradox of Subjectivity. The Self in the Transcendental Tradition*. New York, Oxford: Oxford University Press, 1999.

Cassirer, Ernst. „Hölderlin und der deutsche Idealismus." In: *Gesammelte Werke, Bd. 9. Aufsätze und kleine Schriften (1902–1921)*, von Ernst Cassirer, 346–388. Hamburg: Meiner, 2001.

Chalmers, David J. „Panpsychism and Panprotopsychism." In: *Panpsychism. Contemporary perspectives*, herausgegeben von Godehard Brüntrup and Ludwig Jaskolla, 19–47. New York: Oxford University Press, 2017.

Christensen, Carleton B. Self and world. *From analytic philosophy to phenomenology*. Berlin, New York: De Gruyter, 2008.

Claesges, Ulrich. *Geschichte des Selbstbewusstseins. Der Ursprung des spekulativen Problems in Fichtes Wissenschaftslehre von 1794–95*. Den Haag: Nijhoff, 1974.

Croci, Giacomo. „The Aesthetic Intelligibility of Artefacts: Schelling's Concept of Art in the *System of Transcendental Idealism*." *Estetika. The European Journal of Aesthetics* (2024, in Erscheinung).

Croci, Giacomo. „Funzioni e significati del concetto di Wechselwirkung nel primo Schelling." *Quaderni Materialisti* 17 (2018): 69–98.

Crowell, Steven G. *Husserl, Heidegger, and the Space of Meaning. Paths Toward Transcendental Phenomenology*. Evanston, IL: Northwestern University Press, 2001.

Crowell, Steven. N*ormativity and phenomenology in Husserl and Heidegger*. Cambridge: Cambridge University Press, 2013.

Crowell, Steven. „Responsibility, autonomy, affectivity. A Heideggerian approach." In: *Heidegger, Authenticity and the Self. Themes from Division Two of Being and Time*, herausgegeben von Denis McManus, 215–243. London, New York: Routledge, 2015.

Danto, Arthur C. *Narration and knowledge*. New York: Columbia University Press, 2007.

Dennett, Daniel C. „The Self as a Center of Narrative Gravity." In: *Intuition Pumps and other tools for thinking*, von Daniel C. Dennett. New York et al.: W.W. Norton & Company, 2013.

Derrida, Jacques. *Heidegger: la question de l'Être et l'Histoire*. Paris: Galilée, 2013.

Derrida, Jacques. *L'écriture et la différence*. Paris: Seuil, 1967.

Dreyfus, Hubert L. *Background Practices. Essays on the Understanding of Being*, herausgegeben von Mark A. Wrathall. Oxford: Oxford University Press, 2017.

Dreyfus, Hubert L. *Being-in-the-World. A Commentary on Heidegger's Being and Time*, Division I. Cambridge, MA, London: The MIT Press, 1991.

Dreyfus, Hubert L. „The Myth of the Pervasiveness of the Mental." In: *Mind, Reason, and Being-in-the-World. The McDowell-Dreyfus Debate*, herausgegeben von Joseph K. Schear, 15–40. London, New York: Routledge, 2013.

Düsing, Klaus. „L'histoire idéaliste de la conscience de soi dans le Système de l'idéalisme transcendantal de Schelling." In: *Schelling et l'élan du Système*, herausgegeben von Alexandra Roux und Miklos Vetö, 19–39. Paris: L'Harmattan, 2001.

Figal, Günter. *Martin Heidegger. Phänomenologie der Freiheit*. Frankfurt a.M.: Athenäum, 1988.

Fischer, Jörg. „,Endliche Wesen müssen existieren, damit das Unendliche seine Realität in der Wirklichkeit darstelle.' Der Übergang vom Absoluten zum Endlichen als Forderung." In: *Das Problem der Endlichkeit in der Philosophie Schellings / Le problème de la finitude dans la philosophie de Schelling*, herausgegeben von Mildred Galland-Szymkowiak, 51–62. Berlin et al.: LIT, 2011.

Frank, Manfred. *Ansichten der Subjektivität*. Frankfurt a.M.: Suhrkamp, 2011.

Frank, Manfred. *Der unendliche Mangel an Sein. Schellings Hegelkritik und die Anfänge der Marxschen Dialektitk*. 2., stark erweiterte und überarbeitete Auflage. München: Wilhelm Fink, 1992.
Frank, Manfred. *Eine Einführung in Schellings Philosophie*. Frankfurt a.M.: Suhrkamp, 1985.
Fuchs, Thomas. „Collective Body Memories." In: *Embodiment, Enaction, and Culture. Investigating the Constitution of the Shared World*, herausgegeben von Christoph Durt, Thomas Fuchs und Christian Tewes, 333–352. Cambridge, MA, London: MIT Press, 2017.
Gare, Arran. „From Kant to Schelling to process metaphysics: on the way to ecological civilisation." *Cosmos and History: The Journal of Natural and Social Philosophy* 7 (2011): 26–69.
Golob, Sacha. *Heidegger on concepts, freedom and normativity*. Cambridge: Cambridge University Press, 2014.
Habermas, Jürgen. *Das Absolute und die Geschichte. Von der Zwiespältigkeit in Schellings Denken*. Bonn: Bouveir, 1954.
Habermas, Jürgen. „Ein marxistischer Schelling: zu Ernst Blochs spekulativem Materialismus. Rezension zu: Das Prinzip Hoffnung." *Merkur* 14, Nr. 153 (1960): 1078–1091.
Harry, Chelsea C. „In Defense of the Critical Philosophy: On Schelling's Departure from Kant and Fichte in Abhandlungen zur Erläuterung des Idealismus der Wissenschaftslehre (1796/1797)."
The Journal of Speculative Philosophy 29, Nr. 3 (2015): 324–334.
Haslanger, Sally. „What is a Social Practice?" *Royal Institute of Philosophy Supplement* 82 (2018): 231–247.
Haugeland, John. *Dasein Disclosed*, herausgegeben von Joseph Rouse. Cambridge, MA, London: Harvard University Press, 2013.
Haynes, Jeffrey. „Anxiety's ambiguity. Being and Time through Haufniensis' lenses." In: *Heidegger, Authenticity and the Self. Themes from Division Two of Being and Time*, herausgegeben von Denis McManus, 71–95. London, New York: Routledge, 2015.
Hennessy, Rosemary. *Profit and Pleasure. Sexual Identities in Late Capitalism*. 2nd. London, New York: Routledge, 2018.
Henrich, Dieter. *Bewusstes Leben. Untersuchungen zum Verhältnis von Subjektivität und Metaphysik*. Leipzig: Reclam, 1999.
Henrich, Dieter. *Fichtes ursprüngliche Einsicht*. Frankfurt a.M.: Klostermann,1967.
Hock, Udo. *Das Unbewußte denken. Wiederholung und Todestrieb*. Gießen: Psychosozial-Verlag, 2012.
Hoffmeister, Johannes, Hrsg. *Briefe von und an Hegel. Band 1: 1785–1812*. Hamburg: Meiner, 1969.
Hühn, Lore. „Die Philosophie des Tragischen. Schellings ‚Philosophische Briefe über Dogmatismus und Kritizismus'", In: *Die Realität des Wissens und das wirkliche Dasein. Erkenntnisbegründung und Philosophie des Tragischen beim frühen Schelling*, herausgegeben von Jörg Jantzen, 95–128. Stuttgart-Bad Cannstatt: Frommann-Holzboog, 1998.
Hutto, Daniel D., und Erik Myin. *Radicalizing enactivism. Basic minds without content*. Cambridge (MA): MIT Press, 2013.
Jaeggi, Rahel. *Kritik von Lebensformen*. Frankfurt a.M.: Suhrkamp, 2014.
Jähnig, Dieter. *Schelling. Die Kunst in der Philosophie*. Bd. 1. Schellings Begründung von Natur und Geschichte. Pfullingen: Neske, 1966.
Johnston, Adrian. „Whither the Transcendental?: Hegel, Analytic Philosophy, and the Prospects of a Realist Transcendentalism Today." *Crisis and Critique* 5 (2018): 162–208.
Kelly, Howard D. „Heidegger the Metaphysician: Modes-of-Being and Grundbegriffe." *European Journal of Philosophy* 24, Nr. 3 (2014): 670–693.
Kirchhoff, Christine. *Das psychoanalytische Konzept der „Nachträglichkeit". Zeit, Bedeutung und die Anfänge des Psychischen*. Gießen: Psychosozial-Verlag, 2009.
Kosch, Michelle. *Freedom and reason in Kant, Schelling, and Kierkegaard*. Oxford: Oxford University Press, 2006.

Krämer, Friedrich Karl. *Zeit und personale Identität*. Berlin, New York: De Gruyter, 2014.
Kriegel, Uriah. *Subjective Consciousness. A Self-Representational Theory*. Oxford: Oxford University Press, 2009.
Kuhlmann, Hartmut. *Schellings früher Idealismus. Ein kritischer Versuch*. Stuttgart: Metzler, 1993.
Lacan, Jacques. *Écrits*. Paris: Seuil, 1966.
Lauer, David. „What Is It to Know Someone?" *Philosophical Topics* 42, Nr. 1 (2014): 321–344.
Levinas, Emmanuel. *Totalité et Infini. Essai sur l'extériorité*. Paris: Kluwer, 1990.
Lodge, Paul. „Heidegger on the Being of Monads: Lessons in Leibniz and in the Practice of Reading the History of Philosophy." *British Journal for the History of Philosophy*, 2015: 1169–1191.
Longuenesse, Béatrice. *I, Me, Mine. Back to Kant, and Back Again*. Oxford: Oxford University Press, 2017.
Lowe, Edward Jonathan. *A Survey of Metaphysics*. Oxford: Oxford University Press, 2002.
Lukács, György. „Schellings Irrationalismus." *Deutsche Zeitschrift für Philosophie* 1, Nr. 1 (1953): 53–102.
Maass, Holger. „Das ‚Grundphänomen der Geschichte'. Zur Rolle der Geschichtlichkeit beim frühen Heidegger." *Northern European Journal of Philosophy* 2, Nr. 1 (2001): 87–105.
MacAvoy, Leslie A. „Heidegger, Dreyfus, and the Intelligibility of Practical Comportment." *Journal of the British Society for Phenomenology* 50, Nr. 1 (2019): 68–86.
Macdonald, Iain. „‚What Is, Is More than It Is': Adorno and Heidegger on the Priority of Possibility." *International Journal of Philosophical Studies* 19, Nr. 1 (2011): 31–57.
Macdonald, Iain. *What Would Be Different. Figures of Possibility in Adorno*. Stanford: Stanford University Press, 2019.
MacIntyre, Alasdair. *After Virtue. A Study in Moral Theory*. Notre Dame: University of Notre Dame Press, 1981.
Marquard, Odo. *Transzendentaler Idealismus. Romantische Naturphilosophie. Psychoanalyse*. Köln: Jürgen Dinter, 1987.
Marx, Werner. *Schelling. Geschichte, System, Freiheit*. Freiburg et al.: Alber, 1977.
McDaniel, Kris. „Heidegger and the ‚There Is' of Being." *Philosophy and Phenomenological Research* 93, Nr. 2 (2016): 306–320.
McKinney, Tucker. „Two Forms of Practical Knowledge in Being and Time." In: *Pragmatic Perspectives in Phenomenology*, herausgegeben von Ondrej Svec und Jakub Capek, 70–86. London, New York: Routledge, 2017.
McManus, Denis. „Anxiety, choice and responsibility in Heidegger's account of authenticity." In: *Heidegger, Authenticity and the Self. Themes from Division Two of Being and Time*, herausgegeben von Denis McManus, 163–185. London, New York: Routledge, 2015.
Menke, Christoph. *Autonomie und Befreiung. Studien zu Hegel*. Frankfurt a.M.: Suhrkamp, 2018.
Montemayor, Carlos. „Time perception and agency. A dual model." In: *The Routledge Handbook of Philosophy of Temporal Experience*, herausgegeben von Ian Phillips, 201–212. London, New York: Routledge, 2017.
Nagel, Thomas. *The View from Nowhere*. Oxford: Oxford University Press, 1986.
Nagel, Thomas. „What Is It Like to Be a Bat?" *The Philosophical Review* 83, Nr. 4 (1974): 435–450.
Nozick, Robert. *Philosophical Explanations*. Cambridge (MA): Harvard University Press, 1981.
Okrent, Mark. „Intentionality, teleology, and normativity." In: *Appropriating Heidegger*, herausgegeben von James E. Faulconer und Mark A. Wrathall, 191–206. Cambridge: Cambridge University Press, 2000.
Parfit, Derek. *Reasons and Persons*. Oxford: Oxford University Press, 1984.
Pedro, Teresa. „Schellings Philosophische Briefe über Dogmatismus und Kriticismus. Eine pragmatistische Relektüre." *Deutsche Zeitschrift für Philosophie* 65, Nr. 2 (2017): 283–301.
Perry, John. *Identity, personal identity, and the self*. Indianapolis: Hackett, 2002.

Philipse, Herman. „Heidegger and Ethics." *Inquiry* 42, Nr. 3–4 (1999): 439–474.
Pippin, Robert B. „On Being Anti-Cartesian. Hegel, Heigger, Subjectivity, and Sociality." In: *Vernunftbegriffe in der Moderne*, herausgegeben von Hans F. Fulda, 327–346. Stuttgart: Klett-Cotta, 1994.
Ratcliffe, Matthew. „Why Mood Matters." In: *The Cambridge Companion to Heidegger's Being and Time*, herausgegeben von Mark A. Wrathall, 157–176. Cambridge: Cambridge University Press, 2013.
Reis, Róbson Ramos dos. „Historicidade, mudanças relacionais e não fixidez do passado existencial." *Philósophos*, 2017: 249–282.
Ricœur, Paul. *Soi-même comme un autre*. Paris: Seuil, 1990.
Rorty, Richard. „Heidegger, Contingency, and Pragmatism." In *Heidegger. A critical reader*, herausgegeben von Hubert L. Dreyfus, 209–230. Oxford: Blackwell, 1995.
Rouse, Joseph. *How Scientific Practices Matter. Reclaiming Philosophical Naturalism*. Chicago: University of Chicago Press, 2002.
Sartre, Jean-Paul. *L'être et le néant. Essai d'ontologie phénoménologique*. Paris: Gallimard, 1943.
Schatzki, Theodore R. Social Practices. A Wittgensteinian Approach to Human Activity and the Social. Cambridge: Cambridge University Press, 1996.
Schear, Joseph K. „Historical Finitude." In: *The Cambridge Companion to Heidegger's Being and Time*, herausgegeben von Mark A. Wrathall, 360–380. Cambridge: Cambridge University Press, 2013.
Schear, Joseph K., ed. *Mind, Reason, and Being-in-the-World. The McDowell-Dreyfus Debate*. London, New York: Routledge, 2013.
Schechtman, Marya. *Staying Alive. Personal Identity, Practical Concerns, and the Unity of a Life*. Oxford: Oxford University Press, 2014.
Schelling, Friedrich Wilhelm Joseph. *Zur Geschichte der neueren Philosophie. Münchener Vorlesungen*. Darmstadt: Wissenschaftliche Buchgesellschaft, 1975.
Schole, Jan. *Der Herr der Zeit. Ein Ewigkeitsmodell im Anschluss an Schellings Spätphilosophie und physikalische Modelle*. Tübingen: Mohr Siebeck, 2018.
Schulz, Walter. *Die Vollendung des deutschen Idealismus in der Spätphilosophie Schellings*. Stuttgart et al.: Kohlhammer, 1955.
Shoemaker, Sydney. „Personal Identity: A Materialist's Account", In: *Personal Identity*, von Sydney Shoemaker und Richard Swinburne, 67–132. Oxford: Blackwell, 1984.
Sinclair, Mark. „Heidegger on ‚Possibility'", In: *The actual and the possible. Modality and Metaphysics in Modern Philosophy*, herausgegeben von Mark Sinclair, 186–216. Oxford: Oxford University Press, 2016.
Slaby, Jan. „The Weight of History: From Heidegger to Afro-Pessimism." In: *Phenomenology as performative exercise*, herausgegeben von Lucilla Guidi und Thomas Rentsch, 173–195. Leiden, Boston: Brill, 2020.
Staege, Roswitha. „‚… das Ich selbst ist die Zeit in Tätigkeit gedacht'. Schellings „System des transzendentalen Idealismus" als Theorie vorpropositionalen und propositionalen Selbstbewusstseins*. Marburg: Tectum, 2007.
Stolzenberg, Jürgen. „‚Geschichte des Selbstbewußtseins'. Reinhold – Fichte – Schelling.", herausgegeben von Karl Ameriks und Jürgen Stolzenberg. *Internationales Jahrbuch des Deutschen Idealismus* (De Gruyter) 1, Konzepte der Rationalität (2003): 93–113.
Stolzenberg, Jürgen. „Geschichten des Selbstbewußtseins. Fichte – Schelling – Hegel." In: *Gestalten des Bewußtseins. Genealogisches Denken im Kontext Hegel*, herausgegeben von Birgit Sandkaulen, Volker Gerhardt und Walter Jaeschke, 27–49. Hamburg: Meiner, 2009.
Strawson, Galen. „Against Narrativity." *Ratio* 17, Nr. 4 (2004): 428–452.

Strawson, Galen. „Mind and Being. The Primacy of Panpsychism." In: *Panpsychism. Contemporary perspectives*, herausgegeben von Godehard Brüntrup und Ludwig Jaskolla, 75–112. New York: Oxford University Press, 2017a.

Strawson, Galen. *Selves. An Essay in Revisionary Metaphysics*. Oxford: Oxford University Press, 2009.

Strawson, Galen. *The Subject of Experience*. Oxford: Oxford University Press, 2017b.

Taylor, Charles. *Sources of the Self. The Making of the Modern Identity*. Cambridge, MA: Harvard University Press, 1989.

Thomson, Iain. „Death and Demise in Being and Time." In: *The Cambridge Companion to Heidegger's Being and Time*, herausgegeben von Mark Wrathall, 260–290. Cambridge: Cambridge University Press, 2013.

Ulrichs, Lars-Thade. „Vollständige Entfaltung des Bewusstseins. Zum Geschichtsbegriff in Schellings genetischer Subjektivitätstheorie." *Internationales Jahrbuch des Deutschen Idealismus*, 2012: 102–122.

Weberman, David. „Heidegger's Relationalism." *British Journal for the History of Philosophy* 9, Nr. 1 (2001): 109–122.

Weberman, David. „The Nonfixity of the Historical Past." *The Review of Metaphysics* 50, Nr. 4 (1997): 749–768.

Wirth, Jason. *Schelling's Practice of the Wild. Time, Art, Imagination*. Albany: SUNY Press, 2015.

Withy, Katherine. „Owned Emotions. Affective excellence in Heidegger on Aristotle." In: *Heidegger, Authenticity and the Self. Themes from Division Two of Being and Time*, herausgegeben von Denis McManus, 21–36. London, New York: Routledge, 2015.

Zahavi, Dan. „Naturalized Phenomenology: A Desideratum or a Category Mistake?" *Royal Institute of Philosophy Supplement* 72 (2013): 23–42.

Zahavi, Dan. „Phenomenology and Metaphysics." In: *Metaphysics, Facticity, Interpretation. Phenomenology in the Nordic Countries*, herausgegeben von Dan Zahavi, Sara Heinämaa und Hans Ruin, 3–22. Dordrecht: Springer, 2003.

Zahavi, Dan. „Phenomenology and the project of naturalization." *Phenomenology and the Cognitive Sciences* 3 (2004): 331–347.

Zahavi, Dan. „Self and Other: The Limits of Narrative Understanding." *Royal Institute of Philosophy Supplement* 60 (2007): 179–202.

Zahavi, Dan. *Self-awareness and Alterity. A Phenomenological Investigation*. Evanston: Northwestern University Press, 1999.

Zahavi, Dan. *Subjectivity and selfhood. Investigating the first-person perspective*. Cambridge (MA): MIT Press, 2005.

Zahavi, Dan. „The time of the self" *Grazer Philosophische Studien* 84 (2012): 143–159.

Žižek, Slavoj. *The Indivisible Remainder. On Schelling and Related Matters*. London: Verso, 1996.

Stichwortverzeichnis

Absolute, das (Schelling) 32
Allgemeine Übersicht der neuesten philosophischen Literatur (Schelling) 42–49
Angst (Heidegger) 155–156, 157–162
Anschauung, produktive (Schelling) 121–125
Anschauung, intellektuelle (Schelling) 37

Befindlichkeit (Heidegger) (156–157)
Bewandtnisganzheit (Heidegger) 58–68

Danto, Arthur 196–205, 209
Differenz, ontologische (Heidegger) 52–56

Empfindung (Schelling) 127–130
Erfolgskriterium (vgl. Ergebnistyp)
Ergebnistyp 63–66
Erstpersonalität 25–26, 90, 94, 98, 107

Gegenstand, praxisrelevanter 58–59
Geschichte, des Selbstbewusstseins (Schelling) 110–115
Geschichtlichkeit 102–108, 181–182, 220, 222, 231–232
Geschichtlichkeit, in Heidegger 153–154, 181–185

Identität, personale in der Zeit 103–107, 181–184, 206–208, 214–216
Identität, von Subjekt und Objekt (Schelling) 115–119
Irreduzibilität (der ersten Person) 27–29, 30, 50–51, 91–92

Können, und Nichtkönnen (Schelling) 132–133, 135–138, 143, 219

Metaphysik 22
Metaphysische Anfangsgründe der Logik im Ausgang von Leibniz 193–196
Möglichkeit (Heidegger) 79–86, 162–164, 170–171, 195

Naturalismus 23–25, 30

Offenheit 164–167, 171–173, 178–180, 188, 195, 214, 219

Paradigma, metatheoretisches 22, 33, 41–42, 55–56, 80–86, 224–225
Philosophische Briefe über Dogmatismus und Kritizismus 34, 35–42
Präreflexivität 26–27, 91, 95–96, 117–118
Praxis, soziale 60–63
Prozessualität 139–141, 147–151

Selbstwissen, praktisches 72–75, 88, 92–94, 98
Spielraum, praktischer 86–89, 218, 225–226
Subjekt-Objekt-Differenz 143–147, 221, 226–227
Subjektivität 1–3, 88–89, 92, 96, 97–98, 103, 171–173, 220, 222, 225–226, 227–228, 234
Subjektphilosophie 21, 92, 223

Teleologie, in Heidegger 64–68, 82–85, 176–177 (FN 52)
Tod (Heidegger) 167–171, 174–175

Über die Möglichkeit einer Form der Philosophie überhaupt 32
Uminterpretation, Fähigkeit der 212–222, 234

Vergangenheit, praxisrelevante 208–212, 217
Verstehen (Heidegger) 56–57
Vollzug, praktischer 56, 76–78

Wechselwirkung (Schelling) 47–49
Widerstand, praktischer 143–147
Wiederholung (Heidegger) 185–189, 205
Wissen, praktisches 69–72, 88

Zeit (Schelling) 125–143
Zeitlichkeit (Heidegger) 174–179, 210–211
Ziel, abschließbares, unabschließbares 66–68
Zollikoner Seminare 189–193

www.ingramcontent.com/pod-product-compliance
Lightning Source LLC
Chambersburg PA
CBHW020227170426

43201CB00007B/348